工业和信息化部"十四五"规划教材
高等学校电子信息类精品教材

随机信号分析
（第4版）

郑 薇 耿 钧 赵淑清 编著

电子工业出版社
Publishing House of Electronics Industry
北京·BEIJING

内 容 简 介

全书共 5 章，主要介绍随机信号的基本理论、常用分析方法及基本仿真方法。本书从分布律、数字特征和特征函数引出随机信号的基本概念，分别在时域和频域讨论随机信号的特点，并将连续时间的随机信号扩充到随机序列。书中详细介绍了电子系统中常用随机信号的统计特性，包括白噪声、高斯过程、窄带过程、马尔可夫链，以及各种随机过程在通信、雷达等电子系统中的应用。本书系统地讨论了基于 MATLAB 和 Python 环境的离散随机信号仿真方法。书中习题有详细的参考答案，读者可以通过书中二维码查询。

本书的目的是为读者打下牢固的随机信号理论基础，使之适应现代信号处理的发展，同时为需要从事信号仿真处理的读者提供实际仿真方法。本书可作为高等学校电子信息类专业高年级本科生和相关学科研究生的教材，对从事相关领域研究的科技人员也有重要的参考价值。

未经许可，不得以任何方式复制或抄袭本书部分或全部内容。
版权所有，侵权必究。

图书在版编目（CIP）数据

随机信号分析 / 郑薇，耿钧，赵淑清编著. —4 版. —北京：电子工业出版社，2022.7
ISBN 978-7-121-43894-3

Ⅰ. ①随… Ⅱ. ①郑… ②耿… ③赵… Ⅲ. ①随机信号-信号分析-高等学校-教材 Ⅳ. ①TN911.6

中国版本图书馆 CIP 数据核字（2022）第 118234 号

责任编辑：韩同平
印　　刷：河北虎彩印刷有限公司
装　　订：河北虎彩印刷有限公司
出版发行：电子工业出版社
　　　　　北京市海淀区万寿路 173 信箱　邮编：100036
开　　本：787×1092　1/16　印张：13.5　字数：432 千字
版　　次：1999 年 8 月第 1 版
　　　　　2022 年 7 月第 4 版
印　　次：2025 年 8 月第 5 次印刷
定　　价：55.90 元

凡所购买电子工业出版社图书有缺损问题，请向购买书店调换。若书店售缺，请与本社发行部联系，联系及邮购电话：(010) 88254888，88258888。
质量投诉请发邮件至 zlts@phei.com.cn，盗版侵权举报请发邮件至 dbqq@phei.com.cn。
本书咨询联系方式：(010) 88254525，hantp@phei.com.cn。

第 4 版前言

"随机信号分析"是电子信息类专业主要的专业基础课程之一,是研究随机信号特点与规律的理论。随机信号与确定信号一样,是通信、雷达、语音信号处理、信号与信息处理、自动控制等领域中必须涉及的信号形式。因此,工科院校中电类甚至一些机械类专业的学生应该对随机信号有必要的了解,并掌握一些随机信号理论、仿真及分析处理的基本方法。

本书第 1 版于 1999 年出版,是电子工业部"九五"规划教材,同时被编入国家"九五"重点《航天科学》丛书。第 2、3 版分别于 2011 年、2015 年出版,先后被多所不同层次的高校选作教材。

本书 2021 年获批工业和信息化部"十四五"规划教材。

第 4 版在保持前 3 版整体内容和特色不变的基础上,进一步结合作者近年的教学经验修订而成,第 5 章删减了连续马尔可夫过程,完善了马尔可夫链的理论;每章计算机仿真部分加入了 Python 语言的仿真内容。

修订后本书具有以下几方面的重要特点。

(1)以经典信号处理为主,注重为现代信号处理打基础

本书重点面向本科生,在内容的选择和编排方面,充分考虑了基本概念、基本理论的完整性和易学性。本书限于在经典信号处理的范畴内讨论随机信号理论与应用问题。

现代信号处理是建立在经典信号处理之上的、以随机信号为背景的信号处理理论。随着现代信号理论的发展,本书特别注意增加了高阶谱、马尔可夫链方面的内容。这些内容将有助于读者建立较完整的知识体系,为读者进一步学习现代信号处理理论提供必要的理论基础。

(2)理论与应用并重,加强实验仿真

本书以讨论随机信号的基本理论和基本分析方法为主,注重强调分析方法的正确性和物理模型的准确性,注重应用实例的引用,以及辅助的实验仿真。本书详细讨论了离散随机信号及系统的分析方法。

对"随机信号分析"这门课程,初学者往往感到抽象、模糊、难懂。还有许多学过随机信号理论的人,常常停留在理论层面,而在实际科研和工程实践中却感到无从下手。本书注重工程应用的实例,加大了随机信号的仿真内容,对实际信号处理中遇到的基本方法进行了比较系统的介绍。相信本书对初学随机信号的学生、需要进行随机信号仿真实验的研究生和相关的科研工作者都会有所帮助。

(3)与先修课程和后续课程无缝连接

在学习本课程之前,学生应掌握必要的概率论和信号理论知识,我们仍在部分章节中对学过的知识做了必要的重复,以便与新的内容进行有机的衔接。

作者在构造随机信号理论体系时,考虑到电子信息工程、通信工程、生物医学工程等专业所需要的基础理论,为后续通信理论、信号处理理论、信号检测理论提供了必要的理论基础。

(4)内容模块化,按需取舍

本书内容呈现明显的模块化特点,各个专业和院校可根据学时数灵活选择教学内容。第 1、2 章作为全书的基础,是必学内容。第 3 章分为线性系统和非线性系统两个模块,需

至少选择线性系统。第 4 章包括窄带过程分析，以及信号检测和通信方面应用实例两个模块，实例部分可根据专业需求取舍。第 5 章分为马尔可夫链基本概念、吸收马尔可夫链和遍历马尔可夫链三个部分，可根据学时情况进行取舍。

　　本书的参考学时数为 36～52 学时（本科），目录中标有*的章节为选学内容。不同的专业根据需求可对课程内容进行取舍和组合，实施学时可以有很大的弹性，课堂教学可以从 36 学时到 52 学时左右。书中 3.5 节和第 5 章基本是独立章节，可以在各种组合中取舍。例如：用 36 学时讲授第 1～4 章，可适当简化，不包括非线性系统，以及各章的信号与系统仿真；用 48 学时讲授第 1～4 章，可包括部分信号与系统仿真，第 5 章简单介绍；50～52 学时可以讲授全部内容。研究生可以安排 30 学时，每章减少一些基础内容。

　　书中所有原理图都由作者手工绘制，以保证图的准确性和质量，所有曲线图是由作者编写程序正确运行后加工得到的，所附 MATLAB 和 Python 程序都是由作者编写，并通过测试的。通过扫描二维码，读者可以下载书中所有 MATLAB 和 Python 语言的程序代码。

　　本书由哈尔滨工业大学郑薇、耿钧、赵淑清编著。第 4 版第 1，5 章由耿钧修订，并负责有关 Python 语言的仿真内容；第 2～4 章由郑薇修订。本书在编写、修订过程中，刘永坦院士提出了宝贵意见，在此表示诚挚的感谢。由于作者水平有限，书中难免存在疏漏或不足之处，敬请广大读者批评指正。

　　作者 E-mail：zhengwei@hit.edu.cn；jgeng@hit.edu.cn

编著者

目 录

第1章 随机信号基础 ·· 1
  1.1 随机变量及其分布 ·· 1
    1.1.1 一维随机变量及其分布律 ·· 1
    1.1.2 多维随机变量及其分布律 ·· 4
  1.2 随机变量的函数变换 ·· 8
  1.3 随机变量及其函数的数字特征 ··· 14
    1.3.1 一维随机变量和随机变量函数的数字特征 ·· 14
    1.3.2 二维随机变量的联合矩及统计关系 ·· 18
  1.4 随机变量的特征函数 ·· 21
    1.4.1 特征函数的定义与性质 ·· 21
    1.4.2 特征函数与概率密度的关系 ·· 22
    1.4.3 特征函数与矩函数的关系 ··· 23
    1.4.4 联合特征函数与联合累积量 ·· 24
  1.5 随机信号实用分布律 ·· 26
    1.5.1 一些简单的分布律 ·· 26
    1.5.2 高斯分布(正态分布) ··· 28
    1.5.3 χ^2 分布 ··· 34
    1.5.4 瑞利分布和莱斯分布 ··· 37
  1.6* 离散随机变量的仿真与计算 ··· 39
    1.6.1 均匀分布随机数的产生 ·· 40
    1.6.2 随机变量的仿真 ··· 42
    1.6.3 高斯分布随机数的仿真 ·· 43
    1.6.4 随机变量数字特征的计算 ··· 46
  习题一 ·· 48

第2章 随机过程和随机序列 ·· 50
  2.1 随机过程的统计特性 ·· 50
    2.1.1 随机过程和随机序列的定义 ·· 50
    2.1.2 随机过程和随机序列的分布律 ··· 51
  2.2 随机过程的数字特性及特征函数 ··· 54
    2.2.1 随机过程的数字特征 ··· 54
    2.2.2 随机过程的特征函数 ··· 58
  2.3 平稳随机过程和序列 ·· 59
    2.3.1 严平稳过程 ·· 59
    2.3.2 宽平稳过程和序列 ··· 60

2.3.3 平稳随机过程的相关性分析 ··· 63
　2.4 随机过程的微分与积分 ··· 66
　　　2.4.1 随机过程的极限概念和连续性 ··· 66
　　　2.4.2 随机过程的微分 ··· 68
　　　2.4.3 随机过程的积分 ··· 70
　2.5 各态历经过程和序列 ··· 71
　　　2.5.1 各态历经过程 ··· 71
　　　2.5.2 各态历经序列 ··· 74
　2.6 平稳随机过程的功率谱及高阶谱 ··· 74
　　　2.6.1 平稳随机过程的功率谱密度 ··· 75
　　　2.6.2 功率谱密度的性质及其与相关函数的关系 ··· 76
　　　2.6.3 联合平稳随机过程的互功率谱密度 ··· 78
　　　2.6.4* 高阶统计量与高阶谱 ··· 79
　　　2.6.5 平稳序列的功率谱 ··· 81
　2.7 高斯过程与白噪声 ··· 83
　　　2.7.1 高斯过程 ··· 83
　　　2.7.2 白噪声 ··· 84
　2.8* 离散随机信号的计算机仿真 ··· 88
　　　2.8.1 平稳过程的仿真 ··· 88
　　　2.8.2 自相关函数的估计 ··· 90
　　　2.8.3 功率谱密度的估计 ··· 94
　习题二 ··· 100

第3章 系统对随机信号的响应 ··· 103
　3.1 线性系统的响应 ··· 103
　　　3.1.1 线性系统对确定信号的响应 ··· 103
　　　3.1.2 线性系统对随机信号的响应 ··· 104
　3.2 线性系统输出的分布特性 ··· 105
　　　3.2.1 输入为高斯过程时系统输出的概率分布 ··· 105
　　　3.2.2 输入为非高斯过程时系统输出的几种特殊情况 ··· 105
　3.3 随机过程线性变换的时域法 ··· 106
　　　3.3.1 一般分析 ··· 107
　　　3.3.2 无限工作时间的因果系统 ··· 108
　　　3.3.3 有限工作时间的因果系统 ··· 110
　3.4 随机过程线性变换的频域法 ··· 111
　3.5 典型线性系统对随机信号的响应 ··· 114
　　　3.5.1 等效噪声频带 ··· 114
　　　3.5.2 白噪声通过理想线性系统 ··· 119
　　　3.5.3 白噪声通过实际线性系统 ··· 121
　3.6 非线性系统对随机信号的响应 ··· 122

		3.6.1 全波平方律检波器	122
		3.6.2 半波线性检波器	129
		3.6.3 非线性系统的信噪比	133
	3.7*	随机信号通过系统的仿真	135
		3.7.1 线性系统的仿真	135
		3.7.2 随机信号通过线性系统的仿真	139
		3.7.3 随机信号通过非线性系统的仿真	142
习题三			144

第4章 窄带随机过程······146

4.1	希尔伯特变换	146
	4.1.1 希尔伯特变换及解析信号的构成	146
	4.1.2 希尔伯特变换的性质	147
4.2	复随机过程	151
	4.2.1 复随机变量	151
	4.2.2 复随机过程及解析过程	151
4.3	窄带随机过程的基本特点及解析表示	153
	4.3.1 窄带随机过程的表达式	153
	4.3.2 窄带随机过程的特点	154
	4.3.3 窄带随机过程的解析表示	158
4.4	窄带高斯过程分析	159
	4.4.1 窄带高斯过程包络和相位的一维概率分布	159
	4.4.2 窄带高斯过程包络和相位的二维概率分布	160
	4.4.3 窄带高斯过程包络平方的概率分布	162
4.5	窄带随机过程加余弦信号分析	162
	4.5.1 窄带高斯过程加余弦信号的包络和相位分析	162
	4.5.2 包络平方的概率分布	165
4.6	窄带随机过程在常用系统中的应用举例	166
	4.6.1 视频信号积累对检测性能的改善	166
	4.6.2 线性调制相干解调的抗噪声性能	168
	4.6.3 FM系统的性能分析	169
4.7*	窄带随机过程的仿真	171
	4.7.1 窄带随机过程仿真	171
	4.7.2 窄带高斯随机过程加余弦信号的仿真	176
	4.7.3 窄带随机信号应用仿真	178
习题四		181

第5章* 马尔可夫链初步······183

5.1	马尔可夫链的基本概念	183
5.2	吸收马尔可夫链	187
5.3	遍历马尔可夫链	192

      5.3.1 基本概念 ··· 192
      5.3.2 固定概率向量 ··· 194
      5.3.3 首次到达时间和平均返回时间 ······································· 196
  习题五 ··· 200
附录 A   傅里叶变换表 ·· 202
附录 B   厄米特多项式 ·· 203
附录 C   常用术语汉英对照 ·· 205
参考文献 ·· 207

第1章 随机信号基础

信号有多种表现形式,主要的形式有电信号、光信号、声信号等;根据表达式的不同,还可以分为连续时间信号和离散时间信号,或者分为确定性信号和随机信号。连续时间信号和离散时间信号的区别在于自变量是连续的还是离散的,而确定性信号和随机信号的区别才是本质的区别,因为确定性信号是以时间为自变量的一般函数,随机信号则是以时间为自变量的随机函数。

在实际应用中,需要处理的信号往往不是确定性信号,而是随机信号与确定性信号的混合信号。由于随机信号与确定性信号有本质上的不同,因此分析方法也不尽相同。

随机信号理论的基础是"概率论"和"信号与系统",这里假定读者已经掌握了这些知识。本章首先对随机变量的要点做一下系统的回顾;然后介绍用特征函数描述随机变量的方法。本章的后半部分将给出通信与信息处理领域中经常用到的一些随机变量的分布,并重点讨论高斯随机变量。本章还将给出一些随机变量仿真的方法和程序,供读者参考和选用。

1.1 随机变量及其分布

设随机试验的样本空间为 S,如果对样本空间的每一个元素 $e_i \in S$,都有一个实数 $x_i = X(e_i)$ 与之对应。对所有的元素 $e \in S$,就得到一个定义在空间 S 上的实单值函数 $X(e)$,称 $X(e)$ 为随机变量,简写为 X。一般用大写字母 X, Y, Z 来表示随机变量,而用小写字母 x, y, z 表示对应随机变量的可能取值。

引入随机变量可以将随机试验的所有可能结果与对应的概率联系起来。如一段导体中的电子运动引起的电流,接收机的噪声电压,这些都与数值有关。即使像发现目标这样的事件,也可以规定一个数值来表示"发现目标"或"未发现目标"。分布律便表明了随机变量取值与概率的对应关系。

根据随机变量的取值是可列还是不可列的,把随机变量分为离散随机变量和连续随机变量。离散随机变量的样本空间是离散的点,因而取值也是离散的,如图1.1-1(a)所示。连续随机变量的样本空间是连续区间,如图1.1-1(b)所示,所以取值连续地占据某一区间。接收机的噪声电压是连续随机变量,而探测是否存在目标的试验则是离散随机变量。

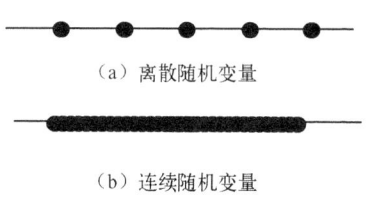

(a) 离散随机变量

(b) 连续随机变量

图 1.1-1 随机变量

根据描述随机试验参量的数目,还可以把随机变量分为一维、二维和多维随机变量。例如,随机变量 X 只能用来描述一个随机量,若用它来描述一个随机信号的幅度和相位是不够的,必须用两个随机变量 X 和 Y。对于更复杂的随机试验,可能用更多的随机变量进行描述。

1.1.1 一维随机变量及其分布律

概率累积分布函数(以下简称"分布函数"或"累积分布")是描述随机变量概率特征的最重要函数。分布函数完整地刻画了随机变量的统计规律,并且决定了随机变量的一切概率特征。分布函数对于任意类型的随机变量均存在。特别地，对于离散型随机变量，分布函数与其分布列具有等价关系。对于连续性随机变量，分布函数与其概率密度函数具有等价关系。

1. 一维随机变量的概率分布函数

设 X 是样本空间 S 上的随机变量，x 为任意实数，称函数

$$F(x) = P(X \leq x) \tag{1.1-1}$$

为随机变量 X 的概率累积分布函数。注意定义(1.1-1)中 $\{X \leq x\}$ 是一集合(事件)，而概率总是定义在集合(事件)上的。根据定义，累积分布函数在 x 点的取值表征随机变量 X 取值不超过 x 的概率。如果把一维随机变量看成是数轴上的一个随机点，上式说明了随机变量 X 取值落在区间 $(-\infty, x]$ 的概率，显然它对任何随机变量都存在。根据概率分布函数的定义，可得到如下性质。

性质 1 $F(x)$ 是 x 的单调非减函数。即对于 $x_2 > x_1$，有

$$F(x_2) \geq F(x_1) \tag{1.1-2}$$

性质 2 $F(x)$ 非负，取值满足

$$0 \leq F(x) \leq 1 \tag{1.1-3}$$

并且 $F(-\infty) = 0$，$F(+\infty) = 1$。

性质 3 随机变量 X 在 x_1, x_2 区间内的概率为

$$P(x_1 < X \leq x_2) = F(x_2) - F(x_1) \tag{1.1-4}$$

性质 4 $F(x)$ 右连续，即

$$F(x^+) = F(x) \tag{1.1-5}$$

对于任意一个函数，判断其是否可以作为某随机变量的分布函数，只需要使用性质 1、性质 2 和性质 4 判断即可。

【**例 1.1-1**】设随机变量 X 只取两个值，其概率分布为 $P(X=0) = 0.5$，$P(X=1) = 0.5$，试写出概率累积分布函数。

解：根据定义，随机变量 X 的概率分布函数为

$$F(x) = \begin{cases} 0 & x < 0 \\ 0.5 & 0 \leq x < 1 \\ 1 & x \geq 1 \end{cases}$$

或写成 $F(x) = 0.5u(x) + 0.5u(x-1)$，其中 $u(x)$ 为单位阶跃函数。

从上述例题中可以看出，0-1 分布的随机变量的分布函数在 $x=0$ 和 $x=1$ 两处出现了幅度为 0.5 的跳跃。这个结论具有一般性。特别地，对于所有的离散随机变量，其分布函数均是分段连续的阶梯状函数，阶跃的高度等于随机变量在该点的概率，并且在阶跃处右连续(性质 4)。其分布函数可以写为

$$F(x) = \sum_{i=1}^{\infty} P(X = x_i) u(x - x_i) = \sum_{i=1}^{\infty} P_i u(x - x_i) \tag{1.1-6}$$

式中，$u(x)$ 为单位阶跃函数，P_i 为 $\{X = x_i\}$ 的概率。

2. 一维离散随机变量的概率分布列

如果随机变量 X 只可能取有限多个或者可列多个取值，则称随机变量为离散型随机变

量。设离散随机变量 X 的所有取值为 x_k，$k=1,2,\cdots$，称其概率取值

$$P(X=x_k)=P_k \qquad k=1,2,\cdots \qquad (1.1\text{-}7)$$

为离散型随机变量 X 的概率分布列或分布律。

离散随机变量的分布函数 $F(x)$ 与分布列 $\{P_k,k=1,2,\cdots\}$ 具有等价关系。当已知分布函数时，有

$$P_1=P(X=x_1)=P(X\leqslant x_1)=F(x_1)$$
$$P_k=P(X\leqslant x_k)-P(X<x_k)=F(x_k)-F(x_{k-1}),\quad k=2,3,\cdots$$

而当分布列已知时，可以通过式(1.1-6)来获得分布函数。

由分布函数的性质容易得知离散随机变量的分布列满足下面两个性质：

性质 1：$P_k\geqslant 0$，$k=1,2,\cdots$

性质 2：$\sum_{k=1}^{\infty}P_k=1$

离散随机变量的分布列也可用表格的形式来表示（见表 1.1-1）。

表 1.1-1

X	x_1	x_2	$\cdots$	x_n	$\cdots$
P	P_1	P_2	$\cdots$	P_n	$\cdots$

3. 一维随机变量的概率密度

对于分布函数为 $F(x)$ 的一维实随机变量 X，如果存在非负函数 $f(x)$，使得对于任意实数 x 均有

$$F(x)=\int_{-\infty}^{x}f(\lambda)\mathrm{d}\lambda \qquad (1.1\text{-}8)$$

则称 X 为连续型随机变量，其中 $f(x)$ 称为 X 的概率密度函数，简称概率密度。

从连续型随机变量的定义可知，其概率密度函数可以通过累积分布函数的微分求得

$$f(x)=\frac{\mathrm{d}F(x)}{\mathrm{d}x} \qquad (1.1\text{-}9)$$

因此，连续型随机变量的累积分布函数与概率密度函数相互等价。由概率密度函数的定义可以看出，$f(x)$ 是 x 处 $F(x)$ 的变化率。根据分布函数的性质，可得到概率密度的性质。

性质 1 概率密度函数非负，即

$$f(x)\geqslant 0 \qquad (1.1\text{-}10)$$

性质 2 概率密度函数在整个取值区间积分为 1，即

$$\int_{-\infty}^{\infty}f(x)\mathrm{d}x=1 \qquad (1.1\text{-}11)$$

性质 3 概率密度函数在 $(x_1,x_2]$ 区间积分，给出随机变量在该区间的取值概率

$$P(x_1<X\leqslant x_2)=\int_{x_1}^{x_2}f(x)\mathrm{d}x \qquad (1.1\text{-}12)$$

这三条性质与概率分布函数的前三条性质是对应的。性质 1 和性质 2 说明概率密度函数是一条在横轴上方且与横轴所围的面积为 1 的曲线，它们也是检验一个函数是否为概率密度的充要条件。连续随机变量的分布函数是连续的，因此连续随机变量 X 在任意指定取值的概率为零。性质 3 则刻画了随机变量取值落在一个区间的概率 $P(x_1<X\leqslant x_2)$。对于连续随机变量，取值区间写成开区间和闭区间是一样的，但对于离散随机变量，开区间和闭区间则是不同的。

【例 1.1-2】 判断函数 $f(x)=K[u(x)-u(x-a)]$ 满足什么条件才有可能是概率密度函数？当 $a=2$ 和 $a=-2$ 时，K 应该取何值？

解：（1）为保证满足性质 1，概率密度函数非负。当 $a>0$ 时需要 $K>0$；当 $a<0$ 时需要 $K<0$。由性质 2 可知，概率密度函数与横轴包围的面积应该为 1，因此 $K=1/a$ 满足概率密度函数的条件。综上，$f(x)=\dfrac{1}{a}[u(x)-u(x-a)]$。

（2）当 $a=2$ 时 $K=0.5$；当 $a=-2$ 时，$K=-0.5$。

连续型随机变量和离散型随机变量并不能囊括所有的随机变量。例如分布函数

$$F(x)=\begin{cases} 0 & x<-1 \\ 0.5 & -1\leqslant x<0 \\ 0.5+0.5x & 0\leqslant x<1 \\ 1, & x\geqslant 1 \end{cases}$$

中既存在间断点（$x=-1$），也存在连续部分（$0\leqslant x<1$）。实际上，这个分布函数所对应的是混合型的随机变量。我们可通过引入 δ 函数的方法，将概率密度函数的定义扩展到分布函数存在有限个间断点的随机变量上。例如，对于离散型随机变量，其概率密度函数可以写为：

$$f(x)=\sum_{i=1}^{\infty}P(X=x_i)\delta(x-x_i)=\sum_{i=1}^{\infty}P_i\delta(x-x_i) \qquad (1.1\text{-}13)$$

式中，$\delta(x)$ 为单位冲激函数。

图 1.1-2 和图 1.1-3 示出了连续随机变量和离散随机变量的分布律。

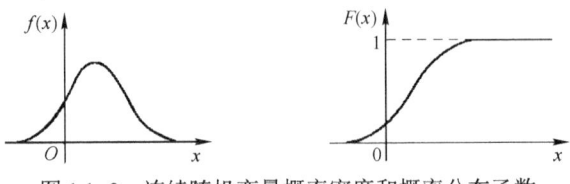

图 1.1-2　连续随机变量概率密度和概率分布函数

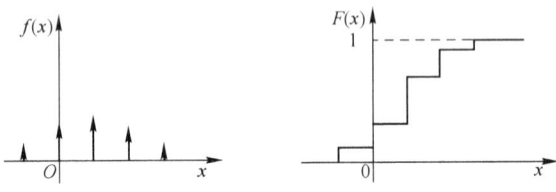

图 1.1-3　离散随机变量的概率密度和概率分布函数

1.1.2　多维随机变量及其分布律

假设 X 和 Y 为同一样本空间 S 上的两个一维随机变量，则称向量 (X,Y) 为 S 上的一个二维随机变量。二维随机变量 (X,Y) 可看成二维平面上的一个随机点（图 1.1-4）。n 维随机变量则用 $(X_1,X_2,X_3,\cdots,X_n)$ 表示，可推广为 n 维空间上的一个随机点。

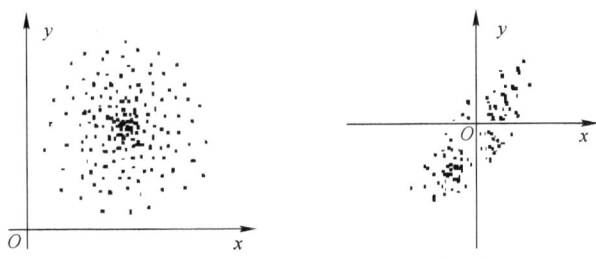

图 1.1-4　二维随机变量——平面上的随机点

多维随机变量不是几个一维随机变量的简单组合，作为一个整体，多维随机变量的统计规律不仅取决于各个随机变量的统计规律，还与几个随机变量之间的关联程度有关。由一维随机变量的分布律不难推广到二维随机变量的分布律。

1. 二维随机变量的概率分布函数

(X, Y)为二维随机变量，对于任意实数x, y的二元函数

$$F_{XY}(x,y) = P(X \leqslant x, Y \leqslant y) \tag{1.1-14}$$

称为(X, Y)的分布函数或X和Y的联合概率分布函数。

与一维随机变量的情况相似，联合概率分布函数对于任意类型的二维随机变量都存在，且完整地刻画了这个二维随机变量的统计规律，决定了其一切概率特征。若将(X, Y)看成平面上随机点的坐标，则联合概率分布函数$F_{XY}(x,y)$在(x,y)处的值即为随机点(X, Y)落在图 1.1-5 所示阴影部分面积内的概率。根据概率分布函数的定义，可得到如下性质。

性质 1 $F_{XY}(x,y)$是x, y的单调非减函数。

对固定的y，当$x_2 > x_1$时，有

$$F_{XY}(x_2, y) \geqslant F_{XY}(x_1, y) \tag{1.1-15}$$

对固定的x，当$y_2 > y_1$时，有

$$F_{XY}(x, y_2) \geqslant F_{XY}(x, y_1) \tag{1.1-16}$$

性质 2 $F_{XY}(x,y)$是x, y的有界函数。

$$0 \leqslant F_{XY}(x,y) \leqslant 1 \tag{1.1-17}$$

且有

$$F_{XY}(-\infty, y) = 0, \quad F_{XY}(x, -\infty) = 0, \quad F_{XY}(-\infty, -\infty) = 0 \tag{1.1-18}$$

$$F_{XY}(+\infty, +\infty) = 1 \tag{1.1-19}$$

性质 3 $F_{XY}(x,y)$关于x或y均为右连续函数。

$$F_{XY}(x^+, y) = F(x, y), \quad F_{XY}(x, y^+) = F(x, y) \tag{1.1-20}$$

性质 4 随机变量X的边缘分布函数为

$$F_X(x) = F_{XY}(x, +\infty) \tag{1.1-21}$$

随机变量Y的边缘分布函数为

$$F_Y(y) = F_{XY}(+\infty, y) \tag{1.1-22}$$

性质 5 对任意(x_1, y_1)和(x_2, y_2)，其中$x_2 > x_1$，$y_2 > y_1$，则有

$$P(x_1 < X \leqslant x_2, y_1 < Y \leqslant y_2) = F_{XY}(x_2, y_2) - F_{XY}(x_2, y_1) - F_{XY}(x_1, y_2) + F_{XY}(x_1, y_1) \tag{1.1-23}$$

上式的结果可以通过图 1.1-6 得出。

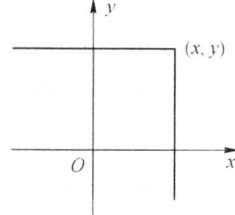 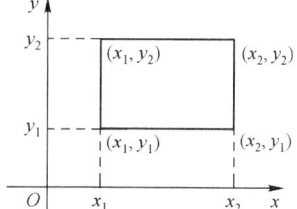

图 1.1-5 二维分布函数图解　　图 1.1-6 二维分布函数性质图解

2. 二维离散随机变量的概率分布列

如果二维随机变量(X, Y)的可能取值只有有限对或可列对，则称(X, Y)为二维离散型随机

变量。(X, Y)的联合概率分布列为

$$P(X=x_i, Y=y_j) = P_{ij}, \quad i,j=1,2,\cdots \quad (1.1\text{-}24)$$

记

$$P_{i\cdot} = \sum_{j=1}^{\infty} P_{ij} = P(X=x_i), \quad i=1,2,\cdots \quad (1.1\text{-}25)$$

$$P_{\cdot j} = \sum_{i=1}^{\infty} P_{ij} = P(Y=y_j), \quad j=1,2,\cdots \quad (1.1\text{-}26)$$

分别称$\{P_{i\cdot}, i=1,2,\cdots\}$和$\{P_{\cdot j}, j=1,2,\cdots\}$为(X, Y)关于 X 和 Y 的边缘分布列。

二维离散型随机变量的联合概率分布函数 $F(x,y)$ 与其联合概率分布列 $\{P_{i,j}, i=1,2,\cdots, j=1,2,\cdots\}$ 同样具有等价关系。由分布函数的性质容易得知二维离散随机变量的分布列满足下面两个性质：

性质 1：$P_{ij} \geqslant 0$, $i=1,2,\cdots$, $j=1,2,\cdots$

性质 2：$\sum_{i=1}^{\infty}\sum_{j=1}^{\infty} P_{ij} = 1$

二维离散型随机变量的联合概率分布列可以使用表格表示(见表 1.1-2)。

表 1.1-2

Y \ Z	x_1	x_2	$\cdots$	x_i	$\cdots$
y_1	P_{11}	P_{21}	$\cdots$	P_{i1}	
y_2	P_{12}	P_{22}	$\cdots$	P_{i2}	
$\cdots$	$\cdots$	$\cdots$		$\cdots$	
y_j	P_{1j}	P_{2j}	$\cdots$	P_{ij}	
$\cdots$					

3. 二维随机变量的概率密度

对于二维随机变量(X, Y)的分布函数 $F_{XY}(x,y)$，如果存在非负可积函数 $f(x,y)$，使得对任意 x, y 均有

$$F_{XY}(x,y) = \int_{-\infty}^{x}\int_{-\infty}^{y} f(u,v)\mathrm{d}u\mathrm{d}v \quad (1.1\text{-}27)$$

则称(X, Y)为连续型二维随机变量，函数 $f(x,y)$ 称为二维随机变量(X, Y)的概率密度函数，或称为 X 和 Y 的联合概率密度函数。记

$$f_X(x) = \int_{-\infty}^{\infty} f_{XY}(x,y)\mathrm{d}y \quad (1.1\text{-}28)$$

$$f_Y(y) = \int_{-\infty}^{\infty} f_{XY}(x,y)\mathrm{d}x \quad (1.1\text{-}29)$$

分别称 $f_X(x)$ 和 $f_Y(y)$ 为(X, Y)关于 X 和 Y 的边缘概率密度函数。

从上述定义可知，联合概率密度函数可以通过联合概率分布函数的二阶偏导求得，即

$$f_{XY}(x,y) = \frac{\partial^2 F_{XY}(x,y)}{\partial x \partial y} \quad (1.1\text{-}30)$$

因此，连续型二维随机变量的累积分布函数与概率密度函数相互等价。从分布函数的性质和二维概率密度的定义可以得到如下性质：

性质 1 二维概率密度函数非负，即

$$f_{XY}(x,y) \geqslant 0 \quad (1.1\text{-}31)$$

性质 2 二维概率密度函数在整个平面上的积分为 1，即

$$\int_{-\infty}^{+\infty}\int_{-\infty}^{+\infty} f_{XY}(x,y)\mathrm{d}x\mathrm{d}y = F_{XY}(+\infty,+\infty) = 1 \quad (1.1\text{-}32)$$

性质 3 设 R 是 xOy 平面上的一个区域，则随机点(X, Y)落在该区域内的概率为

$$P((X,Y) \in R) = \iint_R f_{XY}(x,y) \mathrm{d}x \mathrm{d}y \tag{1.1-33}$$

上式中的积分是 R 区域的二重面积分。

4. 条件概率分布函数和条件概率密度

在集合论中，条件概率是指集合（事件）A 在集合（事件）B 发生的条件下的发生概率，表示为

$$P(A|B) = \frac{P(A \cap B)}{P(B)} \tag{1.1-34}$$

在二维分布中，如果将条件概率的概念引入到分布律中，还可得到条件概率分布函数 $F_Y(y|x)$、条件概率密度 $f_Y(y|x)$ 或条件分布列 $P_Y(Y|X)$。在表示概率分布函数和概率密度时，为了区别不同的随机变量，常把随机变量作为下角标。

对于二维离散随机变量，其条件分布列可以写为

$$P_Y(Y=y_j | X=x_i) = \frac{P_Y(Y=y_j, X=x_i)}{P(X=x_i)} = \frac{P_{ij}}{P_{i \bullet}} \quad i=1,2,\cdots; \ j=1,2,\cdots \tag{1.1-35}$$

其中 $P_{i \bullet} = \sum_{j=1}^{\infty} P_{ij}$。

对于二维连续型随机变量，其条件概率分布函数为

$$F_Y(y|x) = \lim_{\Delta x \to 0} \frac{P(x < X \leqslant x+\Delta x, Y \leqslant y)}{P(x < X \leqslant x+\Delta x)} = \lim_{\Delta x \to 0} \frac{\int_{-\infty}^{y} \int_{x}^{x+\Delta x} f_{XY}(u,v) \mathrm{d}u \mathrm{d}v}{\int_{x}^{x+\Delta x} f_X(u) \mathrm{d}u}$$

$$= \lim_{\Delta x \to 0} \frac{\int_{-\infty}^{y} f_{XY}(x,v) \Delta x \mathrm{d}v}{f_X(x) \Delta x} = \int_{-\infty}^{y} \frac{f_{XY}(x,v)}{f_X(x)} \mathrm{d}v$$

利用概率密度函数为概率分布函数导数的结果，可以得到

$$f_Y(y|x) = \frac{\partial}{\partial y} F_Y(y|x) = \frac{f_{XY}(x,y)}{f_X(x)} \tag{1.1-36}$$

条件概率还满足全概率公式、贝叶斯公式和链式法则。以连续型随机变量的概率密度函数为例，将这三个重要的公式列出如下。

全概率公式： $$f(x) = \int_{-\infty}^{+\infty} f(x|y) f(y) \mathrm{d}y \tag{1.1-37}$$

贝叶斯公式： $$f(x|y) = \frac{f(y|x) f(x)}{\int_{-\infty}^{+\infty} f(y|x) f(x) \mathrm{d}x} \tag{1.1-38}$$

链式公式： $$f(x_1, x_2, \cdots, x_n) = f(x_1) f(x_2|x_1) \cdots f(x_n|x_1, x_2, \cdots, x_{n-1}) \tag{1.1-39}$$

5. 多维随机变量的概率分布和独立随机变量

二维分布律是多维分布律最简单的情况，对于 n 维随机变量 $(X_1, X_2, X_3, \cdots, X_n)$，仍可仿照式(1.1-14)的方式定义 n 维分布函数

$$F_X(x_1, x_2, \cdots, x_n) = P(X_1 \leqslant x_1, X_2 \leqslant x_2, \cdots, X_n \leqslant x_n) \tag{1.1-40}$$

对于连续型随机变量，可以仿照式(1.1-30)得到其概率密度函数

$$f_X(x_1, x_2, \cdots, x_n) = \frac{\partial^n F_X(x_1, x_2, \cdots, x_n)}{\partial x_1 \partial x_2 \cdots \partial x_n} \tag{1.1-41}$$

类似于式(1.1-28)或式(1.1-29)，对 n 维联合概率密度函数中的某些随机变量进行积分，可以获得其余随机变量的联合概率密度函数

$$f_X(x_1,x_2,\cdots,x_m) = \underbrace{\int_{-\infty}^{\infty}\cdots\int_{-\infty}^{\infty}}_{n-m} f_X(x_1,x_2,\cdots,x_m,\cdots,x_n)\mathrm{d}x_{m+1}\cdots\mathrm{d}x_n \tag{1.1-42}$$

式(1.1-28)和式(1.1-29)是 $n=2$，$m=1$ 时的情况。

高维随机变量中的一个重要概念是统计独立。对于 n 维随机变量 $(X_1,X_2,\cdots,X_n)$，如果对所有的 $x_1,x_2,\cdots,x_n$ 均有

$$F_X(x_1,x_2,\cdots,x_n) = F_{X_1}(x_1)F_{X_2}(x_2)\cdots F_{X_n}(x_n)$$

则称 $X_1,X_2,\cdots,X_n$ 是相互独立的随机变量。对于连续型随机变量，上述定义可以等价地写为：对于所有的 $x_1,x_2,\cdots,x_n$，满足

$$f_X(x_1,x_2,\cdots,x_n) = f_{X_1}(x_1)f_{X_2}(x_2)\cdots f_{X_n}(x_n) = \prod_{i=1}^{n} f_{X_i}(x_i) \tag{1.1-43}$$

即，当 n 维随机变量的联合概率密度等于各自边缘概率密度的乘积时，各随机变量相互独立。当 $n=2$ 时有

$$f_{XY}(x,y) = f_X(x)f_Y(y) \tag{1.1-44}$$

等式两边同时除以 X 或 Y 的边缘分布，可以得到

$$f_X(x|y) = f_X(x) \tag{1.1-45}$$

$$f_Y(y|x) = f_Y(y) \tag{1.1-46}$$

因此，对于二维连续型随机变量，如果边缘概率密度函数与条件概率密度函数相等，则 X 和 Y 相互独立。

1.2 随机变量的函数变换

一般来讲，随机变量的分布是由大量的试验获得的。那么，是否所有的随机变量的分布都需要用试验的方法得到呢？试验的高复杂性和高代价促使人们寻求一种间接的方法来确定一个随机变量的分布。

在无线电信号的传输过程中会不可避免地掺杂一些噪声，如果发射的信号为 X，信道中的噪声表示为 Y，那么接收的信号就是 $X+Y$。在已知 X 和 Y 分布的前提下，人们希望能通过一种运算，求得二者之和的分布。如果把随机变量 X_i 作为系统的输入，把随机变量 X_o 作为系统的输出，它们也应满足某种函数关系。直观上看，知道了输入的分布，通过二者的函数关系，一定能得到输出的分布。在进行系统仿真时，常常需要仿真某个分布的信号，当有了均匀分布的随机信号的产生方法后，也可利用函数关系来产生需要的随机信号。这些都是随机变量函数变换的例子。

1. 一维变换

设随机变量 X 与 Y 满足下列函数关系

$$Y = \varphi(X) \tag{1.2-1}$$

确定随机变量 Y 分布的基本方法是从定义出发：

$$F_Y(y) = P(Y \leqslant y) = P(\varphi(X) \leqslant y)$$
$$= P(X \in \{x : \varphi(x) \leqslant y\})$$
$$= \int_{\{x:\varphi(x) \leqslant y\}} f_X(x) \mathrm{d}x \tag{1.2-2}$$

设随机变量 X 与 Y 之间的关系是单调的，并且存在反函数
$$X = \varphi^{-1}(Y) = h(Y)$$

若反函数 $h(Y)$ 的导数也存在，则随机变量 Y 的概率分布函数与 X 的概率分布函数存在如下关系：
$$f_Y(y) = f_X(h(y))|h'(y)| \tag{1.2-3}$$

式(1.2-3)可以由式(1.2-2)化简得到。具体推导过程如下：如果 $h(Y)$ 是单调增加的，那么随机变量 Y 的概率分布函数为
$$F_Y(y) = P(\varphi(X) \leqslant y) = P(X \leqslant h(y)) = \int_{-\infty}^{h(y)} f_X(x) \mathrm{d}x \tag{1.2-4}$$

将上式对 y 求导，便得到随机变量 Y 的概率密度
$$F_Y(y) = \frac{\mathrm{d}}{\mathrm{d}y} F_Y(y) = f_X(h(y)) \frac{\mathrm{d}}{\mathrm{d}y} h(y)$$

同理，可得到当 $h(Y)$ 单调下降时随机变量 Y 的概率密度
$$F_Y(y) = \frac{\mathrm{d}}{\mathrm{d}y} F_Y(y) = f_X(h(y)) \frac{\mathrm{d}}{\mathrm{d}y} h(y)$$

综合以上两种情况，即可以得到式(1.2-3)。

图 1.2-1 给出了当 $h(Y)$ 是单调增函数情况下，一维随机变量 X 和 Y 的函数关系示意图。图中对式(1.2-3)给予了具有启发性的解释：假设 X 的所有可能值都在区间(a, b)内，对于 Y，所有可能值都在区间(c, d)内，此时应该有
$$P_X(a < X < b) = 1, \quad P_Y(c < Y < d) = 1$$

由于 X 和 Y 是单调关系，如图 1.2-1 所示，当 $\mathrm{d}x$ 和 $\mathrm{d}y$ 充分小时，随机变量 X 取值落在子区间$(x, x + \mathrm{d}x)$和 Y 的取值落在子区间$(y, y + \mathrm{d}y)$的概率应该相等，即
$$f_X(x)\mathrm{d}x = f_Y(y)\mathrm{d}y \tag{1.2-5}$$

因此
$$f_Y(y) = f_X(x) \frac{\mathrm{d}x}{\mathrm{d}y} = f_X(x) h'(y)$$

考虑到概率密度非负，对 $h'(y)$ 项添加绝对值可得式(1.2-3)。这种方法虽然不是严格的数学推导，但在实际中却非常好用。式(1.2-5)被称为等概率原理。

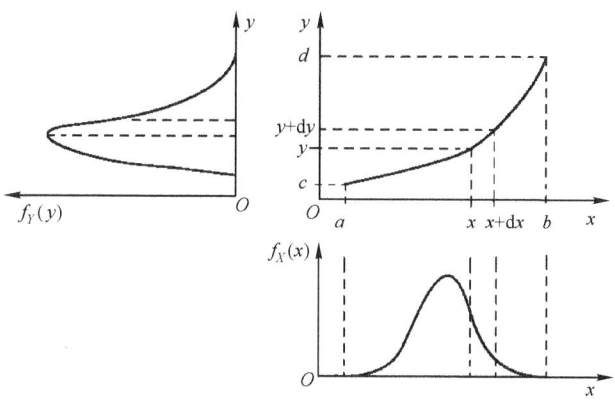

图 1.2-1 一维函数单调变换

【例 1.2-1】 半波整流器的输出 Y 与输入 X 之间的数学模型可以表示为

$$Y = \varphi(X) = \begin{cases} X, & X \geqslant 0 \\ 0, & X < 0 \end{cases}$$

若已知随机变量 X 的概率密度和概率分布函数分别为 $f_X(x)$ 和 $F_X(x)$，试求 Y 的概率密度 $f_Y(y)$ 和概率分布函数 $F_Y(y)$。

解：由于 $y = \varphi(x)$ 并非严格单调函数，因此通过式(1.2-2)的方法来求解 Y 的分布。具体地，由定义可知 $Y \geqslant 0$，因此当 $y < 0$ 时，有

$$F_Y(y) = P(Y \leqslant y) = 0$$

当 $y \geqslant 0$ 时，事件 $\{Y \leqslant y\}$ 等价为 $\{X \leqslant y\}$，有

$$F_Y(y) = P(Y \leqslant y) = P(X \leqslant y) = F_X(y)$$

注意到 $F_Y(y)$ 在 $y = 0$ 处有跳跃，跳跃幅度为 $F_X(0)$。

综合以上两种情况有

$$F_Y(y) = F_X(y)u(y)$$
$$f_Y(y) = f_X(y)u(y) + F_X(0)\delta(y)$$

【例 1.2-2】 已知随机变量 X 和 Y 满足线性关系 $Y = aX + b$，a 和 b 为常数，X 为高斯变量，其概率密度表示为 $f_X(x) = \dfrac{1}{\sqrt{2\pi}\sigma_X} e^{-\dfrac{(x-m_X)^2}{2\sigma_X^2}}$。求 Y 的概率密度。

解：因为 Y 和 X 是严格单调函数关系，其反函数

$$X = h(Y) = (Y - b)/a$$

的导数存在，即

$$h'(Y) = 1/a$$

将上式代入式(1.2-3)，即可得到 Y 的概率密度

$$f_Y(y) = \frac{1}{\sqrt{2\pi}\sigma_X} \exp\left[-\frac{\left(\dfrac{y-b}{a} - m_X\right)^2}{2\sigma_X^2}\right] \left|\frac{1}{a}\right| = \frac{1}{\sqrt{2\pi}|a|\sigma_X} \exp\left[-\frac{(y - am_X - b)^2}{2a^2\sigma_X^2}\right]$$
$$= \frac{1}{\sqrt{2\pi}\sigma_Y} \exp\left[-\frac{(y - m_Y)^2}{2\sigma_Y^2}\right]$$

上例说明，高斯变量 X 经过线性变换后的随机变量 Y 仍然是高斯分布的，其数学期望和方差分别为

$$m_Y = am_X + b, \quad \sigma_Y^2 = a^2\sigma_X^2$$

如果 X 和 Y 不是单调关系，那么 Y 的取值 y 就对应 X 的两个或更多的值 $x_1, x_2, \cdots, x_n$。以双值函数为例，如图 1.2-2 所示，反函数应为

$$\begin{cases} X_1 = h_1(Y) \\ X_2 = h_2(Y) \end{cases}$$

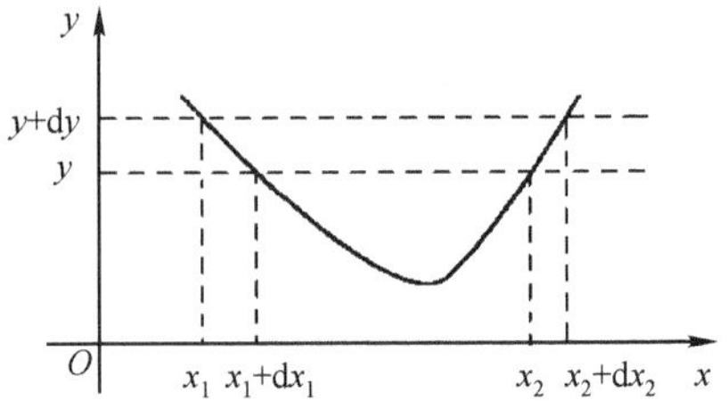

图 1.2-2 一维函数多值变换

这时随机变量 Y 的取值落在子区间 $(y, y+\mathrm{d}y)$，对应随机变量 X 的取值应落在两个子区间 $(x_1, x_1 + \mathrm{d}x_1)$ 和 $(x_2, x_2 + \mathrm{d}x_2)$ 中，遵循等概率原理，有

$$f_Y(y)\mathrm{d}y = f_X(x_1)\mathrm{d}x_1 + f_X(x_2)\mathrm{d}x_2 \tag{1.2-6}$$

于是
$$f_Y(y) = f_X(h_1(y))|h_1'(y)| + f_X(h_2(y))|h_2'(y)| \tag{1.2-7}$$
当 Y 的取值 y 对应多个 x 值时，其概率密度可由上式推广。

【例 1.2-3】 平方律检波器的输出 Y 与输入 X 之间的数学模型为
$$Y = \varphi(X) = X^2$$
若已知随机变量 X 的概率密度为 $f_X(x)$，试求 X 的概率密度 $f_Y(y)$。

解：由于 $y = \varphi(x)$ 是分段单调函数，因此通过式(1.2-7)的方法来求解 X 的分布。具体地，令
$$X_1 = h_1(Y) = \sqrt{Y} \quad \text{和} \quad X_2 = h_2(Y) = -\sqrt{Y}$$
对函数求导，有
$$h_1'(y) = \frac{1}{2\sqrt{y}} \quad \text{和} \quad h_2'(y) = -\frac{1}{2\sqrt{y}}$$
因此
$$f_Y(y) = \frac{1}{2\sqrt{y}} \left[f_X(\sqrt{y}) + f_X(-\sqrt{y}) \right]$$

2. 二维变换

在讨论二维随机变量变换时，仍假定函数的映射关系是单值的。如果已知二维随机变量 (X_1, X_2) 的联合概率密度 $f_X(x_1, x_2)$，以及二维随机变量 (Y_1, Y_2) 与 (X_1, X_2) 之间的函数关系为
$$\begin{cases} Y_1 = \varphi_1(X_1, X_2) \\ Y_2 = \varphi_2(X_1, X_2) \end{cases} \tag{1.2-8}$$
它们的反函数存在
$$\begin{cases} X_1 = h_1(Y_1, Y_2) \\ X_2 = h_2(Y_1, Y_2) \end{cases}$$
即可求出随机变量 (Y_1, Y_2) 的联合概率密度。仿照图 1.2-1，给出它们之间的映射关系，见图 1.2-3。

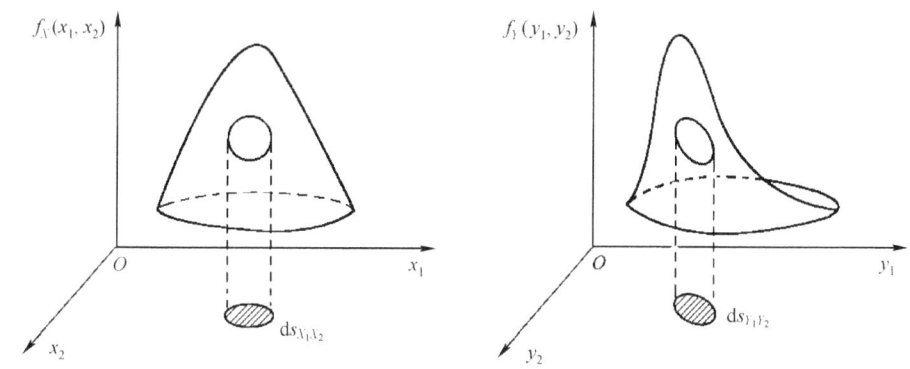

图 1.2-3 二维随机变量函数变换

如果 (X_1, X_2) 的联合概率密度和 (Y_1, Y_2) 的联合概率密度之间为单值映射，当 $\mathrm{d}s_{X_1X_2}$ 和 $\mathrm{d}s_{Y_1Y_2}$ 是充分小的区域时，随机变量 (X_1, X_2) 的取值落在 $\mathrm{d}s_{X_1X_2}$ 区域内的概率应等于随机变量 (Y_1, Y_2) 取值落在 $\mathrm{d}s_{Y_1Y_2}$ 区域内的概率。一维随机变量在某区间取值的概率等于一维概率密度(曲线)在该区间积分的面积；而二维随机变量 (X_1, X_2) 或 (Y_1, Y_2) 在某区域取值的概率应为二维概率密度(曲面)下的体积，于是有
$$f_X(x_1, x_2) \mathrm{d}s_{X_1X_2} = f_Y(y_1, y_2) \mathrm{d}s_{Y_1Y_2}$$
注意到联合概率密度非负，应该有

$$f_Y(y_1, y_2) = f_X(x_1, x_2) \left| \frac{\mathrm{d}s_{X_1 X_2}}{\mathrm{d}s_{Y_1 Y_2}} \right| \tag{1.2-9}$$

在用二重积分求体积时，若积分区域由 $\mathrm{d}s_{X_1 X_2}$ 变为 $\mathrm{d}s_{Y_1 Y_2}$，其变换关系即为雅可比行列式

$$J = \frac{\mathrm{d}s_{X_1 X_2}}{\mathrm{d}s_{Y_1 Y_2}} = \begin{vmatrix} \frac{\partial x_1}{\partial y_1} & \frac{\partial x_1}{\partial y_2} \\ \frac{\partial x_2}{\partial y_1} & \frac{\partial x_2}{\partial y_2} \end{vmatrix} \tag{1.2-10}$$

将上式代入式(1.2-9)，并将式中的 x_1 和 x_2 换成 $h_1(y_1, y_2)$ 和 $h_2(y_1, y_2)$，便得到二维函数变换的最后表达式

$$f_Y(y_1, y_2) = |J| f_X(x_1, x_2) = |J| f_X(h_1(y_1, y_2), h_2(y_1, y_2)) \tag{1.2-11}$$

注意式(1.2-11)中对雅可比行列式 J 添加了绝对值运算，以保证概率密度函数非负。下面通过具体的例子说明二维函数变换的应用。

【例 1.2-4】 设 X, Y 是互相独立的高斯变量，它们的联合概率密度为

$$f_{XY}(x, y) = f_X(x) f_Y(y) = \frac{1}{2\pi\sigma^2} \exp\left[-\frac{x^2 + y^2}{2\sigma^2} \right]$$

A 和 $\varPhi$ 为随机变量，且 $\begin{cases} X = A\cos\varPhi \\ Y = A\sin\varPhi \end{cases}$，$A > 0$，$0 \leqslant \varPhi \leqslant 2\pi$。求 $f_{A\varPhi}(a, \varphi), f_A(a)$ 和 $f_\varPhi(\varphi)$。

解：由于给出的条件即为反函数，可直接求雅可比行列式

$$J = \begin{vmatrix} \frac{\partial x}{\partial a} & \frac{\partial x}{\partial \varphi} \\ \frac{\partial y}{\partial a} & \frac{\partial y}{\partial \varphi} \end{vmatrix} = \begin{vmatrix} \cos\varphi & -a\sin\varphi \\ \sin\varphi & a\cos\varphi \end{vmatrix} = a$$

代入式(1.2-11)，得到 $A, \varPhi$ 的联合概率密度

$$f_{A\varPhi}(a, \varphi) = \frac{a}{2\pi\sigma^2} \exp\left[-\frac{x^2 + y^2}{2\sigma^2} \right] = \frac{a}{2\pi\sigma^2} \exp\left[-\frac{a^2}{2\sigma^2} \right]$$

式中，$a^2 = x^2 + y^2$。再利用概率密度降维的性质，对 $\varPhi$ 积分求 A 的概率密度

$$f_A(a) = \int_0^{2\pi} \frac{a}{2\pi\sigma^2} \exp\left[-\frac{a^2}{2\sigma^2} \right] \mathrm{d}\varphi = \frac{a}{\sigma^2} \exp\left[-\frac{a^2}{2\sigma^2} \right]$$

同样可利用概率密度降维的性质，对 A 积分求 $\varPhi$ 的概率密度

$$f_\varPhi(\varphi) = \int_0^\infty \frac{a}{2\pi\sigma^2} \exp\left[-\frac{a^2}{2\sigma^2} \right] \mathrm{d}a = \int_0^\infty \frac{1}{2\pi} \exp\left[-\frac{a^2}{2\sigma^2} \right] \mathrm{d}\frac{a^2}{2\sigma^2}$$

令 $t = a^2 / 2\sigma^2$，则 $\quad f_\varPhi(\varphi) = \frac{1}{2\pi} \int_0^\infty \mathrm{e}^{-t} \mathrm{d}t = \frac{1}{2\pi}$

【例 1.2-5】 已知二维随机变量 (X_1, X_2) 的联合概率密度 $f_X(x_1, x_2)$，求 $Y = X_1 + X_2$ 的概率密度。

解：设 $\begin{cases} Y_1 = X_1 \\ Y_2 = X_1 + X_2 \end{cases}$

做这样的假设是为了保证运算过程的简单，也可做其他形式的假设。先求随机变量 Y_1, Y_2 的反函数及雅可比行列式

$$\begin{cases} X_1 = Y_1 \\ X_2 = Y_2 - Y_1 \end{cases}$$

$$J = \begin{vmatrix} \dfrac{\partial x_1}{\partial y_1} & \dfrac{\partial x_1}{\partial y_2} \\ \dfrac{\partial x_2}{\partial y_1} & \dfrac{\partial x_2}{\partial y_2} \end{vmatrix} = \begin{vmatrix} 1 & 0 \\ -1 & 1 \end{vmatrix} = 1$$

代入式(1.2-11)即可得到二维随机变量(Y_1, Y_2)的联合概率密度

$$f_Y(y_1, y_2) = |J| f_X(x_1, x_2) = f_X(x_1, x_2) = f_X(y_1, y_2 - y_1)$$

利用概率密度的性质求 Y_2 的边缘概率密度

$$f_{Y_2}(y_2) = \int_{-\infty}^{\infty} f_X(y_1, y_2 - y_1) \mathrm{d}y_1$$

最后用 Y 和 X_1 代替 Y_2 和 Y_1

$$f_Y(y) = \int_{-\infty}^{\infty} f_X(x_1, y - x_1) \mathrm{d}x_1$$

这就是两个随机变量之和的概率密度。进一步地,如果 X_1 和 X_2 互相独立,则

$$f_Y(y) = \int_{-\infty}^{\infty} f_{X_1}(x_1) f_{X_2}(y - x_1) \mathrm{d}x_1 = f_{X_1}(y) * f_{X_2}(y) \tag{1.2-12}$$

这是常见的卷积公式,也就是说两个互相独立随机变量之和的概率密度等于两个随机变量概率密度的卷积。

这个例子给出了两个随机变量之和的概率密度,用同样的方法也可求出两个随机变量之差、积、商的概率密度。

【例 1.2-6】 任选两个标有阻值 20kΩ 的电阻 R_1 和 R_2 串联,两个电阻的误差都在±5%之内,并且在误差之内它们是均匀分布的。求 R_1 和 R_2 串联后误差不超过±2.5%的概率有多大?

解: 由题意已知,电阻 R_1 和 R_2 应在 19~21kΩ 内均匀分布。另一方面,虽然电子元件出厂时都存在一定的误差,但由于 R_1 和 R_2 是任选的,两个电阻值应该是互相独立的。因此 R_1 和 R_2 之和的分布应满足式(1.2-12)。

两个矩形脉冲卷积的结果是三角波形,因此可推论两个均匀分布随机变量之和的概率密度应该呈三角形状,如图 1.2-4 所示。假定 $a = 19$kΩ,$b = 21$kΩ,R 的概率密度为

$$f_R(r) = \begin{cases} \dfrac{r - 2a}{(b-a)^2}, & 2a \leqslant r < a+b \\ -\dfrac{r - 2b}{(b-a)^2}, & a+b \leqslant r \leqslant 2b \\ 0, & 其他 \end{cases}$$

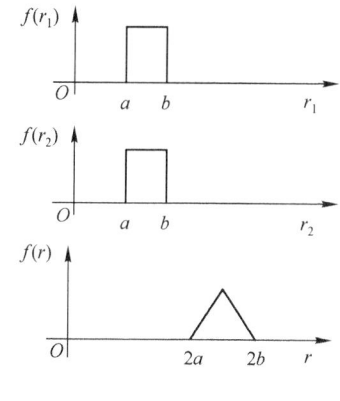

图 1.2-4 例 1.2-4 的图

R_1 和 R_2 串联后,$R = R_1 + R_2$ 的阻值应是 40kΩ,误差范围也随之增大,这时 R 的取值应该在 38~42kΩ 之间。求串联后 R 的相对误差在±2.5%之内的概率,也就是求 R 的取值区间在 39~41kΩ 之内的概率

$$P(39 \leqslant R \leqslant 41) = \int_{39}^{41} f_R(r) \mathrm{d}r = \int_{39}^{40} \dfrac{r - 2a}{(b-a)^2} \mathrm{d}r - \int_{40}^{41} \dfrac{r - 2b}{(b-a)^2} \mathrm{d}r = \dfrac{3}{4}$$

即 R_1 和 R_2 串联后误差不超过±2.5%的概率是 0.75。

1.3 随机变量及其函数的数字特征

分布律描述随机变量的统计特征是利用随机变量取值与取值概率的对应关系。在许多实际问题中，概率分布函数和概率密度函数需要大量的试验才能得到。幸运的是有时并不需要对随机变量进行完整的描述，而只要求知道随机变量统计规律的主要特征。另一方面，有时虽然掌握了随机变量的概率分布函数和概率密度函数，但需要更直观地了解它的平均值和偏离平均值的程度，因此引出了随机变量的数字特征。

数字特征也称为特征数。数字特征有很多，但主要的数字特征是描述随机变量的集中特性、离散特性和随机变量之间的相关性。

1.3.1 一维随机变量和随机变量函数的数字特征

1. 随机变量的数学期望

数学期望又称为统计平均或集合平均，有时更简单地称为均值。数学期望刻画了随机变量分布的中心位置，用 $E[X]$ 或 m_X 表示。对于离散随机变量 X，其数学期望为

$$E[X] = \sum_{i=1}^{\infty} x_i P(X = x_i) = \sum_{i=1}^{\infty} x_i P_i \tag{1.3-1}$$

如果 X 是连续随机变量，则有

$$E[X] = \int_{-\infty}^{\infty} x f_X(x) \mathrm{d}x \tag{1.3-2}$$

数学期望具有明确的物理意义，如果把概率密度看成具有一定密度的曲线，那么数学期望便是曲线的重心。

随机变量函数 $Y = g(X)$ 的数学期望可以直接通过随机变量 X 的概率密度求取。可以证明

$$E[g(X)] = E[Y] = \int_{-\infty}^{+\infty} y f_Y(y) \mathrm{d}y = \int_{-\infty}^{+\infty} g(x) f_X(x) \mathrm{d}y \tag{1.3-3}$$

上述关系还可以扩展到高维随机变量情况，例如，对 $Y = g(X_1, X_2, \cdots, X_n)$ 求均值，有

$$E[Y] = \int_{-\infty}^{+\infty} \int_{-\infty}^{+\infty} \cdots \int_{-\infty}^{+\infty} g(x_1, x_2, \cdots, x_n) f(x_1, x_2, \cdots, x_n) \mathrm{d}x_1 \mathrm{d}x_2 \cdots \mathrm{d}x_n \tag{1.3-4}$$

其中 $f(x_1, x_2, \cdots, x_n)$ 是 n 维随机变量 $(X_1, X_2, \cdots, X_n)$ 的概率密度函数。

在上面的定义中，$E[\cdot]$ 是一个线性算子，可以利用 $E[\cdot]$ 的线性性质对复杂的运算进行化简。

中位数同样描述了随机变量分布的中心位置。满足下面关系的常数 M_e 被称为随机变量的中位数

$$P(X \leqslant M_e) \geqslant 1/2 \text{ 且 } P(X \geqslant M_e) \geqslant 1/2 \tag{1.3-5}$$

上述定义对离散型随机变量和连续型随机变量都成立。对于连续型随机变量，从上述条件可以推导出

$$P(X \geqslant M_e) = P(X \leqslant M_e) = 1/2 \tag{1.3-6}$$

连续随机变量的中位数将随机变量概率密度下的面积一分为二。离散随机变量的中位数不唯一。

描述随机变量分布中心位置的统计量还有众数。概率最大(离散随机变量)或概率密度最大(连续随机变量)的点 x_M 称为众数,记为 M_o。在数字图像处理中,灰度直方图描述了一幅图像的灰度分布。灰度直方图的众数反映了图像的基调,因为在图像上众数这一点的灰度最多。

数学期望、中位数和众数的相对关系如图 1.3-1 所示,若概率密度曲线有单峰且关于峰值点对称,则三者重合。

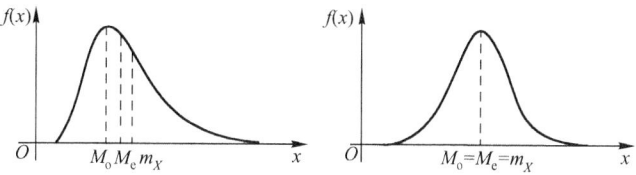

图 1.3-1 数学期望、中位数和众数的相对关系

2. 方差

方差用来度量随机变量分布的离散程度,用 $D[X]$ 或 σ_X^2 表示,其计算公式为

$$D[X] = E[(X - E[X])^2] = E[X^2] - (E[X])^2 \tag{1.3-7}$$

对于离散和连续随机变量,分别有

$$D[X] = \sum_{i=1}^{\infty}(x_i - E[X])^2 P_i \tag{1.3-8}$$

$$D[X] = \int_{-\infty}^{\infty}(x - E[X])^2 f_X(x)\mathrm{d}x \tag{1.3-9}$$

方差开方后称为均方差或标准差,即

$$\sigma_X = \sqrt{D[X]} \tag{1.3-10}$$

数学期望和方差是随机变量分布的两个重要的特征,图 1.3-2 示出了具有不同数学期望和方差的随机变量的概率密度。因为概率密度曲线下的面积恒为 1,对于相同分布的随机变量,若数学期望不同但方差相同,表现为概率密度曲线在横轴上平移;若方差不同但数学期望相同,则表现为概率密度曲线在数学期望附近集中的程度,图中 $\sigma_1 < \sigma_2 < \sigma_3$。

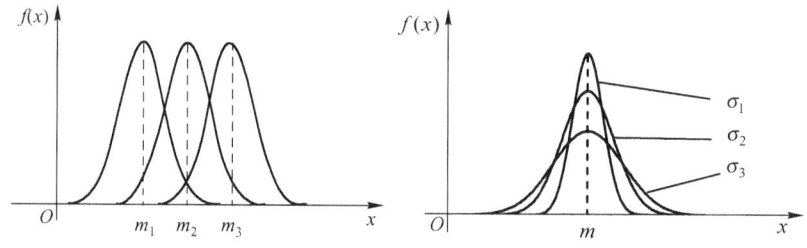

图 1.3-2 具有不同数学期望和方差的随机变量的概率密度

切比雪夫不等式利用均值和方差描述了随机变量分布的位置和聚集程度。设 X 是任一具有有限方差的随机变量,对于任意的 $k > 0$,有

$$P(|X - m_X| \geqslant k) \leqslant \sigma_X^2 / k^2 \tag{1.3-11}$$

切比雪夫不等式指出:X 落在区域 $(m_X - k, m_X + k)$ 内的概率要高于 $1 - \sigma_X^2 / k^2$,随机变量的

方差越小，随机变量集中在均值附近的概率就越高。特别地，当$\sigma_X=0$时，对于任意的$k>0$都有$P(X\in(m_X-k,m_X+k))=1$，因此$P(X=m_X)=1$，此时X几乎确定是一个常数。

通过选取不同k的取值，从切比雪夫不等式中还可以看出，对于任意方差有限的随机变量，其取值落在$m_X\pm\sqrt{2}\sigma_X$范围内的概率不小于50%。其取值落在$m_X\pm3\sigma_X$范围内的概率不小于88.89%，取值落在$m_X\pm5\sigma_X$范围内的概率不小于96%。因此在误差分析中，用标准差衡量系统的测量精度。例如，某一测速雷达的测速精度为0.1m/s，即均方差$\sigma=0.1$m/s，由此可知，该雷达系统至少有半数的测量值落在真值的±0.14m/s范围内，而至少89%的测量值在真值±0.3m/s范围内。注意切比雪夫不等式只给出了随机变量取值聚集程度的下界，随机变量真正的聚集程度与概率密度函数息息相关。

在图像处理中，灰度直方图的方差大致反映了图像的反差。层次感较强的图像一般对应的方差较大，而轮廓模糊的图像一般对应的方差较小。

对于随机变量函数$Y=\varphi(X)$，利用式(1.3-3)可以得到Y的方差展开式为

$$D[Y]=\int_{-\infty}^{\infty}[\varphi(x)-m_Y]^2 f_X(x)\mathrm{d}x=D[\varphi(X)] \qquad (1.3\text{-}12)$$

【例1.3-1】 已知高斯随机变量X的概率密度为

$$f_X(x)=\frac{1}{\sqrt{2\pi}\sigma}\mathrm{e}^{-\frac{(x-m)^2}{2\sigma^2}}$$

求它的数学期望和方差。

解：根据数学期望和方差的定义，有

$$E[X]=\int_{-\infty}^{\infty}xf_X(x)\mathrm{d}x=\int_{-\infty}^{\infty}\frac{x}{\sqrt{2\pi}\sigma}\mathrm{e}^{-\frac{(x-m)^2}{2\sigma^2}}\mathrm{d}x$$

令$t=\frac{x-m}{\sigma}$，$\mathrm{d}x=\sigma\mathrm{d}t$，代入上式并整理得

$$E[X]=\frac{\sigma}{\sqrt{2\pi}}\int_{-\infty}^{\infty}t\mathrm{e}^{-t^2/2}\mathrm{d}t+\frac{m}{\sqrt{2\pi}}\int_{-\infty}^{\infty}\mathrm{e}^{-t^2/2}\mathrm{d}t=0+\frac{m}{\sqrt{2\pi}}\sqrt{2\pi}=m$$

$$D[X]=\int_{-\infty}^{\infty}(x-m)^2 f_X(x)\mathrm{d}x=\int_{-\infty}^{\infty}\frac{(x-m)^2}{\sqrt{2\pi}\sigma}\mathrm{e}^{-\frac{(x-m)^2}{2\sigma^2}}\mathrm{d}x$$

与前面作同样的变换，即令$t=\frac{x-m}{\sigma}$，整理后得

$$D[X]=\frac{2\sigma^2}{\sqrt{2\pi}}\int_0^{\infty}t^2\mathrm{e}^{-t^2/2}\mathrm{d}t$$

查数学手册中的积分表 $\int_0^{\infty}x^{2n}\mathrm{e}^{-ax^2}\mathrm{d}x=\frac{1\times3\times\cdots\times(2n-1)}{2^{n+1}a^n}\sqrt{\frac{\pi}{a}}$

在上式中，令$n=1$及$a=1/2$，利用积分结果，可得方差

$$D[X]=\frac{2\sigma^2}{\sqrt{2\pi}}\frac{\sqrt{2\pi}}{2}=\sigma^2$$

可见，高斯变量概率密度中的两个量m和σ^2分别是数学期望和方差，或者说一维高斯变量的概率密度由其数学期望和方差唯一决定。

【例1.3-2】 假设随机变量X满足$E[X^2]<\infty$。求解常数a的最优值，使得函数

$f(a) = E[(X-a)^2]$ 的取值最小。

解：根据数学期望的线性性质，可得
$$f(a) = a^2 - 2E[X]a + E[X^2]$$
这是 a 的一元二次方程，最小值在 $a^* = E[X]$ 处取得，此时 $f(a^*) = D[X]$。

由上面例题可知，如果观测者想在试验前对随机变量的实现结果进行猜测，并以猜测误差平方的均值作为代价函数。那么观测者最佳的猜测是选择 X 的均值，而其对应的最小代价是 X 的方差。

3．矩函数

矩函数是一种数学定义，根据阶数大小有一阶矩、二阶矩，高于二阶的矩函数称为高阶矩。根据矩函数的计算方式还可以分为原点矩和中心距。下面将会看到一阶原点矩正是曲线的几何重心。如果曲线是概率密度，那么一阶原点矩就是随机变量的数学期望。

随机变量 X 的 n 阶原点矩定义为
$$m_n = E[X^n], \qquad n = 1, 2, \cdots \qquad (1.3\text{-}13)$$
根据式(1.3-3)，对于离散和连续随机变量，则分别有
$$m_n = \sum_{i=1}^{\infty} x_i^n P_i, \qquad n = 1, 2, \cdots \qquad (1.3\text{-}14)$$
$$m_n = \int_{-\infty}^{\infty} x^n f_X(x) \mathrm{d}x, \qquad n = 1, 2, \cdots \qquad (1.3\text{-}15)$$

随机变量 X 的 n 阶中心矩定义为
$$\mu_n = E[(X - E[X])^n], \qquad n = 1, 2, \cdots \qquad (1.3\text{-}16)$$
类似原点矩的定义式，也可分别写出离散随机变量和连续随机变量中心矩的具体表达式
$$\mu_n = \sum_{i=1}^{\infty} (x_i - E[X])^n P_i, \qquad n = 1, 2, \cdots \qquad (1.3\text{-}17)$$
$$\mu_n = \int_{-\infty}^{\infty} (x - E[X])^n f_X(x) \mathrm{d}x, \qquad n = 1, 2, \cdots \qquad (1.3\text{-}18)$$

不同阶的矩函数有着不同的意义：

当 $n=1$ 时，一阶原点矩 m_1 就是数学期望。

当 $n=2$ 时，二阶中心矩 μ_2 就是方差。

当 $n=3$ 时，$s = \mu_3 / \sigma^3$ 定义为偏态系数，偏态系数描述概率密度的非对称性，这是因为当概率密度 $f(x)$ 对称时，奇数阶中心矩为零。在实际应用时，经常用到随机变量三阶中心矩为零的性质。

在图像处理中，灰度直方图的偏态系数是对图像灰度分布偏离对称程度的一种度量。当灰度直方图 $s<0$ 时，图像呈高色调；而当灰度直方图 $s>0$ 时，图像呈低色调。图 1.3-3 示出了具有不同偏态系数的概率密度。

当 $n=4$ 时，将 $K = \mu_4 / \sigma^4$ 定义为峰态系数，峰态系数描述概率密度的尖锐或平坦程度。高斯概率密度的峰态系数为 3，如图 1.3-4 所示。比较方差相同、具有不同分布的随机变量概率密度，当概率密度的主峰比高斯分布尖锐时，其峰态系数大于 3；反之当概率密度的主峰比高斯分布平坦时，峰态系数小于 3。

图像灰度直方图的峰态系数反映了图像灰度值的分布是聚集在数学期望附近还是分布得比较宽。图像灰度直方图呈现窄峰时，图像的反差小。而当灰度直方图峰态系数较小，灰度分布较宽时，图像具有较多的层次。

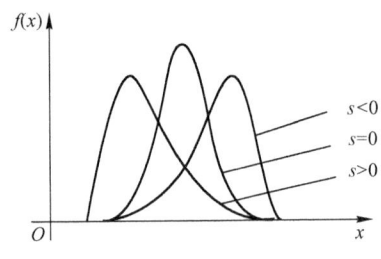

图 1.3-3　不同偏态系数的概率密度

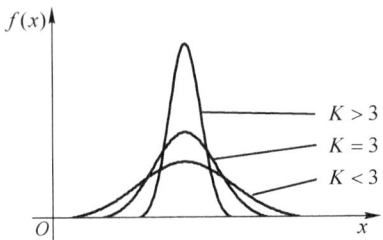

图 1.3-4　不同峰态系数的概率密度

1.3.2　二维随机变量的联合矩及统计关系

1．二维随机变量的联合矩

二维随机变量的矩函数包括联合原点矩和联合中心矩。二维随机变量(X, Y)的$n+k$阶联合原点矩定义为

$$m_{nk} = E[X^n Y^k]，\quad n=1,2,\cdots;\ k=1,2,\cdots \quad (1.3\text{-}19)$$

仿照一维函数均值的求法，有

$$m_{nk} = \int_{-\infty}^{\infty}\int_{-\infty}^{\infty} x^n y^k f_{XY}(x,y)\mathrm{d}x\mathrm{d}y \quad (1.3\text{-}20)$$

$n+k$阶联合中心矩定义为
$$\mu_{nk} = E\{(X-E[X])^n (Y-E[Y])^k\}$$
$$= \int_{-\infty}^{\infty}\int_{-\infty}^{\infty} (x-E[X])^n (y-E[Y])^k f_{XY}(x,y)\mathrm{d}x\mathrm{d}y \quad (1.3\text{-}21)$$

这里只给出了连续随机变量的表达式，参考式(1.3-14)和式(1.3-17)也可得到离散随机变量的联合矩函数表达式。

当$n=1$，$k=0$和$n=0$，$k=1$时，一阶原点矩分别是X和Y的数学期望
$$m_{10} = E[X] = m_X \quad (1.3\text{-}22)$$
$$m_{01} = E[Y] = m_Y \quad (1.3\text{-}23)$$

当$n=2$，$k=0$和$n=0$，$k=2$时，二阶中心矩分别是X和Y的方差
$$\mu_{20} = E\{(X-E[X])^2\} = \sigma_X^2 \quad (1.3\text{-}24)$$
$$\mu_{02} = E\{(Y-E[Y])^2\} = \sigma_Y^2 \quad (1.3\text{-}25)$$

当$n=1$，$k=1$时，二阶联合原点矩和二阶联合中心矩分别是X和Y的相关矩和协方差
$$m_{11} = E[XY] = R_{XY} \quad (1.3\text{-}26)$$
$$\mu_{11} = E\{(X-E[X])(Y-E[Y])\} = C_{XY} \quad (1.3\text{-}27)$$

这两个统计量反映了两个随机变量之间的关联程度，协方差可以看作中心化随机变量(将随机变量的均值置为0)的相关矩。利用期望的线性性质，容易验证：

$$C_{XY} = E\{XY - E[X]Y - XE[Y] + E[X]E[Y]\}$$
$$= E[XY] - E[X]E[Y] = R_{XY} - m_X m_Y \quad (1.3\text{-}28)$$

显然当 $X=Y$ 时，协方差将退化为方差。

2. 二维随机变量的统计独立、不相关、正交

为了去除两个随机变量各自离散程度对相关程度的影响，可将协方差对两个随机变量的均方差进行归一化，定义随机变量 X 和 Y 的相关系数为

$$r_{XY} = \frac{C_{XY}}{\sigma_X \sigma_Y} = \frac{R_{XY} - m_X m_Y}{\sigma_X \sigma_Y} \quad (1.3\text{-}29)$$

利用柯西施瓦兹不等式，容易证明 $-1 \leqslant r_{XY} \leqslant 1$。相关系数反映两个随机变量之间的线性关联程度，与它们的数学期望和方差无关。当 $r_{XY}=0$ 时，称随机变量 X 和 Y 不相关，否则称为相关；若 $|r_{XY}|=1$ 则称为完全相关。

【例 1.3-3】 已知 X 与 Y 为互相独立的随机变量，求 X 与 Y 的相关系数。

解： 由于 X 与 Y 互相独立，根据式(1.1-44)

$$f_{XY}(x,y) = f_X(x) f_Y(y)$$
$$C_{XY} = E\{(X - E[X])(Y - E[Y])\}$$
$$= \int_{-\infty}^{\infty} \int_{-\infty}^{\infty} (x - m_X)(y - m_Y) f_{XY}(x,y) \mathrm{d}x \mathrm{d}y$$

由于 X 与 Y 互相独立，可以将二重积分化为两个一重积分

$$C_{XY} = \int_{-\infty}^{\infty} (x - m_X) f_X(x) \mathrm{d}x \int_{-\infty}^{\infty} (y - m_Y) f_Y(y) \mathrm{d}y = 0$$

所以，$r_{XY}=0$。

这个例子说明了两个互相独立的随机变量一定是不相关的。统计独立是由概率论中的事件独立推广而来的，对于二维随机变量而言，体现在概率密度满足式(1.1-44)。如果把二维随机变量看成平面上的一个随机点，那么这个随机点的两个坐标就表明了随机点在二维平面上所处的位置。统计独立是指随机点的两个坐标之间是完全随机的，没有任何关系。相关则指随机点两个坐标之间的线性相关程度。如果二维随机变量是完全相关的，那么随机点在平面上的分布是一条直线，每个随机点的两个坐标严格遵循线性方程。如果二维随机变量的相关系数介于 0 和 1 (或 -1 和 0)之间，则它们可能用一个除直线方程之外的其他方式联系起来。

统计独立与不相关的概念是不同的，相比之下统计独立的条件更严格一些。下面讨论它们满足的条件以及相互之间的关系。

（1）随机变量 X 与 Y 统计独立的充要条件是 $f_{XY}(x,y) = f_X(x) f_Y(y)$。
（2）随机变量 X 与 Y 不相关的充要条件是 $r_{XY}=0$。
由式(1.3-28)，$C_{XY} = R_{XY} - E[X]E[Y]$，若随机变量 X 与 Y 不相关则 $C_{XY}=0$，此时有

$$R_{XY} = E[X]E[Y] \quad (1.3\text{-}30)$$

（3）随机变量 X 与 Y 统计独立，它们必然是不相关的。例 1.3-3 已经说明了这个结论。
（4）随机变量 X 与 Y 不相关，它们不一定互相独立。例 1.3-4 将说明这个问题。

（5）若随机变量 X 与 Y 的相关矩为零，即
$$R_{XY} = E[XY] = 0 \qquad (1.3\text{-}31)$$
则称 X 和 Y 互相正交。对于互相正交的两个随机变量，如果其中一个随机变量的数学期望为零，则二者一定不相关，因为 $C_{XY} = R_{XY} - E[X]E[Y]$，若 $E[X]$ 和 $E[Y]$ 之一为零，必有 $C_{XY} = 0$。

【例 1.3-4】 已知二维随机变量 (X, Y) 满足 $\begin{cases} X = \cos\Phi \\ Y = \sin\Phi \end{cases}$，式中 Φ 是在 $[0, 2\pi]$ 上均匀分布的随机变量，讨论 X, Y 的独立性和相关性。

解：根据已知条件，$X^2 + Y^2 = 1$，显然它们的取值互相依赖于对方，或者说是通过参变量 Φ 互相联系的，因此不可能是互相独立的。另一方面，它们却是不相关的，因为 X 与 Y 的数学期望为

$$E[X] = \int_{-\infty}^{\infty} \cos\varphi f_\Phi(\varphi)\mathrm{d}\varphi = \int_0^{2\pi} \frac{1}{2\pi}\cos\varphi\,\mathrm{d}\varphi = 0$$

$$E[Y] = \int_{-\infty}^{\infty} \sin\varphi f_\Phi(\varphi)\mathrm{d}\varphi = \int_0^{2\pi} \frac{1}{2\pi}\sin\varphi\,\mathrm{d}\varphi = 0$$

X 与 Y 之间的自相关函数和协方差为

$$R_{XY} = E[XY] = E[\sin\Phi\cos\Phi] = \frac{1}{2}E[\sin 2\Phi] = 0$$

$$C_{XY} = E[(X - m_X)(Y - m_Y)] = E[XY] = 0$$

所以，$r_{XY} = 0$，说明 X 与 Y 之间不相关。

不用先求出二维随机变量函数的概率密度，直接用原随机变量的联合概率密度和函数关系即可求一些矩函数。这种直接求随机变量函数数字特征的方法，大大地简化了运算过程。

下面给出一些经常用到且很容易证明的运算法则。

设 X_1 和 X_2 为任意分布的两个随机变量，a 和 b 为常数。

$E[a] = a, \quad E[aX + b] = aE[X] + b, \quad E[X_1 \pm X_2] = E[X_1] \pm E[X_2]$

$D[a] = 0, \quad D[aX + b] = a^2 D[X], \quad D[X_1 \pm X_2] = D[X_1] + D[X_2] \pm 2C_{X_1,X_2}$

当 X_1 和 X_2 不相关时 $\quad E[X_1 X_2] = E[X_1]E[X_2], \quad D[X_1 \pm X_2] = D[X_1] + D[X_2]$

【例 1.3-5】 已知高斯随机变量 X 的数学期望和方差分别为 m 和 σ^2，求随机变量 $Y = 5X + 1$ 的 $f_Y(y), m_Y, \sigma_Y^2, R_{XY}, C_{XY}, r_{XY}$。

解：本例可以仿照例 1.2-2 通过函数变换求 Y 的概率密度，也可以先根据上面给出的方法求出数学期望和方差，再根据高斯分布的特点写出 Y 的概率密度。

根据 X 的数学期望 m 和方差 σ^2，可以得到 Y 的数学期望和方差

$$m_Y = E[Y] = E[5X + 1] = 5E[X] + 1 = 5m + 1$$

$$\sigma_Y^2 = D[Y] = D[5X + 1] = 5^2 D[X] = 25\sigma^2$$

先写出 Y 的概率密度，再将以上两式代入得

$$f_Y(y) = \frac{1}{\sqrt{2\pi}\sigma_Y}\exp\left[-\frac{(y - m_Y)^2}{2\sigma_Y^2}\right] = \frac{1}{5\sqrt{2\pi}\sigma}\exp\left[-\frac{(y - 5m - 1)^2}{50\sigma^2}\right]$$

X 和 Y 的相关矩为 $\quad R_{XY} = E[XY] = E[X(5X + 1)] = 5E[X^2] + E[X]$

由式 (1.3-27)，可以由数学期望和方差求二阶原点矩

$$E[X^2] = D[X] + (E[X])^2$$

则 $R_{XY} = 5D[X] + 5(E[X])^2 + E[X] = 5\sigma^2 + 5m^2 + m$

X 和 Y 的协方差 $\quad C_{XY} = R_{XY} - m m_Y = 5\sigma^2$

X 和 Y 的相关系数 $\quad r_{XY} = \dfrac{C_{XY}}{\sigma\sigma_Y} = \dfrac{5\sigma^2}{\sigma\sigma_Y} = 1$

【例 1.3-6】 随机变量 $Y = aX + b$，其中 X 为随机变量，a, b 为常数且 $a>0$，求 X 与 Y 的相关系数。

解：Y 的数学期望
$$E[Y] = E[aX+b] = \int_{-\infty}^{\infty}(ax+b)f_X(x)\mathrm{d}x$$
$$= a\int_{-\infty}^{\infty}xf_X(x)\mathrm{d}x + b\int_{-\infty}^{\infty}f_X(x)\mathrm{d}x = aE[X] + b = m_Y$$

Y 的方差
$$D[Y] = \int_{-\infty}^{\infty}(ax+b-m_Y)^2 f_X(x)\mathrm{d}x = a^2\int_{-\infty}^{\infty}(x-E[X])^2 f_X(x)\mathrm{d}x$$
$$= a^2 D[X] = a^2 \sigma_X^2$$

X 与 Y 的协方差
$$C_{XY} = E\{(X-E[X])(aX+b-aE[X]-b)\}$$
$$= E\{(X-E[X])(aX-aE[X])\}$$
$$= aD[X]$$

X 与 Y 的相关函数 $\quad r_{XY} = \dfrac{C_{XY}}{\sigma_X \sigma_Y} = \dfrac{aD[X]}{\sqrt{D[X]a^2 D[X]}} = 1$

1.4 随机变量的特征函数

随机变量的特征函数不像分布律和数字特征那样具有明显的物理意义，但它的应用价值是不可估量的。一方面，作为一个数学工具，可使很多运算大大简化；另一方面，它又是高阶谱估计的数学基础。

1.4.1 特征函数的定义与性质

特征函数也是一个统计平均量，随机变量 X 的特征函数就是由 X 组成的一个新的随机变量 $\mathrm{e}^{\mathrm{j}\omega X}$ 的数学期望，记为

$$\Phi(\omega) = E[\mathrm{e}^{\mathrm{j}\omega X}] \tag{1.4-1}$$

离散随机变量和连续随机变量的特征函数分别表示为

$$\Phi(\omega) = \sum_{i=0}^{\infty} P_i \mathrm{e}^{\mathrm{j}\omega x_i} \tag{1.4-2}$$

$$\Phi(\omega) = \int_{-\infty}^{\infty} f(x)\mathrm{e}^{\mathrm{j}\omega x}\mathrm{d}x \tag{1.4-3}$$

随机变量 X 的第二特征函数定义为特征函数的对数

$$\Psi(\omega) = \ln \Phi(\omega) \tag{1.4-4}$$

下面讨论特征函数的性质。

性质 1 $\quad |\Phi(\omega)| \leqslant \Phi(0) = 1 \tag{1.4-5}$

由于概率密度非负，且 $|\mathrm{e}^{\mathrm{j}\omega X}| = 1$，所以

$$\left|\int_{-\infty}^{\infty} f(x)e^{j\omega x}dx\right| \leq \int_{-\infty}^{\infty} f(x)dx = \Phi(0) = 1$$

性质 2 若 $Y = aX + b$，a 和 b 为常数，则 Y 的特征函数为

$$\Phi_Y(\omega) = e^{j\omega b}\Phi(a\omega) \tag{1.4-6}$$

因为特征函数定义为数学期望，故

$$\Phi_Y(\omega) = E[e^{j\omega Y}] = E[e^{j\omega(aX+b)}] = e^{j\omega b}E[e^{j\omega aX}]$$

性质 3 互相独立随机变量之和的特征函数等于各随机变量特征函数之积，即若 $Y = \sum_{n=1}^{N} X_n$，则

$$\Phi_Y(\omega) = E\left[\exp\left(j\omega\sum_{n=1}^{N}X_n\right)\right] = E\left[\prod_{n=1}^{N}e^{j\omega X_n}\right] \tag{1.4-7}$$

如果 $X_n (n=1,2,\cdots,N)$ 之间互相独立，则

$$\Phi_Y(\omega) = \prod_{n=1}^{N}E[e^{j\omega X_n}] = \prod_{n=1}^{N}\Phi_{X_n}(\omega) \tag{1.4-8}$$

【例 1.4-1】 求分布列为 $P(X=1) = p$，$P(X=0) = 1-p$ 的 0-1 分布随机变量 X 的特征函数。

解： 根据定义有

$$\Phi_X(\omega) = E[e^{j\omega X}] = (1-p)e^{j\omega\times 0} + pe^{j\omega\times 1} = 1 - p + pe^{j\omega}$$

【例 1.4-2】 求二项分布 $X \sim B(n,p)$ 的特征函数。

解： 二项分布可以写为 0-1 分布随机变量的累加和。令 $X = \sum_{i=1}^{n} X_i$，其中 X_i 是独同分布的 0-1 分布随机变量，分布列为 $P(X_i=1) = p$，$P(X_i=0) = 1-p$，根据上面例题的结果，有

$$\Phi_{X_i}(\omega) = 1 - p + pe^{j\omega}$$

利用性质 3，可知 $\Phi_X(\omega) = \prod_{i=1}^{n}\Phi_{X_i}(\omega) = (1 - p + pe^{j\omega})^n$

1.4.2 特征函数与概率密度的关系

根据特征函数的定义，特征函数与概率密度有类似傅里叶变换的关系，即

$$\Phi_X(\omega) = \int_{-\infty}^{\infty} f_X(x)e^{j\omega x}dx \tag{1.4-9}$$

$$f_X(x) = \frac{1}{2\pi}\int_{-\infty}^{\infty}\Phi_X(\omega)e^{-j\omega x}d\omega \tag{1.4-10}$$

因为式(1.4-9)是特征函数的定义，只要证明式(1.4-10)成立即可。将式(1.4-9)代入上式右端，并交换积分顺序

$$\frac{1}{2\pi}\int_{-\infty}^{\infty}\Phi_X(\omega)e^{-j\omega x}d\omega = \frac{1}{2\pi}\int_{-\infty}^{\infty}e^{-j\omega x}\left[\int_{-\infty}^{\infty}f_X(\lambda)e^{j\omega\lambda}d\lambda\right]d\omega$$

$$= \int_{-\infty}^{\infty}f_X(\lambda)\left[\frac{1}{2\pi}\int_{-\infty}^{\infty}e^{j\omega(\lambda-x)}d\omega\right]d\lambda$$

$$= \int_{-\infty}^{\infty}f_X(\lambda)\delta(\lambda-x)d\lambda = f_X(x)$$

即得证。需要注意的是，特征函数与概率密度之间的关系与傅里叶变换略有不同，指数项差一个负号。

【例 1.4-3】 已知随机变量 X_1 和 X_2 为互相独立的高斯变量，数学期望为零，方差为1。求 $Y = X_1 + X_2$ 的概率密度。

解：已知数学期望为零、方差为1的高斯变量的概率密度为

$$f_X(x) = \frac{1}{\sqrt{2\pi}} e^{-x^2/2}$$

先根据定义求 X_1 和 X_2 的特征函数，这里需要借助附录 C 中的傅里叶变换表

$$\mathcal{F}[e^{-\frac{t^2}{2\sigma^2}}] = \sqrt{2\pi}\sigma e^{-\frac{\sigma^2\omega^2}{2}}$$

令上式 $\sigma = 1$，左端 t 换为 ω，右端 ω 换成 x，并做简单的系数变换

$$\mathcal{F}\left[\frac{1}{2\pi} e^{-\omega^2/2}\right] = \frac{1}{\sqrt{2\pi}} e^{-x^2/2}$$

除了系数 $1/2\pi$ 外，求特征函数相当于求傅里叶反变换，由上式得到 X_1 和 X_2 的特征函数

$$\Phi_{X_1}(\omega) = \int_{-\infty}^{\infty} f_{X_1}(x) e^{j\omega x} dx = e^{-\omega^2/2}, \quad \Phi_{X_2}(\omega) = e^{-\omega^2/2}$$

由特征函数的性质 3 $\quad \Phi_Y(\omega) = \Phi_{X_1}(\omega)\Phi_{X_2}(\omega) = e^{-\omega^2}$

再由定义式和傅里叶变换表，便可求得 Y 的概率密度

$$f_Y(y) = \frac{1}{2\pi}\int_{-\infty}^{\infty} \Phi_Y(\omega) e^{-j\omega y} d\omega = \frac{1}{2\pi}\int_{-\infty}^{\infty} e^{-\omega^2} e^{-j\omega y} d\omega = \frac{1}{2\sqrt{\pi}} e^{-y^2/4}$$

由此可见，本例借助傅里叶变换比直接求两个随机变量之和的概率密度要简单得多。

1.4.3 特征函数与矩函数的关系

特征函数与矩函数是一一对应的。一方面，由随机变量的特征函数可以求得其任意阶原点矩；另一方面，如果随机变量的任意阶原点矩都存在，那么可以由原点矩唯一确定随机变量的特征函数。下面先证明原点矩可由特征函数唯一确定，实际上 X 的 n 阶原点矩（如果存在）与特征函数的关系可表达为

$$E[X^n] = \int_{-\infty}^{\infty} x^n f_X(x) dx = (-j)^n \left.\frac{d^n\Phi_X(\omega)}{d\omega^n}\right|_{\omega=0} \tag{1.4-11}$$

式(1.4-11)的证明可以对特征函数求 n 阶导数，然后令 $\omega = 0$：

$$\left.\frac{d^n\Phi_X(\omega)}{d\omega^n}\right|_{\omega=0} = j^n \int_{-\infty}^{\infty} x^n e^{j\omega x} f_X(x) dx\Big|_{\omega=0} = j^n \int_{-\infty}^{\infty} x^n f_X(x) dx = j^n E[X^n] \tag{1.4-12}$$

再证逆过程：特征函数由各阶原点矩唯一确定。将特征函数展开成麦克劳林级数

$$\Phi_X(\omega) = \Phi_X(0) + \Phi'_X(0)\omega + \Phi''_X(0)\frac{\omega^2}{2} + \cdots + \Phi_X^{(n)}(0)\frac{\omega^n}{n!} + \cdots$$

将特征函数的各阶导数代入上式

$$\Phi_X(\omega) = \sum_{n=0}^{\infty} \frac{d^n \Phi_X(\omega)}{d\omega^n}\bigg|_{\omega=0} \frac{\omega^n}{n!} = \sum_{n=0}^{\infty} E[X^n]\frac{(j\omega)^n}{n!} \tag{1.4-13}$$

因此特征函数可以通过各阶原点矩唯一地确定。同样也可把第二特征函数展开成麦克劳林级数

$$\Psi_X(\omega) = \ln \Phi_X(\omega) = \sum_{n=0}^{\infty} c_n \frac{(j\omega)^n}{n!} \tag{1.4-14}$$

式中

$$c_n = (-j)^n \frac{d^n}{d\omega^n} \ln \Phi_X(\omega)\bigg|_{\omega=0} = (-j)^n \frac{d^n}{d\omega^n} \Psi_X(\omega)\bigg|_{\omega=0} \tag{1.4-15}$$

c_n 称为随机变量 X 的 n 阶累积量，由于 c_n 是用第二特征函数定义的，因此第二特征函数也称为累积量生成函数。将上式与定义式比较可知，随机变量 X 的 n 阶矩和 n 阶累积量有着密切的联系。有关累积量的性质和更多的知识可参考本书参考文献[10]中的第 1 章。

【例 1.4-4】 求数学期望为零、方差为 σ^2 的高斯变量 X 的各阶矩和各阶累积量。

解： 已知数学期望为零、方差为 σ^2 的高斯变量 X 的概率密度为

$$f_X(x) = \frac{1}{\sqrt{2\pi}\sigma} \exp\left[-\frac{x^2}{2\sigma^2}\right]$$

可求得特征函数

$$\Phi_X(\omega) = \int_{-\infty}^{\infty} f_X(x) e^{j\omega x} dx = \exp\left[-\frac{\sigma^2 \omega^2}{2}\right]$$

再利用特征函数的导数来求一、二阶矩

$$E[X] = -j\left(-\sigma^2 \omega \exp\left[-\frac{\sigma^2 \omega^2}{2}\right]\right)\bigg|_{\omega=0} = 0$$

$$E[X^2] = (-j)^2 \left\{(-\sigma^2 \omega)^2 \exp\left[-\frac{\sigma^2 \omega^2}{2}\right] - \sigma^2 \exp\left[-\frac{\sigma^2 \omega^2}{2}\right]\right\}\bigg|_{\omega=0} = \sigma^2$$

继续求出 n 阶矩

$$E[X^n] = \begin{cases} 1 \times 3 \times 5 \times \cdots \times (n-1)\sigma^n, & n\text{ 为偶} \\ 0, & n\text{ 为奇} \end{cases}$$

可见，高斯变量的 n 阶矩除了与阶数有关，还与方差有关。另一方面由第二特征函数

$$\Psi_X(\omega) = \ln \Phi_X(\omega) = -\frac{\sigma^2 \omega^2}{2}$$

根据累积量与第二特征函数的关系式，得到各阶累积量

$$c_1 = 0, \quad c_2 = \sigma^2, \quad c_n = 0, (n > 2)$$

可见，数学期望为零的高斯变量的前三阶矩与相应阶的累积量相同。

这个例子得到的结论是：对于高斯变量而言，高阶矩只与一、二阶矩有关。从高阶累积量也可得到类似的结果，因高斯变量的 n 阶累积量在 $n > 2$ 时为零。这个结论给出的启示是，当存在加性高斯噪声时，由于高斯噪声的高阶累积量为零，因此可以在高阶累积量上检测非高斯信号。

1.4.4 联合特征函数与联合累积量

二维随机变量 (X, Y) 的特征函数称为联合特征函数，定义为

$$\Phi_{XY}(\omega_1,\omega_2) = E[\mathrm{e}^{\mathrm{j}(\omega_1 X + \omega_2 Y)}] \tag{1.4-16}$$

与一维随机变量相似，联合特征函数与联合概率密度的关系可表示为

$$\Phi_{XY}(\omega_1,\omega_2) = \int_{-\infty}^{\infty}\int_{-\infty}^{\infty} f_{XY}(x,y)\mathrm{e}^{\mathrm{j}(\omega_1 x + \omega_2 y)}\mathrm{d}x\mathrm{d}y \tag{1.4-17}$$

$$f_{XY}(x,y) = \frac{1}{(2\pi)^2}\int_{-\infty}^{\infty}\int_{-\infty}^{\infty} \Phi_{XY}(\omega_1,\omega_2)\mathrm{e}^{-\mathrm{j}(\omega_1 x + \omega_2 y)}\mathrm{d}\omega_1\mathrm{d}\omega_2 \tag{1.4-18}$$

同样，联合特征函数和各阶联合矩有如下关系

$$m_{nk} = (-\mathrm{j})^{n+k} \left.\frac{\partial^{n+k}\Phi_{XY}(\omega_1,\omega_2)}{\partial \omega_1^n \partial \omega_2^k}\right|_{\substack{\omega_1=0\\\omega_2=0}} \tag{1.4-19}$$

与联合特征函数有关的两个边缘特征函数是

$$\Phi_X(\omega_1) = \Phi_{XY}(\omega_1,0), \quad \Phi_Y(\omega_2) = \Phi_{XY}(0,\omega_2)$$

第二联合特征函数定义为 $\quad \Psi_{XY}(\omega_1,\omega_2) = \ln \Phi_{XY}(\omega_1,\omega_2) \tag{1.4-20}$

联合累积量与第二特征函数的关系式和联合矩与特征函数的关系式相似

$$c_{nk} = (-\mathrm{j})^{n+k} \left.\frac{\partial^{n+k}\Psi_{XY}(\omega_1,\omega_2)}{\partial \omega_1^n \partial \omega_2^k}\right|_{\substack{\omega_1=0\\\omega_2=0}} \tag{1.4-21}$$

N 维随机变量的联合特征函数可由式(1.4-18)推广得到。N 维联合特征函数的一个重要性质是：当 N 个随机变量互相独立时，其联合特征函数是 N 个随机变量的特征函数的乘积，即

$$\Phi_{X_1 X_2 \cdots X_N}(\omega_1,\omega_2,\cdots,\omega_N) = \prod_{n=1}^{N} \Phi_{X_n}(\omega_n) \tag{1.4-22}$$

【例 1.4-5】 已知四个数学期望为零、方差为 σ^2 且互相独立的高斯变量 X_1,X_2,X_3,X_4，求 (X_1,X_2)、(X_1,X_2,X_3)、(X_1,X_2,X_3,X_4) 的联合累积量。

解： 将 (X_1,X_2,X_3,X_4) 作为四维随机变量，由于互相独立，第二联合特征函数为

$$\Psi_{X_1 X_2 X_3 X_4}(\omega_1,\omega_2,\omega_3,\omega_4) = \ln \Phi_{X_1 X_2 X_3 X_4}(\omega_1,\omega_2,\omega_3,\omega_4)$$
$$= \ln[\Phi_{X_1}(\omega_1)\Phi_{X_2}(\omega_2)\Phi_{X_3}(\omega_3)\Phi_{X_4}(\omega_4)]$$

已知数学期望为零、方差为 σ^2 的高斯变量 X 的第二特征函数为

$$\Psi_X(\omega) = \ln \Phi_X(\omega) = -\frac{\sigma^2 \omega^2}{2}$$

可以得到第二联合特征函数

$$\Psi_{X_1 X_2 X_3 X_4}(\omega_1,\omega_2,\omega_3,\omega_4) = -\frac{\sigma^2 \omega_1^2}{2} - \frac{\sigma^2 \omega_2^2}{2} - \frac{\sigma^2 \omega_3^2}{2} - \frac{\sigma^2 \omega_4^2}{2}$$

再由式(1.4-21)可以得到 (X_1,X_2) 的二阶联合累积量

$$c_{X_1 X_2} = (-\mathrm{j})^2 \left.\frac{\partial^2 \Psi_{X_1 X_2}(\omega_1,\omega_2)}{\partial \omega_1 \partial \omega_2}\right|_{\substack{\omega_1=0\\\omega_2=0}} = (-\mathrm{j})^2 \left.\frac{\partial^2}{\partial \omega_1 \partial \omega_2}\left[-\frac{\sigma^2 \omega_1^2}{2} - \frac{\sigma^2 \omega_2^2}{2}\right]\right|_{\substack{\omega_1=0\\\omega_2=0}} = 0$$

由于第二联合特征函数的每一项只有一个变量 ω_i，所以对不同的两个变量求偏导数为零。同理，有三阶联合累积量

$$c_{X_1X_2X_3} = (-j)^3 \left. \frac{\partial^3 \Psi_{X_1,X_2,X_3}(\omega_1,\omega_2,\omega_3)}{\partial \omega_1 \partial \omega_2 \partial \omega_3} \right|_{\substack{\omega_1=0\\\omega_2=0\\\omega_3=0}} = 0$$

四阶联合累积量
$$c_{X_1X_2X_3X_4} = (-j)^4 \left. \frac{\partial^4 \Psi_{X_1,X_2,X_3,X_4}(\omega_1,\omega_2,\omega_3,\omega_4)}{\partial \omega_1 \partial \omega_2 \partial \omega_3 \partial \omega_4} \right|_{\substack{\omega_1=0\\\omega_2=0\\\omega_3=0\\\omega_4=0}} = 0$$

1.5 随机信号实用分布律

在概率论中已经学过一些分布，本节除了复习一些简单的分布律之外，重点讨论高斯分布及电子信息领域常用的以高斯分布为基础变换的分布律。

1.5.1 一些简单的分布律

1. 0-1 分布

0-1 分布又称两点分布或伯努利分布，对应随机变量的取值仅有 0 和 1 两个值。其分布列为

$$P(X=1)=p, \quad P(X=0)=1-p$$

分布函数为
$$F(x) = pu(x-1) + (1-p)u(x)$$

通过定义可以直接求得，0-1 分布的均值为 p，方差为 $p(1-p)$。

0-1 分布是最基础的随机分布，其与二项分布、几何分布等都具有密切的联系。而且 0-1 分布具有明确的物理意义，例如在硬币投掷试验、信号有无检测、事件指示函数、随机变量二元量化等方面都有重要应用。

2. 二项分布

二项分布 $B(n,p)$ 中的参数 n 表示进行 n 次独立试验，参数 p 表示每次试验成功的概率为 p，试验不成功的概率为 $1-p$。那么二项分布 $B(n,p)$ 表征了在这 n 次独立试验中，成功 m 次的概率分布，即

$$P_n(m) = C_n^m p^m (1-p)^{n-m}, \quad m=0,1,\cdots,n \quad (1.5\text{-}1)$$

其概率分布函数可表示成

$$F(x) = \sum_{m=0}^{n} C_n^m p^m (1-p)^{n-m} u(x-m) \quad (1.5\text{-}2)$$

式中二项式系数
$$C_n^m = \frac{n!}{m!(n-m)!} \quad (1.5\text{-}3)$$

图 1.5-1 示意了二项分布的取值概率 $P_n(m)$。

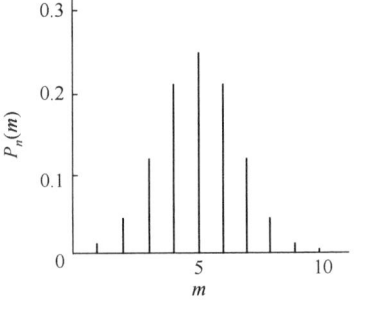

图 1.5-1 二项分布

二项分布与 0-1 分布有密切的联系。假设 $X_1,X_2,\cdots,X_n$ 是 n 个独立同分布的 0-1 分布随机变量，且 $P(X_i=1)=p$。X 服从二项分布 $B(n,p)$，由二项分布的定义可知 $X = \sum_{i=1}^{n} X_i$。

在信号检测理论中，非参量检测时单次探测的秩为某一值的概率服从二项分布。

【例1.5-1】 设随机变量X为二项式分布$B(n,p)$，求X的数学期望和方差。

解：二项分布可以写为0-1分布随机变量的累加和。令$X=\sum_{i=1}^{n}X_i$，其中X_i是独立同分布的0-1分布随机变量，利用均值和方差的运算性质，有

$$E[X]=\sum_{m=0}^{n}E[X_i]=np \quad \text{和} \quad D[X]=\sum_{m=0}^{n}D[X_i]=np(1-p)$$

3. 泊松分布

泊松分布常用来描述单位时间内随机事件发生的次数。可以证明，泊松分布可以作为二项分布的极限而得到。若$X \sim B(n,p)$，其中概率p很小，试验次数n很大，且$np=\lambda$为常数时，X的分布接近于泊松分布。泊松分布的分布列为

$$P_n(m)=\frac{\lambda^m}{m!}e^{-\lambda}, \quad m=0,1,\cdots \quad (1.5\text{-}4)$$

其中$\lambda>0$称为速率常数，表示单位时间内随机事件发生的平均次数。若λ为整数，$P_n(m)$在$m=\lambda$及$m=\lambda-1$时达到最大值。泊松分布是非对称的，但λ越大，非对称性越不明显。为了比较方便，图1.5-2将不同λ值的$P_n(m)$画在一起。注意泊松分布是离散分布，图中的曲线是将m在整数处的取值连在一起绘制的。

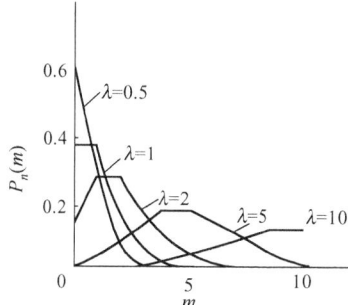

图1.5-2 泊松分布

【例1.5-2】 设随机变量X是分布列为式(1.5-4)的泊松分布，求X的数学期望和方差。

解：$m_X=E[X]=\sum_{m=0}^{n}mP(X=m)=\sum_{m=0}^{n}m\frac{\lambda^m}{m!}e^{-\lambda}=\lambda\sum_{m=1}^{n}\frac{\lambda^{m-1}}{(m-1)!}e^{-\lambda}=\lambda e^{\lambda}e^{-\lambda}=\lambda$

同样的方法可求得

$$E[X^2]=E[X(X-1)+X]=E[X(X-1)]+E[X]=\sum_{m=0}^{n}m(m-1)\frac{\lambda^m}{m!}e^{-\lambda}+\lambda$$

$$=\lambda^2\sum_{m=2}^{n}\frac{\lambda^{m-2}}{(m-2)!}e^{-\lambda}+\lambda=\lambda^2 e^{\lambda}e^{-\lambda}+\lambda=\lambda^2+\lambda$$

$$D[X]=E[X^2]-E^2[X]=\lambda$$

4. 均匀分布

如果随机变量X的概率密度满足

$$f_X(x)=\begin{cases}\dfrac{1}{b-a}, & a\leqslant x\leqslant b \\ 0, & \text{其他}\end{cases} \quad (1.5\text{-}5)$$

则称X为在$[a,b]$区间内均匀分布的随机变量。很容易证明其概率分布函数为

$$F_X(x)=\begin{cases}0, & x<a \\ \dfrac{x-a}{b-a}, & a\leqslant x<b \\ 1, & x\geqslant b\end{cases} \quad (1.5\text{-}6)$$

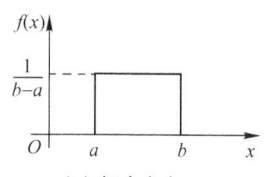

（a）概率密度

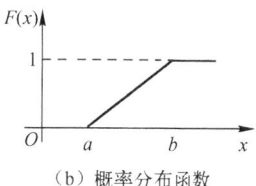

（b）概率分布函数

图1.5-3 均匀分布随机变量

均匀分布是常用的分布律之一。图1.5-3是均匀分布的概率密度和概率分布函数。

均匀分布的数学期望和方差分别为

$$m = \frac{a+b}{2} \quad \text{和} \quad \sigma^2 = \frac{(b-a)^2}{12} \quad (1.5\text{-}7)$$

在误差分析时经常遇到均匀分布，如数字信号中的量化噪声。由于 A/D 转换器的字长有限，模拟信号通过 A/D 转换时，势必要舍弃部分信息。丢失信息后相当于使信号附加了一部分噪声，称为量化噪声。量化噪声分为截尾噪声和舍入噪声，它们都是均匀分布的，且方差相同，不同的是分布的区间。若量化的最小单位是 ε，舍入噪声在 $[-\varepsilon/2, \varepsilon/2]$ 内均匀分布，数学期望为零；而截尾噪声在 $[-\varepsilon, 0]$ 内均匀分布，因此数学期望为 $-\varepsilon/2$。

1.5.2 高斯分布（正态分布）

高斯分布律不仅在统计数学中占有重要的位置，在通信与信号处理领域中也是应用最广泛的分布。高斯分布广泛应用的主要原因之一在于中心极限定理：大量独立同分布的随机变量之和趋近于高斯分布。除此之外，高斯分布有很多独特的性质，本节将对高斯分布进行集中讨论。

1. 中心极限定理

中心极限定理的内容如下：设 $X_1, X_2, \cdots$ 是独立同分布的随机变量序列，记 $m_X = E[X_1]$，$\sigma_X^2 = D[X_1]$。如果 $\sigma_X^2 < +\infty$，令 $S_n = \sum_{i=1}^{n} X_i$，则当 $n \to \infty$ 时

$$\sqrt{n}\left(\frac{1}{n}S_n - m_X\right) \xrightarrow{d} N(0, \sigma_X^2) \quad (1.5\text{-}8)$$

其中 $\xrightarrow{d}$ 表示依分布收敛，表示 $N(0, \sigma_X^2)$ 是均值为 0、方差为 σ_X^2 的正态分布。

出于严谨的数学表达，中心极限定理中对随机变量累加和的均值 S_n/n 进行了平移和尺度变换，变换后的随机变量依分布收敛于高斯随机变量。在工程应用中，常常对独立同分布的随机变量进行相加后，用高斯分布近似。而且，即使 n 个独立随机变量不是相同分布的，当 n 足够大时，如果任意一个随机变量都不占优或对和的影响足够小，那么它们之和的分布也近似于高斯分布。关于中心极限定理及证明，请参考有关书籍。（如参考文献[24]，5.4 节）。

下面以均匀分布为例，演示随机变量累加和分布的演化过程。若 n 个随机变量 X_i ($i=1,2,\cdots,n$) 都为 [0,1] 区间上均匀分布的随机变量，且互相独立，其累加和 $S_n = \sum_{i=1}^{n} X_i$ 的均值和方差分别为

$$m_{S_n} = \sum_{i=1}^{n} m_{X_i} \quad (1.5\text{-}9)$$

$$\sigma_{S_n}^2 = \sum_{i=1}^{n} \sigma_{X_i}^2 \quad (1.5\text{-}10)$$

由于均匀分布的概率密度无峰，在对称分布中，不论是误差分析还是信号检测，都是最不利的分布。$n=1$ 自然是均匀分布，数学期望为 1，方差为 1/12。当 $n=2$ 时，Y 的分布为三角形函数，有

$$f(y) = \begin{cases} y, & 0 \leqslant y < 1 \\ 2-y, & 1 \leqslant y < 2 \\ 0, & \text{其他} \end{cases} \quad (1.5\text{-}11)$$

它的数学期望为 1，方差为 1/6。$n=3$ 时，Y 的分布为三段抛物线，有

$$f(y) = \begin{cases} \frac{1}{2}y^2, & 0 \leqslant y < 1 \\ \frac{1}{2}(-2y^2+6y-3), & 1 \leqslant y < 2 \\ \frac{1}{2}(y-3)^2, & 2 \leqslant y < 3 \\ 0, & 其他 \end{cases} \quad (1.5\text{-}12)$$

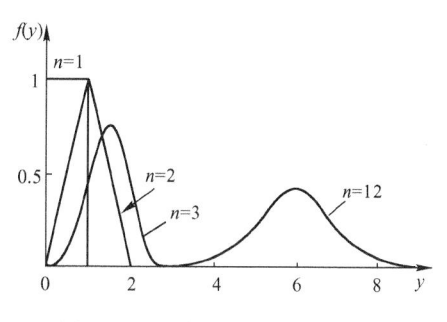

图 1.5-4 n 个独立均匀随机变量之和的分布

其数学期望为 1.5，方差为 1/4。当 $n=12$ 时，Y 就相当接近高斯分布，其数学期望为 6，方差为 1，如图 1.5-4 所示。以上讨论给我们的启示是：在仿真高斯变量时，如果有足够数量的高质量的均匀分布随机数，可以通过相加的方法得到高斯变量(具体方法请见 1.6 节中的例 1.6-4)。

在实际应用中，许多独立噪声之和若满足中心极限定理中某一定理的条件，就认为是高斯分布的。一般情况下，不同分布律的随机变量之和趋向高斯分布的速度是不同的。在工程上，如果不是某个或某些随机变量对和的贡献很大，7~10 个随机变量之和的分布就认为是高斯分布的。

2. 一维高斯变量

高斯分布也称正态分布，高斯分布的随机变量 X 的概率密度为

$$f_X(x) = \frac{1}{\sqrt{2\pi}\sigma}\exp\left[-\frac{(x-m)^2}{2\sigma^2}\right] \quad (1.5\text{-}13)$$

式中，常数 m 和 $\sigma(\sigma>0)$ 分别为 X 的均值和标准差。高斯分布记为 $N(m,\sigma^2)$。

由 1.3 节的例 1.3-1，式(1.5-13)中的 m 和 σ^2 恰好是高斯变量的数学期望和方差，因此一维高斯分布律唯一地由它的数学期望和方差决定，见图 1.5-5。当概率密度曲线的一阶导数为零时，极值(最大值)$1/\sqrt{2\pi\sigma^2}$ 发生在 $x=m$ 处。数学期望 m 决定概率密度曲线在横轴所处的位置，方差 σ^2 决定纵向高度。因概率密度曲线下的面积为 1，当 σ 减小时，曲线变得尖锐，取值落在 m 附近固定区间的概率增大，这意味着取值的离散程度减小。当概率密度曲线的二阶导数为零时，拐点发生在 $x=m\pm\sigma$ 处。

对高斯变量进行归一化处理后的随机变量，称为归一化高斯变量。令 $Y=(X-m)/\sigma$，归一化后的概率密度为

$$f_Y(y) = \frac{1}{\sqrt{2\pi}}\mathrm{e}^{-y^2/2} \quad (1.5\text{-}14)$$

归一化高斯变量 Y 是数学期望为 0、方差为 1 的高斯变量，对应的分布称为标准正态分布(见图 1.5-6)。标准正态分布的概率密度曲线对称于纵轴，最大值为 $1/\sqrt{2\pi}$。

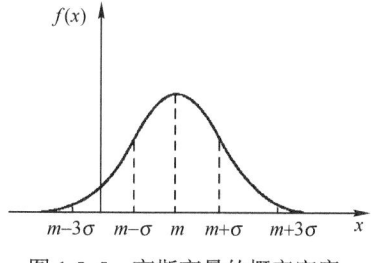

图 1.5-5 高斯变量的概率密度 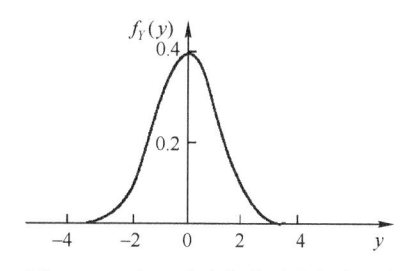   图 1.5-6 归一化高斯变量的概率密度

对概率密度积分可求出概率分布函数

$$F_X(x) = \int_{-\infty}^{x} f_X(x_1) \mathrm{d}x_1 = \int_{-\infty}^{x} \frac{1}{\sqrt{2\pi}\sigma} \exp\left[-\frac{(x_1-m)^2}{2\sigma^2}\right] \mathrm{d}x_1$$

令 $t = \dfrac{x_1 - m}{\sigma}$，$\mathrm{d}x_1 = \sigma \mathrm{d}t$，则

$$F_X(x) = \frac{1}{\sqrt{2\pi}} \int_{-\infty}^{(x-m)/\sigma} \mathrm{e}^{-t^2/2} \mathrm{d}t = \Phi\left(\frac{x-m}{\sigma}\right) \tag{1.5-15}$$

式中

$$\Phi(x) = \frac{1}{\sqrt{2\pi}} \int_{-\infty}^{x} \mathrm{e}^{-t^2/2} \mathrm{d}t \tag{1.5-16}$$

是标准正态分布的分布函数，它的值可通过数学手册中的正态分布表查到。式(1.5-15)说明任意高斯分布的分布函数(因此，在某区间内的概率取值)可通过查阅标准正态分布表得到。

由于分布函数定义为随机变量不超过某值的概率，因此式(1.5-16)表示的分布函数有以下三个主要性质：

性质 1 $$\Phi(-x) = 1 - \Phi(x) \tag{1.5-17}$$

性质 2 $$F(m) = \Phi(0) = 0.5 \tag{1.5-18}$$

性质 3 $$P(\alpha < X \leqslant \beta) = F(\beta) - F(\alpha) = \Phi\left(\frac{\beta-m}{\sigma}\right) - \Phi\left(\frac{\alpha-m}{\sigma}\right) \tag{1.5-19}$$

上式是通过标准正态分布的分布函数给出的随机变量在区间 (α, β) 的取值概率。图 1.5-7 示出了标准正态分布的分布函数性质。

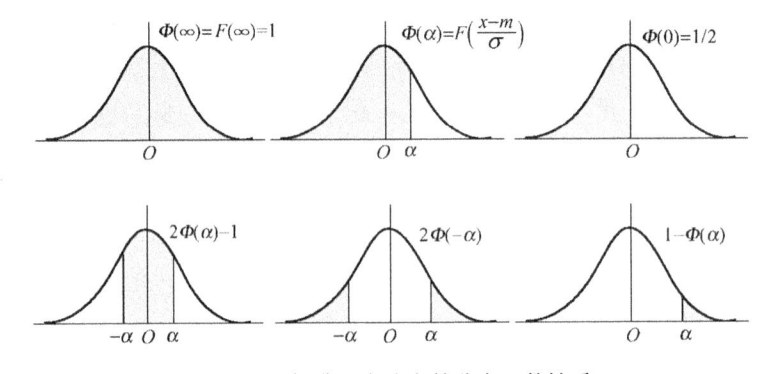

图 1.5-7 标准正态分布的分布函数性质

【例 1.5-3】 求高斯变量在 $m \pm 3\sigma$ 区间上的取值概率(参见图 1.5-5)。

解：由性质 3 $$P(m - 3\sigma < X < m + 3\sigma) = \Phi\left(\frac{m+3\sigma-m}{\sigma}\right) - \Phi\left(\frac{m-3\sigma-m}{\sigma}\right)$$
$$= \Phi(3) - \Phi(-3) = 2\Phi(3) - 1 = 0.997$$

式中，$\Phi(3) = 0.99865$ 是查数学手册中的正态分布表得到的。这说明虽然高斯变量的取值区间为 $(-\infty, \infty)$，但实际取值落在 $x = m \pm 3\sigma$ 区间上的概率已高达 99.7% 以上。

高斯变量的中心矩为 $$\mu_n = E[(X-m)^n] = \frac{1}{\sqrt{2\pi}\sigma} \int_{-\infty}^{\infty} (x-m)^n \exp\left[-\frac{(x-m)^2}{2\sigma^2}\right] \mathrm{d}x \tag{1.5-20}$$

令 $t = \dfrac{x-m}{\sqrt{2}\sigma}$，$\mathrm{d}t = \dfrac{1}{\sqrt{2}\sigma} \mathrm{d}x$，整理后得到

$$\mu_n = \frac{(\sqrt{2}\sigma)^n}{\sqrt{\pi}} \int_{-\infty}^{\infty} t^n e^{-t^2} dt$$

由于 e^{-t^2} 是偶函数，当 n 为奇数时，上式积分为零。当 n 为非零偶数时，令 $n = 2m$ ($m = 1, 2, \cdots$)，根据例 1.3-1 给出的积分

$$\mu_n = \frac{(\sqrt{2}\sigma)^{2m}}{\sqrt{\pi}} \cdot 2\int_0^{\infty} t^{2m} e^{-t^2} dt = \frac{(\sqrt{2}\sigma)^{2m}}{\sqrt{\pi}} \cdot \frac{2(2m-1)!!}{2^{m+1}} \sqrt{\pi} = (2m-1)!!\sigma^{2m}$$

再将 $n = 2m$ 代入上式，并考虑 n 为奇数的情况

$$\mu_n = \begin{cases} (n-1)!!\sigma^n, & n\text{为偶数} \\ 0, & n\text{为奇数} \end{cases} \tag{1.5-21}$$

在例 1.4-4 中曾经求过数学期望为零的高斯变量的 n 阶原点矩，实际上也就是数学期望为 m 的 n 阶中心矩。由例 1.4-3，已求出归一化高斯变量 Y 的特征函数

$$\Phi_Y(\omega) = e^{-\omega^2/2}$$

根据特征函数的性质 2，对于数学期望为 m、方差为 σ^2 的高斯变量 $X = \sigma Y + m$，特征函数为

$$\Phi_X(\omega) = e^{j\omega m - \frac{\omega^2 \sigma^2}{2}} \tag{1.5-22}$$

高斯分布律的另一个特点是：高斯变量之和仍为高斯变量。下面以两个高斯变量之和为例来说明这个结论。

【**例 1.5-4**】求两个数学期望和方差不同且互相独立的高斯变量 X_1 和 X_2 之和的概率密度。

解：设 $Y = X_1 + X_2$，由式 (1.2-12)，两个互相独立的随机变量之和的概率密度为

$$f_Y(y) = \int_{-\infty}^{\infty} f_{X_1}(x_1) f_{X_2}(y - x_1) dx_1$$

将 X_1 和 X_2 的概率密度代入上式

$$f_Y(y) = \frac{1}{2\pi\sigma_1\sigma_2} \int_{-\infty}^{\infty} \exp\left[-\frac{(x_1 - m_1)^2}{2\sigma_1^2}\right] \exp\left[-\frac{(y - x_1 - m_2)^2}{2\sigma_2^2}\right] dx_1 = \frac{1}{2\pi\sigma_1\sigma_2} \int_{-\infty}^{\infty} e^{-Ax_1^2 + 2Bx_1 - C} dx_1$$

利用欧拉公式得 $f_Y(y) = \frac{1}{2\pi\sigma_1\sigma_2} \sqrt{\frac{\pi}{A}} \cdot \exp\left[-\frac{AC - B^2}{A}\right] = \frac{1}{\sqrt{2\pi(\sigma_1^2 + \sigma_2^2)}} \exp\left[-\frac{[y - (m_1 + m_2)]^2}{2(\sigma_1^2 + \sigma_2^2)}\right]$

显然，Y 也是高斯变量，且数学期望和方差分别为

$$m_Y = m_1 + m_2, \quad \sigma_Y^2 = \sigma_1^2 + \sigma_2^2$$

推广到多个互相独立的随机变量，其和也是高斯分布的。令

$$Y = \sum_{i=1}^{n} X_i \tag{1.5-23}$$

若 $X_i (i = 1, 2, \cdots, n)$ 的数学期望和方差为 m_i 和 σ_i^2，且 X_i 间相互独立，则 Y 的数学期望和方差分别为

$$m_Y = \sum_{i=1}^{n} m_i \tag{1.5-24}$$

$$\sigma_Y^2 = \sum_{i=1}^{n} \sigma_i^2 \tag{1.5-25}$$

如果求和的高斯变量间不是互相独立的,而是联合高斯的,则可以证明 Y 依然是高斯分布,但式(1.5-25)应修正为

$$\sigma_Y^2 = \sum_{i=1}^{n} \sigma_i^2 + 2\sum_{i<j} r_{ij}\sigma_i\sigma_j \tag{1.5-26}$$

式中,r_{ij} 是 X_i 与 X_j 之间的相关系数。

3. 二维高斯分布

（1）联合概率密度

对于互相独立的两个高斯变量 X_1 和 X_2,如果数学期望为零,方差分别为 σ_1^2 和 σ_2^2,则它们的联合概率密度是两个一维概率密度的乘积

$$f_X(x_1,x_2) = \frac{1}{2\pi\sigma_1\sigma_2}\exp\left[-\frac{x_1^2}{2\sigma_1^2}-\frac{x_2^2}{2\sigma_2^2}\right] \tag{1.5-27}$$

下面用互相独立的 X_1 和 X_2 构造两个相关的高斯变量 Y_1 和 Y_2。令

$$\begin{cases} Y_1 = X_1\cos\theta - X_2\sin\theta \\ Y_2 = X_1\sin\theta + X_2\cos\theta \end{cases} \tag{1.5-28}$$

从上式可看出 Y_1 和 Y_2 的数学期望仍为零,但方差变为

$$\begin{cases} \sigma_{Y_1}^2 = \sigma_1^2\cos^2\theta + \sigma_2^2\sin^2\theta \\ \sigma_{Y_2}^2 = \sigma_1^2\sin^2\theta + \sigma_2^2\cos^2\theta \end{cases} \tag{1.5-29}$$

Y_1 和 Y_2 的协方差为 $\quad \mu_{11} = E[Y_1 Y_2] = (\sigma_1^2 - \sigma_2^2)\sin\theta\cos\theta \tag{1.5-30}$

下一步利用二维函数变换求 Y_1 和 Y_2 的联合概率密度。先求反函数及雅可比行列式

$$\begin{cases} X_1 = Y_1\cos\theta + Y_2\sin\theta \\ X_2 = -Y_1\sin\theta + Y_2\cos\theta \end{cases} \tag{1.5-31}$$

$$J = \begin{vmatrix} \cos\theta & \sin\theta \\ -\sin\theta & \cos\theta \end{vmatrix} = 1 \tag{1.5-32}$$

于是 $\quad f_Y(y_1,y_2) = \dfrac{1}{2\pi\sigma_1\sigma_2}\exp\left[-\dfrac{(y_1\cos\theta + y_2\sin\theta)^2}{2\sigma_1^2} - \dfrac{(-y_1\sin\theta + y_2\cos\theta)^2}{2\sigma_2^2}\right]$

$$= \frac{1}{2\pi\sqrt{\sigma_{Y_1}^2\sigma_{Y_2}^2 - \mu_{11}^2}}\exp\left[-\frac{\sigma_{Y_1}^2 y_1^2 - 2\mu_{11}y_1 y_2 + \sigma_{Y_2}^2 y_2^2}{2(\sigma_{Y_1}^2\sigma_{Y_2}^2 - \mu_{11}^2)}\right] \tag{1.5-33}$$

对于归一化随机变量,$\sigma_{Y_1}^2 = \sigma_{Y_2}^2 = 1$,$m_{Y_1} = m_{Y_2} = 0$,则

$$f_Y(y_1,y_2) = \frac{1}{2\pi\sqrt{1-r^2}}\exp\left[-\frac{y_1^2 - 2r y_1 y_2 + y_2^2}{2(1-r^2)}\right] \tag{1.5-34}$$

式中,r 是 Y_1 和 Y_2 的相关系数。更一般的形式是

$$f_Y(y_1, y_2) = \frac{1}{2\pi\sigma_{Y_1}\sigma_{Y_2}\sqrt{1-r^2}} \cdot \exp\left\{-\frac{1}{2(1-r^2)}\left[\frac{(y_1 - m_{Y_1})^2}{\sigma_{Y_1}^2} - \frac{2r(y_1 - m_{Y_1})(y_2 - m_{Y_2})}{\sigma_{Y_1}\sigma_{Y_2}} + \frac{(y_2 - m_{Y_2})^2}{\sigma_{Y_2}^2}\right]\right\}$$
(1.5-35)

式中，m_{Y_1} 和 m_{Y_2} 分别为 Y_1 和 Y_2 的数学期望。显而易见，两个非独立的高斯变量的联合概率密度与它们的数学期望、方差和相关系数都有关。

如果令式(1.5-35)中的 r 为零，即假设 Y_1 和 Y_2 是不相关的，于是有

$$\begin{aligned}f_Y(y_1, y_2) &= \frac{1}{2\pi\sigma_{Y_1}\sigma_{Y_2}} \exp\left\{-\frac{1}{2}\left[\frac{(y_1 - m_{Y_1})^2}{\sigma_{Y_1}^2} + \frac{(y_2 - m_{Y_2})^2}{\sigma_{Y_2}^2}\right]\right\}\\ &= \frac{1}{\sqrt{2\pi}\sigma_{Y_1}}\exp\left[-\frac{(y_1 - m_{Y_1})^2}{2\sigma_{Y_1}^2}\right] \cdot \frac{1}{\sqrt{2\pi}\sigma_{Y_2}}\exp\left[-\frac{(y_2 - m_{Y_2})^2}{2\sigma_{Y_2}^2}\right]\\ &= f_{Y_1}(y_1)f_{Y_2}(y_2)\end{aligned}$$
(1.5-36)

上式说明不相关的高斯变量一定是互相独立的。也就是说，对于高斯变量不相关与统计独立是等价的。

（2）联合特征函数

对于数学期望为零且互相独立的高斯变量 X_1 和 X_2，根据式(1.4-22)和例1.4-3，其联合特征函数为

$$\Phi_X(\omega_1, \omega_2) = \Phi_{X_1}(\omega_1)\Phi_{X_2}(\omega_2) = \exp\left[-\frac{1}{2}(\sigma_1^2\omega_1^2 + \sigma_2^2\omega_2^2)\right]$$
(1.5-37)

经过式(1.5-28)的变换后，相关系数为 r 的高斯变量 Y_1 和 Y_2 的联合特征函数为

$$\Phi_Y(\omega_1, \omega_2) = \exp\left[-\frac{1}{2}(\sigma_{Y_1}^2\omega_1^2 + 2r\sigma_{Y_1}\sigma_{Y_2}\omega_1\omega_2 + \sigma_{Y_2}^2\omega_2^2)\right]$$
(1.5-38)

如果 Y_1 和 Y_2 是归一化高斯变量，则有

$$\Phi_Y(\omega_1, \omega_2) = \exp\left[-\frac{1}{2}(\omega_1^2 + 2r\omega_1\omega_2 + \omega_2^2)\right]$$
(1.5-39)

而联合特征函数的一般形式为

$$\Phi_Y(\omega_1, \omega_2) = \exp\left[j(m_{Y_1}\omega_1 + m_{Y_2}\omega_2)\right] \cdot \exp\left[-\frac{1}{2}(\sigma_{Y_1}^2\omega_1^2 + 2r\sigma_{Y_1}\sigma_{Y_2}\omega_1\omega_2 + \sigma_{Y_2}^2\omega_2^2)\right]$$
(1.5-40)

对于多维高斯变量，一般写成矩阵形式比较简洁。设 n 维随机变量向量为 $\boldsymbol{Y}$，数学期望和方差向量分别为 $\boldsymbol{m}$ 和 $\boldsymbol{s}$，它们具有如下形式

$$\boldsymbol{Y} = \begin{bmatrix} Y_1 \\ Y_2 \\ \vdots \\ Y_n \end{bmatrix}, \quad \boldsymbol{m} = \begin{bmatrix} m_1 \\ m_2 \\ \vdots \\ m_n \end{bmatrix}, \quad \boldsymbol{s} = \begin{bmatrix} \sigma_1^2 \\ \sigma_2^2 \\ \vdots \\ \sigma_n^2 \end{bmatrix}$$

相关矩阵 $\quad \boldsymbol{R} = E[\boldsymbol{Y}\boldsymbol{Y}^{\mathrm{T}}] = \begin{bmatrix} E[Y_1Y_1] & E[Y_1Y_2] & \cdots & E[Y_1Y_n] \\ E[Y_2Y_1] & E[Y_2Y_2] & \cdots & E[Y_2Y_n] \\ \vdots & \vdots & \ddots & \vdots \\ E[Y_nY_1] & E[Y_nY_2] & \cdots & E[Y_nY_n] \end{bmatrix} = \begin{bmatrix} R_{11} & R_{12} & \cdots & R_{1n} \\ R_{21} & R_{22} & \cdots & R_{2n} \\ \vdots & \vdots & \ddots & \vdots \\ R_{n1} & R_{n2} & \cdots & R_{nn} \end{bmatrix}$

式中，R_{ij} 是 Y_i 和 Y_j 的相关矩。

协方差矩阵 $\quad C = E[(Y-m)(Y-m)^T] = \begin{bmatrix} C_{11} & C_{12} & \cdots & C_{1n} \\ C_{21} & C_{22} & \cdots & C_{2n} \\ \vdots & \vdots & \ddots & \vdots \\ C_{n1} & C_{n2} & \cdots & C_{nn} \end{bmatrix} = \begin{bmatrix} \sigma_1^2 & C_{12} & \cdots & C_{1n} \\ C_{21} & \sigma_2^2 & \cdots & C_{2n} \\ \vdots & \vdots & \ddots & \vdots \\ C_{n1} & C_{n2} & \cdots & \sigma_n^2 \end{bmatrix}$

式中，C_{ij} 是 Y_i 和 Y_j 的协方差 $E[(Y_i - m_i)(Y_j - m_j)]$。由于 C_{ii} 是第 i 个随机变量的方差，n 维协方差阵的对角线为各随机变量的方差。如果 n 维随机变量是方差均不为零的实随机变量，那么协方差阵是实对称的正定矩阵。方差均不为零的复随机变量的协方差阵是厄米特阵。

对应式(1.5-35)形式的 n 维概率密度函数为

$$f_Y(y) = \frac{1}{\sqrt{(2\pi)^n |C|}} \exp\left[-\frac{1}{2}(y-m)^T C^{-1}(y-m)\right] \tag{1.5-41}$$

式中，T 表示矩阵转置，C^{-1} 表示协方差阵的逆矩阵。相应的 n 维特征函数矩阵形式为

$$\Phi_Y(\omega) = \exp\left[jm^T\omega - \frac{1}{2}\omega^T C \omega\right] \tag{1.5-42}$$

式中，$\omega = [\omega_1, \omega_2, \cdots, \omega_n]^T$。

1.5.3 χ^2 分布

在信号的传输过程中，信号一般是窄带形式的，这样不可避免地要用到包络检波。在小信号检波时，通常采用平方律检波，因此检波器的输出是信号与噪声包络的平方。有时为了使信号检测的错误概率更小，还要对检波器的输出信号进行积累。

如果随机变量 X 是高斯分布，那么平方律检波器的输出 X^2 是什么分布呢？对检波器的输出信号 X^2 进行采样后积累的信号 $Y = \sum_{i=1}^{n} X_i^2$ 又是什么分布呢？

下面将看到 Y 为 χ^2 分布。若 X_i 的数学期望为零，则 Y 为中心 χ^2 分布；若 X_i 的数学期望不为零，则 Y 为非中心 χ^2 分布。积累的次数 n 称为 χ^2 分布的自由度。

1. 中心 χ^2 分布

如果 n 个互相独立的高斯变量 $X_1, X_2, \cdots, X_n$ 的数学期望都为零，方差均为 1，则它们的平方和

$$Y = \sum_{i=1}^{n} X_i^2 \tag{1.5-43}$$

的分布是具有 n 个自由度的 χ^2 分布。

由于每个高斯变量 X_i 都是归一化高斯变量，其概率密度

$$f_{X_i}(x_i) = \frac{1}{\sqrt{2\pi}} e^{-x_i^2/2}$$

如果令 $Y_i = X_i^2$，经函数变换后 Y_i 的分布为

$$f_{Y_i}(y_i) = \frac{1}{\sqrt{2\pi y_i}} e^{-y_i/2}, \quad y_i > 0 \tag{1.5-44}$$

利用傅里叶变换求 Y_i 的特征函数

$$\Phi_{Y_i}(\omega) = \int_{-\infty}^{\infty} f_{Y_i}(y_i) e^{j\omega y_i} dy_i = (1-2j\omega)^{-1/2} \tag{1.5-45}$$

X_i 之间互相独立，Y_i 之间也必然互相独立。根据特征函数的性质，互相独立的随机变量之和的特征函数等于各特征函数之积，所以 Y 的特征函数为

$$\Phi_Y(\omega) = \frac{1}{(1-2j\omega)^{n/2}} \tag{1.5-46}$$

相应的概率密度可用傅里叶反变换求得

$$f_Y(y) = \frac{1}{2\pi} \int_{-\infty}^{\infty} \Phi_Y(\omega) e^{-j\omega y} d\omega = \frac{1}{2^{n/2} \Gamma(n/2)} y^{\frac{n}{2}-1} e^{-\frac{y}{2}}, \quad y \geq 0 \tag{1.5-47}$$

上式就是 χ^2 分布。式中的伽马函数由下式计算

$$\Gamma(x) = \int_0^{\infty} t^{x-1} e^{-t} dt \tag{1.5-48}$$

当 x 可表示为 n 或 $n+1/2$ 的形式时

$$\Gamma\left(n + \frac{1}{2}\right) = \frac{(2n-1)!!}{2^n} \sqrt{\pi} \tag{1.5-49}$$

$$\Gamma(n+1) = n! \tag{1.5-50}$$

对于不同的自由度 n，其概率密度曲线见图 1.5-8。

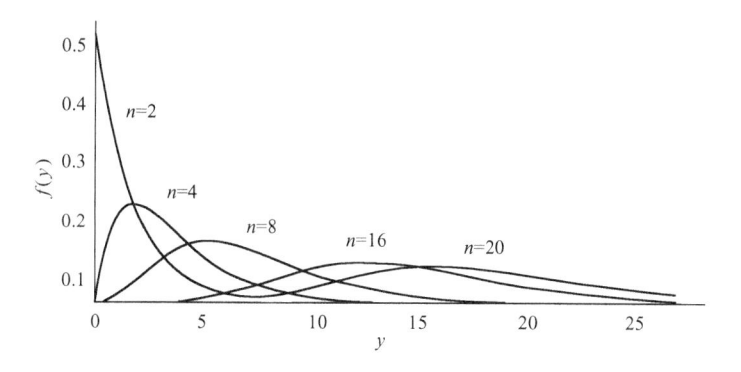

图 1.5-8 不同自由度的 χ^2 分布（$\sigma^2=1$）的概率密度曲线

当 $n = 1$ 时，1 个自由度的 χ^2 分布为

$$f_Y(y) = \frac{1}{2^{1/2} \Gamma(1/2)} y^{-1/2} e^{-y/2} = \frac{1}{\sqrt{2\pi y}} e^{-y/2} \tag{1.5-51}$$

当 $n = 2$ 时，2 个自由度的 χ^2 分布简化为指数分布

$$f_Y(y) = \frac{1}{2\Gamma(1)} e^{-y/2} = \frac{1}{2} e^{-y/2} \tag{1.5-52}$$

如果互相独立的高斯变量 X_i 的方差不是 1 而是 σ^2，则可做 $\phi(Y) = \sigma^2 Y$ 的变换。变换后的分布为

$$f_Y(y) = \frac{1}{(2\sigma^2)^{n/2} \Gamma(n/2)} y^{\frac{n}{2}-1} e^{-\frac{y}{2\sigma^2}}, \quad y \geq 0 \tag{1.5-53}$$

此时 Y 的数学期望和方差为

$$m_Y = n\sigma^2, \quad \sigma_Y^2 = 2n\sigma^4 \tag{1.5-54}$$

χ^2 分布有一条重要的性质：两个互相独立的具有 χ^2 分布的随机变量之和仍为 χ^2 分布，

若它们的自由度分别为 n_1 和 n_2，其和的自由度为 $n = n_1 + n_2$。

在第 4 章中将看到，对窄带信号加窄带高斯噪声进行平方律检波之后，再进行积累就是 χ^2 分布。

2. 非中心 χ^2 分布

如果互相独立的高斯变量 $X_i(i=1,2,\cdots,n)$ 的方差为 σ^2，数学期望不是零而是 m_i，则 $Y = \sum_{i=1}^{n} X_i^2$ 为 n 个自由度的非中心 χ^2 分布。也可把 X_i 看成数学期望仍然为零的高斯变量与确定信号之和。

仍令 $Y_i = X_i^2$，经函数变换后 Y_i 的分布为

$$f_{Y_i}(y_i) = \frac{1}{2\sqrt{2\pi\sigma^2 y_i}} \left\{ \exp\left[-\frac{(\sqrt{y_i} - m_i)^2}{2\sigma^2}\right] + \exp\left[-\frac{(-\sqrt{y_i} - m_i)^2}{2\sigma^2}\right] \right\}, \quad y_i \geq 0 \quad (1.5\text{-}55)$$

经过简化，得到

$$f_{Y_i}(y_i) = \frac{1}{\sqrt{2\pi\sigma^2 y_i}} \exp\left[-\frac{y_i + m_i^2}{2\sigma^2}\right] \mathrm{ch}\frac{m_i\sqrt{y_i}}{\sigma^2}, \quad y_i \geq 0 \quad (1.5\text{-}56)$$

Y_i 的特征函数

$$\Phi_{Y_i}(\omega) = \frac{1}{\sqrt{1 - \mathrm{j}2\sigma^2\omega}} \exp\left[-\frac{m_i^2}{2\sigma^2}\right] \cdot \exp\left[\frac{m_i^2}{2\sigma^2} \cdot \frac{1}{1 - \mathrm{j}2\sigma^2\omega}\right] \quad (1.5\text{-}57)$$

Y 的特征函数

$$\Phi_Y(\omega) = \prod_{i=1}^{n} \Phi_{Y_i}(\omega) = \frac{1}{(1 - \mathrm{j}2\sigma^2\omega)^{n/2}} \exp\left[-\frac{1}{2\sigma^2}\sum_{i=1}^{n} m_i^2\right] \cdot \exp\left[\frac{1}{2\sigma^2}\sum_{i=1}^{n} m_i^2 \cdot \frac{1}{1 - \mathrm{j}2\sigma^2\omega}\right] \quad (1.5\text{-}58)$$

通过傅里叶反变换求得 Y 的概率密度

$$f_Y(y) = \frac{1}{2\sigma^2}\left(\frac{y}{\lambda}\right)^{\frac{n-2}{4}} \exp\left[-\frac{y + \lambda}{2\sigma^2}\right] \mathrm{I}_{n/2-1}\left(\frac{\sqrt{\lambda y}}{\sigma^2}\right), \quad y \geq 0 \quad (1.5\text{-}59)$$

式中，$\lambda = \sum_{i=1}^{n} m_i^2$ 称为非中心分布参量，$\mathrm{I}_{n/2-1}(x)$ 为第一类 $n/2-1$ 阶修正贝塞尔函数。

$$\mathrm{I}_n(x) = \sum_{m=0}^{\infty} \frac{(x/2)^{n+2m}}{m!\,\Gamma(n+m+1)} \quad (1.5\text{-}60)$$

非中心 χ^2 分布的概率密度曲线见图 1.5-9。

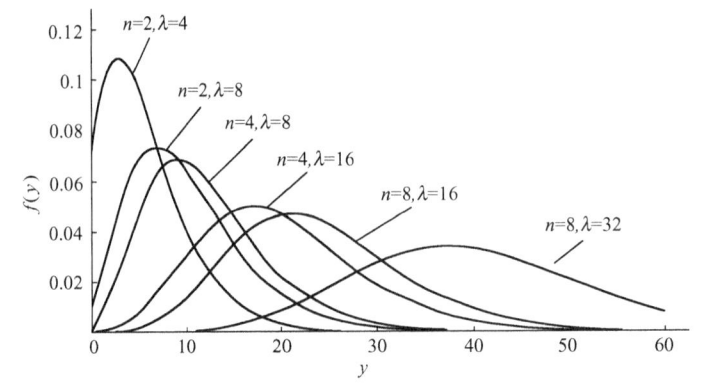

图 1.5-9 不同自由度的非中心 χ^2 分布（$\sigma^2=1$）的概率密度曲线

非中心χ^2分布Y的数学期望和方差分别为

$$\begin{cases} m_Y = n\sigma^2 + \lambda \\ \sigma_Y^2 = 2n\sigma^4 + 4\sigma^2\lambda \end{cases} \tag{1.5-61}$$

非中心χ^2分布也具有与中心χ^2分布类似的特点,两个互相独立的非中心χ^2分布的随机变量之和仍为非中心χ^2分布。若它们的自由度分别为n_1和n_2,非中心分布参量分别为λ_1和λ_2,其和的自由度$n = n_1 + n_2$,非中心分布参量$\lambda = \lambda_1 + \lambda_2$。

χ^2分布的例子将在第4章介绍。

1.5.4 瑞利分布和莱斯分布

在统计数学上,很少用到瑞利分布和莱斯分布,它们主要用于窄带随机信号。瑞利分布和莱斯分布与高斯分布有着一定的联系,确切地说,它们都是高斯分布通过一些变换得到的。另一方面,瑞利分布和莱斯分布又与χ^2分布和非中心χ^2分布联系密切,因为它们分别是由χ^2分布和非中心χ^2分布进行开方变换得来的。

1. 瑞利分布

对于两个自由度的χ^2分布,当$Y = X_1^2 + X_2^2$时,$X_i(i=1,2)$是数学期望为零、方差为σ^2且互相独立的高斯变量,Y服从指数分布

$$f_Y(y) = \frac{1}{2\sigma^2} e^{-\frac{y}{2\sigma^2}}, \quad y \geq 0 \tag{1.5-62}$$

令 $R = \sqrt{Y} = \sqrt{X_1^2 + X_2^2}$

通过函数变换后,得到R的概率密度

$$f_R(r) = \frac{r}{\sigma^2} e^{-\frac{r^2}{2\sigma^2}}, \quad r \geq 0 \tag{1.5-63}$$

R就是瑞利分布。图1.5-10是当$\sigma = 1$时的瑞利分布概率密度曲线。

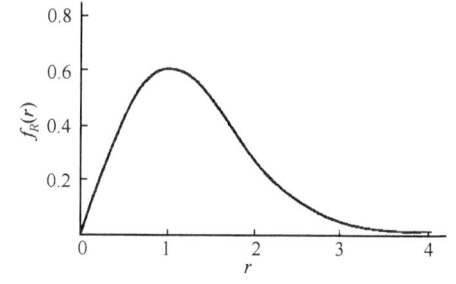

图1.5-10 瑞利分布的概率密度曲线

在讨论窄带信号时,将看到窄带高斯过程的幅度即为瑞利分布。瑞利分布的各阶原点矩为

$$E[R^k] = (2\sigma^2)^{k/2} \Gamma\left(1 + \frac{k}{2}\right) \tag{1.5-64}$$

式中的伽马函数由式(1.5-49)计算。当$k = 1$时,得数学期望

$$m_R = E[R] = (2\sigma^2)^{1/2} \Gamma\left(1 + \frac{1}{2}\right) = \sqrt{\frac{\pi}{2}} \sigma \tag{1.5-65}$$

可见瑞利分布的数学期望与原高斯变量的均方差成正比。反过来说,当需要估计高斯变量的方差(功率)时,往往通过估计瑞利分布的数学期望来得到,因为估计数学期望一般比估计方差要容易得多。瑞利分布的方差可由二阶原点矩和一阶原点矩获得

$$\sigma_R^2 = E[R^2] - (E[R])^2 = \left(2 - \frac{\pi}{2}\right) \sigma^2 \tag{1.5-66}$$

对n个自由度的χ^2分布,若令$R = \sqrt{Y} = \sqrt{\sum_{i=1}^{n} X_i^2}$,则$R$为广义瑞利分布

$$f_R(r) = \frac{r^{n-1}}{2^{(n-2)/2}\sigma^n \Gamma(n/2)} e^{-\frac{r^2}{2\sigma^2}}, \qquad r \geqslant 0 \qquad (1.5\text{-}67)$$

当 $n = 2$ 时，上式简化为式(1.5-63)。

广义瑞利分布的各阶原点矩为

$$E[R^k] = (2\sigma^2)^{k/2} \frac{\Gamma([n+k]/2)}{\Gamma(n/2)} \qquad (1.5\text{-}68)$$

当 $n = 2$ 时，上式简化为式(1.5-64)。数学期望和方差仍可按上面的方法来求，这里给出数学期望

$$E[R] = (2\sigma^2)^{1/2} \frac{\Gamma(n/2+1/2)}{\Gamma(n/2)} \qquad (1.5\text{-}69)$$

2. 莱斯分布

当高斯变量 $X_i(i=1,2,\cdots,n)$ 的数学期望 m_i 不为零时，$Y = \sum_{i=1}^{n} X_i^2$ 是非中心 χ^2 分布，而 $R = \sqrt{Y}$ 则是莱斯分布。当 $n = 2$ 时

$$f_R(r) = \frac{r}{\sigma^2} \exp\left[-\frac{r^2+\lambda}{2\sigma^2}\right] I_0\left(\frac{r\sqrt{\lambda}}{\sigma^2}\right), \qquad r \geqslant 0 \qquad (1.5\text{-}70)$$

式中，$I_0(x)$ 为零阶修正贝塞尔函数，可由下式计算

$$I_0(x) = 1 + \sum_{n=1}^{\infty}\left[\frac{(x/2)^n}{n!}\right]^2 \qquad (1.5\text{-}71)$$

作为式(1.5-70)的推广，对于任意的 n

$$f_R(r) = \frac{r^{n/2}}{\sigma^2 \lambda^{n-2}} \exp\left[-\frac{r^2+\lambda}{2\sigma^2}\right] I_{n/2-1}\left(\frac{r\sqrt{\lambda}}{\sigma^2}\right), \qquad r \geqslant 0 \qquad (1.5\text{-}72)$$

式中，$I_{n/2-1}(x)$ 为 $n/2-1$ 阶修正贝塞尔函数，由式(1.5-60)计算。

特别地，当 $n = 2$ 时，上式简化为式(1.5-70)；进一步地，当 $\lambda = 0$ 时，式(1.5-72)简化为式(1.5-63)，因此瑞利分布是莱斯分布当 $\lambda = 0$ 时的特例。

图 1.5-11 所示为当 $\sigma = 1$ 时不同 λ 的莱斯分布概率密度曲线。

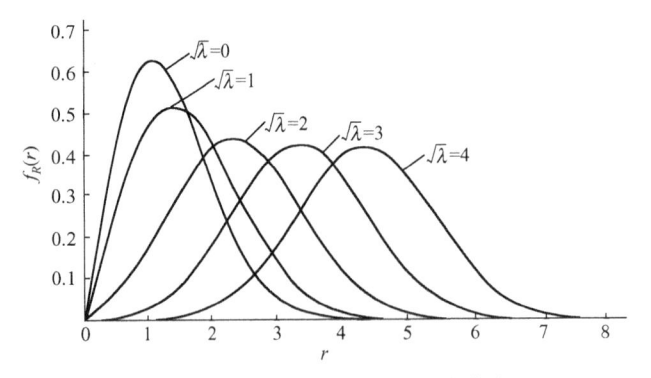

图 1.5-11 莱斯分布的概率密度曲线

一些基于高斯变量变换后的随机变量之间有着密切的关系，在一定的条件下，某个分布可转换为另外一个分布。或者说某个分布是另一个分布在某种条件下的特例。表 1.5-1 给出

了高斯分布和一些基于高斯变量变换后的随机变量之间的关系。

由表 1.5-1 可见，瑞利分布的概率密度由式(1.5-63)给出，它可由 $R=\sqrt{X_1^2+X_2^2}$ 变换而来。其中 X_1 和 X_2 是数学期望为零、方差为 σ^2 且互相独立的高斯变量。瑞利分布的数学期望为 $(\pi/2)^{1/2}\sigma$，方差为 $(2-\pi/2)\sigma^2$。此外，瑞利分布还可由 2 个自由度的 χ^2 分布做 $R=Y^{1/2}$ 的变换得到，或对指数分布做 $R=Y^{1/2}$ 的变换得到。

表 1.5-1 基于高斯变量变换的随机变量分布

	非中心 χ^2 分布	χ^2 分布	指数分布	莱斯分布	广义瑞利分布	瑞利分布
概率密度	式(1.5-59)	式(1.5-53)	式(1.5-62)	式(1.5-72)	式(1.5-67)	式(1.5-63)
数学期望	$n\sigma^2+\lambda$	$n\sigma^2$	$2\sigma^2$			$(\pi/2)^{1/2}\sigma$
方差	$2n\sigma^4+4\sigma^2$	$2n\sigma^4$	$4\sigma^4$			$(2-\pi/2)\sigma^2$
X_i 为高斯分布，互相独立，方差为 σ^2	$Y=\sum_{i=1}^{n}X_i^2$	$Y=\sum_{i=1}^{n}X_i^2$	$Y=\sum_{i=1}^{2}X_i^2$	$R=\sqrt{\sum_{i=1}^{n}X_i^2}$	$R=\sqrt{\sum_{i=1}^{n}X_i^2}$	$R=\sqrt{\sum_{i=1}^{2}X_i^2}$
	X_i 均值不为零	X_i 均值为零	X_i 均值为零	X_i 均值不为零	X_i 均值为零	X_i 均值为零
非中心 χ^2 分布		X_i 均值为零 $\lambda=0$	X_i 均值为零 $\lambda=0,n=2$	$R=Y^{1/2}$	X_i 均值为零 $\lambda=0$	X_i 均值为零 $\lambda=0,n=2$
χ^2 分布			$n=2$		$R=Y^{1/2}$	$R=Y^{1/2},n=2$
指数分布						$R=Y^{1/2}$
莱斯分布					X_i 均值为零	X_i 均值为零，$n=2$
广义瑞利分布						$n=2$

1.6* 离散随机变量的仿真与计算

计算技术的发展和计算机的普及使计算机仿真的应用越来越广泛。尤其是在实际的系统试验消耗人力物力太多或风险代价太大的情况下，就更能体现出仿真的价值所在。

不论是系统数学模型的建立，还是原始试验数据的产生，最基本的需求是产生一个所需分布的随机变量。比如在通信与信号处理领域中，电子设备的热噪声、通信信道中的加性噪声、图像中的灰度分布、飞行器高度表接收的地面杂波，甚至机械系统的振动噪声等都是遵循某一分布的随机信号。

在很多系统仿真的过程中，需要产生不同分布的随机变量，而随机变量的仿真需要大量的运算。在产生随机变量时，虽然运算量很大，但基本上是简单的重复。利用计算机、单片机或处理器可以很方便地产生不同分布的随机变量，各种分布的随机变量的基础是均匀分布的随机变量。有了均匀分布的随机变量，就可以用函数变换等方法得到其他分布的随机变量。

MATLAB 是由美国 MathWorks 公司开发的面向科学计算、高度集成的计算机语言。MATLAB 最显著的特点是向量化计算，另外功能强大、可视化计算、简捷方便是它流行的主要原因。MATLAB 的工具箱为不同需求提供了有特色的计算工具或函数，既有通常的数值计算，也有符号运算。Simulink 是 MATLAB 中的一个可视化仿真平台，可以完成连续时间系统和离散时间系统的系统级仿真，既适于线性系统，也适于非线性系统，是科学研究中常用仿真计算工具之一。

Python 是另一种跨平台的程序设计语言。作为一种优秀的开源编程语言，Python 提供了高效的高级数据结构，还能简单有效地面向对象编程。Python 语言的可扩充性极强，本教材中主要使用 Python 的科学计算功能。Python 提供了 Numpy，SciPy 等众多科学计算包，Python 语言在数据统计分析、信号处理、深度学习等领域都有广泛的应用。

本书通过例题介绍了 MATLAB 和 Python 在随机信号分析中的应用，读者可以根据自己的喜好自行选择合适的语言进行学习。

1.6.1 均匀分布随机数的产生

一般来讲，由计算机或处理器产生随机变量时首先要产生均匀分布的随机变量。一个均匀分布的连续随机变量是由若干个样本组成的，而这些样本则是一个个随机的数据。由于 CPU 的算术单元(如累加器)及寄存器是由有限个二进制数组成的，它所完成的计算毕竟只能由有限字长的数字来表示，所以能计算出的样本数也是有限的。例如，当算术单元是 8 位时，它只能表示 256 个不同的数；而当算术单元是 16 位时，它可以表示 65536 个不同的数。与真正均匀分布的连续随机变量相比，这些样本并不是连续地占据某个取值区间的。若把这些样本看成数轴上的随机点，它实质上是图 1.1-1(a)表示的离散随机变量。但当运算器和寄存器字长足够长时，它所能表示或计算的数就能比较密集地充满某一区间，这样可把它当作连续随机变量的一种近似。尽管如此，在一个区间内，计算机能计算出的随机数毕竟是有限的。为了区别真正意义下的随机数，这样计算产生的随机数常称为伪随机数。

产生伪随机数的一种实用方法是同余法，它利用同余运算递推产生伪随机数序列。最简单的方法是加同余法

$$y_{n+1} = y_n + c \pmod{M} \tag{1.6-1}$$

$$x_{n+1} = y_{n+1}/M \tag{1.6-2}$$

式中，mod M 为取模运算。利用上面的递推公式，可产生[0,1]上均匀分布的随机数。为了保证产生的伪随机数能在[0,1]内均匀分布，需要 M 为正整数，此外常数 c 和初值 y_0 亦为正整数。加同余法虽然简单，但产生的伪随机数效果不好。另一种同余法为乘同余法，它需要两次乘法才能产生一个在[0,1]上均匀分布的随机数

$$y_{n+1} = ay_n \pmod{M} \tag{1.6-3}$$

$$x_{n+1} = y_{n+1}/M \tag{1.6-4}$$

式中，a 为正整数。用加法和乘法完成递推运算的称为混合同余法，即

$$y_{n+1} = ay_n + c \pmod{M} \tag{1.6-5}$$

$$x_{n+1} = y_{n+1}/M \tag{1.6-6}$$

用混合同余法产生的伪随机数具有较好的特性，一些程序库中都有成熟的程序供选择。

实际上，由以上各式产生的随机数到了一定数目后，会出现周而复始的现象，就是说产生的随机数存在周期。为了使产生的伪随机数有较大的周期，更接近真正的随机数，M 越大越好。但 M 的取值也不是无限的，一般选择 $M=2^b$，b 是所选计算设备中运算器的字长。M 选择为 2 的幂也有利于减小运算量，因为除以 M 的运算可用移位代替。

周期的大小除了与 M 有关，还与其他几个参数有关。很多人研究过随机数的周期问题，由于要涉及一些数论方面的知识，这里只给出混合同余法达到最大周期的条件。在式(1.6-5)中，若满足：①c 与 M 互素；②对 M 的任意素因子 p，$a \equiv 1 \pmod{p}$；③如果 4 是 M 的一个

因子，$a \equiv 1 \pmod 4$，则产生的随机数可获得的最大周期是 M。而乘同余法和加同余法却不能获得最大周期。能达到最大周期的混合同余法递推公式为

$$y_{n+1} = (4a+1)y_n + (2b+1) \pmod M \tag{1.6-7}$$

$$x_{n+1} = y_{n+1}/M \tag{1.6-8}$$

式中，a 和 b 为任意正整数。

常用的计算语言如 MATLAB 和 Python 都有产生均匀分布随机数的函数可以调用，只是用各种编程语言对应的函数产生的均匀分布随机数的范围不同，有的函数可能还需要提供种子或初始化。

MATLAB 提供的函数 rand( )可以产生一个在[0,1]区间分布的随机数，rand(2,4)则可以产生一个在[0,1]区间分布的随机数矩阵，矩阵为 2 行 4 列。MATLAB 提供的另一个产生随机数的函数是 random('unif',a,b,N,M)，unif 表示均匀分布，a 和 b 是均匀分布区间的上下界，N 和 M 分别是矩阵的行和列。

Python 则在 numpy 库中集成了基础运算的众多函数，随机数产生函数也在其中。例如 numpy.random.rand()可以产生[0, 1]之间的随机数，numpy.random.randn()可以产生标准正态分布的随机数，numpy.random.randint()返回随机整数。

【例 1.6-1】 编程产生 1024 个在[2,5]区间上均匀分布随机数的程序。

解：这个程序可以有多种实现方法，如分别用式(1.6-1)～式(1.6-6)递推产生。本例用分别使用 MATLAB 和 Python 函数来产生满足条件的随机数。

● MATLAB 方法

（1）利用 rand( )函数：

```
for n=1:1024              %循环
    y=rand();             %产生 1 个在[0,1] 区间均匀分布的随机数
    x(n)=y*(5-2)+2;       %将在[0,1]内均匀分布的随机数变换到[2,5]区间
end                       %循环结束
plot(x);                  %将 1024 个在[2,5]区间上均匀分布随机数画成一条曲线，便于观察
```

这个程序编写虽然有点麻烦，但是可以很容易转换成其他语言的程序。

（2）利用 rand(M,N)函数：

```
y =rand(1,1024);          %产生 1024 个在[0,1]区间均匀分布的随机数
x=(5-2)*y+2;              %将在[0,1]内均匀分布的随机数变换到[2,5]区间
plot(x);
```

这个程序利用了 MATLAB 向量化计算的优点，节省了程序中的循环

（3）利用 random('unif', a, b, N, M)函数：

```
x=random('unif',2,5,1,1024);  %产生 1024 个在[2,5]区间均匀分布的随机数
plot(x);
```

这是最简单的方法，充分体现了 MATLAB 的优势，一个语句完成了分布、分布区间、矩阵大小的设定。

● Python 方法

（1）使用 numpy 函数包中的 random.rand，代码如下：

```
import numpy as np
```

```
import matplotlib.pyplot as plt
y = np.random.rand(1024)         #产生1024个在[0,1]上均匀分布的随机数
x = (5-2)*y+2                     #将在[0,1]内均匀分布的随机数变换到[2,5]区间
plt.plot(x)
plt.show()
```

这个程序与 MATLAB 中的程序（2）相似，通过 random.rand 生成[0,1]上均匀分布的随机数，再通过函数变换方法生成[2,5]区间上的随机数。

（2）使用 numpy 函数包中的 random.uniform，即：

```
import numpy as np
import matplotlib.pyplot as plt
y = np.random.uniform(2, 5, 1024)    #产生1024个在[2,5]上均匀分布的随机数
plt.plot(x)
plt.show()
```

这个程序与 MATLAB 中的程序（3）相似，Python 中 numpy 函数包中的 random.uniform 可以直接设置均匀分布的范围和样本数目来产生均匀分布的随机数。

在实际应用中，产生随机数之后，必须对它的统计特性做严格的检验。一般来讲，统计特性的检验包括参数检验、均匀性检验和独立性检验。事实上，如果在二阶矩范围内讨论随机信号，那么参数检验只对产生的随机数一、二阶矩进行检验。此外，参数检验还包括最小值、最大值和周期等。参数检验、均匀性检验和独立性检验的方法请参考有关书籍。

1.6.2 随机变量的仿真

根据随机变量函数变换的原理，如果能将两个分布之间的函数关系用显式表达，那么就可以通过对一种分布的随机变量进行变换得到另一种分布的随机变量。

若 X 是分布函数为 $F_X(x)$ 的随机变量，且 $F_X(x)$ 为严格单调升函数，令 $Y = F_X(X)$，则 Y 是在[0,1]上分布的随机变量。若 Y 是在[0,1]上均匀分布的随机变量，那么

$$X = F_X^{-1}(Y) \tag{1.6-9}$$

即是分布函数为 $F_X(x)$ 的随机变量。式中 $F_X^{-1}(\cdot)$ 为 $F_X(\cdot)$ 的反函数。这样，欲求某个分布的随机变量，先产生在[0,1]区间上均匀分布的随机数，再经式(1.6-9)的变换，便可求得所需分布的随机数。

【例 1.6-2】 假定已有均匀分布的随机数，给出产生指数分布随机数的计算公式。

解：指数分布的概率密度为

$$f_X(x) = a\mathrm{e}^{-ax}, \quad x \geqslant 0$$

根据概率密度可求出概率分布函数

$$F_X(x) = \int_0^x a\mathrm{e}^{-a\tau}\mathrm{d}\tau = 1-\mathrm{e}^{-ax}, \quad x \geqslant 0$$

那么

$$Y = F_X(X) = 1 - \mathrm{e}^{-aX}$$

就是在[0,1]区间上均匀分布的随机数。而

$$X = F_X^{-1}(Y) = -\frac{\ln(1-Y)}{a}$$

即为指数分布。考虑到 1–Y 也是在[0,1]上均匀分布的随机数，上式可改写为

$$X = F_X^{-1}(Y) = -\frac{\ln Y}{a}$$

当分布函数的反函数比较复杂时，这种函数变换的过程也比较复杂。实际上，产生一个非均匀分布的随机数序列有很多方法，上面讨论的变换法仅是其中的一种。

1.6.3 高斯分布随机数的仿真

由于高斯变量的重要性，有必要重点讨论一下高斯随机数的产生。广泛应用的有两种产生高斯随机数的方法，一种是变换法，一种是近似法。

如果 X_1 和 X_2 是两个互相独立的均匀分布随机数，那么下式给出的 Y_1 和 Y_2

$$\begin{cases} Y_1 = \sigma\sqrt{-2\ln X_1}\cos(2\pi X_2) + m \\ Y_2 = \sigma\sqrt{-2\ln X_1}\sin(2\pi X_2) + m \end{cases} \quad (1.6\text{-}10)$$

便是数学期望为 m，方差为 σ^2 的高斯分布随机数，且互相独立，这就是变换法。下面证明一种简单情况，即令数学期望 $m=0$，方差 $\sigma^2=1$。利用上式求反函数

$$\begin{cases} X_1 = \exp\left[-\frac{Y_1^2 + Y_2^2}{2}\right] \\ X_2 = \frac{1}{2\pi}\arctan\left(\frac{Y_2}{Y_1}\right) \end{cases} \quad (1.6\text{-}11)$$

雅可比行列式 $J = \begin{vmatrix} \frac{\partial x_1}{\partial y_1} & \frac{\partial x_1}{\partial y_2} \\ \frac{\partial x_2}{\partial y_1} & \frac{\partial x_2}{\partial y_2} \end{vmatrix} = \begin{vmatrix} \exp\left[-\frac{y_1^2 + y_2^2}{2}\right](-y_1) & \exp\left[-\frac{y_1^2 + y_2^2}{2}\right](-y_2) \\ \frac{1}{2\pi} \cdot \frac{(y_2/y_1^2)}{1+(y_2/y_1)^2} & \frac{1}{2\pi} \cdot \frac{1/y_1}{1+(y_2/y_1)^2} \end{vmatrix}$

$$= -\frac{1}{2\pi}\exp\left[-\frac{y_1^2 + y_2^2}{2}\right] \quad (1.6\text{-}12)$$

既然 X_1 和 X_2 是两个互相独立的均匀分布随机数，那么 Y_1 和 Y_2 的二维联合概率密度应满足

$$f_Y(y_1, y_2) = \frac{1}{2\pi}\exp\left[-\frac{y_1^2 + y_2^2}{2}\right] = \frac{1}{\sqrt{2\pi}}\exp\left[-\frac{y_1^2}{2}\right]\frac{1}{\sqrt{2\pi}}\exp\left[-\frac{y_2^2}{2}\right] = f_{Y_1}(y_1)f_{Y_2}(y_2) \quad (1.6\text{-}13)$$

显然，Y_1 和 Y_2 是高斯分布的，它们的数学期望为零，方差为 1，且互相独立。

【例 1.6-3】 编写一个函数，用式(1.6-10)的方法产生两个互相独立的高斯变量，每个高斯变量有 N 个样本(随机数)，数学期望为 m、方差为 σ^2。

● 使用 MATLAB，实现上述编程要求：

```
function   [xr, xi]= GaussRandomNumbers_1(N, Mu, Sigma)
    a=sqrt(-2.0*log(rand(1, N)));
    b=2*pi*rand(1, N);
    xr= Sigma*a.*cos(b)+Mu;
    xi= Sigma*a.*sin(b)+Mu;
```

函数 GaussRandomNumbers_1( )产生的 xr 和 xi 是两组互相独立的高斯分布随机数，作为函数的返回值。形参 N、Mu 和 Sigma 分别为每组随机数的个数、数学期望和标准差。在这个函数中，pi 为圆周率，是 MATLAB 定义的常数。调用这个函数的主程序为

```
[x1, x2] = GaussRandomNumbers_1(1024,0,1);
plot(x1,'k');              % 'k'表示曲线为黑色
hold on;                   % 保持图形，为了将几个曲线画在同一个图中
plot(x2,'r');              % 'r'表示曲线为红色
```

返回的两组互相独立的高斯分布随机数分别放在数组 x1 和 x2 中，均值为零、方差为 1，并将两个高斯变量对应的随机数画在同一个图中，k 代表曲线为黑色，r 代表曲线为红色。

● 使用 Python，实现上述编程要求：

```
def GaussianRandomNumbers_1(N, Mu, Sigma):
    a = np.sqrt(-2.0 * np.log(np.random.rand(N)))
    b = 2 * np.pi * np.random.randn(N)
    xr = Sigma * np.multiply(a, np.cos(b)) + Mu
    xi = Sigma * np.multiply(a, np.sin(b)) + Mu
    return xr, xi
```

Python 中定义函数的关键字是 def。这个函数所完成的功能与 MATLAB 函数 GaussRandomNumbers_1( )所完成的功能一致。调用这个函数的 Python 主程序为：

```
x, y = GaussianRandomNumbers_1(1024, 0, 1.0)
fig = plt.figure(5)
plt.plot(x)    # 绘制样本图
plt.plot(y)    # 绘制样本图
plt.show()     # 显示图片
```

另外一种产生高斯随机数的方法是近似法。在学习中心极限定理时，曾提到 n 个独立同分布的随机变量 X_i ($i=1,2,\cdots,n$)，当 n 足够大时，之和的线性变换依分布收敛于高斯分布。由于近似法避免了开方和三角函数运算，计算量大大降低。当精度要求不太高时，近似法还是具有很大应用价值的。

【例 1.6-4】 用近似法编写一个函数，产生服从 $N(m,\sigma^2)$ 的高斯分布随机数。

解：本例中使用独立同分布的均匀分布样本来近似高斯分布的样本。在[0,1]区间上，均匀分布的随机变量 X 的数学期望为 $E[X]=1/2$，方差为 $D[X]=1/12$。

根据中心极限定理，当 n 足够大时，随机变量

$$Y = \frac{\sum_{i=1}^{n}(X_i - 1/2)}{\sqrt{n/12}}$$

随机变量 Y 依分布收敛于数学期望为零、方差为 1 的高斯分布。为减小计算量，取 $n=12$ 完成上述近似，此时

$$Y = \sum_{i=1}^{12}(X_i - 1/2) = \sum_{i=1}^{12} X_i - 6$$

最后做变换 $Z = \sigma Y + m$ 即为所求。使用 Python 实现上述功能，函数如下：

```
import numpy as np
```

```python
import matplotlib.pyplot as plt
def GaussRandomNumbers(N, Mu, Sigma):
    x = np.random.rand(12, N)        # 产生12组在[0,1)上均匀分布的随机数，每组有N个样本
    y = np.sum(x, 0)-6               # 将每组对应的样本相加后减6，近似标准正态分布
    return Sigma*y+Mu
z = GaussRandomNumbers(1024, 0.5, 2) #产生均值为0.5，方差为2的高斯分布随机数
fig = plt.figure(1)
plt.plot(z)                          # 绘制样本图
plt.show()                           # 显示图片
```

高斯随机变量是最常用的随机变量之一。无论是MATLAB还是Python都集成了高效的高斯随机变量生成方法。例如，MATLAB中可以直接通过调用命令

$$x=random('Normal',Mu, Sigma,M,N);$$

来生成M(行)×N(列)个独立同分布的高斯随机变量样本，每行样本独立同分布。函数中Normal为高斯(正态)分布的标志，Mu和Sigma代表数学期望和均方差。

对于高维高斯分布(其联合概率密度函数见式(1.5-41))随机变量的样本，MATLAB提供了函数

$$R = mvnrnd(Mu,Sigma,N)$$

其中Mu是D维均值向量，Sigma是D×D的协方差矩阵，N是样本的个数。函数返回值R是N×D的矩阵，其中每一行是一个D维高斯随机变量的样本。

Python中可以使用函数numpy.random.normal和numpy.random.multivariate_normal来产生高斯分布的样本和高维高斯分布的样本。两个函数的功能与MATLAB中的random('normal')和mvnrnd接近。

有了高斯随机变量的仿真方法，就可以利用表1.5-1构成与高斯变量有关的其他分布随机变量，如瑞利分布、指数分布和χ^2分布随机变量。在仿真随机变量时，一般用直方图近似表示随机变量的分布。画直方图时先将随机变量的取值区间分为k个相等的子区间，然后统计随机数落在所有子区间的个数，将k个子区间落入随机数的个数画成柱图就是直方图。MATLAB提供了画直方图的函数hist(X,Y)，其中X是随机数，Y是子区间的坐标。

【例1.6-5】 用$N(0,1)$高斯分布随机数分别仿真瑞利分布随机变量和4个自由度的χ^2分布随机变量，并画出直方图。

解： 首先获得数学期望为零、方差为1的高斯分布随机数。利用表1.5-1，根据瑞利分布及χ^2分布与高斯分布的关系就可得到具有所求分布的随机数。假定每个随机变量包括N个随机数，分别用Gi(i = 1,2,3,4)、R和X2表示高斯分布、瑞利分布和χ^2分布的随机数，其程序如下。

```
N=20000;
g = -5:0.1:5;
G1=random('Normal',0,1,1,N);            %产生N个高斯分布随机数，均值为零，方差为1
G2=random('Normal',0,1,1,N);
G3=random('Normal',0,1,1,N);
G4=random('Normal',0,1,1,N);
R=sqrt(G1.*G1+G2.*G2);                  %由表1.5-1高斯与瑞利分布交叉处的公式
X2= G1.*G1+G2.*G2+G3.*G3+G4.*G4;        %由表1.5-1高斯与$\chi^2$分布交叉处的公式，n = 4
subplot(311); hist(G1,g);               %在-5～5范围内画高斯变量的直方图
```

```
subplot(312); hist(R,0:0.05:5);          %在 0~5 范围内画瑞利随机变量的直方图
subplot(313); hist(X2,0:0.2:24);         %在 0~24 范围内画 χ² 分布随机变量的直方图
```

图 1.6-1 示出了由程序得到的直方图，为了清晰地看到每个直方图的细节，各直方图的取值区间不同，如瑞利随机变量的取值区间应该是 0~∞，程序中只求出了 0~5 范围内的直方图，并把 0~5 区间分为 100 个小区间。图中的包络线是理论上的概率密度曲线，当随机数的数目足够大时，由一个优秀设计的程序得到的直方图应该接近理论的概率密度曲线。

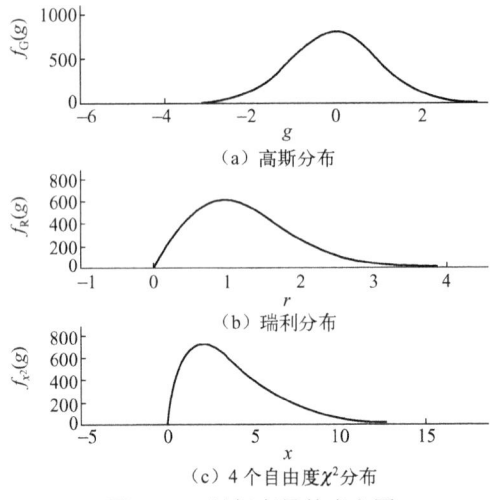

图 1.6-1 随机变量的直方图

1.6.4 随机变量数字特征的计算

产生的随机数可以作为一个随机变量，也可以视为下一章要讨论的随机过程中的一个样本函数。不论是随机变量还是随机过程的样本函数，都会遇到求其数字特征的情况。在图像处理时，也时常需要计算图像灰度直方图的数学期望、方差、峰态和偏态系数等。

事实上，在很多情况下无法得到或不能利用随机变量的全部样本，只能利用一部分样本(子样)来获得随机变量数字特征的估计值。这时，子样的个数 N 就决定了估计的精度。当 N 增大时，估计值将依概率收敛于被估计的参数。

在实际计算时，根据对计算速度或精度要求的不同，可选择不同的算法。

1. 均值的计算

设随机数序列 $\{x_1, x_2, \cdots, x_N\}$，一种计算均值的方法是直接计算下式

$$m = \frac{1}{N} \sum_{n=1}^{N} x_n \tag{1.6-14}$$

式中，x_n 为随机数序列中的第 n 个随机数。

另一种方法是利用递推算法，第 n 次迭代的均值即前 n 个随机数的均值为

$$m_n = \frac{n-1}{n} m_{n-1} + \frac{1}{n} x_n = m_{n-1} + \frac{1}{n}(x_n - m_{n-1}) \tag{1.6-15}$$

迭代结束后，便得到随机数序列的均值

$$m = m_N \tag{1.6-16}$$

递推算法的优点是可以实时计算均值，这种方法常用在实时获取数据的场合。

当数据量较大时，为防止计算误差的积累，也可采用

$$m = m_1 + \frac{1}{N} \sum_{n=1}^{N} (x_n - m_1) \tag{1.6-17}$$

式中，m_1 是取一小部分随机数计算的均值。

2. 方差的计算

计算方差也分为直接法和递推法。仿照均值的做法

$$\sigma^2 = \frac{1}{N}\sum_{n=1}^{N}(x_n - m)^2 \qquad (1.6\text{-}18)$$

$$\sigma^2 = \frac{1}{N}\sum_{n=1}^{N}x_n^2 - m^2 \qquad (1.6\text{-}19)$$

当利用有限字长运算时，式(1.6-18)的运算误差比式(1.6-19)小，但利用式(1.6-19)可节省运算次数。

方差的递推算法需要同时递推均值和方差

$$m_n = m_{n-1} + \frac{1}{n}(x_n - m_{n-1})$$

$$\sigma_n^2 = \frac{n-1}{n}\left[\sigma_{n-1}^2 + \frac{1}{n}(x_n - m_{n-1})^2\right] \qquad (1.6\text{-}20)$$

迭代结束后，得到随机数序列的方差为

$$\sigma^2 = \sigma_N^2 \qquad (1.6\text{-}21)$$

其他矩函数也可用类似的方法得到。

图 1.6-2 展示了一组均值为零、方差为 1 的高斯分布随机变量的独立样本。这组随机数共有 300 个样本，用式(1.6-14)和式(1.6-19)计算的均值和方差分别为-0.056 和 1.055。根据式(1.6-15)和式(1.6-20)对这组随机样本所递推计算得到的均值 m_n 和方差 σ_n^2 同样示于图 1.6-2 中，其中 m_n 和 σ_n^2 是使用前 n 个样本得到的结果。当参与递推计算的随机数个数较少时，递推计算的均值 m_n 和方差 σ_n^2 与用式(1.6-14)和式(1.6-19)计算的均值 m 和方差 σ^2 有一定的差距。随着随机数个数的增加，均值和方差分别稳定在均值 m 和方差 σ^2 附近。显然，最终递推计算的均值 m_N 与用式(1.6-14)计算的结果相同，但递推的方差 σ_N^2=1.052，存在偏差。

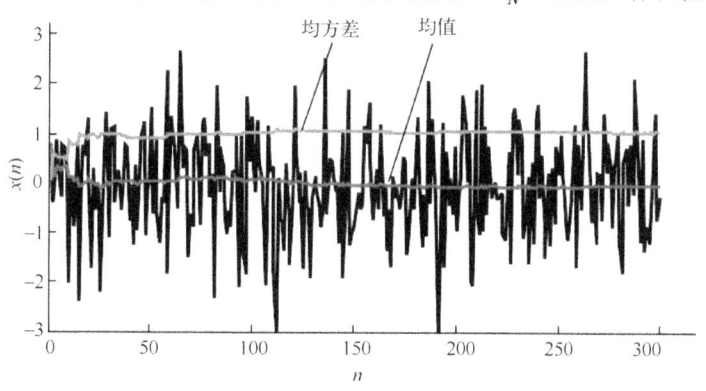

图 1.6-2 高斯分布随机数与递推的均值和均方差

MATLAB 提供了计算随机变量数字特征的函数。如果 y1 为一维数组，即 y1 为 1×N 或 N×1 矩阵，y2 为 M×N 矩阵，均值 mean( )和方差 var( )函数的使用方法如下。

```
m=mean(y1)           % y1 的均值
d=var(y1)            % y1 的方差
m1=mean(y2)          % 按列求均值，m1 是一个 1×N 的数组
m12=mean(y2,2)       % 按行求均值，m12 是一个 M×1 的数组
d1=var(y2)           % 按列求方差，d1 是一个 1×N 的数组
m2=mean(mean(y2))    % 矩阵的均值
d2=var(var(y2))      % 矩阵的方差
```

同样地，Python 中也提供了计算均值和方差的函数。读者可以使用 np.mean( ) 和 np.var( ) 来计算向量的均值和方差。

习题一

1.1 设连续随机变量 x 的概率分布函数为

$$F(x) = \begin{cases} 0, & x < 0 \\ 0.5 + A\sin\left[\dfrac{\pi}{2}(x-1)\right], & 0 \leqslant x < 2 \\ 1, & x \geqslant 2 \end{cases}$$

求：（1）系数 A；（2）X 取值在 $(0.5, 1)$ 内的概率 $p(0.5<x<1)$。

1.2 试确定下列各式是否为连续随机变量的概率分布函数，如果是概率分布函数，求其概率密度。

（1）$F(x) = \begin{cases} 1-\mathrm{e}^{-x/2}, & x \geqslant 0 \\ 0, & x < 0 \end{cases}$ （2）$F(x) = \begin{cases} 0, & x < 0 \\ Ax^2, & 0 \leqslant x < 1 \\ 1, & x \geqslant 1 \end{cases}$

（3）$F(x) = \dfrac{x}{a}[u(x) - u(x-a)], \quad a > 0$ （4）$F(x) = \dfrac{x}{a}u(x) - \dfrac{a-x}{a}u(x-a), \quad a > 0$

1.3 离散随机变量 X 由 0, 1, 2, 3 四个样本组成，相当于四元通信中的四个电平，四个样本的取值概率顺序为 1/2, 1/4, 1/8, 1/8。求随机变量的数学期望和方差。

1.4 随机变量 X 在 $[\alpha,\beta]$ 上均匀分布，求它的数学期望和方差。

1.5 设随机变量 X 的概率密度 $f_X(x) = \begin{cases} 1, & 0 \leqslant x \leqslant 1 \\ 0, & \text{其他} \end{cases}$，求 $Y = 5X + 1$ 的概率密度。

1.6 设随机变量 $X_1, X_2, \cdots, X_n$ 在 $[a,b]$ 上均匀分布，且互相独立。若 $Y = \sum_{i=1}^{n} X_i$，求 $n = 2$ 时，随机变量 Y 的概率密度。

1.7 设随机变量 X 的数学期望和方差分别为 m 和 σ^2，求随机变量 $Y = -3X - 2$ 的数学期望、方差及 X 和 Y 的相关矩。

1.8 已知二维随机变量 (X,Y) 的二阶混合原点矩 m_{11} 及数学期望 m_X 和 m_Y，求随机变量 X,Y 的二阶混合中心矩。

1.9* 随机变量 X 和 Y 分别在 $[0,a]$ 和 $[0,\pi/2]$ 上均匀分布，且互相独立。对于 $b<a$，证明：

$$P(X < b\cos Y) = \dfrac{2b}{\pi a}$$

1.10* 已知二维随机变量 (X_1, X_2) 的联合概率密度为 $f_{X_1 X_2}(x_1, x_2)$，随机变量 (X_1, X_2) 与随机变量 (Y_1, Y_2) 的关系由下式唯一确定

$$\begin{cases} X_1 = a_1 Y_1 + b_1 Y_2 \\ X_2 = c_1 Y_1 + d_1 Y_2 \end{cases}, \quad \begin{cases} Y_1 = aX_1 + bX_2 \\ Y_2 = cX_1 + dX_2 \end{cases}$$

证明 (Y_1, Y_2) 的联合概率密度为

$$f_{Y_1 Y_2}(y_1, y_2) = \dfrac{1}{|ad - bc|} f_{X_1 X_2}(a_1 y_1 + b_1 y_2, c_1 y_1 + d_1 y_2)$$

式中，$ad - bc \neq 0$。

1.11 随机变量 X, Y 的联合概率密度为

$$f_{XY}(x,y) = A\sin(x+y), \quad 0 \leqslant x, y \leqslant \pi/2$$

求：（1）系数 A；（2）数学期望 M_X 和 M_Y；（3）方差 σ_X^2 和 σ_Y^2；（4）相关矩 r_{XY} 及相关系数 r_{XY}。

1.12 若 X 为在[0, 1]区间上均匀分布的随机变量，求 X 的特征函数及 n 阶原点矩。

1.13 已知随机变量 X 的概率密度 $f_X(x) = 2e^{-\alpha x}, x \geqslant 0$，求随机变量 X 的特征函数。

1.14 已知随机变量 X 服从柯西分布 $f(x) = \dfrac{1}{\pi} \cdot \dfrac{\alpha}{\alpha^2 + x^2}$，求它的特征函数。

1.15 求概率密度 $f(x) = \dfrac{1}{2} e^{-|x|}$ 的随机变量 X 的特征函数。

1.16 已知互相独立随机变量 $X_1, X_2, \cdots, X_n$ 的特征函数，求 $X_1, X_2, \cdots, X_n$ 线性组合 $Y = \sum\limits_{i=1}^{n} a_i X_i + c$ 的特征函数。其中 a_i 和 c 是常数。

1.17 已知高斯随机变量 X 的数学期望为零、方差为 1，求 $Y = aX^2$ ($a>0$) 的概率密度。

1.18 已知 X_1, X_2, X_3 是数学期望为零、方差为 1 且互相独立的高斯变量，用特征函数法求 $E[X_1 X_2 X_3]$。

1.19 如果随机变量 X 服从[0,1]区间的均匀分布，随机变量 Y 的概率密度为

$$f_y(y) = \begin{cases} y, & 0 \leqslant y \leqslant 1 \\ 2 - y, & 1 \leqslant y \leqslant 2 \\ 0, & \text{其他} \end{cases}$$

X 与 Y 互相独立。求 X 与 Y 之和的概率密度。

本章习题解答请扫二维码。

第2章 随机过程和随机序列

随机过程和随机序列广泛地应用在自动控制、通信、信号与信息处理等领域。尤其是在信号与信息的统计模型的建立、仿真与处理等方面有着重要的应用背景。

2.1 随机过程的统计特性

随机试验的所有可能结果都可以用随机变量的取值来定量表示。有时这些随机变量随着某些参量变化，或者说是某些参量的函数。比如大气温度和大气压力的随机起伏都是时间或高度的函数，信道上传输的音频信号或视频信号也是随时间变化的随机信号。这种随某些参量变化的随机变量称为随机函数。在通信与信息处理领域，经常遇到的是以时间作为参变量的随机函数。一般把以时间作为参变量的随机函数称为随机过程，相对以前所学的确定信号，也把随机过程称为随机信号。

既然随机过程是随时间变化的随机变量，那么就要考虑在时间变化的情况下，用随机变量的一些统计特性来描述随机过程。本节将把随机变量和随机过程放在一起考虑，并时刻注意到它们之间的联系。

2.1.1 随机过程和随机序列的定义

在电子设备中，电阻上的噪声电压是最典型的随机过程。图 2.1-1(a)示出了随机过程的例子。如果随机过程是噪声电压，那么图 2.1-1(a)中的每一条曲线都代表一个噪声电压波形。

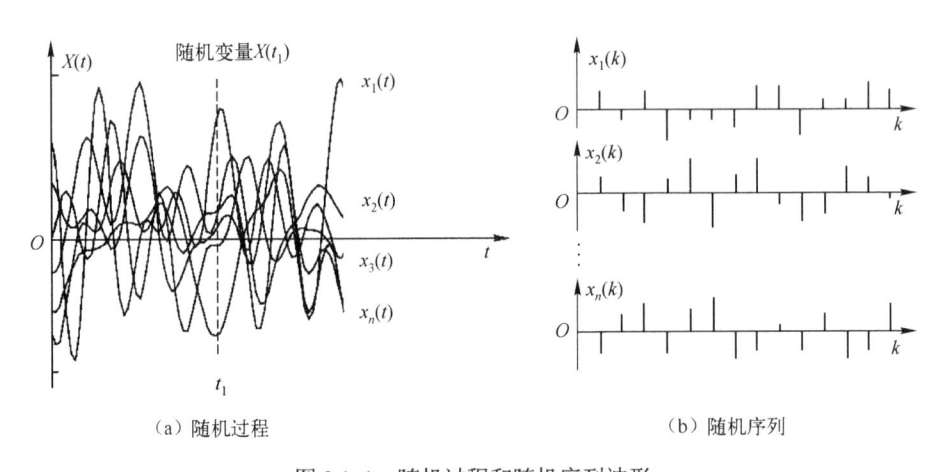

(a) 随机过程　　　　　　　　　　(b) 随机序列

图 2.1-1　随机过程和随机序列波形

在观察噪声电压的波形时，可能观察到 $x_1(t)$ 或 $x_2(t)$，也可能观察到 $x_n(t)$，所有这些波形的集合就是随机过程，用 $X(t)$ 表示。每次观察到的电压波形称为随机过程的样本函数，通常这个集合中的样本函数是非常多的，随机过程在任意时刻的状态都是一个随机变量。换句话说，在一段时间上，图 2.1-1(a)中表示的噪声电压波形 $X(t)$ 是随机过程，而在一个时刻上则是一个随机变量。这个随机变量是连续的还是离散的决定了这个随机过程是连续随机过程还是离散随机过程。

如果随机过程在时间轴上是离散的,则称为随机序列,如图2.1-1(b)所示。随机序列也可以视为随机过程根据某个准则抽样得到的。本章讨论的随机序列在时间上是等间隔采样的。若随机序列在任意离散时刻上,其状态(随机变量)是连续的,则称为连续随机序列;如果状态是离散的,则称为离散随机序列。

如上所述,随机过程是随时间变化的随机变量,或者说随机过程在任意给定的时刻上都是随机变量。虽然随机变量不能用解析式表示,但多数情况下随机过程却可以用随机变量的解析式来表示。例如,信号试验中常用信号发生器产生正弦信号,调整信号发生器使振幅和频率保持常数,一般情况下每次开机信号的初始相位是无法控制的,可以看作一连续的随机变量,因此,在每次开机后的某一时刻,信号发生器给出的信号的电压值也是随机的,信号发生器的输出是一个随机过程,它的解析式可以表示成

$$Y(t) = a\cos(\omega_0 t + \Phi)$$

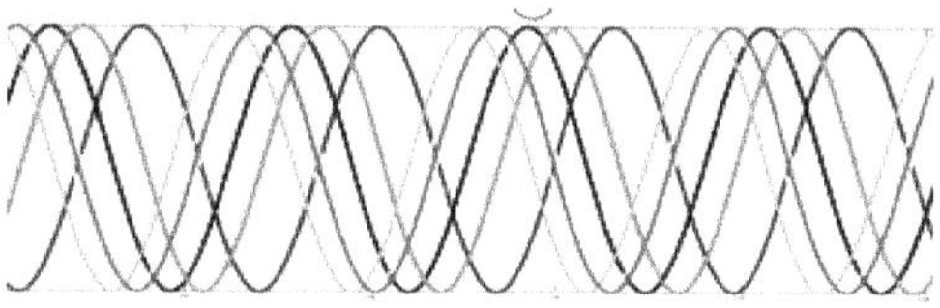

图2.1-2 正弦信号发生器输出波形

其中 a、ω_0 都是固定常数,初相 Φ 是一随机量。

定义 设随机试验的样本空间 $S=\{e_i\}$,对于空间的每一个样本 $e_i \in S$,总有一个时间函数 $x(t,e_i)$ 与之对应($t \in T$);对于空间的所有样本 $e \in S$,可有一族时间函数 $X(t,e)$ 与其对应,这族时间函数称为随机过程。

随机过程是一族时间函数的集合,随机过程的每个样本函数是一个确定的时间函数 $x(t)$,随机过程在一个确定的时刻 t_1 是一个随机变量 $X(t_1)$。

仿照随机变量,用大写字母 $X(t),Y(t)$ 等表示随机过程,用小写字母 $x(t),y(t)$ 等表示随机过程的样本函数。

2.1.2 随机过程和随机序列的分布律

1. 随机过程的分布函数和概率密度

一个随机过程是定义在一个时间区间上的,而在这个时间区间上的任意一个时刻,随机过程表现为一个随机变量,那么是否可以用随机变量的分布律来表征随机过程的分布律呢?

如果 $t_1,t_2,t_3,\cdots,t_n(t_i \in T)$ 是随机过程在时间区间 T 上的 n 个时刻,对于确定的时刻 t_i,$X(t_i)$ 是一维随机变量。对所有的 $t_i(i=1,2,\cdots,n)$,得到的则是 n 维随机变量 $\{X(t_1), X(t_2),\cdots,X(t_n)\}$。如果 n 足够大,所取的间隔 $t_i - t_{i-1}$ 充分小,就可以用 n 维随机变量近似表示一个随机过程。这样,所研究的多维随机变量的结果就可以用到随机过程中。换句话说,可以通过研究随机变量的统计特性来研究随机过程。这样不仅可以通过随机变量的分布律来描述随机过程的分布律,还可以用随机变量的数字特征来描述随机过程的一些数字特征。

在任意时刻 t_1,随机过程 $X(t_1)$ 是一维随机变量,类似一维随机变量的定义,把随机变量 $X(t_1) \leqslant x_1$ 的概率 $P\{X(t_1) \leqslant x_1\}$ 定义为随机过程 $X(t)$ 的一维分布函数,记为

$$F_X(x_1,t_1) = P\{X(t_1) \leqslant x_1\} \tag{2.1-1}$$

同样,若 $F_X(x_1,t_1)$ 对 x_1 的偏导数存在,则称

$$f_X(x_1,t_1) = \frac{\partial F_X(x_1,t_1)}{\partial x_1} \qquad (2.1\text{-}2)$$

为随机过程 $X(t)$ 的一维概率密度。由于 t_1 是任意的，可省去下标，写成 $F_X(x,t)$ 和 $f_X(x,t)$。与随机变量不同的是它们不仅是取值 x 的函数，也是时间 t 的函数。一维分布律只表征随机过程在一个固定时刻 t 上的统计特性，若需了解随机过程更详细的情况，还要研究随机过程的二维分布律乃至多维分布律。

随机过程 $X(t)$ 在任意两时刻 t_1,t_2，是一个二维随机变量 $\{X(t_1),X(t_2)\}$，定义 $t=t_1$ 时 $X(t_1) \leqslant x_1$ 和 $t=t_2$ 时 $X(t_2) \leqslant x_2$ 的联合概率为随机过程 $X(t)$ 的二维概率分布函数

$$F_X(x_1,x_2;t_1,t_2) = P\{X(t_1) \leqslant x_1, X(t_2) \leqslant x_2\} \qquad (2.1\text{-}3)$$

若 $F_X(x_1,x_2;t_1,t_2)$ 对 x_1,x_2 的二阶偏导数存在，则定义随机过程的二维概率密度为

$$f_X(x_1,x_2;t_1,t_2) = \frac{\partial^2 F_X(x_1,x_2;t_1,t_2)}{\partial x_1 \partial x_2} \qquad (2.1\text{-}4)$$

随机过程的二维分布律不仅表征了随机过程在两个时刻上的统计特性，还可表征随机过程两个时刻间的关联程度。如果需要知道随机过程在 n 个时刻上和 n 个时刻之间的统计特性，可定义 n 维分布律。这里只给出随机过程的 n 维概率密度

$$f_X(x_1,x_2,\cdots,x_n;t_1,t_2,\cdots,t_n) = \frac{\partial^n F_X(x_1,x_2,\cdots,x_n;t_1,t_2,\cdots,t_n)}{\partial x_1 \partial x_2 \cdots \partial x_n} \qquad (2.1\text{-}5)$$

上面讨论的是一个随机过程的分布律，用同样的方法也可定义两个随机过程的联合分布律，以随机过程 $X(t)$ 和 $Y(t)$ 的四维联合概率密度为例

$$f_{XY}(x_1,x_2,y_1,y_2;t_1,t_2,t_1',t_2') = \frac{\partial^4 F_{XY}(x_1,x_2,y_1,y_2;t_1,t_2,t_1',t_2')}{\partial x_1 \partial x_2 \partial y_1 \partial y_2} \qquad (2.1\text{-}6)$$

随机过程分布律的性质可由随机变量分布律的性质得到。此外，若两个随机过程互相独立，则有

$$f_{XY}(x_1,\cdots,x_n,y_1,\cdots,y_m;t_1,\cdots,t_n,t_1',\cdots,t_m') = f_X(x_1,\cdots,x_n;t_1,\cdots,t_n)f_Y(y_1,\cdots,y_m;t_1',\cdots,t_m') \qquad (2.1\text{-}7)$$

必须注意的是两个随机过程互相独立与一个随机过程不同时刻(即 n 维随机变量)互相独立在概念上是不同的。

【例 2.1-1】 随机过程 $Y(t) = X\cos\omega t$，X 为高斯分布的随机变量，ω 是常数。求 $Y(t)$ 的一维概率密度。

解：已知 X 的概率密度

$$f_X(x) = \frac{1}{\sqrt{2\pi}\sigma_X} \exp\left[-\frac{(x-m_X)^2}{2\sigma_X^2}\right]$$

在 $t=t_1$ 时刻，$Y(t_1)$ 是一个随机变量，令

$$Y_1 = Y(t_1) = X\cos\omega t_1$$

根据一维随机变量的函数变换，需求出反函数及其导数

$$X = \frac{Y_1}{\cos\omega t_1}, \qquad \frac{\mathrm{d}x}{\mathrm{d}y_1} = \frac{1}{\cos\omega t_1}$$

于是，得到 $Y(t_1)$ 的概率密度

$$f_Y(y_1,t_1) = f_X(x)\left|\frac{dx}{dy_1}\right| = \frac{1}{\sqrt{2\pi}\sigma_X}\exp\left[-\frac{1}{2\sigma_X^2}\left(\frac{y_1}{\cos\omega t_1}-m_X\right)^2\right]\cdot\frac{1}{|\cos\omega t_1|}$$

$$= \frac{1}{\sqrt{2\pi}\sigma_X|\cos\omega t_1|}\exp\left[-\frac{(y_1-m_X\cos\omega t_1)^2}{2(\sigma_X\cos\omega t_1)^2}\right]$$

对于固定时刻 t_1，$\cos\omega t_1$ 是常数。这个变换是线性变换，因此变换后 Y_1 仍然是高斯变量。随机变量 Y_1 的数学期望为 $m_X\cos\omega t_1$，方差为 $(\sigma_X\cos\omega t_1)^2$。把 t_1 改为 t，则随机过程 $Y(t)$ 的分布

$$f_Y(y,t) = \frac{1}{\sqrt{2\pi}\sigma_X|\cos(\omega t)|}\exp\left[-\frac{(y-m_X\cos\omega t)^2}{(\sigma_X\cos\omega t)^2}\right]$$

2．一般序列的分布函数和概率密度

随机过程是以 t 为参变量的随机函数，而随机序列则是以离散的时间 n 作为参变量的，一般记为 $\{X(n), n=0, \pm 1, \pm 2, \cdots, \pm N\}$，或简写为 $X(n)$。

由于对某一时刻 n，$X(n)$ 仍然是一个随机变量，因此它的概率分布函数和概率密度的定义与随机过程相同。这里只给出它的 N 维概率密度和概率分布函数的关系

$$f_X(x_1,x_2,\cdots,x_N;n_1,n_2,\cdots,n_N) = \frac{\partial^N F_X(x_1,x_2,\cdots,x_N;n_1,n_2,\cdots,n_N)}{\partial x_1\partial x_2\cdots\partial x_N} \tag{2.1-8}$$

如果 N 个随机变量是互相独立的，则有

$$f_X(x_1,x_2,\cdots,x_N;n_1,n_2,\cdots,n_N) = f_{X_1}(x_1,n_1)f_{X_2}(x_2,n_2)\cdots f_{X_N}(x_N,n_N) \tag{2.1-9}$$

如果对任意的 n_i，上式中的 $f_{X_i}(x_i,n_i)$ 都相同，则称 $X(n)$ 是独立同分布的，记为 i.i.d.。

3．离散过程的分布律

离散随机过程的样本函数是可列的，它的分布律往往是样本发生的概率

$$P\{X(t)=x_i(t)\} = P_i \quad i=1,2,\cdots \tag{2.1-10}$$

则一维分布函数 $\quad F_X(x,t) = \sum_{i=1}^{N}P\{X(t)=x_i(t)\leqslant x\} = \sum_{i=1}^{N}P_i u[x-x_i(t)] \tag{2.1-11}$

式中 $u(x)$ 为单位阶跃函数，P_i 表示样本 $x_i(t)$ 发生的概率。

离散过程的一维概率密度可表示为

$$f_X(x,t) = \frac{\partial F_X(x,t)}{\partial x} = \sum_{i=1}^{N}P_i\delta[x-x_i(t)] \tag{2.1-12}$$

离散过程的二维概率分布可表示为

$$F_X(x_1,x_2;t_1,t_2) = \sum_{i=1}^{N}\sum_{j=1}^{N}P\{X(t_1)=x_i(t_1)\leqslant x_1, X(t_2)=x_j(t_2)\leqslant x_2\}$$

其中 $P\{X(t_1)=x_i(t_1), X(t_2)=x_j(t_2)\} = P\{X(t_1)=x_i(t_1)\}\cdot P\{X(t_2)=x_j(t_2)|X(t_1)=x_i(t_1)\}$

而由随机过程的定义知

当 $i\neq j$ 时 $\quad P\{X(t_2)=x_j(t_2)|X(t_1)=x_i(t_1)\}=0$

当 $i=j$ 时 $\quad P\{X(t_2)=x_i(t_2)|X(t_1)=x_i(t_1)\}=1$

所以
$$F_X(x_1,x_2;t_1,t_2) = \sum_{i=1}^{N} P\{X(t_1)=x_i(t_1)\}u[x_1-x_i(t_1),x_2-x_i(t_2)]$$
$$= \sum_{i=1}^{N} P_i u[x_1-x_i(t_1),x_2-x_i(t_2)] \tag{2.1-13}$$

式中 $u(x_1,x_2)$ 为二维单位阶跃函数。

离散过程的二维概率密度表示为

$$f_X(x_1,x_2;t_1,t_2) = \frac{\partial F_X(x_1,x_2;t_1,t_2)}{\partial x_1 \partial x_2} = \sum_{i=1}^{N} P_i \delta[x_1-x_i(t_1),x_2-x_i(t_2)] \tag{2.1-14}$$

式中 $\delta(x_1,x_2)$ 为二维单位冲激函数。

【例 2.1-2】 随机过程 $X(t)$ 只有三个样本，$x_1(t)=\sin t$，$x_2(t)=\cos t$，$x_3(t)=t$，样本发生的概率都是 $1/3$。求 $X(t)$ 的一维、二维分布函数和概率密度。

解：一维分布函数
$$F(x,t) = P\{X(t)=x_1(t) \leqslant x\} + P\{X(t)=x_2(t) \leqslant x\} + P\{X(t)=x_3(t) \leqslant x\}$$
$$= \frac{1}{3}u(x-\sin t) + \frac{1}{3}u(x-\cos t) + \frac{1}{3}u(x-t)$$

一维概率密度 $f(x,t) = \frac{1}{3}\delta(x-\sin t) + \frac{1}{3}\delta(x-\cos t) + \frac{1}{3}\delta(x-t)$

二维分布函数
$$F_X(x_1,x_2;t_1,t_2) = \sum_{i=1}^{3} P\{X(t_1)=x_i(t_1)\}u[x_1-x_i(t_1),x_2-x_i(t_2)]$$
$$= \frac{1}{3}u(x_1-\sin t_1, x_2-\sin t_2) + \frac{1}{3}u(x_1-\cos t_1, x_2-\cos t_2) +$$
$$\frac{1}{3}u(x_1-t_1, x_2-t_2)$$

二维概率密度
$$f(x_1,x_2;t_1,t_2) = \frac{1}{3}\delta(x_1-\sin t_1, x_2-\sin t_2) + \frac{1}{3}\delta(x_1-\cos t_1, x_2-\cos t_2) +$$
$$\frac{1}{3}\delta(x_1-t_1, x_2-t_2)$$

2.2 随机过程的数字特性及特征函数

2.2.1 随机过程的数字特征

如同研究随机变量一样，有时不需要完整的统计特性。实际上，要想得到一个随机过程的 n 维分布律也非常难，因此主动避开实际上很难求到的 n 维分布律问题，转而研究随机过程的数字特征这一简单且具体的问题。

随机过程数字特征的概念可由随机变量的数字特征推广而来。但一般情况下，对于随机过程而言，诸如数学期望、方差等均是时间的函数。实际应用中遇到的随机过程，有些概率密度可以简单地由一、二阶矩来确定。高斯过程就是由数学期望和方差唯一决定其概率密度的典型例子。数字特征还可表征一个随机信号(随机过程)的一些物理意义。

1. 数学期望

在任意时刻 t_1，随机过程是一个一维随机变量 $X(t_1)$，随机变量 $X(t_1)$ 的数学期望 $E[X(t_1)]$ 就是 t_1 时刻随机过程的数学期望。对于不同的时刻 t，随机过程的数学期望是一个确定的时间函数，记为 $E[X(t)]$ 或 $m_X(t)$。

$$m_X(t) = E[X(t)] = \int_{-\infty}^{\infty} x f_X(x,t) \mathrm{d}x \qquad (2.2\text{-}1)$$

图 2.2-1 示出了随机过程的数学期望，图中细实线是随机过程的样本函数，粗实线是数学期望。可以这样理解：随机过程的数学期望是随机过程在某时刻 t 的统计平均，每个样本函数都是在它的上下摆动的。如果 $X(t)$ 是噪声电压，$m_X(t)$ 就是电压的瞬时统计平均值。

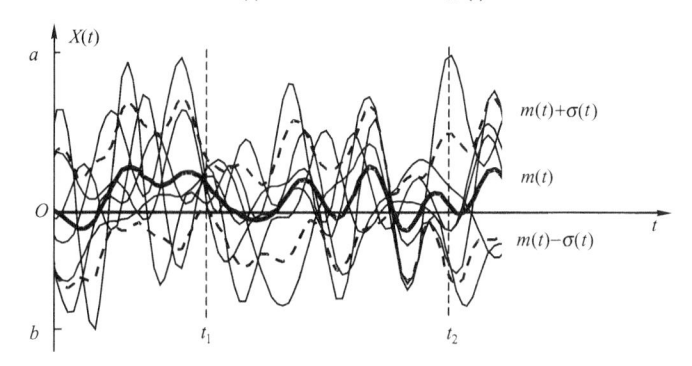

图 2.2-1　随机过程的数学期望和方差

随机序列 $X(n)$ 的统计均值（数学期望）定义为

$$m_X(n) = E[X(n)] = \int_{-\infty}^{\infty} x f(x,n) \mathrm{d}x \qquad (2.2\text{-}2)$$

若离散随机过程的分布律是样本发生的概率，则数学期望可表示为

$$m_X(t) = E[X(t)] = \sum_i x_i(t) P\{X(t) = x_i(t)\} = \sum_i x_i(t) P_i \qquad (2.2\text{-}3)$$

式中 P_i 为样本 $x_i(t)$ 发生的概率。

2. 方差

方差的定义与数学期望类似，它也是时间的函数，记为 $D[X(t)]$ 或 $\sigma_X^2(t)$。

$$\sigma_X^2(t) = D[X(t)] = \int_{-\infty}^{\infty} [x - m_X(t)]^2 f_X(x,t) \mathrm{d}x \qquad (2.2\text{-}4)$$

方差 $\sigma_X^2(t)$ 描述的是随机过程所有的样本函数相对于数学期望 $m_X(t)$ 的离散程度。所谓离散程度不仅与它的所有取值的最大值和最小值有关（图 2.2-1 中的 a 与 b），还与取值偏离数学期望的密度有关，见图 2.2-1 中的粗虚线 $m(t)+\sigma(t)$ 与 $m(t)-\sigma(t)$。一般来讲，随机过程对数学期望的离散程度随时间不同而不同，在图 2.2-1 中，t_1 时刻随机过程 $X(t)$ 相对于数学期望 $m(t)$ 的离散程度 $\sigma(t_1)$ 较小，而 t_2 时刻的离散程度 $\sigma(t_2)$ 较大。如果仍以噪声电压为例，那么方差就表征消耗在单位电阻上的瞬时交流功率的统计平均值。

另外，$\sigma(t)$ 也称为随机过程的均方差或标准差。

随机序列 $X(n)$ 的方差定义为

$$\sigma_X^2(n) = D[X(n)] = \int_{-\infty}^{\infty} [x - m_X(n)]^2 f_X(x,n) \mathrm{d}x \qquad (2.2\text{-}5)$$

离散随机过程的方差为

$$\sigma_X^2(t) = D[X(t)] = \sum_i [x_i(t) - m_X(t)]^2 P\{X(t) = x_i(t)\} = \sum_i [x_i(t) - m_X(t)]^2 P_i \qquad (2.2\text{-}6)$$

式中 P_i 为样本 $x_i(t)$ 发生的概率。

【例 2.2-1】 已知随机过程 $X(t) = a\cos(\omega t + \Phi)$，其中 a 和 ω 为常数，Φ 是在 $[0,\pi]$ 上均匀分布的随机变量。求 $X(t)$ 的数学期望和方差。

解： 随机过程 $X(t)$ 的任意时刻 t 的状态 $a\cos(\omega t + \Phi)$，都可以看成随机变量 Φ 的函数变换，根据式(1.3-3)有

$$E[X(t)] = E[a\cos(\omega t + \Phi)] = \int_{-\infty}^{\infty} a\cos(\omega t + \phi)f_{\Phi}(\phi)\mathrm{d}\phi = \int_0^{\pi} a\cos(\omega t + \phi)\frac{1}{\pi}\mathrm{d}\phi = -\frac{2a}{\pi}\sin\omega t$$

由式(1.3-6) $\qquad D[X(t)] = E[X^2(t)] - E^2[X(t)]$

先求 $\qquad E[X^2(t)] = E[a^2\cos^2(\omega t + \Phi)] = a^2 E\left[\frac{1+\cos(2\omega t + 2\Phi)}{2}\right] = \frac{a^2}{2} + \frac{a^2}{2}E[\cos(2\omega t + 2\Phi)]$

而 $\qquad E[\cos(2\omega t + 2\Phi)] = \int_0^{\pi}\cos(2\omega t + 2\phi)\frac{1}{\pi}\mathrm{d}\phi = 0$

得 $\qquad D[X(t)] = \frac{a^2}{2} - \frac{4a^2}{\pi^2}\sin^2(\omega t)$

3. 自相关函数

数学期望和方差描述了随机过程在任意一个时刻 t 的集中和离散程度。为了反映随机过程不同时刻间的联系，引出自相关函数的概念。图 2.2-2 示出了两个具有相同数学期望和方差的随机过程。从图上可粗略看出，在任意时刻它们的数学期望和方差都大体相同，但两个随机过程样本函数的内部结构却截然不同。$X(t)$ 起伏慢，$Y(t)$ 则起伏较快，这种差异是因为它们的相关性不同造成的。相关的概念表征了随机过程在两时刻之间的关联程度，进而说明了随机过程起伏变化的快慢。

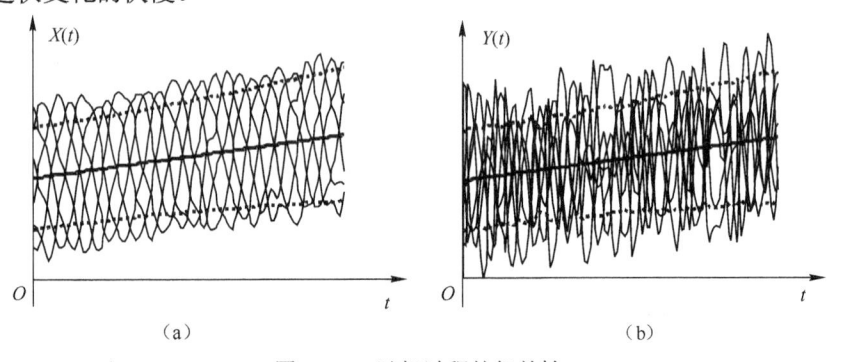

图 2.2-2 随机过程的相关性

如果随机过程 $X(t)$ 所有样本函数都是实函数，则 $X(t)$ 为实随机过程。对任意的两个时刻 t_1, t_2，实随机过程的自相关函数定义为

$$R_X(t_1, t_2) = E[X(t_1)X(t_2)] = \int_{-\infty}^{\infty}\int_{-\infty}^{\infty} x_1 x_2 f_X(x_1, x_2; t_1, t_2)\mathrm{d}x_1\mathrm{d}x_2 \qquad (2.2\text{-}7)$$

这实际上是随机过程在 t_1 和 t_2 时刻的两个状态 $X(t_1)$ 和 $X(t_2)$ 的二阶混合原点矩。因此它描述的随机起伏变化不仅包括快慢的变化，还隐含着幅度的变化。自相关函数具有功率的量纲。描述随机过程相关性的另一个矩函数是二阶混合中心矩，称为协方差函数，有

$$\begin{aligned} C_X(t_1, t_2) &= E[\{X(t_1) - m_X(t_1)\}\{X(t_2) - m_X(t_2)\}] \\ &= \int_{-\infty}^{\infty}\int_{-\infty}^{\infty}[x_1 - m_X(t_1)][x_2 - m_X(t_2)]f_X(x_1, x_2; t_1, t_2)\mathrm{d}x_1\mathrm{d}x_2 \end{aligned} \qquad (2.2\text{-}8)$$

协方差函数与自相关函数不同之处在于它描述的随机起伏是相对数学期望的幅度变化。如果用自相关函数表示协方差函数,则有

$$C_X(t_1,t_2) = R_X(t_1,t_2) - m_X(t_1)m_X(t_2) \tag{2.2-9}$$

若对于任意时刻随机过程的数学期望都等于零,则自相关函数和协方差函数完全相等。值得注意的是,在实际应用中经常将两个概念交叉使用,二者只是相差一个统计平均值。希望读者在应用时注意区分。

当 $t_1=t_2$ 时,协方差函数就退化为方差。如果对于任意的 t_1,t_2,都有 $C_X(t_1,t_2)=0$,则称随机过程的任意两个时刻间是不相关的,随机过程统计独立和不相关的关系也可从随机变量引申而来。

对于随机序列,其相关函数、协方差函数定义如下

$$R_X(n,m) = E[X(n)X(m)] = \int_{-\infty}^{\infty}\int_{-\infty}^{\infty} x_1 x_2 f_X(x_1,x_2;n,m)\mathrm{d}x_1\mathrm{d}x_2 \tag{2.2-10}$$

$$C_X(n,m) = E[\{X(n)-m_X(n)\}\{X(m)-m_X(m)\}] \tag{2.2-11}$$

离散随机过程的自相关函数

$$R_X(t_1,t_2) = E[X(t_1)X(t_2)] = \sum_{k=1}^{N}\sum_{i=1}^{N} x_k(t_1)x_i(t_2)P\{X(t_1)=x_k(t_1), X(t_2)=x_i(t_2)\}$$

又因为 $P\{X(t_1)=x_k(t_1), X(t_2)=x_i(t_2)\} = P\{X(t_1)=x_k(t_1)\} \cdot P\{X(t_2)=x_i(t_2) | X(t_1)=x_k(t_1)\}$
而由随机过程的定义可知

当 $i \ne k$ 时 $P\{X(t_2)=x_i(t_2) | X(t_1)=x_k(t_1)\} = 0$

当 $i = k$ 时 $P\{X(t_2)=x_k(t_2) | X(t_1)=x_k(t_1)\} = 1$

所以 $$R_X(t_1,t_2) = \sum_{k=1}^{N} x_k(t_1)x_k(t_2)P\{X(t_1)=x_k(t_1)\} = \sum_{k=1}^{N} x_k(t_1)x_k(t_2)P_k \tag{2.2-12}$$

式中 P_k 为样本 $x_k(t)$ 发生的概率。

【**例 2.2-2**】 已知随机过程 $X(t) = \cos\left(\omega t + \dfrac{\pi}{2}\varPhi\right)$,$\varPhi$ 是取值为 1 和 -1 的离散随机变量,等概出现。求随机过程 $X(t)$ 的数学期望和自相关函数。

解:$X(t)$ 的每个样本函数的初相是随机的,但是 $\varPhi$ 只有 1 和 -1 两个取值,因此对应的随机过程只有两个样本函数

$$x_1(t) = \cos(\omega t + \pi/2), \quad x_2(t) = \cos(\omega t - \pi/2)$$

初相分别为 $\pi/2$ 和 $-\pi/2$,每个样本函数的概率各为 0.5。$\varPhi$ 的概率密度为

$$f_\varPhi(\phi) = 0.5\delta(\phi-1) + 0.5\delta(\phi+1)$$

$X(t)$ 的数学期望
$$\begin{aligned} m_X(t) = E[X(t)] &= \int_{-\infty}^{\infty} x f_X(x,t)\mathrm{d}x = \int_{-\infty}^{\infty}\cos\left(\omega t + \frac{\pi}{2}\phi\right) f_\varPhi(\phi)\mathrm{d}\phi \\ &= \int_{-\infty}^{\infty}\cos\left(\omega t + \frac{\pi}{2}\phi\right)[0.5\delta(\phi-1) + 0.5\delta(\phi+1)]\mathrm{d}\phi \\ &= 0.5\left[\cos\left(\omega t + \frac{\pi}{2}\right) + \cos\left(\omega t - \frac{\pi}{2}\right)\right] = 0 \end{aligned}$$

因为 $x_2(t) = -x_1(t)$,也可以用离散样本直接求 $X(t)$ 的数学期望

$$E[X(t)] = \sum_{i=1}^{2} x_i(t)P_i = 0.5x_1(t) + 0.5x_2(t) = 0$$

将Φ当作一个离散随机过程,它的二维概率密度与时间无关,即
$$f_\Phi(\varphi_1,\varphi_2;t_1,t_2)=0.5\delta(\phi_1+1,\phi_2+1)+0.5\delta(\phi_1-1,\phi_2-1)$$

$X(t)$自相关函数为
$$R_X(t_1,t_2)=E[X(t_1)X(t_2)]=\int_{-\infty}^{\infty}\int_{-\infty}^{\infty}x_1x_2f_X(x_1,x_2;t_1,t_2)\mathrm{d}x_1\mathrm{d}x_2$$
$$=\int_{-\infty}^{\infty}\int_{-\infty}^{\infty}\cos\left(\omega t+\frac{\pi}{2}\phi_1\right)\cos\left(\omega t+\frac{\pi}{2}\phi_2\right)f_\Phi(\phi_1,\phi_2;t_1,t_2)\mathrm{d}\phi_1\mathrm{d}\phi_2$$
$$=\sin(\omega t_1)\sin(\omega t_2)$$

若用离散样本直接求$X(t)$的自相关函数,可以得到相同的结果
$$R_X(t_1,t_2)=\sum_{k=1}^{2}x_k(t_1)x_k(t_2)P\{X(t_1)=x_k(t_1)\}=\sum_{k=1}^{N}x_k(t_1)x_k(t_2)P_k$$
$$=0.5\left[\cos\left(\omega t_1+\frac{\pi}{2}\right)\cos\left(\omega t_2+\frac{\pi}{2}\right)\right]+0.5\left[\cos\left(\omega t_1-\frac{\pi}{2}\right)\cos\left(\omega t_2-\frac{\pi}{2}\right)\right]$$
$$=\sin(\omega t_1)\sin(\omega t_2)$$

4. 互相关函数

在描述两个随机过程之间的内在联系时,利用互相关的概念,这时需要已知两个随机过程的联合概率密度,即
$$R_{XY}(t_1,t_2)=E[X(t_1)Y(t_2)]=\int_{-\infty}^{\infty}\int_{-\infty}^{\infty}xyf_{XY}(x,y;t_1,t_2)\mathrm{d}x\mathrm{d}y \tag{2.2-13}$$

与之对应的也有互协方差函数
$$C_{XY}(t_1,t_2)=E[\{X(t_1)-m_X(t_1)\}\{Y(t_2)-m_Y(t_2)\}]$$
$$=\int_{-\infty}^{\infty}\int_{-\infty}^{\infty}[x-m_X(t_1)][y-m_Y(t_2)]f_{XY}(x,y;t_1,t_2)\mathrm{d}x\mathrm{d}y \tag{2.2-14}$$

且有
$$C_{XY}(t_1,t_2)=R_{XY}(t_1,t_2)-m_X(t_1)m_Y(t_2) \tag{2.2-15}$$

若对任意t_1,t_2,都有$R_{XY}(t_1,t_2)=0$,称$X(t)$和$Y(t)$是正交过程,此时
$$C_{XY}(t_1,t_2)=-m_X(t_1)m_Y(t_2) \tag{2.2-16}$$

如果对任意t_1,t_2,都有$C_{XY}(t_1,t_2)=0$,则称$X(t)$和$Y(t)$是互不相关的,并有
$$R_{XY}(t_1,t_2)=m_X(t_1)m_Y(t_2) \tag{2.2-17}$$

应该注意,当$X(t)$和$Y(t)$互相独立,即满足式(2.1-7)时,$X(t)$和$Y(t)$一定满足式(2.2-17),也就是说$X(t)$和$Y(t)$之间一定不相关,反之则不一定成立。

2.2.2 随机过程的特征函数

全面描述一个随机过程,除利用分布律外,还可利用特征函数,它的定义方法与随机变量的特征函数一致。

对任意时刻t,随机过程的一维特征函数
$$\Phi_X(\omega,t)=E[\mathrm{e}^{\mathrm{j}\omega X(t)}]=\int_{-\infty}^{\infty}\mathrm{e}^{\mathrm{j}\omega x}f_X(x,t)\mathrm{d}x \tag{2.2-18}$$

n维特征函数
$$\Phi_X(\omega_1,\omega_2,\cdots,\omega_n;t_1,t_2,\cdots,t_n)=E[\mathrm{e}^{\mathrm{j}\omega_1 X(t_1)+\mathrm{j}\omega_2 X(t_2)+\cdots+\mathrm{j}\omega_n X(t_n)}] \tag{2.2-19}$$

随机过程的特征函数与概率密度之间的关系如同随机变量,也具有类似傅里叶变换对的性质。

2.3 平稳随机过程和序列

平稳随机过程是一类重要的随机过程。在信号处理与通信领域中，有很多随机过程都是平稳的或近似平稳的。对平稳过程的分析要比一般随机过程简单得多，因此研究平稳过程有着重要的意义。

2.3.1 严平稳过程

严格地说，如果对于任意的 τ，随机过程 $X(t)$ 的任意 n 维概率密度满足

$$f_X(x_1, x_2, \cdots, x_n; t_1, t_2, \cdots, t_n) = f_X(x_1, x_2, \cdots, x_n; t_1+\tau, t_2+\tau, \cdots, t_n+\tau) \tag{2.3-1}$$

则称 $X(t)$ 为严平稳过程。换句话说，严平稳过程的 n 维概率密度不随时间起点不同而改变。研究平稳过程的意义在于：在任何时刻上或任何时间区间计算它的统计结果都是相同的。

如果式(2.3-1)不是对任意 n 都成立，而是仅在 $n \leqslant N$ 时成立，则称 $X(t)$ 是 N 阶平稳的。事实上，只要 $n = N$ 时成立，那么 $n < N$ 时必成立，因为 N 维概率密度包括任意 $n < N$ 维概率密度。这种有限阶平稳的概念更易于工程上应用。

如果两个随机过程 $X(t)$ 和 $Y(t)$ 的任意 $n + m$ 维联合概率密度不随时间平移而变化，或者说与时间起点无关，即满足

$$\begin{aligned}&f_{XY}(x_1, x_2, \cdots, x_n, y_1, y_2, \cdots, y_m; t_1, t_2, \cdots, t_n, t_1', t_2', \cdots, t_m') \\ &= f_{XY}(x_1, x_2, \cdots, x_n, y_1, y_2, \cdots, y_m; t_1+\tau, t_2+\tau, \cdots, t_n+\tau, t_1'+\tau, t_2'+\tau, \cdots, t_m'+\tau)\end{aligned} \tag{2.3-2}$$

则称随机过程 $X(t)$ 和 $Y(t)$ 是联合严平稳过程。

在实际问题中，利用随机过程的概率密度来判断其平稳性是很困难的。在一般情况下，如果产生随机过程的主要物理条件不随时间的推移而改变，那么这个随机过程基本上被认为是平稳的。

平稳过程和非平稳过程的简单例子是接收机的噪声电压，当接收机接通电源时，它的输出噪声电压是非平稳过程；而接收机稳态工作时，其输出噪声电压则是平稳过程。这是因为当接收机接通电源时，接收机内部的元器件中的电子热运动随温度升高逐渐加剧，其输出噪声必然是一个变化的过程。而当接收机结束瞬态过程进入稳态过程时，它的输出噪声仅取决于确定温度下的电子热运动，温度不变时则可认为是平稳过程。在这个例子中温度就是影响接收机输出噪声的主要物理条件。平稳过程的例子很多，在信号产生、信号传输和信号处理的过程中，都可以接触到大量的平稳过程。在工程实践中，有时也将一些随机过程近似看成平稳过程。

根据定义，严平稳过程具有以下性质。

性质 1 严平稳过程 $X(t)$ 的一维概率密度与时间无关。

在式(2.3-1)中，令 $\tau = -t_1$，得到

$$f_X(x_1, t_1) = f_X(x_1, t_1+\tau) = f_X(x_1, 0) = f_X(x_1) \tag{2.3-3}$$

这样，$X(t)$ 的数学期望和方差也将与时间无关

$$E[X(t)] = \int_{-\infty}^{\infty} x_1 f_X(x_1) \mathrm{d}x_1 = m \tag{2.3-4}$$

$$D[X(t)] = \int_{-\infty}^{\infty} (x_1 - m)^2 f_X(x_1) \mathrm{d}x_1 = \sigma^2 \tag{2.3-5}$$

式(2.3-4)和式(2.3-5)的物理意义是：对于一个平稳随机过程，其所有样本函数都在水平直线 m 的上下以 σ^2 的离散度，比较均匀地摆动。图 2.3-1 是典型的平稳过程的例子。图中细实线表示随机过程的样本函数，粗实线表示随机过程的数学期望，虚线表示随机过程对数学期望的偏差。

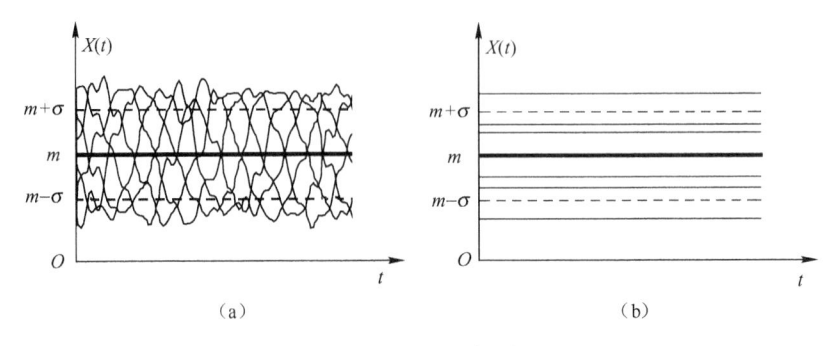

图 2.3-1 平稳随机过程

性质 2 严平稳过程 $X(t)$ 的二维概率密度只与两个时刻 t_1 和 t_2 的间隔有关，与时间起点无关。

令 $\lambda = -t_1$，则
$$f_X(x_1, x_2; t_1, t_2) = f_X(x_1, x_2; t_1 + \lambda, t_2 + \lambda) \tag{2.3-6}$$
$$= f_X(x_1, x_2; 0, t_2 - t_1) = f_X(x_1, x_2; \tau)$$

式中，$\tau = t_2 - t_1$。由此可得出以下结论：$X(t)$ 的自相关函数和协方差函数只是时间间隔 $\tau = t_2 - t_1$ 的函数。

$$R_X(t_1, t_2) = \int_{-\infty}^{\infty} \int_{-\infty}^{\infty} x_1 x_2 f_X(x_1, x_2; t_1, t_2) \mathrm{d}x_1 \mathrm{d}x_2 = \int_{-\infty}^{\infty} \int_{-\infty}^{\infty} x_1 x_2 f_X(x_1, x_2; \tau) \mathrm{d}x_1 \mathrm{d}x_2 = R_X(\tau) \tag{2.3-7}$$

$$C_X(t_1, t_2) = R_X(t_1, t_2) - m_X(t_1) m_X(t_2) = R_X(\tau) - m_X^2 = C_X(\tau) \tag{2.3-8}$$

当 $\tau = 0$ 时
$$C_X(0) = R_X(0) - m_X^2 = \sigma_X^2 \tag{2.3-9}$$

一阶平稳过程的概率密度满足式(2.3-3)，而二阶平稳过程的概率密度需同时满足式(2.3-3)和式(2.3-6)。

联合严平稳过程也有与严平稳过程类似的性质。

【例 2.3-1】 随机过程 $X(t) = Ay(t)$，其中 A 是高斯变量，$y(t)$ 为确定的时间函数。判断 $X(t)$ 是否为严平稳过程。

解： 已知 A 的概率密度
$$f_A(a) = \frac{1}{\sqrt{2\pi}\sigma} \exp\left[-\frac{(a-m)^2}{2\sigma^2}\right]$$

在固定时刻，$y(t)$ 为常数。显然这是随机变量线性变换的问题，$X(t)$ 仍然为高斯分布。由于高斯分布的概率密度由其数学期望和方差唯一决定，当 t 变化时，$X(t)$ 的数学期望 $my(t)$ 和方差 $\sigma^2 y^2(t)$ 均与时间有关。由此推断一维概率密度也与时间有关，因此 $X(t)$ 不是严平稳过程。请读者思考一下：如果任意时刻 $y(t)$ 都为常数，则 $X(t)$ 是否为严平稳过程呢？

2.3.2 宽平稳过程和序列

宽平稳过程是相对严平稳过程而言的，宽平稳过程也称广义平稳过程。严平稳过程需要

满足 n 阶平稳(n 为任意阶)，而广义平稳过程的条件要宽松得多。

如果随机过程 $X(t)$ 满足
$$E[X(t)] = m_X(t) = m_X \tag{2.3-10}$$
$$R_X[t_1, t_2] = R_X(\tau) \tag{2.3-11}$$
且
$$E[X^2(t)] < \infty \tag{2.3-12}$$
则称 $X(t)$ 为广义平稳过程，式中 $\tau = t_2 - t_1$。

事实上，工程中很难用到严平稳过程，因为它的定义实在是太"严格"了。在大多数应用问题中，只限于研究相关理论，即一、二阶矩的问题，因此比较常用的是广义平稳过程。本书以下的章节中，如不特别指明则均指广义平稳过程，并简称为平稳过程。对于二阶平稳过程，只要均方值有界即满足式(2.3-12)，则必定是广义平稳的。广义平稳过程虽然满足式(2.3-10)～式(2.3-12)，但是不一定满足式(2.3-3)和式(2.3-6)，因此不能确定是二阶平稳的。高斯过程则是一个例外。需要指出的是，工程上所涉及的随机过程一般都满足式(2.3-12)。

当两个随机过程 $X(t)$ 和 $Y(t)$ 分别是广义平稳过程时，若它们的互相关函数满足
$$R_{XY}(\tau) = E[X(t)Y(t+\tau)] \tag{2.3-13}$$
则 $X(t)$ 和 $Y(t)$ 是联合广义平稳过程，或称为联合宽平稳过程。

【例 2.3-2】 判断图 2.3-2 所示的四个随机过程是否平稳？
（1）$X(t) = a\cos(\omega t + \Phi)$　　（2）$X(t) = A\cos(\omega t + \varphi)$
（3）$X(t) = a\cos(\Omega t + \varphi)$　　（4）$X(t) = A\cos(\Omega t + \Phi)$

式中，a, ω, φ 是常数，A, Ω, Φ 是互相独立的随机变量。随机变量 Φ 在 $[0, 2\pi]$ 上均匀分布。

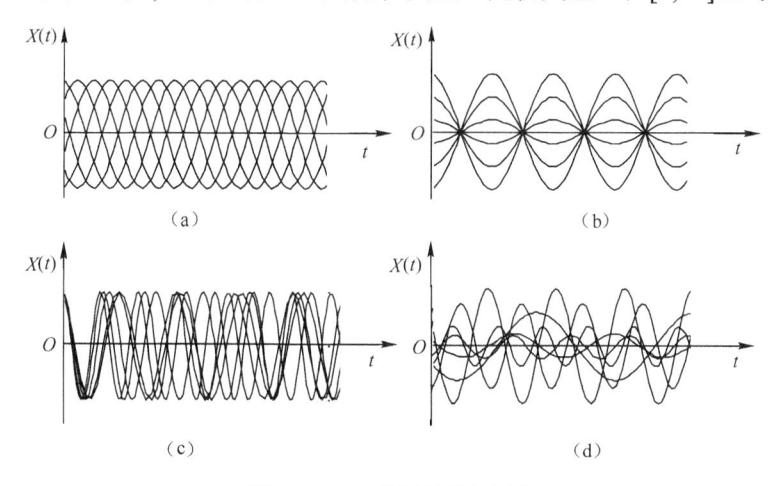

图 2.3-2　各种正弦随机过程

解： 这四个随机过程有一个相同点，即所有样本函数都是正弦信号。不同之处是幅度、相位和频率或为常数，或为随机变量。

（1）当幅度为常数，Φ 在 $[0, 2\pi]$ 上均匀分布时，其数学期望和自相关函数分别为
$$E[X(t)] = E[a\cos(\omega t + \Phi)] = \int_{-\infty}^{\infty} a\cos(\omega t + \phi) f_\Phi(\phi) \mathrm{d}\phi = \int_0^{2\pi} a\cos(\omega t + \phi) \frac{1}{2\pi} \mathrm{d}\phi = 0$$
$$R_X(t, t+\tau) = E[a\cos(\omega t + \Phi) a\cos(\omega t + \omega\tau + \Phi)] = \frac{a^2}{2} E[\cos\omega\tau + \cos(2\omega t + \omega\tau + 2\Phi)]$$

其中
$$E[\cos(2\omega t + 2\Phi)] = \int_0^{2\pi} \cos(2\omega t + 2\phi)\frac{1}{2\pi}\mathrm{d}\phi = 0$$

所以
$$R_X(t, t+\tau) = \frac{a^2}{2}\cos\omega\tau = R_X(\tau)$$

且满足式(2.3-12)，因此 $X(t)$ 为广义平稳过程。

（2）当幅度为随机变量，相位 φ 为常数时，其数学期望和自相关函数分别为
$$E[X(t)] = E[A\cos(\omega t + \varphi)] = \cos(\omega t + \varphi)E[A]$$
$$R_X(t, t+\tau) = E[A\cos(\omega t + \varphi)A\cos(\omega t + \omega\tau + \varphi)] = \frac{E[A^2]}{2}[\cos\omega\tau + \cos(2\omega t + \omega\tau + 2\varphi)]$$

因此它不可能是平稳过程。

（3）当幅度和相位都为常数，而频率为随机变量时，其数学期望为
$$E[X(t)] = E[a\cos(\Omega t + \varphi)] = a\int_{-\infty}^{\infty}\cos(\Omega t + \varphi)f_\Omega(\Omega)\mathrm{d}\Omega = m_X(t)$$

一般情况下积分结果与时间有关，因此不可能是平稳过程。

（4）当幅度、相位和频率都为随机变量时，说明每个样本函数的幅度、相位、频率都可能不同。由于 A 与 Ω、Φ 互相独立，且 Φ 在 $[0, 2\pi]$ 上均匀分布，因此其数学期望为
$$E[X(t)] = E[A\cos(\Omega t + \Phi)] = E[A]E[\cos(\Omega t + \Phi)]$$
$$E[\cos(\Omega t + \Phi)] = \int_{-\infty}^{\infty}\int_{-\infty}^{\infty}\cos(\Omega t + \phi)f_{\Omega\Phi}(\Omega, \phi)\mathrm{d}\Omega\mathrm{d}\phi$$
$$= \int_{-\infty}^{\infty}f_\Omega(\Omega)\int_0^{2\pi}\cos(\Omega t + \phi)\frac{1}{2\pi}\mathrm{d}\phi\mathrm{d}\Omega = 0$$

与时间无关。自相关函数
$$R_X(t, t+\tau) = E[A\cos(\Omega t + \Phi)A\cos(2\Omega t + \Omega\tau + \Phi)]$$
$$= \frac{1}{2}E[A^2]\{E[\cos(\Omega\tau)] + E[\cos(2\Omega t + \Omega\tau + 2\Phi)]\}$$

其中
$$E[\cos(\Omega t + \Omega\tau + 2\Phi)] = \int_{-\infty}^{\infty}f_\Omega(\Omega)\int_0^{2\pi}\cos(2\Omega t + \Omega\tau + 2\phi)\frac{1}{2\pi}\mathrm{d}\phi\mathrm{d}\Omega = 0$$

所以
$$R_X(t, t+\tau) = \frac{1}{2}E[A^2]E[\cos(\Omega\tau)]$$

亦与时间起点无关，只与时间差有关。又由于 $X(t)$ 的平均功率有限，可以确定 $X(t)$ 为平稳过程。

平稳序列的定义同平稳过程，也分为严平稳和广义平稳。这里主要考虑广义平稳随机序列。对于广义平稳随机序列 $X(n)$，统计均值和方差与时间无关，即
$$m_X = E[X(n)] \tag{2.3-14}$$
$$\sigma_X^2 = E[\{X(n) - m_X\}^2] \tag{2.3-15}$$

自相关序列和协方差序列与时间起点 n 无关，只与时间差 m 有关，即
$$R_X(n, n+m) = R_X(m) \tag{2.3-16}$$
$$C_X(n, n+m) = R_X(m) - m_X^2 = C_X(m) \tag{2.3-17}$$

因而平稳序列的自相关序列和协方差序列是一维序列。

如果两个实随机序列 $X(n)$ 和 $Y(n)$ 是平稳的，并且是联合平稳的，互相关和互协方差序列分别为

$$R_{XY}(m) = E[X(n)Y(n+m)] \qquad (2.3\text{-}18)$$

$$C_{XY}(m) = E[\{X(n)-m_X\}\{Y(n+m)-m_Y\}] \qquad (2.3\text{-}19)$$

式中，m_X 和 m_Y 分别是 $X(n)$ 和 $Y(n)$ 的统计均值。

【例 2.3-3】 已知随机相位余弦序列 $X(n) = 5\cos(\omega_0 n + \Phi)$，随机变量 Φ 在 $[0, 2\pi]$ 上均匀分布，求数学期望和协方差序列，并判断 $X(n)$ 是否为平稳序列。

解： 随机序列数学期望与随机过程数学期望的求法相似，有

$$E[X(n)] = \int_0^{2\pi} 5\cos(\omega_0 n + \phi) \cdot \frac{1}{2\pi} \mathrm{d}\phi = m_X = 0$$

可见数学期望与时间 n 无关。自相关序列

$$\begin{aligned} R_X(n, n+m) &= 25 E[\cos(\omega_0 n + \Phi)\cos(\omega_0 n + \omega_0 m + \Phi)] \\ &= \frac{25}{2} E[\cos(2\omega_0 n + 2\Phi + \omega_0 m) + \cos(\omega_0 m)] \\ &= \frac{25}{2}\cos(\omega_0 m) = R_X(m) \end{aligned}$$

与时间起点 n 无关，只与时间差 m 有关，因此 $X(n)$ 为平稳序列。由于数学期望为零，因此协方差序列与自相关序列相等

$$C_X(n, n+m) = C_X(m) = R_X(m) = \frac{25}{2}\cos(\omega_0 m)$$

2.3.3 平稳随机过程的相关性分析

在相关理论范围内研究平稳过程，最重要的统计量就是相关函数。

1. 自相关函数的性质

性质 1 实平稳过程 $X(t)$ 的自相关函数是偶函数，即

$$R_X(\tau) = R_X(-\tau) \qquad (2.3\text{-}20)$$

由于平稳过程的自相关函数只与时间间隔有关，利用定义便可得证。

$$R_X(\tau) = E[X(t)X(t+\tau)] = E[X(t+\tau)X(t)] = R_X(-\tau)$$

由于协方差函数与自相关函数的内在联系，因此有

$$C_X(\tau) = C_X(-\tau) \qquad (2.3\text{-}21)$$

性质 2 平稳过程 $X(t)$ 自相关函数的最大点在 $\tau = 0$ 处，即

$$|R_X(\tau)| \leqslant R_X(0) \qquad (2.3\text{-}22)$$

先求平稳过程 $X(t) \pm X(t+\tau)$ 平方的均值，由定义

$$E[\{X(t) \pm X(t+\tau)\}^2] \geqslant 0$$

展开得

$$E[X^2(t) \pm 2X(t)X(t+\tau) + X^2(t+\tau)] \geqslant 0$$

根据平稳过程自相关函数与时间起点无关的结论，得到

$$2R_X(0) \pm 2R_X(\tau) \geqslant 0$$

故有

$$|R_X(\tau)| \leqslant R_X(0)$$

同理可证协方差函数满足

$$|C_X(\tau)| \leqslant C_X(0) \qquad (2.3\text{-}23)$$

性质3 周期平稳过程 $X(t)$ 的自相关函数是周期函数，且与周期平稳过程的周期相同。

$$R_X(\tau+T) = R_X(\tau) \tag{2.3-24}$$

周期过程定义为 $X(t) = X(t+T)$，代入上式得

$$R_X(\tau+T) = E[X(t)X(t+\tau+T)] = E[X(t)X(t+\tau)] = R_X(\tau)$$

即得证。

性质4 非周期平稳过程 $X(t)$ 的自相关函数满足

$$\lim_{|\tau|\to\infty} R_X(\tau) = R_X(\infty) = m_X^2 \tag{2.3-25}$$

$$\sigma_X^2 = R_X(0) - R_X(\infty) \tag{2.3-26}$$

这一点可从物理意义上解释。对于非周期平稳过程 $X(t)$，随着时间差 τ 的增加，势必会减弱 $X(t)$ 与 $X(t+\tau)$ 的相关程度。由于自相关函数的对称性，当 $|\tau|\to\infty$ 时，二者不相关，即

$$\lim_{|\tau|\to\infty} R_X(\tau) = \lim_{|\tau|\to\infty} E[X(t)X(t+\tau)]$$
$$= \lim_{|\tau|\to\infty} E[X(t)]E[X(t+\tau)] = m_X^2$$

以及 $\sigma_X^2 = R_X(0) - m_X^2$

所以有 $\sigma_X^2 = R_X(0) - R_X(\infty)$

根据这一性质，图 2.3-3 示出了非周期平稳过程自相关函数各统计量之间的关系。因为 $R_X(0) = \sigma_X^2 + m_X^2$，所以 σ_X^2 和 m_X^2 分别代表交流平均功率和直流平均功率，$R_X(0)$ 代表总的平均功率。

图 2.3-3 自相关函数各统计量之间的关系

【**例 2.3-4**】 非周期平稳随机过程 $X(t)$ 的自相关函数 $R_X(\tau) = 16 + \dfrac{9}{1+3\tau^2}$，求数学期望及方差。

解：由式（2.3-25）可得 $m_X^2 = R_X(\infty) = 16$

即 $m_X = \pm 4$。注意这里无法确定数学期望的符号。

再由式（2.3-26）可得 $\sigma_X^2 = R_X(0) - R_X(\infty) = 25 - 16 = 9$

因此，随机过程 $X(t)$ 的数学期望为 ± 4，方差为 9。

2. 相关系数

相关系数也是表示随机过程 $X(t)$ 关联程度的统计量，它定义为归一化自相关函数，即

$$r_X(\tau) = \frac{C_X(\tau)}{\sigma_X^2} = \frac{R_X(\tau) - m_X^2}{\sigma_X^2} \tag{2.3-27}$$

比较图 2.3-3 和图 2.3-4，可以了解相关系数和自相关函数之间的关系。它具有与自相关函数类似的性质，此外还有 $r_X(0) = 1$。

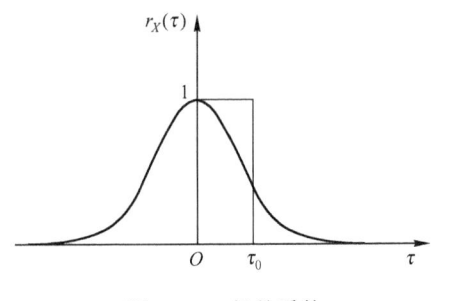

图 2.3-4 相关系数

相关时间 τ_0 是另一个表示相关程度的量，它是利用相关系数定义的。相关时间有以下两种定义方法。

一种是把满足 $$|r_X(\tau_0)| = 0.05 \tag{2.3-28}$$
时的 τ_0 作为相关时间 τ_0。它的物理意义很明确：若随机过程 $X(t)$ 的相关时间为 τ_0，则认为随机过程的时间间隔大于 τ_0 的两个时刻的取值是不相关的。

另一种定义相关时间的方法是将 $r_X(\tau)$ 曲线在 $[0,\infty)$ 之间的面积等效成 $\tau_0 \times r_X(0)$ 的矩形，如图 2.3-4 所示，因此有
$$\tau_0 = \int_0^\infty r_X(\tau) \mathrm{d}\tau \tag{2.3-29}$$

当用自相关函数表征随机过程的相关性大小时，不能用直接比较其值大小的方法来决定，因为自相关函数包括随机过程的数学期望和方差。协方差函数虽不包括数学期望，但仍然包含方差。相关系数是自相关函数对数学期望和方差归一化的结果，不受数学期望和方差的影响。因此相关系数可直观地说明两个随机过程的相关程度的强弱，或随机过程起伏的快慢。

3. 互相关函数性质

性质 1 一般情况下，互相关函数是非奇非偶函数，即
$$R_{XY}(\tau) = R_{YX}(-\tau) \tag{2.3-30}$$
根据互相关函数定义，有 $R_{XY}(\tau) = E[X(t)Y(t+\tau)] = E[Y(t+\tau)X(t)] = R_{YX}(-\tau)$
同样互协方差函数满足 $$C_{XY}(\tau) = C_{YX}(-\tau) \tag{2.3-31}$$

性质 2 互相关函数的幅度平方满足
$$|R_{XY}(\tau)|^2 \leqslant R_X(0)R_Y(0) \tag{2.3-32}$$
对任意实数 λ 都有 $E[\{Y(t+\tau) + \lambda X(t)\}^2] \geqslant 0$
即 $$R_Y(0) + 2\lambda R_{XY}(\tau) + \lambda^2 R_X(0) \geqslant 0$$
若把该式看成是关于实数 λ 的二次不等式，则根的判别式
$$\Delta = 4[R_{XY}(\tau)]^2 - 4R_X(0)R_Y(0) \leqslant 0$$
对实过程，$[R_{XY}(\tau)]^2 = |R_{XY}(\tau)|^2$，则式 (2.3-32) 得证。

同理，互协方差函数满足 $$|C_{XY}(\tau)|^2 \leqslant C_X(0)C_Y(0) = \sigma_X^2 \sigma_Y^2 \tag{2.3-33}$$

性质 3 互相关函数和互协方差函数的幅度满足
$$|R_{XY}(\tau)| \leqslant \frac{1}{2}[R_X(0) + R_Y(0)] \tag{2.3-34}$$
同理有 $$|C_{XY}(\tau)| \leqslant \frac{1}{2}[C_X(0) + C_Y(0)] = \frac{1}{2}[\sigma_X^2 + \sigma_Y^2] \tag{2.3-35}$$
以上性质可利用式 $E[\{X(t) \pm Y(t+\tau)\}^2] \geqslant 0$ 证明。

4. 相关序列与协方差序列的性质

下面不加证明地给出以下性质，证明方法与随机过程相似。

性质 1 自相关和自协方差序列为偶序列，而互相关和互协方差序列是非奇非偶序列。
即：
$$R_X(m) = R_X(-m) \tag{2.3-36}$$
$$C_X(m) = C_X(-m) \tag{2.3-37}$$
$$R_{XY}(m) = R_{YX}(-m) \tag{2.3-38}$$
$$C_{XY}(m) = C_{YX}(-m) \tag{2.3-39}$$

性质 2 自相关和自协方差序列的幅度满足

$$|R_X(m)| \leqslant R_X(0) \tag{2.3-40}$$

$$|C_X(m)| \leqslant C_X(0) \tag{2.3-41}$$

性质 3 对于非周期随机序列

$$\lim_{m \to \infty} R_X(m) = m_X^2 \tag{2.3-42}$$

$$\lim_{m \to \infty} C_X(m) = 0 \tag{2.3-43}$$

$$\lim_{m \to \infty} R_{XY}(m) = m_X m_Y \tag{2.3-44}$$

$$\lim_{m \to \infty} C_{XY}(m) = 0 \tag{2.3-45}$$

因此有

$$\sigma_X^2 = R_X(0) - R_X(\infty) = C_X(0) \tag{2.3-46}$$

性质 4 互相关序列和互协方差序列的幅度平方满足

$$|R_{XY}(m)|^2 \leqslant R_X(0) R_Y(0) \tag{2.3-47}$$

$$|C_{XY}(m)|^2 \leqslant C_X(0) C_Y(0) = \sigma_X^2 \sigma_Y^2 \tag{2.3-48}$$

通常人们用矩阵来表示随机序列，一个随机序列的表示方法与 N 维随机变量很相似。设 X 表示随机序列，m 和 s 分别表示随机序列的数学期望和方差向量，即

$$X = [X(1), X(2), \cdots, X(N)]^T \tag{2.3-49}$$

$$m = [m(1), m(2), \cdots, m(N)]^T \tag{2.3-50}$$

$$s = [\sigma(1), \sigma(2), \cdots, \sigma(N)]^T \tag{2.3-51}$$

式中，T 表示向量或矩阵的转置。X 的自相关序列和协方差序列则表示为矩阵的形式。如果 X 是平稳随机序列，则它的自相关阵表示为

$$R_X = \begin{bmatrix} R(0) & R(1) & \cdots & R(N-1) \\ R(1) & R(0) & \cdots & R(N-2) \\ \vdots & \vdots & \ddots & \vdots \\ R(N-1) & R(N-2) & \cdots & R(0) \end{bmatrix} \tag{2.3-52}$$

协方差阵表示为

$$C_X = \begin{bmatrix} \sigma^2 & C(1) & \cdots & C(N-1) \\ C(1) & \sigma^2 & \cdots & C(N-2) \\ \vdots & \vdots & \ddots & \vdots \\ C(N-1) & C(N-2) & \cdots & \sigma^2 \end{bmatrix} \tag{2.3-53}$$

式中，$R(m)$ 和 $C(m)$ 分别是时间差为 m 时刻的自相关和协方差，协方差阵的对角线是平稳随机序列的方差。

2.4 随机过程的微分与积分

2.4.1 随机过程的极限概念和连续性

人们用随机变量和随机过程表示随机试验的结果，是希望对它们进行某些数学处理，从而用数学工具来定量研究随机试验的结果。除了对随机过程进行初等数学运算外，还可以进行微分、积分等高等数学运算。

1．随机变量的极限

序列 x_n 收敛的定义为：对任意的正数 $\varepsilon>0$，存在正整数 N，当 $n>N$ 时，有 $|x_n - x|<\varepsilon$；当 $n\to\infty$ 时，x_n 以 x 为极限，或称 x_n 收敛于 x，即

$$\lim_{n\to\infty} x_n = x$$

随机变量是随机试验的结果，当随机试验样本空间的所有元素 $e\in S$ 对应的一族序列都收敛时，称随机变量序列处处收敛，即

$$\lim_{n\to\infty} X_n = X \qquad (2.4\text{-}1)$$

这样定义的收敛有很大的局限性，实际上很难满足，应用受到了限制。因此人们寻求较弱意义下的收敛。一般应用的收敛有以概率 1 收敛、均方收敛、依概率收敛和分布收敛等。

以概率 1 收敛又称准处处收敛，属于很强的收敛条件。若随机变量序列 X_n 满足 $\lim_{n\to\infty} X_n(e) = X(e)$ 的概率为 1，则称序列 X_n 以概率 1 收敛于 X，记为

$$\lim_{n\to\infty} P(X_n = X) = 1 \qquad (2.4\text{-}2)$$

在信号处理与通信领域，最常用的是均方收敛(Mean-Square 或 m.s 收敛)，如果对所有的 n，$E[|X_n|^2]<\infty$，且 $E[|X|^2]<\infty$

$$\lim_{n\to\infty} E[|X_n - X|^2] = 0 \qquad (2.4\text{-}3)$$

则称随机变量序列 X_n 均方收敛于 X。均方收敛也可以表示为

$$\underset{n\to\infty}{\text{l.i.m}}\, X_n = X \qquad (2.4\text{-}4)$$

式中，l.i.m 表示均方意义下的极限。

有时也用 k 阶收敛的概念。如果随机变量序列 X_n 满足

$$\lim_{n\to\infty} E[|X_n - X|^k] = 0, \quad k>0 \qquad (2.4\text{-}5)$$

那么该序列 k 阶收敛于 X。当 $k=2$ 时，k 阶收敛即为均方收敛。在随机过程连续及微积分中用到的都是均方收敛这一收敛定义。

2．随机过程的连续

随机过程连续与一般的时间函数连续不同，它们的区别在于随机过程是由若干个时间函数(样本)组成的，并且在确定的时刻 t，随机过程是一个随机变量。这样，在讨论随机过程在 t 点的连续性时，就不能用一般的极限定义。一般情况下，随机过程连续及微积分常用的是均方收敛的定义。

若随机过程 $X(t)$ 满足 $\quad \lim_{\Delta t\to 0} E[|X(t+\Delta t) - X(t)|^2] = 0 \qquad (2.4\text{-}6)$

则 $X(t)$ 在 t 时刻均方意义下连续。也可表示成

$$\underset{\Delta t\to 0}{\text{l.i.m}}\, X(t+\Delta t) = X(t) \qquad (2.4\text{-}7)$$

将式(2.4-6)展开，并用 $X(t)$ 的自相关函数表示

$$\lim_{\Delta t\to 0}\{R(t+\Delta t, t+\Delta t) - R(t, t+\Delta t) - R(t+\Delta t, t) + R(t,t)\} = 0 \qquad (2.4\text{-}8)$$

一般情况下，自相关函数是 t_1,t_2 的函数。欲使上式为零，即随机过程在 t 点上均方连续，需要 $R(t_1,t_2)$ 在 $t_1=t_2=t$ 点上连续。

如果随机过程 $X(t)$ 的自相关函数 $R(t_1,t_2)$ 在直线 $t_1=t_2$ 上处处连续，则随机过程也是处处均方连续的。而对于下面要讨论的平稳随机过程 $X(t)$，由于它的自相关函数与时间起点无关，如果它的自相关函数 $R(\tau)$ 在 $\tau=t_2-t_1=0$ 处连续，那么这个平稳过程就是处处均方连续的。

3. 随机过程均值的连续性

若随机过程 $X(t)$ 在均方意义下连续，则数学期望也必定连续。即

$$\lim_{\Delta t \to 0} E[X(t+\Delta t)] = E[X(t)] \tag{2.4-9}$$

证明：因为 $E[\{X(t+\Delta t)-X(t)\}^2] \geqslant E^2[X(t+\Delta t)-X(t)]$

由式(2.4-6)知当 $\Delta t \to 0$ 取极限时，上式左边趋近于零，上式右边也必趋近于零，于是

$$\lim_{\Delta t \to 0} E[X(t+\Delta t)-X(t)] = \lim_{\Delta t \to 0} E[X(t+\Delta t)] - E[X(t)] = 0$$

将式(2.4-7)代入上式则有

$$\lim_{\Delta t \to 0} E[X(t+\Delta t)] = E[X(t)] = E[\underset{\Delta t \to 0}{\text{l.i.m}} X(t+\Delta t)]$$

由上式可以看出，在一定条件下统计平均和取极限可以互换顺序，但要注意极限的位置不同，含义有差别。

2.4.2 随机过程的微分

应用随机过程连续的概念，就可以讨论随机过程的微分。由于前面讨论的是随机过程的均方连续性，因此，这里给出的是随机过程 $X(t)$ 的均方导数定义。

如果随机过程 $X'(t)$ 满足
$$\lim_{\Delta t \to 0} E[\{\frac{X(t+\Delta t)-X(t)}{\Delta t} - X'(t)\}^2] = 0 \tag{2.4-10}$$

则称 $X(t)$ 在 t 时刻存在均方导数 $X'(t)$。

$$X'(t) = \frac{\mathrm{d}X(t)}{\mathrm{d}t} = \underset{\Delta t \to 0}{\text{l.i.m}} \frac{X(t+\Delta t)-X(t)}{\Delta t} \tag{2.4-11}$$

一般函数存在导数的前提是函数必须连续，随机过程存在导数的前提也是需要随机过程必须连续。如前面所述，随机过程处处均方连续需要它的自相关函数 $R(t_1,t_2)$ 在直线 $t_1=t_2$ 上处处连续。那么，如果自相关函数 $R(t_1,t_2)$ 在 $t_1=t_2$ 时连续，且存在二阶偏导数 $\left.\frac{\partial^2 R(t_1,t_2)}{\partial t_1 \partial t_2}\right|_{t_1=t_2}$，则随机过程在均方意义下存在导数。用 $Y(t)$ 表示随机过程 $X(t)$ 的均方导数 $X'(t)$，有

$$Y(t) = X'(t) = \frac{\mathrm{d}X(t)}{\mathrm{d}t} \tag{2.4-12}$$

下面给出有关随机过程导数运算的法则。

（1）随机过程均方导数的数学期望等于它的数学期望的导数。

$$E[Y(t)] = E[\underset{\Delta t \to 0}{\text{l.i.m}} \frac{X(t+\Delta t)-X(t)}{\Delta t}] = \lim_{\Delta t \to 0} \frac{m_X(t+\Delta t)-m_X(t)}{\Delta t} = \frac{\mathrm{d}m_X(t)}{\mathrm{d}t} = m_Y(t) \tag{2.4-13}$$

上式说明均方导数运算和数学期望运算的次序可以交换。

（2）随机过程均方导数的自相关函数等于随机过程自相关函数的二阶偏导数。

如果随机过程 $X(t)$ 的均方导数 $Y(t) = X'(t)$ 存在，那么它的自相关函数为

$$R_Y(t_1,t_2) = E[Y(t_1)Y(t_2)] = E[\lim_{\Delta t_1 \to 0} \frac{X(t_1+\Delta t_1) - X(t_1)}{\Delta t_1} Y(t_2)]$$

$$= \lim_{\Delta t_1 \to 0} E[\frac{X(t_1+\Delta t_1)Y(t_2) - X(t_1)Y(t_2)}{\Delta t_1}]$$

$$= \lim_{\Delta t_1 \to 0} [\frac{R_{XY}(t_1+\Delta t_1,t_2) - R_{XY}(t_1,t_2)}{\Delta t_1}] = \frac{\partial R_{XY}(t_1,t_2)}{\partial t_1} \qquad (2.4\text{-}14)$$

而 $X(t)$ 与其均方导数 $Y(t) = X'(t)$ 的互相关函数为

$$R_{XY}(t_1,t_2) = E[X(t_1)Y(t_2)] = E[X(t_1)\lim_{\Delta t_2 \to 0} \frac{X(t_2+\Delta t_2) - X(t_2)}{\Delta t_2}]$$

$$= \lim_{\Delta t_2 \to 0} E\left[\frac{X(t_1)X(t_2+\Delta t_2) - X(t_1)X(t_2)}{\Delta t_2}\right] = \frac{\partial R_X(t_1,t_2)}{\partial t_2} \qquad (2.4\text{-}15)$$

根据以上两式得到

$$R_Y(t_1,t_2) = \frac{\partial R_{XY}(t_1,t_2)}{\partial t_1} = \frac{\partial^2 R_X(t_1,t_2)}{\partial t_1 \partial t_2} \qquad (2.4\text{-}16)$$

除非特别说明，以下的 $\frac{d}{dt}X(t)$ 及 $X'(t)$ 都表明为均方导数。

（3）平稳过程导数的自相关函数等于原过程自相关函数的二阶导数的负值。

如果平稳随机过程 $X(t)$ 的均方导数 $Y(t) = X'(t)$ 存在，那么它们的互相关函数为

$$R_{XY}(t,t+\tau) = E[X(t)Y(t+\tau)] = E\left[X(t)\lim_{\Delta \tau \to 0} \frac{X(t+\tau+\Delta\tau) - X(t+\tau)}{\Delta\tau}\right]$$

$$= \lim_{\Delta \tau \to 0} E\left[X(t)\frac{X(t+\tau+\Delta\tau) - X(t+\tau)}{\Delta\tau}\right]$$

$$= \lim_{\Delta \tau \to 0} \frac{R_X(\tau+\Delta\tau) - R_X(\tau)}{\Delta\tau}$$

$$= \frac{dR_X(\tau)}{d\tau} = R_{XY}(\tau) \qquad (2.4\text{-}17)$$

平稳过程导数的自相关函数为

$$R_Y(t,t+\tau) = E[Y(t)Y(t+\tau)] = E\left[\lim_{\Delta \tau \to 0} \frac{X(t+\Delta\tau) - X(t)}{\Delta\tau} Y(t+\tau)\right]$$

$$= \lim_{\Delta \tau \to 0} \frac{R_{XY}(\tau-\Delta\tau) - R_{XY}(\tau)}{\Delta\tau} = -\frac{dR_{XY}(\tau)}{d\tau} = -\frac{d^2 R_X(\tau)}{d\tau^2} = R_Y(\tau) \qquad (2.4\text{-}18)$$

根据式(2.4-13)可以知道，平稳随机过程导数的数学期望一定为零，又根据式(2.4-18)，平稳随机过程导数的自相关函数只是时间差的一维函数，所以得出结论：平稳随机过程的导数是均值为零的平稳随机过程。根据式(2.4-17)，平稳随机过程与其导数过程的互相关函数也是时间差的一维函数，可知它们是联合平稳的。考虑平稳随机过程的自相关函数的性质有

$$R_{XY}(0) = \frac{dR_X(\tau)}{d\tau}\bigg|_{\tau=0} = 0 \qquad (2.4\text{-}19)$$

上式说明，平稳随机过程与其导数过程在同一时刻的状态是两个相互正交的随机变量。

2.4.3 随机过程的积分

如同定义随机过程的微分，同样可以定义随机过程的积分

$$Y = \int_a^b X(t)\mathrm{d}t \tag{2.4-20}$$

但一般意义的积分需要 $X(t)$ 的每一个样本函数都可积，这里仍然利用均方极限来定义随机过程的积分。把积分区间$[a,b]$分成 n 个小区间 Δt_i，令 $\Delta t = \max \Delta t_i$，当 $n \to \infty$ 时

$$\lim_{\Delta t \to 0} E[\{Y - \sum_{i=1}^n X(t_i)\Delta t_i\}^2] = 0 \tag{2.4-21}$$

Y 就定义为 $X(t)$ 在均方意义下的积分。随机过程的均方积分除可表示成式(2.4-20)的形式外，也可表示成极限和的形式

$$Y = \underset{\max \Delta t_i \to 0}{\mathrm{l.i.m}} \sum_i X(t_i)\Delta t_i \tag{2.4-22}$$

时间函数在区间$[a,b]$对 t 积分是常数，随机过程在区间$[a,b]$对 t 积分必然是随机变量。同理，随机过程的时间均值

$$\overline{X(t)} = \lim_{T \to \infty} \frac{1}{2T} \int_{-T}^{T} X(t)\mathrm{d}t = Y \tag{2.4-23}$$

Y 必然也是随机变量。

另外，线性时不变系统的输出是输入与系统冲激响应的卷积，当系统输入是随机过程时，将遇到随机过程的卷积问题

$$Y(t) = \int_{-\infty}^{\infty} X(\tau)h(t-\tau)\mathrm{d}\tau \tag{2.4-24}$$

如果这个积分在均方意义下存在，输出将是一个随机过程。当式(2.4-20)的积分限是时间变量时，积分的结果也将是随机过程。

下面讨论随机过程均方积分的运算法则。

（1）随机过程均方积分的数学期望等于它的数学期望的积分。

若 $Y = \int_a^b X(t)\mathrm{d}t$，则它的数学期望为

$$\begin{aligned} E[Y] &= E[\int_a^b X(t)\mathrm{d}t] = E[\underset{\max \Delta t_i \to 0}{\mathrm{l.i.m}} \sum_i X(t_i)\Delta t_i] \\ &= \lim_{\max \Delta t_i \to 0} \sum_i E[X(t_i)]\Delta t_i = \int_a^b m_X(t)\mathrm{d}t = m_Y \end{aligned} \tag{2.4-24}$$

上式说明了积分运算和数学期望运算可以交换次序。

对随机过程的时间均值再求数学期望

$$E[\overline{X(t)}] = \lim_{T \to \infty} \frac{1}{2T} \int_{-T}^{T} E[X(t)]\mathrm{d}t = \lim_{T \to \infty} \frac{1}{2T} \int_{-T}^{T} m_X(t)\mathrm{d}t \tag{2.4-25}$$

如果随机过程 $X(t)$ 是平稳过程，数学期望为 m_X，则上式变为

$$E[\overline{X(t)}] = \lim_{T \to \infty} \frac{1}{2T} \int_{-T}^{T} m_X \mathrm{d}t = m_X \tag{2.4-26}$$

（2）随机过程的积分为随机变量时，它的方差等于原过程的协方差函数的二重积分。

随机变量 $Y = \int_a^b X(t)\mathrm{d}t$ 的平方可以写成重积分的形式

$$Y^2 = \int_a^b \int_a^b X(t_1)X(t_2)\mathrm{d}t_1\mathrm{d}t_2 \tag{2.4-27}$$

对上式两边取统计平均,因积分运算和取统计平均可以交换次序,得到

$$E[Y^2] = \int_a^b \int_a^b E[X(t_1)X(t_2)]\mathrm{d}t_1\mathrm{d}t_2 = \int_a^b \int_a^b R_X(t_1,t_2)\mathrm{d}t_1\mathrm{d}t_2 \tag{2.4-28}$$

方差 $\quad D[Y] = E[Y^2] - E^2[Y] = \int_a^b \int_a^b R_X(t_1,t_2)\mathrm{d}t_1\mathrm{d}t_2 - E^2[\int_a^b X(t)\mathrm{d}t]$

$$= \int_a^b \int_a^b R_X(t_1,t_2)\mathrm{d}t_1\mathrm{d}t_2 - \int_a^b \int_a^b m_X(t_1)m_X(t_2)\mathrm{d}t_1\mathrm{d}t_2 = \int_a^b \int_a^b C_X(t_1,t_2)\mathrm{d}t_1\mathrm{d}t_2 \tag{2.4-29}$$

同理推导随机过程的时间均值的方差为

$$D[\overline{X(t)}] = \lim_{T\to\infty} \frac{1}{4T^2}\int_{-T}^T \int_{-T}^T C_X(t_1,t_2)\mathrm{d}t_1\mathrm{d}t_2 \tag{2.4-30}$$

(3)随机过程的积分为随机过程时,它的自相关函数等于原过程自相关函数的二重积分。

如果 $Y(t) = \int_0^t X(\tau)\mathrm{d}\tau$,它的自相关函数为

$$R_Y(t_1,t_2) = E[Y(t_1)Y(t_2)] = E\left[\int_0^{t_1}\int_0^{t_2}X(\tau)X(\tau')\mathrm{d}\tau\mathrm{d}\tau'\right] = \int_0^{t_1}\int_0^{t_2}R_X(\tau,\tau')\mathrm{d}\tau\mathrm{d}\tau' \tag{2.4-31}$$

当 $t_1 = t_2$ 时,上式退化为随机过程 $Y(t)$ 的二阶原点矩

$$E[Y^2(t)] = \int_0^t \int_0^t R_X(\tau,\tau')\mathrm{d}\tau\mathrm{d}\tau'$$

进一步地,当积分上限是常数时,随机过程 $Y(t)$ 退化为随机变量 Y,上式的积分结果将是一个数值,这就是随机变量 Y 的二阶矩。

如果不特别指明,本书后面对随机过程的积分都是指均方意义下的积分。

2.5 各态历经过程和序列

2.5.1 各态历经过程

虽然处理平稳过程比一般随机过程简单了许多,但平稳过程毕竟也是大量样本函数的集合。数学期望、自相关函数等都涉及大量样本统计平均,人们自然要寻求更简单的方法。辛钦证明:在具备一定的补充条件下,对平稳过程的一个样本函数取时间均值,若观察的时间充分长,则将从概率意义上趋近它的统计均值。这样的平稳过程就是各态历经过程(图 2.5-1(a))。各态历经过程的每个样本都经历了随机过程的各种可能状态,任何一个样本都能充分地代表随机过程的统计特性。而图 2.5-1(b)虽然也是平稳过程,但它的哪个样本也没有经历随机过程的所有状态,所以是非各态历经过程。

1. 随机过程的时间均值和时间自相关函数

根据随机过程的定义知道每一样本一般是确定的时间函数,样本的时间平均为

$$\overline{x(t)} = \lim_{T\to\infty}\frac{1}{2T}\int_{-T}^T x(t)\mathrm{d}t \tag{2.5-1}$$

必是一确定的常数。如果定义随机过程的时间均值

$$\overline{X(t)} = \lim_{T\to\infty}\frac{1}{2T}\int_{-T}^T X(t)\mathrm{d}t = m_{TX} \tag{2.5-2}$$

(a) 各态历经过程　　　　　　　　　　(b) 非各态历经过程

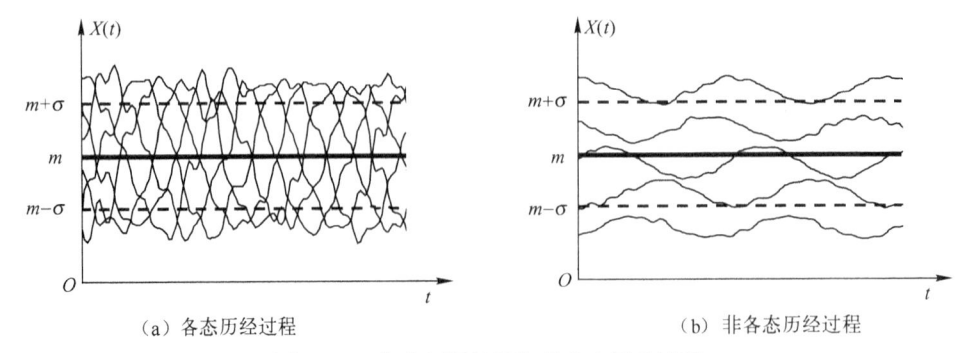

图 2.5-1　各态历经过程和非各态历经过程

一般意义的积分需要 $X(t)$ 的每一个样本函数都可积，这里仍然利用均方收敛意义下的积分来定义随机过程时间均值，它必然是一个随机变量。

定义样本的时间自相关函数为

$$\overline{x(t)x(t+\tau)} = \lim_{T\to\infty} \frac{1}{2T} \int_{-T}^{T} x(t)x(t+\tau) \mathrm{d}t \tag{2.5-3}$$

应是一确定时间函数。利用均方收敛下的积分来定义随机过程时间自相关函数为

$$\overline{X(t)X(t+\tau)} = \lim_{T\to\infty} \frac{1}{2T} \int_{-T}^{T} X(t)X(t+\tau) \mathrm{d}t = R_{TX}(\tau) \tag{2.5-4}$$

对于一般的随机过程，时间自相关函数是以 τ 为参变量的随机变量，即随机过程。随机过程的时间均值和时间自相关函数为与统计的相区别加入了下标 T。

2. 广义各态历经过程

对于宽平稳过程 $X(t)$，若：

（1）
$$m_{TX} = \overline{X(t)} = E[X(t)] = m_X \tag{2.5-5}$$

以概率 1 成立，则称随机过程 $X(t)$ 的均值具有各态历经性。

（2）
$$R_{TX}(\tau) = \overline{X(t)X(t+\tau)} = E[X(t)X(t+\tau)] = R_X(\tau) \tag{2.5-6}$$

以概率 1 成立，则称随机过程 $X(t)$ 的自相关函数具有各态历经性。

（3）若 $X(t)$ 是广义平稳过程，$X(t)$ 的均值和自相关函数都具有各态历经性，则称 $X(t)$ 是广义各态历经过程，在以后的章节中简称为各态历经过程。

一般情况下，随机过程的统计均值为时间 t 的函数，自相关函数为时间起点 t 和间隔 τ 的二维函数；平稳过程的数学期望为常数，自相关函数为时间间隔 τ 的一维函数。

随机过程的每个样本的时间均值都为常数，则所有样本集合的时间均值为随机变量，随机过程的时间自相关函数为随机过程。

各态历经过程的时间均值依概率 1 等于同一常数——平稳过程的统计均值，各态历经过程的时间自相关函数依概率 1 等于同一时间为 τ 的确定函数——平稳过程的统计自相关函数。表 2.5-1 总结了各种随机过程的统计特性。

表 2.5-1　各种随机过程的统计特性

	一般随机过程	平稳过程	各态历经过程
统计均值	$m_X(t)$ 为时间函数	m_X 为常数	m_X 为常数
自相关函数	$R_X(t,t+\tau)$ 为二维函数	$R_X(\tau)$ 为一维函数	$R_X(\tau)$ 为一维函数
时间均值	$\overline{X(t)}$ 为随机变量	$\overline{X(t)}$ 为随机变量	$\overline{X(t)}$ 为常数
时间自相关函数	$\overline{X(t)X(t+\tau)}$ 为随机过程	$\overline{X(t)X(t+\tau)}$ 为随机过程	$\overline{X(t)X(t+\tau)}$ 为确定时间函数

【例 2.5-1】 讨论随机过程 $X(t) = a\cos(\omega_0 t + \Phi)$ 的各态历经性。其中 ω_0，a 为常数，Φ 是在 $[0,2\pi]$ 上均匀分布的随机变量。

解： 由例 2.3-2 已知，$X(t)$ 是平稳过程，如果能说明它满足式(2.5-5)和式(2.5-6)，则 $X(t)$ 就是各态历经过程。由于正弦函数是有界函数，$X(t)$ 的时间均值为

$$m_{TX} = \lim_{T\to\infty} \frac{1}{2T} \int_{-T}^{T} a\cos(\omega_0 t + \Phi) \mathrm{d}t = \lim_{T\to\infty} \frac{a}{\omega_0 T} \cos\Phi \sin\omega_0 T = 0$$

时间自相关函数为 $R_{TX}(\tau) = \lim\limits_{T\to\infty} \dfrac{1}{2T} \int_{-T}^{T} a^2 \cos(\omega_0 t + \Phi)\cos[\omega_0(t+\tau) + \Phi]\mathrm{d}t = \dfrac{a^2}{2}\cos(\omega_0 \tau)$

可见，随机过程 $X(t)$ 的时间均值和时间自相关函数满足

$$m_{TX} = E[X(t)] = 0, \quad R_{TX}(\tau) = R_X(\tau) = \frac{a^2}{2}\cos(\omega_0\tau)$$

因此，$X(t)$ 是各态历经过程。

【例 2.5-2】 判断 $x_1(t) = 1+\cos(2\omega_0 t)$、$x_2(t) = 1+\sin(\omega_0 t)$ 和 $x_3(t) = \cos(2\omega_0 t + \pi/2)$ 三个样本函数可否能为同一各态历经过程 $X(t)$ 的样本函数。

解： 利用排除法，分别讨论两个函数的时间均值是否与数学期望相等，时间自相关函数是否与统计自相关函数相等。

$x_1(t)$ 的时间均值为 $\quad \overline{x_1(t)} = \lim\limits_{T\to\infty} \dfrac{1}{2T} \int_{-T}^{T} [1+\cos(2\omega_0 t)]\mathrm{d}t = 1$

正弦函数是有界函数，当 $T\to\infty$ 时上式第二项积分为零。同理：

$x_2(t)$ 的时间均值为 $\quad \overline{x_2(t)} = \lim\limits_{T\to\infty} \dfrac{1}{2T} \int_{-T}^{T} [1+\sin(\omega_0 t)]\mathrm{d}t = 1$

$x_3(t)$ 的时间均值为 $\quad \overline{x_3(t)} = \lim\limits_{T\to\infty} \dfrac{1}{2T} \int_{-T}^{T} \cos\left(2\omega_0 t + \dfrac{\pi}{2}\right)\mathrm{d}t = 0$

由于 $x_3(t)$ 的时间均值与 $x_1(t)$、$x_2(t)$ 的时间均值不同，所以三个样本不可能是同一各态历经过程的样本，$x_1(t)$ 与 $x_2(t)$ 的时间均值相同，再来看它们的时间自相关函数

$$\overline{x_1(t)x_1(t+\tau)} = \lim_{T\to\infty} \frac{1}{2T}\int_{-T}^{T}[1+\cos(2\omega_0 t)][1+\cos(2\omega_0 t + 2\omega_0\tau)]\mathrm{d}t$$

$$= \lim_{T\to\infty}\frac{1}{2T}\int_{-T}^{T}[1+\cos(2\omega_0 t) + \cos(2\omega_0 t + 2\omega_0\tau) + \cos(2\omega_0 t)\cos(2\omega_0 t + 2\omega_0\tau)]\mathrm{d}t$$

同样，因为正弦函数有界，因此上式第二、三项积分为零，则

$$\overline{x_1(t)x_1(t+\tau)} = 1 + \lim_{T\to\infty}\frac{1}{2T}\int_{-T}^{T}\frac{1}{2}[\cos(2\omega_0\tau) - \cos(4\omega_0 t + 2\omega_0\tau)]\mathrm{d}t = 1+\frac{1}{2}\cos(2\omega_0\tau)$$

$$\overline{x_2(t)x_2(t+\tau)} = \lim_{T\to\infty}\frac{1}{2T}\int_{-T}^{T}[1+\sin(\omega_0 t)][1+\sin(\omega_0 t + \omega_0\tau)]\mathrm{d}t$$

$$= 1 + \lim_{T\to\infty}\frac{1}{2T}\int_{-T}^{T}\frac{1}{2}[\cos(\omega_0\tau) + \cos(2\omega_0 t + \omega_0\tau)]\mathrm{d}t = 1+\frac{1}{2}\cos(\omega_0\tau)$$

$x_1(t), x_2(t)$ 两个样本的时间自相关不同，所以也不可能是同一各态历经过程。

如果两个随机过程 $X(t)$ 和 $Y(t)$ 都是各态历经过程，且它们的时间互相关函数等于统计互相关函数依概率 1 成立

$$R_{TXY}(\tau) = \overline{X(t)Y(t+\tau)} = \lim_{T\to\infty}\frac{1}{2T}\int_{-T}^{T}X(t)Y(t+\tau)\mathrm{d}t = R_{XY}(\tau) \tag{2.5-7}$$

则称它们是联合各态历经过程。

下面给出各态历经过程的必要条件和充分条件。

（1）各态历经过程必须是平稳的，但平稳过程不一定都具有各态历经性。

（2）平稳过程 $X(t)$ 的均值具有各态历经性的充要条件是

$$\lim_{T \to \infty} \frac{1}{T} \int_0^{2T} \left(1 - \frac{\tau}{2T}\right) [R_X(\tau) - m_X^2] \mathrm{d}\tau = 0 \tag{2.5-8}$$

（3）平稳过程 $X(t)$ 的自相关函数具有各态历经性的充要条件是

$$\lim_{T \to \infty} \frac{1}{T} \int_0^{2T} \left(1 - \frac{\tau_1}{2T}\right) [B(\tau_1) - R_X^2(\tau)] \mathrm{d}\tau_1 = 0 \tag{2.5-9}$$

式中 $\qquad B(\tau_1) = E[X(t + \tau + \tau_1)X(t + \tau)X(t + \tau_1)X(t)]$

平稳过程 $X(t)$ 和 $Y(t)$ 的互相关函数具有联合各态历经性的充要条件与式(2.5-6)相似，只需将式(2.5-6)中相应的自相关函数改为互相关函数即可。

（4）对于均值为零的高斯过程 $X(t)$，若自相关函数连续，则各态历经的充要条件是

$$\int_0^\infty |R_X(\tau)| \mathrm{d}\tau < \infty \tag{2.5-10}$$

2.5.2 各态历经序列

将平稳过程的各态历经性用于平稳序列。随机序列 $X(n)$ 的时间均值定义为

$$\overline{X(n)} = \lim_{N \to \infty} \frac{1}{2N+1} \sum_{n=-N}^{N} X(n) \tag{2.5-11}$$

时间自相关序列定义为 $\qquad \overline{X(n)X(n+m)} = \lim_{N \to \infty} \frac{1}{2N+1} \sum_{n=-N}^{N} X(n)X(n+m) \tag{2.5-12}$

对于一般的随机序列，不同样本的时间均值不一定都相同，因此时间均值是一个随机变量，时间自相关序列则是一维随机序列。但如果 $X(n)$ 是平稳的，且满足各态历经性，则

$$\overline{X(n)} = m_X \tag{2.5-13}$$

$$\overline{X(n)X(n+m)} = R_X(m) \tag{2.5-14}$$

上述两式都依概率 1 成立，即时间均值为常数，时间自相关序列为一维确定时间序列。

随机序列的一些统计特性与表 2.5-1 给出的各种随机过程的统计特性相似。平稳序列的数学期望为常数，自相关序列为时间间隔 m 的函数；时间均值为随机变量，时间自相关序列为随机序列。而各态历经序列的时间均值为常数，时间自相关序列为时间间隔 m 的一维确定时间序列。

在实际应用中，如果平稳随机序列满足各态历经性，则统计均值可用时间均值代替。这样，在计算统计均值时，并不需要大量样本函数的集合，只需对一个样本函数求时间平均即可。甚至有时也不需要计算 $N \to \infty$ 时的极限，况且也不可能。通常的做法是取一个有限的、计算系统能够承受的 N，来求时间均值和时间自相关序列。当数据的样本数有限时，也只能用有限个数据来估计时间均值和时间自相关序列，并用它们作为统计均值和统计自相关序列的估值。

2.6 平稳随机过程的功率谱及高阶谱

对于确定性信号，通常对时域信号进行傅里叶变换来求得信号的频谱密度，以便研究信

号的频率构成,这个过程称为频谱分析。在讨论随机信号时,仍然希望能够借助傅里叶变换来研究随机信号的频率构成,这就是一般所说的功率谱分析。利用傅里叶变换进行功率谱分析称为经典功率谱分析。经典功率谱分析的方法虽然简单,但分辨率低。在计算机及信号处理技术迅速发展的今天,人们已不满足于经典的功率谱分析。一门新兴的学科——现代功率谱分析已经成熟,并逐渐地用于实际工程系统中。本节主要介绍平稳随机过程的经典谱分析方法。现代谱分析已超出本书的范围,若需要请参考有关文献和书籍。

2.6.1 平稳随机过程的功率谱密度

一个确定性信号在满足狄氏条件、且绝对可积的情况下,可以利用傅里叶变换获得频谱密度。非周期确定性信号的频谱密度存在的条件之一是它绝对可积,也就是说具有有限的能量,即所谓的能量型信号。如果是周期信号,引入冲激函数,绝对可积的条件可适当地放宽。然而,一般情况下随机信号的能量却是无限的,但只要注意到它的平均功率是有限的,即所谓的功率型信号,就仍然可以利用傅里叶变换这一工具,来获得随机信号的功率谱密度。

首先考虑随机过程的一个样本函数 $x(t)$,并截取 $-T$ 到 T 的一段,记为 $x_T(t)$,即

$$x_T(t) = \begin{cases} x(t), & |t| \leqslant T \\ 0, & |t| > T \end{cases} \tag{2.6-1}$$

如果截断的样本函数 $x_T(t)$ 满足频谱密度存在的条件,则

$$X_T(\omega, e) = \int_{-\infty}^{\infty} x_T(t) e^{-j\omega t} dt = \int_{-T}^{T} x(t) e^{-j\omega t} dt \tag{2.6-2}$$

$X_T(\omega, e)$ 表示样本函数的频谱密度,它除了是频率 ω 的函数还是样本空间元素 e 的函数。当 $T \to \infty$ 时,$x(t)$ 的平均功率可以根据下面的积分求出

$$w_e = \lim_{T \to \infty} \frac{1}{2T} \int_{-\infty}^{\infty} |x_T(t)|^2 dt = \lim_{T \to \infty} \frac{1}{2T} \int_{-T}^{T} |x(t)|^2 dt \tag{2.6-3}$$

由帕斯瓦尔(Parseval)定理

$$\int_{-\infty}^{\infty} |x_T(t)|^2 dt = \frac{1}{2\pi} \int_{-\infty}^{\infty} |X_T(\omega, e)|^2 d\omega \tag{2.6-4}$$

$x(t)$ 的平均功率还可以表示为

$$w_e = \lim_{T \to \infty} \frac{1}{2T} \cdot \frac{1}{2\pi} \int_{-\infty}^{\infty} |X_T(\omega, e)|^2 d\omega = \frac{1}{2\pi} \int_{-\infty}^{\infty} [\lim_{T \to \infty} \frac{1}{2T} |X_T(\omega, e)|^2] d\omega \tag{2.6-5}$$

上式方括号内恰好是样本函数 $x(t)$ 在单位频带上的平均功率

$$s(\omega, e) = \lim_{T \to \infty} \frac{1}{2T} |X_T(\omega, e)|^2 \tag{2.6-6}$$

$s(\omega, e)$ 称为样本函数 $x(t)$ 的功率谱密度。因为 $s(\omega, e)$ 不但给出了 $x(t)$ 对于频率的分布情况,而且对 $s(\omega, e)$ 在整个频域内积分还给出了 $x(t)$ 的平均功率

$$w_e = \frac{1}{2\pi} \int_{-\infty}^{\infty} s(\omega, e) d\omega \tag{2.6-7}$$

w_e 和 $s(\omega, e)$ 与 $x(t)$ 一样是随机试验结果的函数。如果所有样本函数的频谱密度 $X_T(\omega, e)$ 的集合由 $X_T(\omega)$ 表示,它是以 ω 为参变量的随机函数,则取极限应该是均方意义下的极限。对所有样本的功率谱密度的集合取统计平均,就得到随机过程的功率谱密度

$$S_X(\omega) = E[\lim_{T \to \infty} \frac{1}{2T} |X_T(\omega)|^2] = \lim_{T \to \infty} \frac{1}{2T} E[|X_T(\omega)|^2] \tag{2.6-8}$$

式中,$X_T(\omega)$ 表示随机过程截断后所有样本的频谱。

将 $X_T(\omega, e)$ 用 $X_T(\omega)$ 替代,对式(2.6-5)求统计平均,就可得到随机过程的平均功率

$$P = \frac{1}{2\pi}\int_{-\infty}^{\infty}\{\lim_{T\to\infty}\frac{1}{2T}E[|X_T(\omega)|^2]\}\mathrm{d}\omega = \frac{1}{2\pi}\int_{-\infty}^{\infty}S_X(\omega)\mathrm{d}\omega \tag{2.6-9}$$

上式说明功率谱密度在整个频域内积分给出随机过程的平均功率。

将 $x(t)$ 用 $X(t)$ 替代，对式(2.6-3)求统计平均，也可得到随机过程的平均功率

$$P = \lim_{T\to\infty}\frac{1}{2T}\int_{-T}^{T}E[|X(t)|^2]\mathrm{d}t = E[X^2(t)] \tag{2.6-10}$$

如果 $X(t)$ 为实平稳过程，上式中的均方值 $E[|X(t)|^2] = E[X^2(t)]$ 必为常数。由此可见，实平稳过程的平均功率还等于它的均方值。

进一步地，如果 $X(t)$ 为各态历经过程，可以省掉式(2.6-8)中的数学期望，功率谱密度可由一个样本函数得到

$$S_X(\omega) = \lim_{T\to\infty}\frac{1}{2T}|X_T(\omega,e)|^2 \tag{2.6-11}$$

随机过程的功率谱密度与确定信号频谱密度的幅度谱相对应，不包括任何相位信息。

2.6.2 功率谱密度的性质及其与相关函数的关系

自相关函数和功率谱密度有着密切的关系，它们分别在时域和频域描述随机过程的特性。下面将给出维纳-辛钦定理，说明二者的关系。

将截断的随机过程代入功率谱密度定义式(2.6-8)，得

$$S_X(\omega) = \lim_{T\to\infty}\frac{1}{2T}E[\int_{-T}^{T}\int_{-T}^{T}X(t_1)X^*(t_2)\mathrm{e}^{-\mathrm{j}\omega(t_1-t_2)}\mathrm{d}t_1\mathrm{d}t_2]$$

$$= \lim_{T\to\infty}\frac{1}{2T}\int_{-T}^{T}\int_{-T}^{T}E[X(t_1)X^*(t_2)]\mathrm{e}^{-\mathrm{j}\omega(t_1-t_2)}\mathrm{d}t_1\mathrm{d}t_2$$

式中，*表示复共轭，如果 $X(t)$ 为实过程可以省略。将 $R_X(t_1-t_2) = E[X(t_1)X^*(t_2)]$ 代入得

$$S_X(\omega) = \lim_{T\to\infty}\frac{1}{2T}\int_{-T}^{T}\int_{-T}^{T}R_X(t_1-t_2)\mathrm{e}^{-\mathrm{j}\omega(t_1-t_2)}\mathrm{d}t_1\mathrm{d}t_2 \tag{2.6-12}$$

对于平稳随机过程，自相关函数只与时间差 t_1-t_2 有关。令 $\tau = t_1 - t_2$，并将积分变量由 t_1, t_2 变换到 τ, t_2，积分区域由图 2.6-1 中的正方形变为平行四边形。先考虑上式的积分部分

$$\int_{-T}^{T}\int_{-T}^{T}R_X(t_1-t_2)\mathrm{e}^{-\mathrm{j}\omega(t_1-t_2)}\mathrm{d}t_1\mathrm{d}t_2$$

$$= \int_{0}^{2T}[R_X(\tau)\mathrm{e}^{-\mathrm{j}\omega\tau}\int_{-T}^{T-\tau}\mathrm{d}t_2]\mathrm{d}\tau + \int_{-2T}^{0}[R_X(\tau)\mathrm{e}^{-\mathrm{j}\omega\tau}\int_{-T-\tau}^{T}\mathrm{d}t_2]\mathrm{d}\tau$$

$$= \int_{0}^{2T}(2T-\tau)R_X(\tau)\mathrm{e}^{-\mathrm{j}\omega\tau}\mathrm{d}\tau + \int_{-2T}^{0}(2T+\tau)R_X(\tau)\mathrm{e}^{-\mathrm{j}\omega\tau}\mathrm{d}\tau$$

$$= \int_{-2T}^{2T}(2T-|\tau|)R_X(\tau)\mathrm{e}^{-\mathrm{j}\omega\tau}\mathrm{d}\tau$$

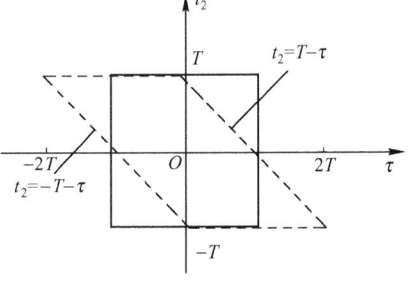

图 2.6-1 积分区域变换

当 $T\to\infty$ 时

$$S_X(\omega) = \lim_{T\to\infty}\int_{-2T}^{2T}\left(1-\frac{|\tau|}{2T}\right)R_X(\tau)\mathrm{e}^{-\mathrm{j}\omega\tau}\mathrm{d}\tau = \int_{-\infty}^{\infty}R_X(\tau)\mathrm{e}^{-\mathrm{j}\omega\tau}\mathrm{d}\tau \tag{2.6-13}$$

这就是人们所熟悉的傅里叶变换。由此可知，自相关函数与功率谱密度为一对傅里叶变换对，因此由傅里叶反变换可求得自相关函数

$$R_X(\tau) = \frac{1}{2\pi}\int_{-\infty}^{\infty}S_X(\omega)\mathrm{e}^{\mathrm{j}\omega\tau}\mathrm{d}\omega \tag{2.6-14}$$

式(2.6-13)和式(2.6-14)即为著名的维纳-辛钦定理，它说明了平稳过程的自相关函数和

功率谱之间的关系。

如果令式(2.6-14)中的 $\tau = 0$，可以求得随机过程的平均功率

$$R_X(0) = \frac{1}{2\pi}\int_{-\infty}^{\infty} S_X(\omega)\mathrm{d}\omega \tag{2.6-15}$$

式(2.6-13)和式(2.6-14)成立的条件是 $R_X(\tau)$ 和 $S_X(\omega)$ 绝对可积，即

$$\int_{-\infty}^{\infty} |R_X(\tau)|\mathrm{d}\tau < \infty \tag{2.6-16}$$

$$\int_{-\infty}^{\infty} S_X(\omega)\mathrm{d}\omega < \infty \tag{2.6-17}$$

由功率谱密度定义可知 $S_X(\omega)$ 是非负的实函数，可略去绝对值，式(2.6-17)的条件说明过程的总平均功率是有限的。式(2.6-16)要求 $X(t)$ 的数学期望为零，而且随机过程不包含周期分量。

考虑相关函数 $R_X(\tau)$ 是偶函数，所以有

$$S_X(\omega) = \int_{-\infty}^{\infty} R_X(\tau)\mathrm{e}^{-\mathrm{j}\omega\tau}\mathrm{d}\tau = \int_{-\infty}^{\infty} R_X(\tau)[\cos(\omega\tau) - \mathrm{j}\sin(\omega\tau)]\mathrm{d}\tau = 2\int_0^{\infty} R_X(\tau)\cos(\omega\tau)\mathrm{d}\tau$$

由定义式(2.6-8)，因为 $|X_T(\omega)|^2$ 是非负实函数，它的数学期望也必然是非负实函数，在实随机过程的条件下，$|X_T(\omega)|^2 = X_T(\omega)X_T(-\omega)$，所以可得到功率谱密度的两个性质：

性质 1 $S_X(\omega)$ 是非负实函数，即

$$S_X(\omega) \geqslant 0 \tag{2.6-18}$$

性质 2 如果 $X(t)$ 是实平稳随机过程，则 $S_X(\omega)$ 是偶函数，即

$$S_X(\omega) = S_X(-\omega) \tag{2.6-19}$$

如果功率谱密度是偶函数，同样由式(2.6-14)可得到

$$R_X(\tau) = \frac{1}{2\pi}\int_{-\infty}^{\infty} S_X(\omega)\mathrm{e}^{\mathrm{j}\omega\tau}\mathrm{d}\omega = \frac{1}{\pi}\int_0^{\infty} S_X(\omega)\cos(\omega\tau)\mathrm{d}\omega$$

因此可写成

$$\begin{cases} S_X(\omega) = 2\int_0^{\infty} R_X(\tau)\cos(\omega\tau)\mathrm{d}\tau \\ R_X(\tau) = \frac{1}{\pi}\int_0^{\infty} S_X(\omega)\cos(\omega\tau)\mathrm{d}\omega \end{cases} \tag{2.6-20}$$

功率谱密度可由正频率部分的功率谱密度唯一确定，有时为了工程上的方便，也只利用功率谱的正频率部分。若实平稳过程的单边功率谱 $G_X(\omega)$ 与双边功率谱 $S_X(\omega)$ 的关系如图2.6-2所示，即

$$G_X(\omega) = \begin{cases} 2S_X(\omega), & \omega \geqslant 0 \\ 0, & \omega < 0 \end{cases} \tag{2.6-21}$$

则式(2.6-21)可以写成

$$\begin{cases} G_X(\omega) = 4\int_0^{\infty} R_X(\tau)\cos(\omega\tau)\mathrm{d}\tau \\ R_X(\tau) = \frac{1}{2\pi}\int_0^{\infty} G_X(\omega)\cos(\omega\tau)\mathrm{d}\omega \end{cases} \tag{2.6-22}$$

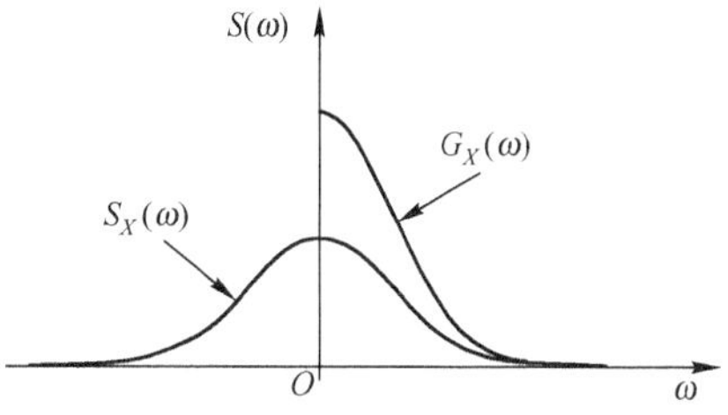

图 2.6-2 单边功率谱与双边功率谱的关系

值得指出的是，在实际中常常碰到含有非零均值或含有周期分量的随机过程。在正常意义下维纳-辛钦定理［式(2.6-13)、式(2.6-14)］就不成立了，在这种情况下，通常引入 δ 函数来解决。在工程上遇到的随机信号 $X(t)$，其自相关函数有以下三种情况：

（1）当 $\tau \to \infty$ 时，$R_X(\tau) \to 0$，满足式(2.6-16)，傅里叶变换存在。

（2）当 $\tau \to \infty$ 时，$R_X(\tau) \to m_X^2$，不满足式(2.6-16)，在 $\omega = 0$ 处引入 δ 函数，可求出 $R_X(\tau)$ 的傅里叶变换。

（3）当 $\tau \to \infty$ 时，$R_X(\tau)$ 呈振荡形式，引入 δ 函数，也可求出 $R_X(\tau)$ 的傅里叶变换。

【例 2.6-1】 已知平稳随机过程的功率谱密度 $S(\omega) = \dfrac{\omega^2 + 2}{\omega^4 + 3\omega^2 + 2}$，求自相关函数和平均功率。

解：对功率谱密度 $S(\omega)$ 做傅里叶反变换即可得到自相关函数 $R(\tau)$，即

$$R(\tau) = \frac{1}{2\pi}\int_{-\infty}^{\infty} \frac{\omega^2+2}{\omega^4+3\omega^2+2} e^{j\omega\tau} d\omega = \frac{1}{2\pi}\int_{-\infty}^{\infty} \frac{1}{\omega^2+1} e^{j\omega\tau} d\omega = \frac{1}{2} e^{-|\tau|}$$

最后一步利用了傅里叶变换表（见附录 A）。

由自相关函数在 $\tau = 0$ 处的值可得平均功率 $R(0)=1/2$。

【例 2.6-2】 已知随机电报信号的自相关函数 $R(\tau) = \dfrac{1}{4}\left(1 + \dfrac{1}{4}e^{-2\lambda|\tau|}\right)$，求其功率谱密度。

解：由于自相关函数存在直流分量，在 $\omega = 0$ 处引入 δ 函数，可得功率谱密度

$$S(\omega) = \int_{-\infty}^{\infty} \frac{1}{4}\left(1 + \frac{1}{4}e^{-2\lambda|\tau|}\right) e^{-j\omega\tau} d\tau = \frac{\pi}{2}\delta(\omega) + \frac{1}{4}\cdot\frac{\lambda}{4\lambda^2+\omega^2}$$

【例 2.6-3】 已知随机过程的自相关函数 $R(\tau) = \dfrac{1}{2}(1+\cos\omega_0\tau)$，求其功率谱密度。

解：在这个例子中，自相关函数既包括直流分量，又包括一个频率为 ω_0 的余弦分量。因此，分别在 $\omega = 0$ 和 $\omega = \pm\omega_0$ 处引入 δ 函数

$$S(\omega) = \int_{-\infty}^{\infty} \frac{1}{2}(1+\cos\omega_0\tau) e^{-j\omega\tau} d\tau = \pi\delta(\omega) + \frac{\pi}{2}[\delta(\omega-\omega_0)+\delta(\omega+\omega_0)]$$

以上三个例子包括了自相关函数 $R(\tau)$ 的三种情况。

2.6.3 联合平稳随机过程的互功率谱密度

上节定义了两个联合平稳随机过程 $X(t)$ 和 $Y(t)$ 的互相关函数，这里定义它们的互功率谱密度，简称互谱密度。类似式(2.6-8)，定义 $X(t)$ 和 $Y(t)$ 的互谱密度为

$$S_{XY}(\omega) = \lim_{T\to\infty} \frac{1}{2T} E[X_T^*(\omega)Y_T(\omega)] \tag{2.6-23}$$

$$S_{YX}(\omega) = \lim_{T\to\infty} \frac{1}{2T} E[Y_T^*(\omega)X_T(\omega)] \tag{2.6-24}$$

互谱密度一般用于研究两个随机过程之间的关系，但这两个随机过程必须是各自平稳且联合平稳的。根据以上定义，还可以导出互谱密度与互相关函数之间也存在傅里叶变换关系。下面不加证明地给出它们之间的关系

$$S_{XY}(\omega) = \int_{-\infty}^{\infty} R_{XY}(\tau) e^{-j\omega\tau} d\tau \tag{2.6-25}$$

$$S_{YX}(\omega) = \int_{-\infty}^{\infty} R_{YX}(\tau) e^{-j\omega\tau} d\tau \tag{2.6-26}$$

$$R_{XY}(\tau) = \frac{1}{2\pi}\int_{-\infty}^{\infty} S_{XY}(\omega) e^{j\omega\tau} d\omega \tag{2.6-27}$$

$$R_{YX}(\tau) = \frac{1}{2\pi}\int_{-\infty}^{\infty} S_{YX}(\omega) e^{j\omega\tau} d\omega \tag{2.6-28}$$

实平稳随机过程 $X(t)$ 与 $Y(t)$ 的互谱密度有以下性质。

性质 1 互谱密度的对称性为

$$S_{XY}(\omega) = S_{YX}(-\omega) = S_{YX}^*(\omega) = S_{XY}^*(-\omega) \tag{2.6-29}$$

根据互相关函数的性质 $R_{XY}(\tau) = R_{YX}(-\tau)$，利用式(2.6-25)～式(2.6-28)即可证明。

性质 2 互谱密度的实部是偶函数，虚部是奇函数，即

$$\text{Re}[S_{XY}(\omega)] = \text{Re}[S_{YX}(-\omega)] = \text{Re}[S_{YX}(\omega)] = \text{Re}[S_{XY}(-\omega)] \tag{2.6-30}$$

$$\text{Im}[S_{XY}(\omega)] = \text{Im}[S_{YX}(-\omega)] = -\text{Im}[S_{YX}(\omega)] = -\text{Im}[S_{XY}(-\omega)] \tag{2.6-31}$$

利用式(2.6-29)可证。

性质 3 如果 $X(t)$ 和 $Y(t)$ 互相正交，则互谱密度为零。

因为互相正交的两个随机过程的互相关函数为零，故互谱密度为零。

性质 4 如果 $X(t)$ 和 $Y(t)$ 是互不相关的两个随机过程，且数学期望不为零，则有

$$S_{XY}(\omega) = S_{YX}(\omega) = 2\pi m_X m_Y \delta(\omega) \tag{2.6-32}$$

当 $X(t)$ 和 $Y(t)$ 不相关，且 $m_X \neq 0, m_Y \neq 0$ 时

$$R_{XY}(\tau) = E[X(t)Y(t+\tau)] = E[X(t)]E[Y(t+\tau)] = m_X m_Y = R_{YX}(\tau)$$

对上式做傅里叶变换即得式(2.6-32)。

性质 5 互谱密度的幅度平方满足

$$|S_{XY}(\omega)|^2 \leqslant S_X(\omega)S_Y(\omega) \tag{2.6-33}$$

此式可用式(2.6-8)和式(2.6-23)来证明。

2.6.4* 高阶统计量与高阶谱

由功率谱的定义式，可知在功率谱计算的过程中，丢失了随机过程的相位信息。在某些应用中，相位信息对信号处理至关重要。为了提取随机信号的相位信息，不能仅在相关理论范围内讨论，应寻求更高阶意义的统计量和谱。由于计算上的困难，以前在随机信号的处理中，人们只在相关理论范围内，即二阶矩范围内研究随机过程。随着计算技术、计算机和数字信号处理硬件的发展，随机过程的研究已不仅限于二阶矩范围，而是拓展到了高阶矩和高阶谱。

仿照 n 维随机变量的矩函数，下面给出随机过程矩函数的定义。由于平稳过程的广泛应用，这里只考虑平稳过程的情况。

n 阶平稳过程 $X(t)$ 在任意 n 个时刻 t_i ($i=1,2,\cdots,n$)，是一个 n 维随机变量 $\{X(t_1), X(t_2), \cdots, X(t_n)\}$，若它们的 n 阶联合矩存在

$$E[X(t_1)X(t_2)\cdots X(t_n)] = E[X(t_1)X(t_1+\tau_1)\cdots X(t_1+\tau_{n-1})], \quad t_{i+1} = t_1 + \tau_i \tag{2.6-34}$$

就可定义

$$m_n(\tau_1, \tau_2, \cdots, \tau_{n-1}) = E[X(t_1)X(t_1+\tau_1)\cdots X(t_1+\tau_{n-1})] \tag{2.6-35}$$

为 n 阶平稳过程的 n 阶相关矩。若 $\tau_i \neq 0$，即每个时刻都不相等，n 阶相关矩也称 n 阶相关函数，用 $R_X(\tau_1, \tau_2, \cdots, \tau_{n-1})$ 来表示。n 阶平稳过程的 n 阶相关矩只与 $n-1$ 个时间差 $\tau_1, \tau_2, \cdots, \tau_{n-1}$ 有关，与时间起点无关。当 $n=2$ 时，二阶相关矩

$$m_2(\tau_1) = E[X(t_1)X(t_1+\tau_1)] = R_X(\tau_1) \tag{2.6-36}$$

就是 $X(t)$ 的自相关函数。当 $n=3$ 时，三阶相关矩是 τ_1, τ_2 的函数，即

$$m_3(\tau_1, \tau_2) = E[X(t_1)X(t_1+\tau_1)X(t_1+\tau_2)] = R_X(\tau_1, \tau_2) \tag{2.6-37}$$

而当 $n=4$ 时，四阶相关矩

$$m_4(\tau_1,\tau_2,\tau_3)=E[X(t)X(t+\tau_1)X(t+\tau_2)X(t+\tau_3)]=R_X(\tau_1,\tau_2,\tau_3) \quad (2.6\text{-}38)$$

在高阶矩的研究中，一般也只限在四阶矩范围内。因为当 $n>4$ 时，所有的计算将变得非常复杂。

与矩函数有密切关系的是累积量，下面给出 n 阶平稳过程 $X(t)$ 在 $n=1,2,3,4$ 时的相关矩和累积量的关系。

$n=1$ 时 $\qquad c_1 = m_1 = E[X(t)] \qquad (2.6\text{-}39)$

$n=2$ 时 $\qquad c_2(\tau_1) = m_2(\tau_1) - m_1^2 = R_X(\tau_1) - m_1^2 \qquad (2.6\text{-}40)$

$n=3$ 时 $\qquad c_3(\tau_1,\tau_2) = m_3(\tau_1,\tau_2) - m_1[m_2(\tau_1) + m_2(\tau_2) + m_2(\tau_1-\tau_2)] + 2m_1^3 \qquad (2.6\text{-}41)$

四阶累积量很复杂，当随机过程的概率密度是对称分布时，三阶累积量为零，只好求助于四阶累积量。虽然 $n=4$ 时的累积量比较复杂，但若 $m_1=0$

$$c_4(\tau_1,\tau_2,\tau_3) = m_4(\tau_1,\tau_2,\tau_3) - m_2(\tau_1)m_2(\tau_3-\tau_2) - m_2(\tau_2)m_2(\tau_3-\tau_1) - m_2(\tau_3)m_2(\tau_2-\tau_1) \quad (2.6\text{-}42)$$

高阶统计量在时域描述平稳过程，在频域则用高阶谱描述平稳过程。概括地说，高阶谱就是高阶统计量的多维傅里叶变换。就像前面刚刚给出的功率谱密度是自相关函数的傅里叶变换一样，三阶谱是由三阶相关函数的二维傅里叶变换得到的，即

$$S_2(\omega_1,\omega_2) = \int_{-\infty}^{\infty}\int_{-\infty}^{\infty} R_X(\tau_1,\tau_2) e^{-j(\omega_1\tau_1+\omega_2\tau_2)} d\tau_1 d\tau_2 \quad (2.6\text{-}43)$$

四阶谱则由四阶相关函数的三维傅里叶变换得出

$$S_3(\omega_1,\omega_2,\omega_3) = \int_{-\infty}^{\infty}\int_{-\infty}^{\infty}\int_{-\infty}^{\infty} R_X(\tau_1,\tau_2,\tau_3) e^{-j(\omega_1\tau_1+\omega_2\tau_2+\omega_3\tau_3)} d\tau_1 d\tau_2 d\tau_3 \quad (2.6\text{-}44)$$

平稳过程功率谱存在的条件是自相关函数绝对可积，则三阶谱存在也需要满足类似的条件

$$\int_{-\infty}^{\infty}\int_{-\infty}^{\infty} |R_X(\tau_1,\tau_2)| d\tau_1 d\tau_2 < \infty \quad (2.6\text{-}45)$$

其他高阶谱存在的条件可由上式类推。

这只是高阶谱的一种定义方法，用这种方法获得的高阶谱称为矩谱。功率谱就是一种矩谱。高阶谱的另一种定义方法是根据高阶累积量来定义的，称为累积量谱。三阶累积量谱称为双谱，四阶累积量谱称为三谱。对于随机信号而言，一般倾向于用后者。因为对于高斯过程来讲，三阶以上的累积量为零，因而其累积量谱也为零。一个包括高斯过程和非高斯过程合成信号的三阶累积量谱只包括非高斯过程分量，利用累积量谱有助于在高斯噪声中检测非高斯信号。

由 2.6.2 节的讨论可知，实平稳过程的自相关函数 $R_X(\tau)$ 是实偶函数，功率谱密度 $S_X(\omega)$ 也是实偶函数。而高阶统计量及其高阶谱的对称性就不像二阶统计量及功率谱那样简单。以实平稳过程的三阶累积量及双谱为例，三阶累积量满足

$$\begin{aligned} c_3(\tau_1,\tau_2) &= c_3(\tau_2,\tau_1) = c_3(-\tau_2,\tau_1-\tau_2) \\ &= c_3(\tau_1-\tau_2,-\tau_2) \\ &= c_3(-\tau_1,\tau_2-\tau_1) \\ &= c_3(\tau_2-\tau_1,-\tau_1) \end{aligned} \quad (2.6\text{-}46)$$

可见三阶累积量一共有 6 个对称区域，如图 2.6-3(a) 所示，它们规则地分布在 τ_1, τ_2 平面上。也可在图 2.6-3(b) 上看到，对应的双谱则有 12 个对称区域

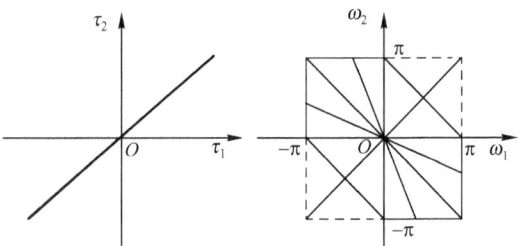

（a）三阶累积量的对称区　　（b）双谱的对称区

图 2.6-3 三阶累积量和双谱的对称区示意图

$$\begin{aligned}
B(\omega_1,\omega_2) &= B(\omega_2,\omega_1) = B^*(-\omega_1,-\omega_2)\\
&= B^*(-\omega_2,-\omega_1) = B(-\omega_1-\omega_2,\omega_2)\\
&= B(\omega_2,-\omega_1-\omega_2) = B(-\omega_1-\omega_2,\omega_1)\\
&= B(\omega_1,-\omega_1-\omega_2)
\end{aligned} \quad (2.6\text{-}47)$$

上式还有另外 4 个对称区域没有表示出来，即最后 4 项的共轭对称。

由于双谱有两个频率变量，需要用三维图形来表示。当然也可以用二维平面 ω_1,ω_2 上的等高线来表示。图 2.6-4 分别示出了正弦信号加白噪声双谱的等高线和三维谱图。

白噪声的功率谱在整个频率范围是均匀的，协方差函数是一个 δ 函数。白噪声的高阶谱在多维频率平面上都是均匀的，这样高阶累积量也是一个多维平面上的 δ 函数。

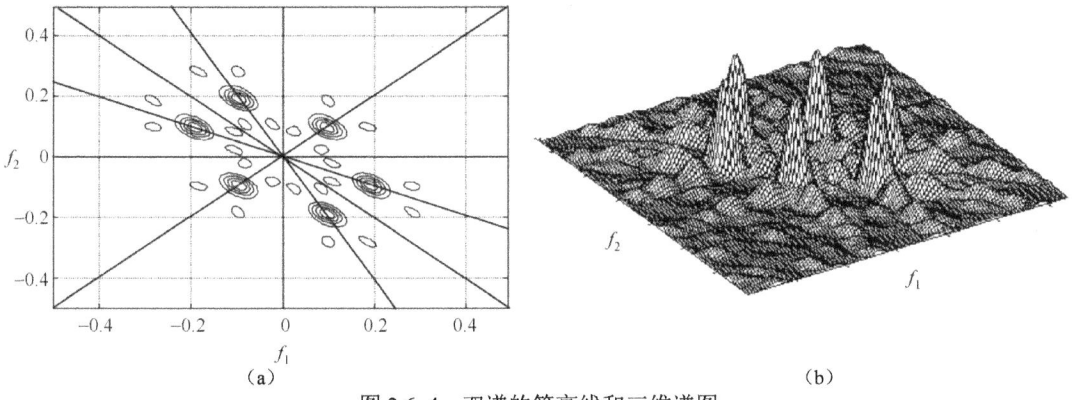

图 2.6-4 双谱的等高线和三维谱图

2.6.5 平稳序列的功率谱

根据维纳-辛钦定理，平稳过程的自相关函数与功率谱密度存在傅里叶变换的关系。由此推断，平稳随机序列也存在功率谱密度，且也会与自相关序列存在相应的关系。

随机序列的能量虽然是无限的，但对于非周期自相关序列 $X(n)$，仿照平稳过程功率谱的推导，若截取有限长度 $X_N(n)$，其 Z 变换和离散时间傅里叶变换（DTFT）往往是存在的。如果自相关序列是周期序列，则仿照周期随机过程的情况，引入 $\delta(n)$ 序列。

1. 离散时间信号的连续谱与离散谱的关系

若离散时间信号 $x(n)$ 能量有限，即绝对可和，则它的离散时间傅里叶变换为

$$X(\mathrm{e}^{\mathrm{j}\omega}) = \mathrm{DTFT}[x(n)] = \sum_{n=-\infty}^{\infty} x(n)\mathrm{e}^{-\mathrm{j}\omega n} \quad (2.6\text{-}48)$$

频谱 $X(\mathrm{e}^{\mathrm{j}\omega})$ 是以 2π 为周期的周期谱，注意周期谱 $X(\mathrm{e}^{\mathrm{j}\omega})$ 与非周期谱 $X(\omega)$ 的表示方法是有区别的。若离散时间信号 $x_\mathrm{p}(n)$ 是周期为 N 的周期信号，则离散傅里叶级数（DFS）存在，有

$$X_\mathrm{p}(k) = \mathrm{DFS}[x_\mathrm{p}(n)] = \sum_{n=0}^{N-1} x_\mathrm{p}(n)\mathrm{e}^{-\mathrm{j}\frac{2\pi}{N}nk} \quad (2.6\text{-}49)$$

频谱 $X_\mathrm{p}(k)$ 同样是以 N 为周期的周期谱，不同的是 $X(\mathrm{e}^{\mathrm{j}\omega})$ 是连续谱，而 $X_\mathrm{p}(k)$ 是离散谱。周期谱的产生源于对应的时域信号为离散时间信号，与时域信号 $x(n)$ 或 $x_\mathrm{p}(n)$ 是否为周期信号无关。离散谱的产生则源于对应的时域信号为周期信号，与信号是连续还是离散的无关。

对于一个有限长离散信号 $x(n)$，如果把它看成周期信号 $x_\mathrm{p}(n)$ 的一个周期，而周期信号 $x_\mathrm{p}(n)$

的 DFS 为 $X_p(k)$，$X_p(k)$ 也将是周期为 N 的周期信号。取 $X_p(k)$ 的一个周期

$$X(k) = X_p(k)W_N(k) = \text{DFS}[x_p(n)]W_N(k) \tag{2.6-50}$$

式中，$W_N(k)$ 是长度为 N 的矩形窗，则 $X(k)$ 也是长度为 N 的序列。一般称 $X(k)$ 为 $x(n)$ 的频谱，求有限长离散信号 $x(n)$ 频谱 $X(k)$ 的运算定义为离散傅里叶变换（DFT），有

$$X(k) = \text{DFT}[x(n)] = \sum_{n=0}^{N-1} x(n)e^{-j\frac{2\pi}{N}nk} \tag{2.6-51}$$

综上所述，有限长离散信号 $x(n)$ 的频谱有两种形式，一种是由 DTFT 获得的连续谱

$$X(e^{j\omega}) = \text{DTFT}[x(n)] = \sum_{n=0}^{N-1} x(n)e^{-j\omega n} \tag{2.6-52}$$

一种是由式（2.6-51）表示的利用 DFT 获得的离散谱。若把 $X(k)$ 看成 $X(e^{j\omega})$ 在主周期的采样，则对有限长序列，利用 DTFT 和 DFT 计算频谱的结果是相同的。需要注意的是离散信号的频谱是周期谱，$X(k)$ 仅是周期谱的一个周期。

2. 平稳序列的功率谱

与平稳过程相似，平稳序列 $X(n)$ 的功率谱与自相关序列的关系也满足傅里叶变换的关系。平稳序列 $X(n)$ 在时间上是离散的，采用的变换应该是离散时间傅里叶变换或离散傅里叶变换。

采用与平稳过程相似的推导，得到平稳序列 $X(n)$ 的连续功率谱与自相关序列的关系

$$S_X(e^{j\omega}) = \text{DTFT}[R_X(m)] = \sum_{m=-\infty}^{\infty} R_X(m)e^{-j\omega m} \tag{2.6-53}$$

$$R_X(m) = \frac{1}{2\pi}\int_{-\pi}^{\pi} S_X(e^{j\omega})e^{j\omega m}d\omega \tag{2.6-54}$$

由于 $S_X(e^{j\omega})$ 的周期性，上式只需在一个周期内积分。当 $m=0$ 时

$$R_X(0) = \frac{1}{2\pi}\int_{-\pi}^{\pi} S_X(e^{j\omega})d\omega \tag{2.6-55}$$

为 $X(n)$ 的平均功率。如果平稳序列 $X(n)$ 的时间长度有限，将式（2.6-53）和式（2.6-54）换成离散傅里叶变换和反变换，就可以得到离散功率谱与自相关序列的关系

$$S_X(k) = \text{DFT}[R_X(m)] = \sum_{m=0}^{N-1} R_X(m)e^{-j\frac{2\pi}{N}mk} \tag{2.6-56}$$

$$R_X(m) = \frac{1}{N}\sum_{k=0}^{N-1} S_X(k)e^{j\frac{2\pi}{N}mk} \tag{2.6-57}$$

离散功率谱是连续功率谱在规定频率上的采样。

与实平稳过程一样，实平稳序列的功率谱也是非负偶函数，即

$$S_X(e^{j\omega}) \geqslant 0 \tag{2.6-58}$$

$$S_X(e^{j\omega}) = S_X(e^{-j\omega}) \tag{2.6-59}$$

对于平稳序列 $X(n)$，将其一个样本截取对称的 $2N+1$ 长度，令 $N\to\infty$，并取统计均值，可以证明，功率谱还可表示为

$$S_X(e^{j\omega}) = \lim_{N\to\infty}\frac{1}{2N+1}E\left[\left|\sum_{n=-N}^{N} X(n)e^{-j\omega n}\right|^2\right] \tag{2.6-60}$$

当 $X(n)$ 为各态历经序列时，可去掉上式中的统计均值计算，将随机序列 $X(n)$ 用它的一个样本序列 $x(n)$ 代替。在实际应用中，由于一个样本序列的可用数据个数有限，功率谱密度也只能是估计值。功率谱密度的估计方法很多，具体的方法见 2.8 节。

2.7 高斯过程与白噪声

高斯过程和白噪声是通信及信号与信息处理中涉及最广泛的随机信号，也是系统仿真中必不可缺的信号。高斯过程与白噪声定义的出发点不同，高斯过程指随机过程的概率密度服从高斯分布，而白噪声则是从功率谱密度角度定义的，它的分布可以是各种各样的，如高斯白噪声。本节的讨论将有助于人们从某一角度了解随机信号的特点。

2.7.1 高斯过程

如果对于任意时刻 $t_i(i=1,2,\cdots,n)$，随机过程的任意 n 维随机变量 $X_i = X(t_i)(i=1,2,\cdots,n)$ 服从高斯分布，则 $X(t)$ 就是高斯过程。高斯过程具有其他随机过程所没有的特殊性质。

性质 1 宽平稳高斯过程一定是严平稳过程。

如果高斯过程 $X(t)$ 是宽平稳的，则应该满足

$$E[X(t)] = m \tag{2.7-1}$$

$$R_X(t, t+\tau) = R_X(\tau) \tag{2.7-2}$$

由高斯变量的讨论，已知高斯过程的概率密度只取决于它的一、二阶矩。宽平稳过程一阶矩与时间无关，自相关函数与时间起点无关，因此方差 $\sigma^2 = R_X(0) - m^2$ 与时间无关。一维概率密度为

$$f_X(x,t) = \frac{1}{\sqrt{2\pi}\sigma} \exp\left\{-\frac{(x-m)^2}{2\sigma^2}\right\} \tag{2.7-3}$$

显然一维概率密度 $f_X(x,t)$ 也与时间 t 无关。二维概率密度

$$f_X(x_1, x_2; t, t+\tau) = \frac{1}{2\pi\sigma^2\sqrt{1-r^2(\tau)}} \exp\left\{-\frac{(x_1-m)^2 - 2r(\tau)(x_1-m)(x_2-m) + (x_2-m)^2}{2\sigma^2[1-r^2(\tau)]}\right\} \tag{2.7-4}$$

与时间起点 t 无关，只与时间差 τ 有关。既然 $f_X(x_1,x_2;t,t+\tau)$ 与时间起点 t 无关，就可将它记为 $f_X(x_1,x_2;\tau)$。因此只要高斯过程满足式(2.7-1)和式(2.7-2)，也一定满足式(2.7-3)和式(2.7-4)。由式(1.5-41)，n 维高斯概率密度是由协方差矩阵和数学期望向量确定的，即

$$f_X(\boldsymbol{x}) = \frac{1}{\sqrt{(2\pi)^n |\boldsymbol{C}|}} \exp\left[-\frac{1}{2}(\boldsymbol{m}-\boldsymbol{x})^{\mathrm{T}} \boldsymbol{C}^{-1}(\boldsymbol{m}-\boldsymbol{x})\right]$$

式中 $\boldsymbol{x} = (x_1, x_2, \cdots x_n)^{\mathrm{T}}$，$\boldsymbol{m} = (m_1, m_2, \cdots m_n)^{\mathrm{T}}$，$\boldsymbol{X} = [X(t_1), X(t_2), \cdots X(t_n)]^{\mathrm{T}}$

$$\boldsymbol{C} = E[(\boldsymbol{X}-\boldsymbol{m})(\boldsymbol{X}-\boldsymbol{m})^{\mathrm{T}}] = \begin{bmatrix} C_{11} & C_{12} & \cdots & C_{1n} \\ C_{21} & C_{22} & \cdots & C_{2n} \\ \vdots & \vdots & \ddots & \vdots \\ C_{n1} & C_{n2} & \cdots & C_{nn} \end{bmatrix}$$

式中，C_{ij} 是 $X(t_i)$ 和 $X(t_j)$ 的协方差 $E[\{X(t_i)-m_i\}\{X(t_j)-m_j\}]$，而对于宽平稳过程，协方差 C_{ij} 只与时间差 $t_j - t_i$ 有关而与时间起点 t 无关，时间平移 τ_1 协方差不变，即

$$E[\{X(t_i+\tau_1)-m_i\}\{X(t_j+\tau_1)-m_j\}] = E[\{X(t_i)-m_i\}\{X(t_j)-m_j\}]$$

因此可证明 $X(t)$ 的高维概率密度与时间起点无关，宽平稳高斯过程一定是严平稳过程。

性质 2 若平稳高斯过程在任意两个不同时刻 t_i 和 t_j 是不相关的，那么也一定是互相独立的。

由不相关性，对任意的 t_i 和 t_j，有 $r(t_i,t_j)=0$。因此 n 维高斯分布满足

$$f_X(x_1,x_2,\cdots,x_n;t_1,t_2,\cdots,t_n) = \prod_{i=1}^{n}\left\{\frac{1}{\sqrt{2\pi}\sigma}\exp\left[-\frac{(x_i-m)^2}{2\sigma^2}\right]\right\} \quad (2.7\text{-}5)$$
$$= f_{X_1}(x_1)f_{X_2}(x_2)\cdots f_{X_n}(x_n)$$

即 n 维概率密度等于 n 个一维概率密度的乘积，这说明任意两个时刻都不相关的高斯过程一定是独立高斯过程。

综上所述，高斯过程的宽平稳性和严平稳性是等价的；不相关性和独立性也是等价的。值得注意的是，只有高斯过程有这样的性质，其他随机过程并无此性质。

由高斯变量的知识，n 个高斯变量之和仍然是高斯变量。对于高斯过程很容易证明以下结论：

（1）平稳高斯过程与确定时间信号之和也是高斯过程，确定的时间信号可认为是高斯过程的数学期望。除非确定信号是不随时间变化的，否则将不再是平稳过程。

（2）如果高斯过程的积分存在，它也将是高斯分布的随机变量或随机过程。

（3）平稳高斯过程导数的一维概率密度也是高斯分布的，其数学期望为零，方差为 $\sigma^2|r''(0)|$，即

$$f_{X'}(x') = \frac{1}{\sqrt{2\pi\sigma^2|r''(0)|}}\exp\left[-\frac{x'^2}{2\sigma^2|r''(0)|}\right] \quad (2.7\text{-}6)$$

式中，$r''(\cdot)$ 为相关系数的二阶导数。

此外，平稳高斯过程导数的二维概率密度是高斯分布的，平稳高斯过程与其导数的联合概率密度也是高斯分布的。

2.7.2 白噪声

在信息与信号处理领域，要想将有用信号不失真地进行变换和处理则几乎是不可能的。例如，在信息的传输过程中，不论是有线传输还是无线传输，信号的传输过程会不可避免地存在某些误差。即使是在随机信号数字处理的过程中，也会不可避免地受到信号量化误差、有限字长计算所导致的误差影响。

误差的来源，一方面是在信息传输处理时，信道或设备不理想造成的误差。另一方面，传输处理过程中串入的一些其他信号也会引起误差。广义地说，人们称这些使信号产生失真的误差源为噪声，但来自外部的噪声通常称为干扰。典型的噪声有电子线路的热噪声和信道噪声，信道噪声包括大气噪声、天电干扰、工业干扰及蓄意干扰等。

噪声是一种在理论上无法预测的信号，即随机信号。只有掌握噪声的规律才能降低它的影响，更好地对信号进行处理和检测。从噪声与电子系统的关系来看，噪声可分为内部噪声和外部噪声。内部噪声是系统本身的元器件及电路产生的噪声，包括热噪声、散弹噪声和闪烁噪声等，A/D 转换器引起的量化噪声也属于内部噪声。外部噪声则包括电子系统之外的所有噪声，如各种人为干扰和自然现象所产生的噪声。

噪声是一个典型的随机过程，因此必定有一定的分布和一定的功率谱密度。根据噪声的分布，将具有高斯分布的噪声称为高斯噪声，热噪声就是一种高斯噪声；将具有均匀分布的噪声称为均匀噪声，量化噪声就是均匀噪声。从功率谱的角度看，如果一个随机过程的功率谱密度是常数，则无论它是什么分布，都称它为白噪声。换句话说，白噪声的频率分量非常丰富。就像有白光也有七色光一样，有白噪声也有色噪声。与光谱的定义相似，色噪声的功率谱密度中各种频率分量的大小不同。

需要注意的是，对于噪声来讲，其命名与概率分布和功率谱都有关，图2.7-1示出了几个概率分布、功率谱及样本曲线的例子。图2.7-1(e)是高斯分布、功率谱为常数的噪声样本，图2.7-1(f)是均匀分布、功率谱为常数的噪声样本，图2.7-1(g)是均匀分布、功率谱为高斯形状的噪声样本。

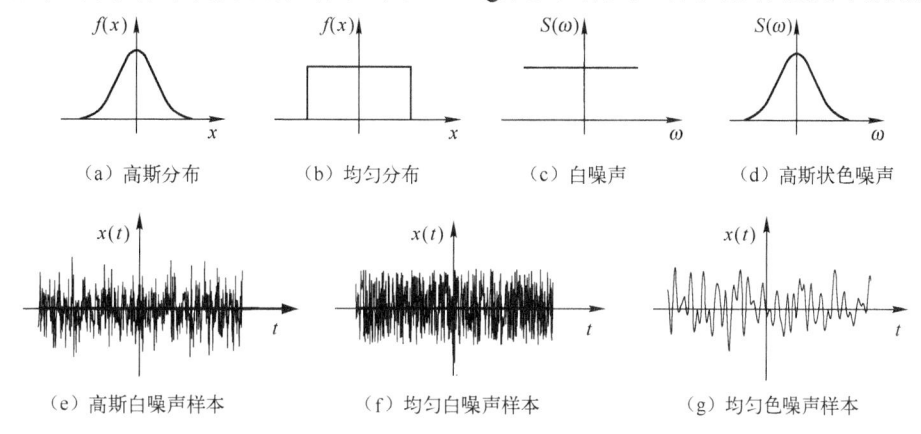

（a）高斯分布　　（b）均匀分布　　（c）白噪声　　（d）高斯状色噪声

（e）高斯白噪声样本　　（f）均匀白噪声样本　　（g）均匀色噪声样本

图2.7-1　不同概率密度与功率谱密度

1. 白噪声的定义

如果平稳过程 $N(t)$ 的数学期望为零，并在所有频率范围内的功率谱为常数

$$S_N(\omega) = N_0/2, \quad -\infty < \omega < \infty \tag{2.7-7}$$

则称它是白噪声过程，简称白噪声。白噪声的自相关函数具有冲激函数的形式

$$R_N(\tau) = \frac{N_0}{2}\delta(\tau) \tag{2.7-8}$$

白噪声的相关系数

$$r_N(\tau) = \begin{cases} 1, & \tau = 0 \\ 0, & \tau \neq 0 \end{cases} \tag{2.7-9}$$

式(2.7-7)说明白噪声具有丰富的频率分量，式(2.7-8)则说明白噪声在任何两个不同时刻都是不相关的。实际上，白噪声是一个理想化的数学模型，在模拟系统中根本不可能存在。这不仅因为系统带宽是有限的，还因为白噪声的平均功率是无限的，即

$$\frac{1}{2\pi}\int_{-\infty}^{\infty} S_N(\omega)\mathrm{d}\omega = \frac{N_0}{4\pi}\int_{-\infty}^{\infty} \mathrm{d}\omega \to \infty \tag{2.7-10}$$

而实际系统中的白噪声的平均功率不可能是无限的。

白噪声是服从一定分布的随机过程，它的模型简单，数学处理方便。电子设备中许多噪声都具有白噪声的特点。

白噪声是一个相对的概念，既然白噪声是一个理想的数学模型，就需要讨论一下工程上假定这个模型存在的条件。在工程问题中，一个实际系统的带宽只能是有限的，不可能包括

下至音频上至射线的频带。因此，不论是天线接收的信号，还是接收机输出的噪声，它们的功率谱宽度也一定是有限的。一般情况下，只要平稳过程功率谱的带宽比所关心的带宽大得多，且在所考虑的带宽内为常数，就可以假定它是白噪声。为区别起见，称这种白噪声为限带白噪声。若平稳过程 $N(t)$ 在有限频带上的功率谱密度为常数，在频带之外为零，则称 $X(t)$ 为理想限带白噪声。

2. 低通白噪声

低通白噪声的功率谱密度集中在低频端，且在通带内为常数，见图 2.7-2(a)。低通白噪声的功率谱密度为

$$S_N(\omega) = \begin{cases} P_0\pi/\Delta\omega, & |\omega| \leqslant \Delta\omega \\ 0, & \text{其他} \end{cases} \quad (2.7\text{-}11)$$

利用式(2.6-20)求得自相关函数

$$R_N(\tau) = \frac{1}{\pi}\int_0^\infty S_N(\omega)\cos\omega\tau\,d\omega = \frac{1}{\pi}\int_0^{\Delta\omega}\frac{P_0\pi}{\Delta\omega}\cos\omega\tau\,d\omega = P_0\frac{\sin(\Delta\omega\tau)}{\Delta\omega\tau} \quad (2.7\text{-}12)$$

由此得到低通白噪声的平均功率 $R_N(0) = P_0$。

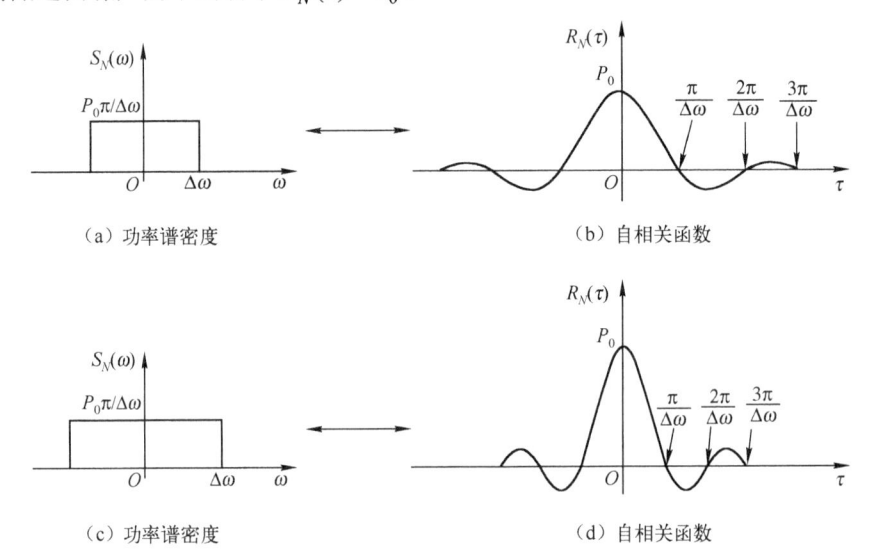

(a) 功率谱密度 (b) 自相关函数

(c) 功率谱密度 (d) 自相关函数

图 2.7-2 低通白噪声的功率谱密度和自相关函数

图 2.7-2(b) 是低通白噪声的自相关函数。当带宽 $\Delta\omega$ 增加时，如图 2.7-2(c) 所示，自相关函数 $R_N(\tau)$ 的第一零点 $\pi/\Delta\omega$ 变小，如图 2.7-2(d) 所示，导致相关时间变短；当 $\Delta\omega \to \infty$ 时，$R_N(\tau) = P_0\delta(\tau)$，相关时间为零，任意两点间都不相关，这就是前面定义的白噪声。由此可见，当白噪声由无限宽的功率谱宽度变为有限宽时，平均功率也由无限变为有限，自相关函数则由 $\delta(\tau)$ 变为展宽了的抽样函数。

3. 带通白噪声

如果 $N(t)$ 的功率谱密度在 $\pm\omega_0$ 附近是常数，即

$$S_N(\omega) = \begin{cases} P_0\pi/\Delta\omega, & \omega_0 - \Delta\omega/2 < |\omega| < \omega_0 + \Delta\omega/2 \\ 0, & \text{其他} \end{cases} \quad (2.7\text{-}13)$$

则称 $N(t)$ 是带通限带白噪声，或称带通白噪声。

与式(2.7-12)的方法相同,求带通白噪声的自相关函数为

$$R_N(\tau) = \frac{1}{\pi}\int_0^\infty S_N(\omega)\cos\omega\tau\,\mathrm{d}\omega = \frac{1}{\pi}\int_{\omega_0-\Delta\omega/2}^{\omega_0+\Delta\omega/2}\frac{P_0\pi}{\Delta\omega}\cos\omega\tau\,\mathrm{d}\omega$$

$$= P_0\frac{\sin(\Delta\omega\tau/2)}{\Delta\omega\tau/2}\cos\omega_0\tau = a(\tau)\cos\omega_0\tau \tag{2.7-14}$$

式中 $a(\tau) = P_0\dfrac{\sin(\Delta\omega\tau/2)}{\Delta\omega\tau/2}$ 为带通白噪声自相关函数的包络。比较 $a(\tau)$ 与式(2.7-12),可见 $a(\tau)$ 与相应带宽的低通白噪声的自相关函数有密切的关系。

平均功率是功率谱密度曲线下的面积,带宽相同且功率谱密度幅度相同的两个白噪声,不论是低通还是带通,其平均功率是相同的。由式(2.7-14),带通白噪声的平均功率仍然是 $R_N(0) = P_0$,因为这里的带通白噪声与低通白噪声相比,带宽是相同的。图 2.7-3 示出了相应的功率谱密度 $S_N(\omega)$、自相关函数的包络 $a(\tau)$ 和自相关函数 $R_N(\tau)$。

与白噪声对应的是色噪声,色噪声也是一种经常遇到的随机信号,其功率谱的特点是各种频率分量的大小不同。最典型的是高斯状的色噪声,注意这里指色噪声的功率谱密度形状是高斯形的,它的分布可以是任意的。一般窄带系统的频率响应具有高斯形状,因此当一个白噪声通过这样的系统后,其输出便是高斯状色噪声。比较图 2.7-1 中的样本函数,白噪声的起伏变化要比色噪声快得多,原因是白噪声的功率谱成分要比色噪声的多。

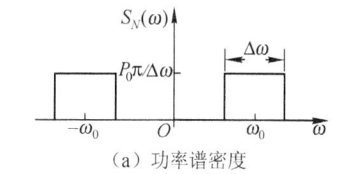

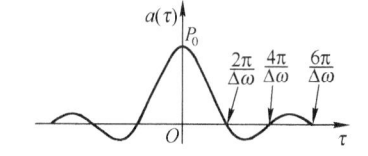

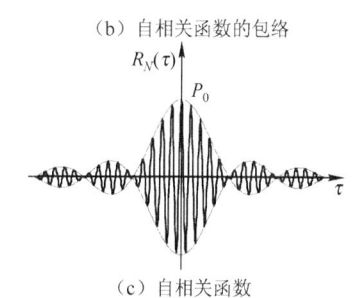

(a) 功率谱密度

(b) 自相关函数的包络

(c) 自相关函数

图 2.7-3 带通白噪声的功率谱密度和自相关函数

4. 信噪比

信噪比定义为信号功率与噪声功率之比,用 SNR 表示。SNR 是一个无量纲的量,为了方便,往往使用对数来表示。若一个信号中既包括信号又包括噪声,信号功率用 P_s 表示,噪声功率用 P_n 表示,则对数表示的信噪比为

$$\mathrm{SNR}_{\mathrm{dB}} = 10\lg(P_s/P_n) \tag{2.7-15}$$

单位为 dB。例如,当信号功率和噪声功率相等时,$\mathrm{SNR}_{\mathrm{dB}} = 0\mathrm{dB}$。

【例 2.7-1】 已知 $X(t) = s(t) + N(t)$ 是信号与噪声的混合信号。信号 $s(t)$ 是幅度为 4V 的余弦信号,噪声 $N(t)$ 是功率谱密度为 2、带宽为 2kHz 的低通限带白噪声,求 $X(t)$ 的信噪比。

解:已知信号加噪声为 $\qquad X(t) = s(t) + N(t) = 4\cos(\omega_1 t) + N(t)$

式中,ω_1 为信号的频率。正弦信号的功率与频率无关,平均功率 $P_s = 4^2/2 = 8$。已知低通限带白噪声的功率谱密度为

$$S_N(\omega) = 2,\quad |\omega| \leqslant \Delta\omega$$

式中,$\Delta\omega = 2000\times 2\pi$。噪声功率为

$$P_n = \frac{1}{2\pi}\int_{-\infty}^{\infty}S_N(\omega)\mathrm{d}\omega = \frac{1}{2\pi}\int_{-\Delta\omega}^{\Delta\omega}2\mathrm{d}\omega = \frac{1}{2\pi}\times 4\Delta\omega = 8000$$

因此信噪比 $\qquad\mathrm{SNR} = P_s/P_n = 8/8000 = 0.001$

即 $\qquad\mathrm{SNR}_{\mathrm{dB}} = 10\lg(0.001) = -30\mathrm{dB}$

如果需要提高信噪比,一方面可以增加余弦信号的幅度,另一方面也可以降低功率谱的幅度或减小噪声的带宽。

2.8* 离散随机信号的计算机仿真

在信号处理、通信及自动控制领域,经常需要仿真不同分布或具有不同自相关函数的随机信号。随机信号的仿真大致有两种情况,其一是纯数字信号的仿真,其二是模拟信号的仿真。当进行计算机系统仿真或信号仿真时,随机信号应是随机序列的形式。而当仿真的目的是用来产生一个模拟随机信号时,算法与随机序列相似,只是要注意采样的时间间隔,这样当它通过数模转换设备时,才能正确地恢复成模拟信号。

要仿真一个随机过程,需产生很多样本函数。但如果这个随机过程是平稳且各态历经的,就只需产生一个样本函数。在一般情况下,仿真的随机过程都被认为是满足平稳性和各态历经性的。由于计算机产生的随机过程样本只能是时间离散的,因此严格地说,所产生的样本是随机序列的样本而非随机过程的样本函数。

1.6 节已经讨论了不同分布随机数的产生方法,这里主要讨论产生具有某种自相关函数的随机序列样本。从某种意义上讲,对于各态历经序列,具有某种自相关序列的随机序列样本与具有同样相关矩的 N 维随机变量相当,因此它们有着共同之处。一个随机序列的仿真主要包括两个步骤:①产生某种分布且互相独立的随机数;②再将这些互相独立的随机数变换成具有一定自相关函数形式的随机序列样本。

与确定信号相似,随机序列的统计特性可在时域表示,也能在频域表示。时域用自相关函数表示,频域则用功率谱密度来表示。因此,上面讲到的第二步可以有两种实现方法。一种是在时域进行变换,另一种则是借助一个与自相关函数对应的滤波器。后一种方法对于熟悉数字信号处理的读者来讲,只要能设计出合适的数字滤波器,得到相应自相关函数的随机序列样本就是轻而易举的。

2.8.1 平稳过程的仿真

从信号的角度看,当仿真一个电子系统或控制系统时,免不了要仿真系统噪声,在大多数情况下,系统噪声是平稳的高斯过程。因此,平稳高斯过程的仿真有很大的用途,下面以常见的协方差函数形式

$$C(\tau) = \sigma^2 e^{-\alpha|\tau|}, \quad \alpha > 0 \tag{2.8-1}$$

为例,来讨论平稳高斯过程的仿真。

对于数学期望为零、方差为 1 的高斯随机序列 X,其数学期望和方差向量分别表示为

$$\boldsymbol{m}_X = [0, 0, \cdots, 0]^\mathrm{T}, \quad \boldsymbol{s}_X = [1, 1, \cdots, 1]^\mathrm{T}$$

若序列的不同时刻是不相关的,其协方差阵应该是一个单位矩阵

$$\boldsymbol{C}_X = \begin{bmatrix} 1 & & & \\ & 1 & & \mathbf{0} \\ & & \ddots & \\ & \mathbf{0} & & 1 \end{bmatrix} = \boldsymbol{I} \tag{2.8-2}$$

式中,$\boldsymbol{I}$ 为单位矩阵。对于下三角阵 $\boldsymbol{A}$,随机序列 X 的变换

$$Y = AX + m_Y \tag{2.8-3}$$

是数学期望为 m_Y、协方差为 $C_Y=AA^T$ 的高斯随机序列。因为 Y 的数学期望为

$$E[Y] = E[AX + m_Y] = AE[X] + m_Y = m_Y \tag{2.8-4}$$

协方差为

$$C_Y = E\{[Y - m_Y][Y - m_Y]^T\} = E\{[AX][AX]^T\}$$
$$= AE[XX^T]A^T = AR_X A^T \tag{2.8-5}$$

由于高斯随机序列 X 的数学期望为零向量，故有 $C_X = R_X$，因此

$$C_Y = AR_X A^T = AC_X A^T = AA^T \tag{2.8-6}$$

这是因为随机序列的协方差阵是正定对称矩阵，因此可分解成下三角阵 A 与其转置的乘积。正定对称阵的三角阵分解有成熟的算法，一般的算法程序库中都有可用的程序，这里不再讨论。

若式(2.8-6)具有如下形式

$$C_Y = \begin{bmatrix} c_{11} & c_{12} & \cdots & c_{1n} \\ c_{21} & c_{22} & \cdots & c_{2n} \\ \vdots & \vdots & \ddots & \vdots \\ c_{n1} & c_{n2} & \cdots & c_{nn} \end{bmatrix} = \begin{bmatrix} \sigma^2 & C(1) & \cdots & C(n-1) \\ C(1) & \sigma^2 & \cdots & C(n-2) \\ \vdots & \vdots & \ddots & \vdots \\ C(n-1) & C(n-2) & \cdots & \sigma^2 \end{bmatrix}$$
$$= AA^T = \begin{bmatrix} a_{11} & 0 & \cdots & 0 \\ a_{21} & a_{22} & \cdots & 0 \\ \vdots & \vdots & \ddots & \vdots \\ a_{n1} & a_{n2} & \cdots & a_{nn} \end{bmatrix} \begin{bmatrix} a_{11} & a_{12} & \cdots & a_{1n} \\ 0 & a_{22} & \cdots & a_{2n} \\ \vdots & \vdots & \ddots & \vdots \\ 0 & 0 & \cdots & a_{nn} \end{bmatrix} \tag{2.8-7}$$

式中

$$c_{ij} = C(|i-j|) = \sigma^2 e^{-\alpha|i-j|}, \quad \alpha > 0, \quad \sigma > 0 \tag{2.8-8}$$

可以证明，a_{ij} 满足

$$\begin{cases} a_{ij} = \sigma e^{-\alpha(i-j)}, & j = 1 \\ a_{ij} = \sigma e^{-\alpha(i-j)}\sqrt{1 - e^{-2\alpha}}, & 2 \leq j \leq i \end{cases} \tag{2.8-9}$$

以 $n=3$ 为例，当 $m_Y = 0$ 时，$Y = AX = [y_1, y_2, y_3]^T$ 中的每个元素为

$$\begin{cases} y_1 = a_{11} x_1 \\ y_2 = a_{21} x_1 + a_{22} x_2 \\ y_3 = a_{31} x_1 + a_{32} x_2 + a_{33} x_3 \end{cases} \tag{2.8-10}$$

将式(2.8-9)代入上式，可得

$$y_j = e^{-\alpha} y_{j-1} + \sigma \sqrt{1 - e^{-2\alpha}} x_j, \quad 2 \leq j \leq n \tag{2.8-11}$$

当 $j=1$ 时，由式(2.8-9)和式(2.8-10)，有

$$y_1 = a_{11} x_1 = \sigma x_1 \tag{2.8-12}$$

如果 m_Y 不为零，在利用式(2.8-11)和式(2.8-12)求得 Y 后，再加上相应的数学期望。

综上所述，仿真协方差函数为式(2.8-1)的高斯过程的步骤如下：

（1）按第 1 章介绍的方法产生 N 个数学期望为零、方差为 1 且互相独立的高斯分布随机数 $\{x_n, n = 0, 1, 2, \cdots, N-1\}$。

（2）根据前面讨论的方法，按递推公式

$$y_n = e^{-\alpha \Delta t} y_{n-1} + \sigma \sqrt{1 - e^{-2\alpha \Delta t}} x_n, \quad 1 \leq n \leq N-1 \tag{2.8-13}$$

计算出一组随机数 $\{y_n, n=0,1,2,\cdots,N-1\}$，其中初值 $y_0 = \sigma x_0$，Δt 为采样间隔。若仿真的是高斯随机序列，则 $\Delta t = 1$。

（3）如果要仿真的随机信号的数学期望不为零，将数学期望加到随机数 y_n 上，便得到具有式(2.8-1)那样协方差函数的随机过程或随机序列的一个样本。

2.8.2 自相关函数的估计

在信号处理时，经常需要估计自相关函数；在随机信号仿真时，也需要估计自相关函数。在实际的信号处理中，所能得到的随机信号往往是有限长的，并且样本个数也是有限的。在目前的技术条件下，自相关函数的估计都是在数字信号的情况下进行的，即将随机信号抽样成随机序列，或者待处理的信号本身就是随机序列。

本节讨论的自相关函数和自相关序列统称为自相关函数。由有限个样本通过运算求出的自相关函数，称为自相关函数的估计值。

1. 直接估计法

如果随机序列为各态历经序列，由于它的自相关函数具有各态历经性，可用时间自相关函数的定义来估计。若各态历经序列 $X(n)$ 的一个样本有 N 个数据 $\{x(0), x(1), \cdots, x(N-1)\}$，用直接估计法得到的自相关函数为

$$\hat{R}(m) = \frac{1}{N-|m|} \sum_{n=0}^{N-|m|-1} x(n)x(n+|m|) \tag{2.8-14}$$

一般情况下 N 比较大，为了方便，时间自相关函数经常由下式估计

$$\hat{R}(m) = \frac{1}{N} \sum_{n=0}^{N-|m|-1} x(n)x(n+|m|) \tag{2.8-15}$$

除了自相关函数，有时还需要估计序列的均值和方差。在假设序列 $X(n)$ 满足各态历经性的前提下，$X(n)$ 的均值可以用一个样本来估计

$$\hat{m}_X = \frac{1}{N} \sum_{n=0}^{N-1} x(n) \tag{2.8-16}$$

方差的估值

$$\hat{\sigma}_X^2 = \hat{R}_X(0) - \hat{m}_X^2 \tag{2.8-17}$$

对所有样本的自相关估计值求数学期望

$$E[\hat{R}(m)] = \frac{1}{N} \sum_{n=0}^{N-|m|-1} E[X(n)X(n+|m|)] = \frac{N-|m|}{N} R_X(m) \tag{2.8-18}$$

可见时间自相关函数 $\hat{R}(m)$ 是统计自相关函数 $R_X(m)$ 的有偏估计。当 $N \to \infty$ 时

$$\lim_{N \to \infty} E[\hat{R}(m)] = \lim_{N \to \infty} \frac{N-|m|}{N} R_X(m) = R_X(m) \tag{2.8-19}$$

因此估计值 $\hat{R}(m)$ 是渐近无偏的。当 $N \to \infty$ 时，估计值 $\hat{R}(m)$ 的方差为

$$\lim_{N \to \infty} D[\hat{R}(m)] = \lim_{N \to \infty} E\{[\hat{R}(m) - R_X(m)]^2\} = \lim_{N \to \infty} E\{[\frac{N-|m|}{N} R_X(m) - R_X(m)]^2\} = 0 \tag{2.8-20}$$

估计值 $\hat{R}(m)$ 是 $R_X(m)$ 的一致估计。

这种有偏估计方法在用傅里叶变换估计功率谱时比较方便，因此下面的仿真将采用这种

有偏估计来求相关函数。

用 MATLAB 中的 xcorr 函数或 Python 中的 np.correlate 函数可以很方便地计算出随机序列的自相关和互相关序列。

【例 2.8-1】 仿真一个数学期望为零、方差为 1 的高斯随机过程的样本，并用直接估计法求自相关函数。

解： 先产生 N 个数学期望为零、方差为 1 的高斯随机数来仿真高斯随机过程的样本，然后利用内置函数求自相关函数。

- MATLAB 语言编程如下：

```
N=256;
xn=random('norm',0,1,1,N);    %产生 1×N 个高斯随机数
Rx=xcorr(xn,'biased');         %计算序列的自相关函数，biased 代表有偏估计
m=-N+1:N-1;                    %横坐标
plot(m,Rx);                    %画图
axis([-N+1  N-1  -0.5  1.5]);  %图的坐标范围
```

- Python 语言编程如下：

```
import numpy as np
import matplotlib.pyplot as plt

N = 256
xn = np.random.randn(N)
Rx = np.correlate(xn, xn, mode='full')
m = np.linspace(-N+1, N-1, 2*N-1)

fig = plt.figure(1)
plt.plot(m, Rx)
plt.show()
```

图 2.8-1 分别示出了 $N = 256$ 和 $N = 1024$ 两种长度序列的自相关函数估计曲线，很明显，序列越长自相关函数的估计方差越小。在信号仿真时，为了便于观察，往往把序列画成连续的曲线。图 2.8-1 就将自相关序列画成了连续的自相关函数。

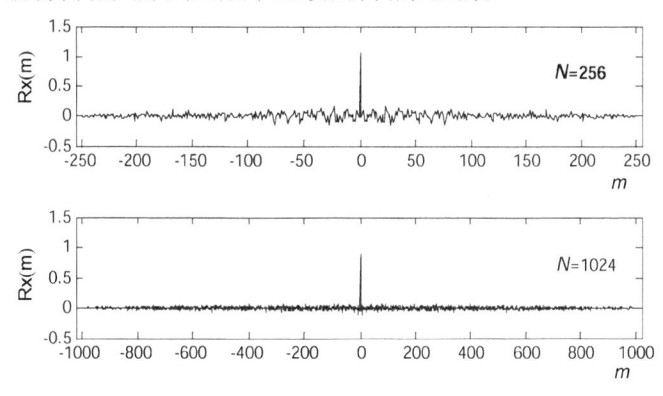

图 2.8-1 不同长度随机序列的自相关函数估计

2. 通过 FFT 估计自相关函数

虽然相关函数与线性卷积物理意义不同，但是二者却有着相似的计算形式，都包含移位、

相乘和求和，差别仅在于线性卷积多了一个序列的翻转。

线性卷积
$$g(n) = x(n) * y(n) = \sum_{m=0}^{N-1} x(m)y(n-m) \tag{2.8-21}$$

相关函数
$$\hat{R}_{XY}(n) = \frac{1}{N}\sum_{m=0}^{N-1} x(m-n)y(m) = \frac{1}{N}\sum_{m=0}^{N-1} x(-(n-m))y(m)$$
$$= \frac{1}{N}\sum_{m=0}^{N-1} x_1(n-m)y(m) = \frac{1}{N}x_1(n)*y(n) = \frac{1}{N}x(-n)*y(n) \tag{2.8-22}$$

式中，$x_1(n) = x(-n)$。可见，除了常数 $1/N$ 之外，相关函数的计算与线性卷积的计算仅差一个负号。在上式中，当 $x(n) = y(n)$ 时即为自相关函数。如果能将自相关函数的运算转化为线性卷积，就可以通过快速傅里叶变换来实现自相关函数的快速计算。当数据个数较多时，可以大大减小自相关函数估计的运算量。若用 $X(e^{j\omega})$ 表示 $x(n)$ 的离散时间傅里叶变换，根据卷积定理

$$\text{DTFT}\{x(-n)*x(n)\} = X^*(e^{j\omega})X(e^{j\omega}) = |X(e^{j\omega})|^2 \tag{2.8-23}$$

对上式进行反变换，便得到自相关函数

$$\hat{R}_X(n) = \text{IDTFT}\{\frac{1}{N}|X(e^{j\omega})|^2\} \tag{2.8-24}$$

由式(2.6-51)，上面的 DTFT 可以用 DFT 计算，而 DFT 又可以用快速算法 FFT 实现。因此自相关函数估计由以下两式完成

$$X(k) = \text{FFT}[x(n)] \tag{2.8-25}$$

$$\hat{R}_X(n) = \text{IFFT}\{\frac{1}{N}|X(k)|^2\} \tag{2.8-26}$$

需要注意的是利用卷积定理时，要保证满足线性卷积的条件，即两个长度分别为 L_1 和 L_2 的序列线性卷积的长度 $N = L_1 + L_2 - 1$。

【例 2.8-2】 仿真一个数学期望为零、方差为 1 的高斯随机过程的样本，用 FFT 估计法求自相关函数。

解： 先产生高斯随机过程的样本，方法同例 2.8-1，然后利用式(2.8-25)和式(2.8-26)求自相关函数，函数 fft 为快速傅里叶变换，函数 ifft 为快速傅里叶反变换。

- MATLAB 编程如下：

```
N=256;                      %样本长度
xn=random('norm',0,1,1,N);  %产生 1×N 个高斯随机数
Xk=fft(xn,2*N);             %式(2.8-25)，为满足线性卷积的长度要求，对 xn 做 2N 点 FFT
Rx=ifft((abs(Xk).^2)/N);    %式(2.8-26)，IFFT
m=-N:N-1;                   %横坐标
plot(m,fftshift(Rx));       %将数据移位后画图
axis([-N  N-1  -0.5  1.5]); %图的坐标范围
```

- Python 编程如下：

```
import numpy as np
import matplotlib.pyplot as plt
```

```
N = 256
xn = np.random.randn(N)
Xk = np.fft.fft(xn, n=2*N)            # 获取 xn 的频谱
Xk2 = np.power(np.abs(Xk), 2)         # 获取 Xk 的能量谱
Xk2 = np.divide(Xk2, N)               # 将能量谱按采样点归一化
Rx = np.fft.ifft(Xk2)
m = np.linspace(-N, N-1, 2*N)
fig = plt.figure(1)
plt.plot(m, np.fft.fftshift(Rx))
plt.show()
```

图 2.8-2 示出了样本长度分别为 $N=256$ 和 $N=1024$ 时的自相关函数估计曲线。一个随机过程或随机序列可能有无穷个样本函数，在信号仿真时，往往选择有限个样本进行仿真，如果是各态历经过程或序列，一般仿真一个样本函数即可。

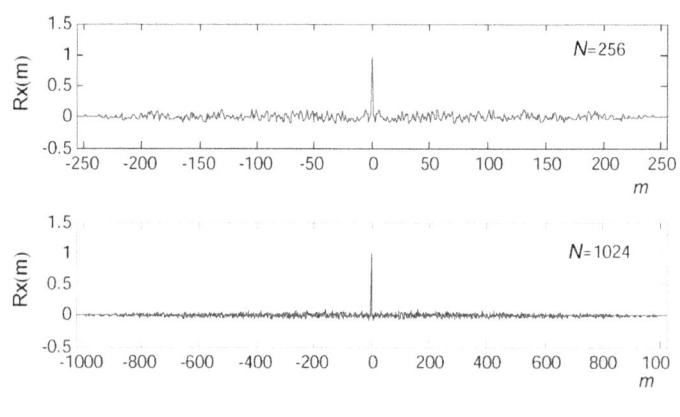

图 2.8-2　通过 FFT 估计自相关函数

【例 2.8-3】 已知随机信号 $X(n)=\cos(2\pi f_0 t+\Phi)+N(t)$，其中 Φ 为 $[0,2\pi]$ 内均匀分布的随机变量，$N(t)$ 是数学期望为零、方差为 1 的高斯白噪声。仿真 $X(n)$ 的 M 个样本序列，并估计自相关函数。

解：例 2.5-1 已经确定随机相位余弦信号为平稳、各态历经序列，而 $N(t)$ 为高斯白噪声，因此可以确定 $X(n)$ 为平稳、各态历经序列。利用 M 组高斯随机数来仿真高斯白噪声的 M 个样本序列，再利用 M 个均匀随机数来仿真余弦序列的初始相位。获得随机信号 $X(n)$ 的 M 个样本序列后，利用 FFT 估计自相关函数。仿真时取 $M=8$。

我们给出 MATLAB 的编程代码。读者可以参考其流程，自行编写 Python 程序。

```
N=256;                          %每个样本函数的数据长度
t=0:N-1;                        %时间变量
m=-N:N-1;                       %自相关函数的时间变量
x1n=random('norm',0,1,N,8);     %产生 N×8 个高斯随机数，作为 8 个样本序列
X1k=fft(x1n,2*N);               %为满足线性卷积的长度要求，对 x1n 做 2N 点 FFT
R1x=ifft((abs(X1k).^2)/N);      %反变换，得到白噪声的自相关函数

A=random('unif',0,1,1,8)*2*pi;  %产生 8 个[0,2π]内均匀随机数，作为初始相位
for k=1:8
```

```
            x2n(:,k)=cos(2*pi*4*t(:)/N+A(k));      %产生余弦信号,随机相位为 A(k)
            xn(:,k)=x1n(:,k)+x2n(:,k);             %噪声与信号之和
        end
        X2k=fft(x2n,2*N);
        R2x=ifft((abs(X2k).^2)/N);                 %得到随机相位余弦信号的自相关函数
        Xk=fft(xn,2*N);
        Rx=ifft((abs(Xk).^2)/N);                   %得到噪声与信号之和的自相关函数
        subplot(311);plot(m,fftshift(R1x));        %将数据移位后画图
        axis([-N  N-1  -0.5  1.5]);                %图的坐标范围
        subplot(312);plot(m,fftshift(R2x));
        axis([-N  N-1  -0.5  1.5]);
        subplot(313);plot(m,fftshift(Rx));
        axis([-N  N-1  -0.5  1.5]);
```

图 2.8-3 示出了 8 个样本函数的时间自相关函数曲线,图 2.8-3(a)为白噪声的自相关函数,图 2.8-3(b)为随机相位余弦信号的自相关函数,图 2.8-3(c)则为白噪声与余弦信号之和的自相关函数。每个图包括 8 个时间自相关函数曲线。

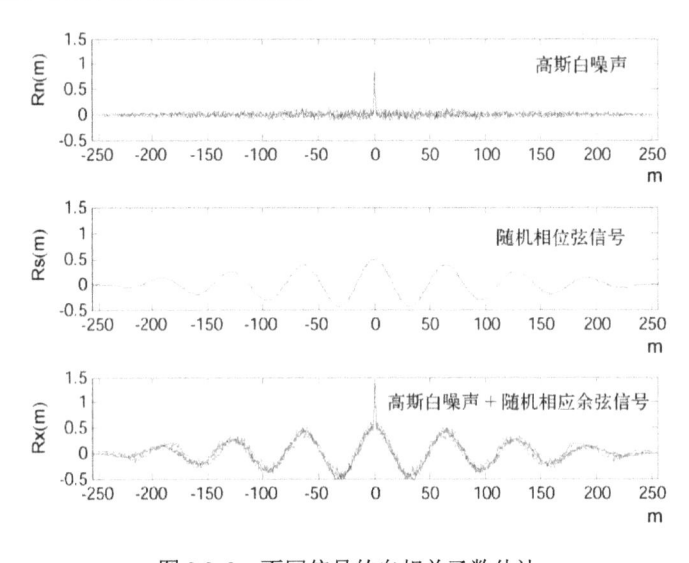

图 2.8-3 不同信号的自相关函数估计

2.8.3 功率谱密度的估计

由于随机信号不满足绝对可积的条件,因此是不存在频谱的。但工程中的随机信号一般为功率型信号,可以用功率谱密度来描述它的频域特性。功率谱估计就是利用给定的样本数据来估计一个平稳随机信号的功率谱密度的。

功率谱估计可以分为经典功率谱估计和现代功率谱估计,这里只讨论经典功率谱估计方法。经典功率谱估计方法包括直接法和间接法。

1. 直接法（周期图法）

一般情况下,随机序列 $X(n)$ 的某个样本 $x(n)$ 的观测数据长度是有限的,若序列长度为 N,则可认为是一个能量有限的序列。若 $x(n)$ 的离散时间傅里叶变换 $X(e^{j\omega})$ 存在,则

$$\hat{S}_X(e^{j\omega}) = \frac{1}{N}\left|\sum_{n=0}^{N-1} x(n)e^{-j\omega n}\right|^2 = \frac{1}{N}|X(e^{j\omega})|^2 \tag{2.8-27}$$

为序列 $X(n)$ 的功率谱估计。由于 $X(e^{j\omega})$ 是周期谱，所估计的功率谱也将是周期谱，这种方法称为周期图法。周期图法是比较简单的一种功率谱估计方法，如果直接利用数据样本做离散傅里叶变换（DFT），可得到 $X(e^{j\omega})$ 的离散值 $X(k)$，稍加运算即可得到离散功率谱

$$\hat{S}_X(k) = \frac{1}{N}|X(k)|^2 \tag{2.8-28}$$

由于 DFT 可借助快速算法 FFT 实现，所以周期图法得到了广泛的应用。

【例 2.8-4】 已知随机信号

$$X(n) = \cos(2\pi f_1 t + \Phi_1) + 3\cos(2\pi f_2 t + \Phi_2) + N(n)$$

其中 $f_1 = 30\text{Hz}$，$f_2 = 100\text{Hz}$，Φ_1 和 Φ_2 为在 $[0, 2\pi]$ 内均匀分布的随机变量，$N(n)$ 是数学期望为零、方差为 1 的高斯白噪声。仿真 $X(n)$ 的一个样本序列，用周期图法估计功率谱。

解： 由于两个随机相位余弦信号和 $N(n)$ 均为平稳、各态历经过程，因此可以利用一个样本序列来估计功率谱。

由式（2.8-28），写出 MATLAB 程序如下。

```
N=1024; fs=1000;            %序列长度和采样频率
t=(0:N-1)/fs;               %时间序列
fai=random('unif',0,1,1,2)*2*pi;   %产生 2 个[0,2π]内均匀随机数
xn=cos(2*pi*30*t+ fai (1))+3*cos(2*pi*100*t+ fai (2))+randn(1,N);
                            %产生含噪声的随机序列
Sx=abs(fft(xn)).^2/N;       %式(2.8-28)估计功率谱
f=(0:N/2-1)*fs/N;           %频率轴坐标
plot(f,10*log10(Sx(1:N/2)));   %用 dB/Hz 做功率谱单位，画图
```

实现同样功能的 Python 程序如下：

```
import numpy as np
import matplotlib.pyplot as plt

N = 1024                               # 序列长度
fs = 1000                              # 采样频率
t = np.linspace(0, (N-1)/fs, N)        # 时间点
fai = np.random.rand(2, 1) * 2 * np.pi # 产生两个均匀分布的随机相位
xn = np.cos(2 * np.pi * 30 * t + fai[0]) +\
    3 * np.cos(2 * np.pi * 100 * t + fai[1]) + np.random.randn(N)  # 产生信号加噪声随机序列
Xn = np.fft.fft(xn)   # 信号的频谱
Sx = np.power(np.abs(Xn), 2)/N    # 信号的功率谱
f = np.linspace(0, N/2-1, int(N/2)) * fs/N   # 频点刻度

fig = plt.figure(1)
plt.plot(f, 10*np.log10(Sx[0:int(N/2)]))
plt.show()
```

程序的运行结果见图 2.8-4。功率谱在 30Hz 和 100Hz 处有两个谱峰，分辨率（区分两个邻近频率分量

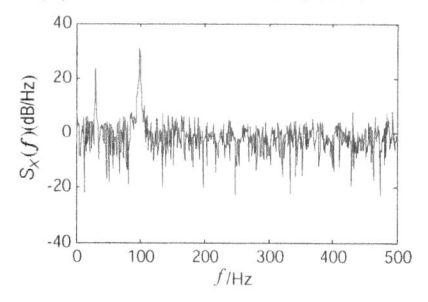

图 2.8-4 周期图法功率谱估计

的能力)与观测数据的长度有关,当观测数据长度增加时,谱峰更尖锐。

白噪声的功率谱应该是常数功率谱,为什么仿真所得的功率谱与理论不符呢?这是因为在周期图法估计功率谱时只用了一个样本序列,另外用了有限个观测数据。理论上,当样本序列有无穷个,且数据长度无穷长时,白噪声功率谱才是常数功率谱。

MATALB 中有专门的函数 periodogram 实现周期图法功率谱估计。

【例 2.8-5】 对例 2.8-4 给出的随机信号,仿真 M 个样本,用 periodogram 函数估计 M 个样本的功率谱,并利用 M 个样本估计序列 $X(n)$ 的功率谱。

解:先用 periodogram 完成 $M = 8$ 个样本序列的功率谱估计,然后取统计均值便得到序列 $X(n)$ 的功率谱估计。

```
N=1024; fs=1000;                              %序列长度和采样频率
t=(0:N-1)/fs;                                 %时间序列
fai=random('unif',0,1,1,8)*2*pi;              %产生8个[0,2π]内的均匀随机数
x1n=random('norm',0,1,N,8);                   %产生N×8个高斯随机数
for k=1:8
    xn(:,k)=sin(2*pi*30*t(:)+fai(k))+3*sin(2*pi*100*t(:)+fai(k))+x1n(:,k);
                                              %产生含噪声的随机序列
    Sx(:,k) =periodogram (xn(:,k));           %周期图法估计第 k 个样本的功率谱
end
ESx=mean(Sx(1:N/2,:),2);                      %对8个样本的功率谱求统计均值
f=(0:N/2-1)*fs/N;                             %频率轴坐标
subplot(211);plot(f,10*log10(Sx(1:N/2,:)));   %画8个样本的功率谱
subplot(212);plot(f,10*log10(ESx));           %画序列 xn 的功率谱
```

图 2.8-5 分别示出了 8 个样本的功率谱和随机序列 $X(n)$ 的功率谱。由图可见,对 8 个样本平均的功率谱,除了 30Hz 和 100Hz 处的两个峰值外,其他频率处的功率谱要比单个样本功率谱的起伏小得多。如果样本个数 M 足够多,可以获得比较平坦的功率谱,即近似为常数功率谱。

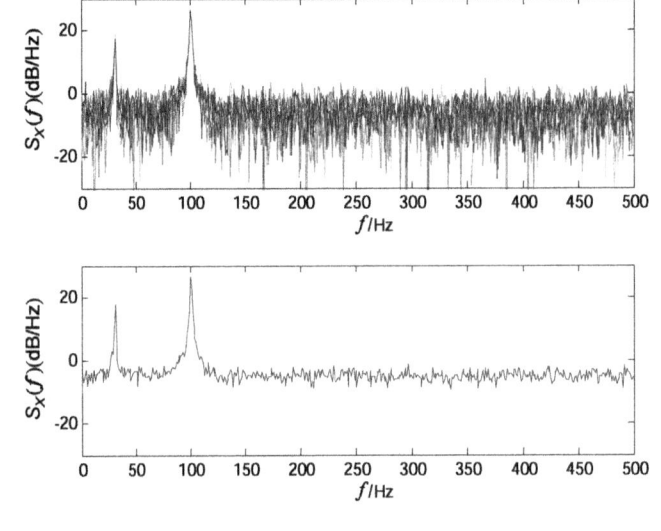

图 2.8-5 样本的功率谱和随机序列的功率谱

2. 间接法（自相关函数法）

由维纳-辛钦定理可知，功率谱和相关函数是一对傅里叶变换对，因此，先用序列 $x(n)$ 估计出其自相关函数 $R(m)$，然后对 $R(m)$ 进行傅里叶变换，就可以得到 $x(n)$ 的功率谱估计值。

【例 2.8-6】 用自相关函数法估计例 2.8-4 所给随机信号的功率谱。

解： 先用函数求自相关，再用 fft 函数求功率谱。这里我们给出仿真实现的 Python 程序，读者可以自行编写 MATLAB 程序。

```python
import numpy as np
import matplotlib.pyplot as plt

N = 1024                                    # 序列长度
fs = 1000                                   # 采样频率
t = np.linspace(0, (N-1)/fs, N)             # 时间点
fai = np.random.rand(2, 1) * 2 * np.pi      # 产生两个均匀分布的随机相位
xn = np.sin(2 * np.pi * 30 * t + fai[0]) +\
     3 * np.sin(2 * np.pi * 100 * t + fai[1]) + np.random.randn(N)   # 产生信号加噪声随机序列

Rxx = np.correlate(xn, xn, mode='full')
Sx = np.fft.fft(Rxx)
f = np.linspace(0, N-1, N) * fs/N/2         # 频点坐标

fig = plt.figure(1)
plt.plot(f, 10*np.log10(Sx[0:N]))
plt.show()
```

程序的运行结果见图 2.8-6。自相关函数法得到的结果与周期图法基本一致，在 30Hz 和 100Hz 处有比较尖锐的谱峰。随着数据长度的增加，分辨率可以进一步提高。

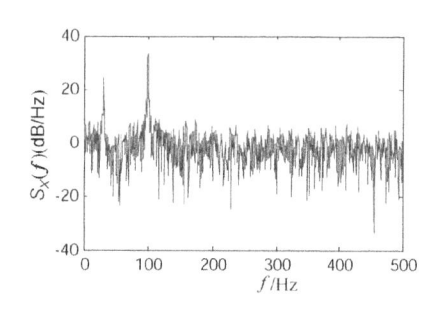

图 2.8-6　自相关函数法功率谱估计

周期图法和自相关函数法估计功率谱虽然具有计算量小、与信号本身特征无关等主要优点，计算时相当于对无限长序列加了一个长度为 N 的矩形窗，不是真实功率谱的一致估计，且存在旁瓣泄露问题，将导致弱信号可能被强信号的旁瓣淹没。

可以通过平滑或平均技术来改善上述方法的估计性能。下面针对周期图法的分段平均和加窗平滑进行仿真分析。

3. 分段平均和加窗平滑

分段平均和加窗平滑方法是在直接法基础上的改进。对于周期图法功率谱估计，当数据长度 N 太大时，功率谱曲线起伏加剧；若 N 太小，谱的分辨率又不好。为了改善周期图的方差性能，可以将序列 $x(n)$ 分成若干个数据段，分别计算每段的周期图，然后叠加平均，得到整个序列的功率谱估计值，将这种改进方法称为分段平均法。

分段平均相当于先对信号进行矩形截断，再对每段的功率谱进行平均。如果将矩形截断改为其他窗口截断，如对信号进行截断后与汉宁窗相乘，再对每段的功率谱进行平均，会使功率谱曲线更加平滑。这就是直接法的另一种改进方法，称为加窗平滑。

【例 2.8-7】 分别用分段平均法和加窗平滑法估计例 2.8-4 所给随机信号的功率谱。

解：仍然仿真 $X(n)$ 的一个样本，数据长度为1024。MATLAB仿真程序如下：

```
N=1024; fs=1000;                           %序列长度和采样频率
t=(0:N-1)/fs;                              %时间序列
fai=random('unif',0,1,1,8)*2*pi;           %产生2个[0,2π]内的均匀随机数
xt=sin(2*pi*30*t+fai(1))+3*sin(2*pi*100*t+fai(2))+randn(1,N);
                                           %产生含噪声的随机序列样本
Nseg=256;                                  %分为4段，每段256个点
win=hanning(256)';                         %产生256点汉宁窗函数
Sx1=abs(fft(win.*xt(1:256),Nseg).^2)/norm(win)^2;      %第1段功率谱
Sx2=abs(fft(win.*xt(257:512),Nseg).^2)/norm(win)^2;    %第2段功率谱
Sx3=abs(fft(win.*xt(513:768),Nseg).^2)/norm(win)^2;    %第3段功率谱
Sx4=abs(fft(win.*xt(769:1024),Nseg).^2)/norm(win)^2;   %第4段功率谱
Sx=10*log10((Sx1+ Sx2+ Sx3+ Sx4)/4);        %平均得到整个序列功率谱
f=(0:Nseg/2-1)*fs/Nseg;                    %频率轴坐标
plot(f, Sx(1:Nseg/2)); grid on;            %画功率谱
```

对应的Python仿真程序如下：

```
import numpy as np
import matplotlib.pyplot as plt

N = 1024                                              # 序列长度
fs = 1000                                             # 采样频率
t = np.linspace(0, (N-1)/fs, N)                       # 时间点
fai = np.random.rand(2, 1) * 2 * np.pi                # 产生两个均匀分布的随机相位
xn = np.sin(2 * np.pi * 30 * t + fai[0]) +\
     3 * np.sin(2 * np.pi * 100 * t + fai[1]) + np.random.randn(N)   # 产生信号加噪声随机序列
Nseg = 256                                            # 分成4段，每段256个点
win = np.hanning(Nseg)                                # hanning窗
winNorm = np.sum(np.power(win, 2))                    # 窗的模的平方
Xn1 = np.fft.fft(np.multiply(win, xn[0:256]))         # 第1段频谱
Sx1 = np.power(np.abs(Xn1), 2)/winNorm                # 第1段功率谱
Xn2 = np.fft.fft(np.multiply(win, xn[256:512]))       # 第2段频谱
Sx2 = np.power(np.abs(Xn2), 2)/winNorm                # 第2段功率谱
Xn3 = np.fft.fft(np.multiply(win, xn[512:768]))       # 第3段频谱
Sx3 = np.power(np.abs(Xn3), 2)/winNorm                # 第3段功率谱
Xn4 = np.fft.fft(np.multiply(win, xn[768:1024]))      # 第4段频谱
Sx4 = np.power(np.abs(Xn4), 2)/winNorm                # 第4段功率谱
Sx = 10*np.log10((Sx1+Sx2+Sx3+Sx4)/4)                 # 平均功率谱
f = np.linspace(0, Nseg/2-1, int(Nseg/2)) * fs/Nseg   # 频点刻度

fig = plt.figure(1)
plt.plot(f, 10*np.log10(Sx1[0:int(Nseg/2)]))
plt.show()
```

程序中使用了256点的汉宁窗对信号的频谱进行平滑。

图 2.8-7 示出了用分段平均周期图法估计得到的功率谱密度。与周期图法比较，分段平均得到的功率谱方差较小，即曲线起伏比周期图法要小，但其分辨率下降了，30Hz 和 100Hz 所在的谱峰明显变宽了。原因是分段后，真正参与估计功率谱的数据长度是 $N/4$，因此相应的分辨率要降低。

实际上，简单的分段平均并不能解决旁瓣对功率谱估计的影响。如果将不重叠的分段改进为重叠分段，也就是在分段时相邻数据段之间有一部分重复的数据，比如相邻数据段有 1/2 的重叠，会改善旁瓣性能。加窗可以进一步改善旁瓣性能，但是会使主瓣展宽。

图 2.8-8 示出了用 1/2 重叠分段、加窗平滑周期图法估计得到的功率谱密度。与简单分段平均法比较，加窗平滑得到的功率谱起伏更小，但 30Hz 和 100Hz 处的谱峰的 3dB 主瓣宽度比分段平均方法还宽。

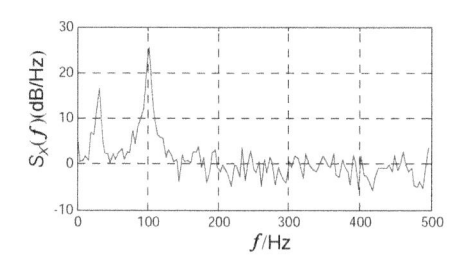

图 2.8-7 分段平均周期图法功率谱估计 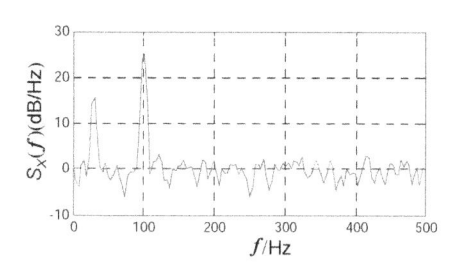　　图 2.8-8 加窗平均周期图法功率谱估计

4. 改进的周期图法

应用较多的改进周期图功率谱估计方法是 Welch 法。Welch 法将数据分段，可以互相重叠，选用的数据窗可以是任意窗。函数 psd 可实现 Welch 方法的功率谱估计。

【例 2.8-8】 用 Welch 法估计例 2.8-4 所给随机信号的功率谱。

解：仿真 $X(n)$ 的一个样本，分别使用 Psd 函数估计功率谱。MATLAB 的仿真程序如下：

```
N=1024; fs=1000;                        %序列长度和采样频率
t=(0:N-1)/fs;                           %时间序列
fai=random('unif',0,1,1,8)*2*pi;        %产生 2 个[0,2π]内的均匀随机数
xn=sin(2*pi*30*t+fai(1))+3*sin(2*pi*100*t+fai(2))+randn(1,N);
                                        %产生含噪声的随机序列样本
Nseg=256;                               %分段间隔为 256
window=hanning(Nseg);                   %汉宁窗
noverlap= Nseg/2;                       %重叠点数为 128
f=(0:Nseg/2)*fs/Nseg;                   %频率轴坐标
Sx=psd(xn,Nseg,fs,window,noverlap, 'none');  %psd 函数估计功率谱
plot(f,10*log10(Sx)); grid on;          %画功率谱
```

Python 中使用 psd 函数的方法如下：

```
import numpy as np
import matplotlib.pyplot as plt
import matplotlib.mlab as mlab
```

```
N = 1024                                          # 序列长度
fs = 1000                                         # 采样频率
t = np.linspace(0, (N-1)/fs, N)                   # 时间点
fai = np.random.rand(2, 1) * 2 * np.pi            # 产生两个均匀分布的随机相位
xn = np.sin(2 * np.pi * 30 * t + fai[0]) +\
     3 * np.sin(2 * np.pi * 100 * t + fai[1]) + np.random.randn(N)   # 产生信号加噪声随机序列

yticks = np.arange(-50, 30, 10)
xticks = np.arange(0,550,100)
fig = plt.figure(1)
plt.subplot(1,2,1)
plt.psd(xn, NFFT=256, Fs=fs, window=mlab.window_none, pad_to=1024, scale_by_freq=True)
plt.title('Periodogram')
plt.yticks(yticks)
plt.xticks(xticks)
plt.grid(True)

plt.subplot(1,2,2)
plt.psd(xn, NFFT=256, Fs=fs, window=mlab.window_none, noverlap=128, pad_to=1024, scale_by_freq=True)
plt.title('Welch')
plt.xticks(xticks)
plt.yticks(yticks)
plt.ylabel('')
plt.grid(True)
plt.show()
```

需要注意的是函数 psd() 返回的单边功率谱的单位是 dB/Hz，图 2.8-9 示出了程序运行结果，左图应用了矩形窗，右图则用了汉宁窗。加窗虽然改善了旁瓣性能，但是使主瓣性能变差。

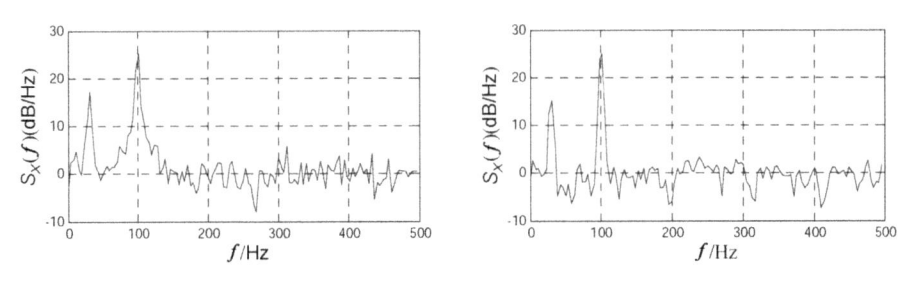

图 2.8-9 Bartlett 法和 Welch 法比较

习题二

2.1 已知随机过程 $X(t) = A + Bt$，其中 A 和 B 为互相独立的随机变量，其概率密度分别为 $f_A(a)$ 和 $f_B(b)$。求 $X(t)$ 的一维概率密度 $f_X(x,t)$。

2.2 随机过程 $X(t) = A\cos(\omega t) + B\sin(\omega t)$，其中 ω 为常数，A 和 B 是两个互相独立的高斯变量，并且 $E[A] = E[B] = 0$，$E[A^2] = E[B^2] = \sigma^2$。求 $X(t)$ 的数学期望和自相关函数。

2.3 若随机过程 $Y(t_i) = \begin{cases} 1, & X(t_i) \leqslant x_i \\ 0, & X(t_i) > x_i \end{cases}$，$x_i$ 为任一实数，$X(t)$ 为随机过程，证明 $Y(t)$ 的数学期望和自相关函数分别为 $X(t)$ 的一维和二维分布函数。

2.4* 随机过程 $X(t)$ 只有两个样本 $\sin(0.25\pi t)$ 和 t，发生的概率均为 0.5。求：

（1） $X(t)$ 的一维概率密度；

（2） $t_1=1$ 和 $t_2=2$ 两个时刻的一维分布函数 $F_X(x,1)$ 和 $F_X(x,2)$；

（3） $t_1=1$ 和 $t_2=2$ 两个时刻的二维分布函数 $F_X(x_1,x_2;1,2)$；

（4）自相关函数 $R_X(t_1,t_2)$。

2.5 判断随机过程 $X(t)=A\cos(\omega t+\Phi)$ 是否平稳？其中 ω 为常数，Φ 和 A 分别为均匀分布和瑞利分布的随机变量，且互相独立

$$f_\Phi(\varphi)=1/2\pi,\ 0<\varphi<2\pi;\quad f_A(a)=\frac{a}{\sigma^2}\mathrm{e}^{-a^2/2\sigma^2},\ a>0$$

2.6* 证明由不相关的两个任意分布的随机变量 A 和 B 构成的随机过程

$$X(t)=A\cos(\omega_0 t)+B\sin(\omega_0 t)$$

是宽平稳而不一定是严平稳的。其中 ω_0 为常数，A 和 B 的数学期望为零、方差 σ^2 相同。

2.7 由三个样本函数 $x_1(t)=2, x_2(t)=\cos t, x_3(t)=3\sin t$ 组成的随机过程 $X(t)$，每个样本发生的概率相等，是否满足严平稳或宽平稳的条件？

2.8 设 $X(t)$ 和 $Y(t)$ 是互相独立的平稳随机过程，它们的乘积是否平稳？

2.9 对于两个零均值联合平稳随机过程 $X(t)$ 和 $Y(t)$，已知 $\sigma_X^2=5$，$\sigma_Y^2=10$，说明下列函数是否可能为它们的相关函数，并说明原因。

（1） $R_Y(\tau)=-\cos(6\tau)\mathrm{e}^{-|\tau|}$　（2） $R_Y(\tau)=5\left[\dfrac{\sin(3\tau)}{3\tau}\right]^2$　（3） $R_Y(\tau)=6+4\mathrm{e}^{-3\tau^2}$

（4） $R_Y(\tau)=5\sin(5\tau)$　（5） $R_X(\tau)=5u(\tau)\mathrm{e}^{-3\tau}$　（6） $R_X(\tau)=5\mathrm{e}^{-|\tau|}$

2.10 平稳过程的自相关函数为 $R_X(\tau)=4\mathrm{e}^{-|\tau|}$，求相关时间 τ_0。

2.11 平稳随机过程的自相关函数为 $R_X(\tau)=\sigma_X^2(1-2|\tau|)$ 其中 $|\tau|\leqslant 0.5$，求相关时间 τ_0。

2.12 平稳高斯过程 $X(t)$ 的自相关函数为 $R_X(\tau)=0.5\mathrm{e}^{-|\tau|}$，求 $X(t)$ 的概率密度 $f_X(x,t)$。

2.13* 已知随机过程 $X(t)=A+Bt$，其中 A 和 B 是数学期望为零、方差为 σ^2、互相独立的高斯变量。求 $X(t)$ 的一维和二维概率密度 $f_X(x,t)$ 和 $f_X(x_1,x_2;t_1,t_2)$。

2.14* 已知随机过程 $X(t)=A\cos(\omega t+\Phi)$，$\Phi$ 为在 $[0,2\pi]$ 内均匀分布的随机变量，A 可能是常数、时间函数或随机变量。A 满足什么条件时，$X(t)$ 是各态历经过程？

2.15 设两个随机过程 $X(t)$ 和 $Y(t)$ 各是平稳的，且联合平稳，$X(t)=\cos(\omega_0 t+\Phi)$，$Y(t)=\sin(\omega_0 t+\Phi)$，式中，$\omega_0$ 为常数，Φ 为在 $[0,2\pi]$ 内均匀分布的随机变量。它们是否不相关、正交、统计独立。

2.16* 已知随机过程 $X(t)=A\cos(\Omega t+\Phi)$，其中 A 是数学期望为零、方差为 2 的高斯随机变量，Ω 和 Φ 分别是在 $[-2,2]$ 和 $[-\pi,\pi]$ 上均匀分布的随机变量，A,Ω,Φ 统计独立。求 $X(t)$ 的数学期望、自相关函数，判断 $X(t)$ 是否为平稳、各态历经过程。

2.17 求下列平稳过程功率谱对应的自相关函数。

（1） $S(\omega)=u(\omega+\omega_c)-u(\omega-\omega_c)$，$u(\omega)$ 为阶跃函数；　（2） $S(\omega)=\dfrac{3\omega^2}{\omega^4+5\omega^2+4}$。

2.18 求随机相位余弦信号 $X(t)=\cos(\omega_0 t+\Phi)$ 的功率谱密度，式中 ω_0 为常数，Φ 为在 $[0,2\pi]$ 内均匀分布的随机变量。

2.19 求用平稳过程 $X(t)$ 自相关函数及功率谱密度表示的 $Y(t)=X(t)\cos(\omega_0 t+\Phi)$ 的自相关函数及功率谱密度。其中 Φ 为在 $[0,2\pi]$ 上均匀分布的随机变量，$X(t)$ 是与 Φ 互相独立的随机过程。

2.20* 已知随机过程 $X(t) = \sum_{i=1}^{n} a_i X_i(t)$，式中 a_i 是常数，$X_i(t)$ 是平稳过程，并且互相之间是正交的，若 $S_{X_i}(\omega)$ 表示 $X_i(t)$ 的功率谱密度，证明 $X(t)$ 的功率谱密度 $S_X(\omega) = \sum_{i=1}^{n} a_i^2 S_{X_i}(\omega)$。

2.21* 由联合平稳过程 $X(t)$ 和 $Y(t)$ 定义了一个随机过程 $V(t) = X(t)\cos(\omega_0 t) + Y(t)\sin(\omega_0 t)$。

（1）$X(t)$ 和 $Y(t)$ 的数学期望和自相关函数满足哪些条件可使 $V(t)$ 是平稳过程？

（2）将（1）的结果用到 $V(t)$，求以 $X(t)$ 和 $Y(t)$ 的功率谱密度和互谱密度表示的 $V(t)$ 的功率谱密度。

（3）如果 $X(t)$ 和 $Y(t)$ 不相关，那么 $V(t)$ 的功率谱密度是什么？

2.22 平稳过程 $X(t)$ 功率谱密度为 $S_X(\omega) = \dfrac{\omega^2}{\omega^4 + 3\omega^2 + 2}$，求 $E[X^2(t)]$。

2.23 已知平稳高斯序列 $X(n)$ 的自相关函数为 $R_X(m) = 0.5\delta(m)$，求 $X(n)$ 的一维和二维概率密度。

2.24 若 $N(n)$ 为白噪声序列，方差为 σ^2，求 $N(n)$ 的自相关函数及功率谱密度。

本章习题解答请扫二维码。

第3章 系统对随机信号的响应

根据我们学过的信号与系统理论知道,"信号"可利用一个数学表达式来描述,表达式中包括确定的常量、变量及随机量,因此,信号一般分为确定性信号和随机信号两大类,每一类又具体分为连续时间信号和离散时间信号。

从数学意义上讲,"系统"就是输入与输出之间的函数关系,这种关系可以利用微分方程和差分方程来描述。根据方程的性质,系统分为线性系统和非线性系统,而每类系统还可进一步分成连续时间系统(或模拟系统)和离散时间系统(或数字系统)。

连续的确定信号通过连续时间线性系统曾在信号与系统课程中讨论过;离散的确定信号(数字信号)通过离散的线性系统(数字系统)在数字信号处理课程中研究;而随机信号通过线性系统和非线性系统则是本章要讨论的内容。

3.1 线性系统的响应

3.1.1 线性系统对确定信号的响应

线性时不变系统,如果系统激励 $x(t)$ 是确定性信号,系统的零状态响应 $y(t)$ 可以由 $x(t)$ 和系统冲激响应 $h(t)$ 的卷积得到

$$y(t)=\int_{-\infty}^{\infty}h(\tau)x(t-\tau)\mathrm{d}\tau=\int_{-\infty}^{\infty}x(\tau)h(t-\tau)\mathrm{d}\tau=x(t)*h(t) \tag{3.1-1}$$

这里线性系统的响应主要指系统的零状态响应。系统的激励和响应也常称为系统的输入和输出。如果系统是因果系统,当 $t<0$ 时,有 $h(t)=0$,式(3.1-1)的积分限可以修正为

$$y(t)=\int_{0}^{\infty}h(\tau)x(t-\tau)\mathrm{d}\tau \tag{3.1-2}$$

对上式做变量代换,令 $\lambda=t-\tau$,得到

$$y(t)=\int_{-\infty}^{t}x(\lambda)h(t-\lambda)\mathrm{d}\lambda \tag{3.1-3}$$

进一步地,若输入信号 $x(t)$ 还是因果信号,即当 $t<0$ 时,有 $x(t)=0$,上式可以写为

$$y(t)=\int_{0}^{t}x(\lambda)h(t-\lambda)\mathrm{d}\lambda \tag{3.1-4}$$

做变量代换,令 $\tau=t-\lambda$,得到

$$y(t)=\int_{0}^{t}h(\tau)x(t-\tau)\mathrm{d}\tau \tag{3.1-5}$$

如果输入信号和系统都是离散的,则系统的零状态响应为二者的离散线性卷积

$$y(n)=\sum_{m=-\infty}^{\infty}h(m)x(n-m)=\sum_{m=-\infty}^{\infty}x(m)h(n-m) \tag{3.1-6}$$

对于因果系统和因果信号,当 $n<0$ 时,有 $h(n)=0$ 和 $x(n)=0$,得到

$$y(n) = \sum_{m=0}^{n} h(m)x(n-m) = \sum_{m=0}^{n} x(m)h(n-m) \tag{3.1-7}$$

对式(3.1-1)两端同时进行傅里叶变换，由卷积定理得

$$Y(\omega) = X(\omega)H(\omega) \tag{3.1-8}$$

式中，$\mathcal{F}[x(t)] = X(\omega)$，$\mathcal{F}[y(t)] = Y(\omega)$，$\mathcal{F}[h(t)] = H(\omega)$，$H(\omega)$ 为傅里叶变换形式的系统函数，也称为系统的频率响应函数。

若系统输入不是确定性信号，而是随机信号，则不能简单地应用以上公式进行系统的时域分析和频域分析。

3.1.2 线性系统对随机信号的响应

如果系统输入是一个随机过程 $X(t)$，暂且取其一个样本函数 $x(t)$。由于 $x(t)$ 是一个确定时间函数，对应的零状态响应也可以由卷积得到

$$y(t) = \int_{-\infty}^{\infty} h(\tau)x(t-\tau)\mathrm{d}\tau = \int_{-\infty}^{\infty} x(\tau)h(t-\tau)\mathrm{d}\tau$$

显然，$y(t)$ 也是一个确定的时间函数。对于随机过程 $X(t)$ 中所有样本 $x_i(t)$，通过系统后将得到另一个随机过程 $Y(t)$ 所有的样本 $y_i(t)$，如图 3.1-1 所示。

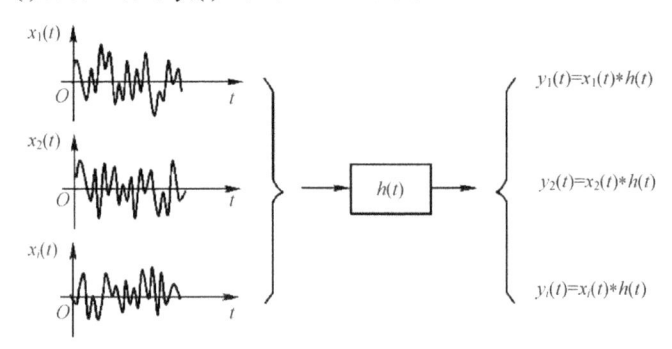

图 3.1-1 随机过程通过线性系统

如果每个样本卷积对应的积分都存在，则这个随机过程与冲激响应的卷积存在，但这时需要积分处处收敛，不易满足。如果对于每个样本函数 $x(t)$，上面的积分都在均方意义下收敛，那么对应输入为随机过程 $X(t)$ 的系统，其输出可表示为

$$Y(t) = \int_{-\infty}^{\infty} h(\tau)X(t-\tau)\mathrm{d}\tau = \int_{-\infty}^{\infty} X(\tau)h(t-\tau)\mathrm{d}\tau \tag{3.1-9}$$

对于因果系统，当 $t<0$ 时 $h(t)=0$，且随机过程 $X(t)$ 满足因果信号的定义，$t<0$ 时 $X(t)=0$，均方收敛意义下的积分存在，系统输出为

$$Y(t) = \int_{0}^{t} h(\tau)X(t-\tau)\mathrm{d}\tau = \int_{0}^{t} X(\tau)h(t-\tau)\mathrm{d}\tau \tag{3.1-10}$$

当输入随机信号为随机序列，系统为离散系统时，系统的零状态响应表示为随机序列和冲激响应的离散线性卷积，即

$$Y(n) = \sum_{m=-\infty}^{\infty} h(m)X(n-m) = \sum_{m=-\infty}^{\infty} X(m)h(n-m) \tag{3.1-11}$$

上式同样需要满足均方收敛的条件。

对于因果系统和因果信号，当 $n<0$ 时，有 $h(n)=0$ 和 $X(n)=0$，得到

$$Y(n)=\sum_{m=0}^{n}h(m)X(n-m)=\sum_{m=0}^{n}X(m)h(n-m) \qquad (3.1\text{-}12)$$

可见，在因果系统和因果信号的前提下，n 时刻的输出可表示为有限项随机变量之和。

3.2 线性系统输出的分布特性

当线性系统输入是随机信号时，它的输出也是随机信号，并且也应该有一个具体的分布。一般情况下，确定一个线性系统输出的分布律是很难的。但也有特殊的情况，例如，输入为高斯过程时，其输出也将是高斯过程。下面讨论几种特殊的情况。

3.2.1 输入为高斯过程时系统输出的概率分布

输入 $X(t)$ 是高斯随机过程，$h(t)$ 为因果系统的冲激响应，系统输出可以写成

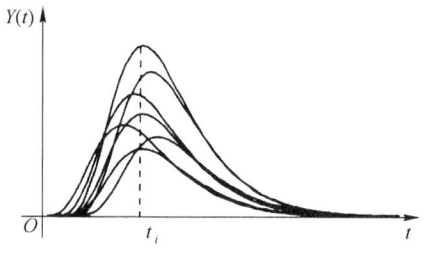

$$\begin{aligned}Y(t)&=\int_{0}^{t}X(\tau)h(t-\tau)\mathrm{d}\tau\\&=\underset{\Delta\tau\to 0}{\mathrm{l.i.m}}\sum_{i=1}^{n}X(\tau_{i})h(t-\tau_{i})\Delta\tau\end{aligned} \qquad (3.2\text{-}1)$$

图 3.2-1　随机过程通过线性系统

若 $h(t)$ 持续时间为 Δt，上式求和号上的 n 相当于 $\Delta t/\Delta\tau$，对任意给定时刻 t 和 τ_i，$h(t-\tau_i)$ 都为一个确定值，Δt 足够长就相当于对无穷多个高斯变量求和。因此在任意时刻 t_i，$Y(t_i)$ 都是高斯变量，如图 3.2-1 所示。根据高斯分布的性质，$Y(t)$ 也一定是高斯分布的随机过程。

3.2.2 输入为非高斯过程时系统输出的几种特殊情况

若线性系统的输入不是高斯过程，根据输入随机过程与系统带宽之间的关系，输出随机过程的分布可能有不同的近似结果。下面讨论三种特殊情况。

在式 (3.2-1) 中，假定线性系统的冲激响应 $h(t)$ 持续时间为 Δt，一般有 $\Delta t\propto 1/\Delta f_{\mathrm{H}}$，$\Delta f_{\mathrm{H}}$ 为系统带宽，输出 $Y(t)$ 可看作只是 $t-\Delta t$ 至 t 这一段时间 $X(t)$ 作用的结果，于是

$$Y(t)=\int_{t-\Delta t}^{t}X(\tau)h(t-\tau)\mathrm{d}\tau=\underset{\Delta\tau\to 0}{\mathrm{l.i.m}}\sum_{i=1}^{n}X(\tau_{i})h(t-\tau_{i})\Delta\tau \qquad (3.2\text{-}2)$$

式中 $n=\Delta t/\Delta\tau$。

1. 白噪声通过有限带宽的线性系统

设 $X(t)$ 为白噪声过程，则当 $\tau\ne 0$ 时，$X(t)$ 的相关系数为零，只要满足

$$f_X(x_1,x_2;\tau)=f_X(x_1,t)f_X(x_2,t+\tau) \qquad (3.2\text{-}3)$$

则白噪声的随机变量 $X(\tau_i)$ 各自独立，$X(\tau_i)h(t-\tau_i)\Delta\tau$ 也是相互独立的随机变量。当 $\Delta\tau\to 0$ 时，$n=\Delta t/\Delta\tau\to\infty$，根据中心极限定理，大量互相独立的随机变量之和为正态分布。由此得出结论，任意分布的白噪声，一般都满足式 (3.2-3)，那么它通过有限带宽的线性系统后，

输出过程为高斯过程。

2. 非白噪声输入过程功率谱宽度远大于系统带宽

当 $X(t)$ 为具有一定带宽的随机过程时,邻近的随机变量 $X(\tau_i)$ 和 $X(\tau_j)$ 不能看成不相关的,而只有当间隔 $\tau_i - \tau_j \geq \tau_0$ 相关时间时,才能看成互不相关,如果这时又满足式(3.2-3)的条件,则 $X(\tau_i)$ 和 $X(\tau_j)$ 也是互相独立的。我们把需要求和的所有的 $X(\tau_i)h(t-\tau_i)\Delta\tau$ 按 $\tau_i - \tau_j \geq \tau_0$ 的原则进行重新分组,即

$$Y_k(t) = \underset{\Delta\tau \to 0}{\text{l.i.m}} \sum_{l=1}^{n_0-1} X(\tau_k + l\tau_0)h(t-\tau_k-l\tau_0)\Delta\tau \tag{3.2-4}$$

其中 $\tau_k = t - \Delta t + k\Delta\tau$,$Y(t) = \sum_{k=1}^{m} Y_k(t)$,$m = \lim_{\Delta\tau \to 0} \tau_0/\Delta\tau$

在系统冲激响应 $h(t)$ 持续时间 Δt 内,每个 $Y_k(t)$ 中互相独立的随机变量 $X(\tau_k + l\tau_0)$ 的个数为 $n_0 = \text{INT}(\Delta t/\tau_0)$,其中 INT(·) 表示取整。如果 n_0 足够大,n_0 个独立的随机变量之和将接近高斯分布,这种情况下,输出过程 $Y(t)$ 可看成 m 组正态分布响应的和,也是高斯分布。

如果输入过程 $X(t)$ 的带宽表示为 Δf_X,因为相关时间 $\tau_0 \propto 1/\Delta f_X$,所以有

$$n_0 \propto \text{INT}(\Delta f_{过程} / \Delta f_{系统}) \tag{3.2-5}$$

若输入随机过程 $X(t)$ 的功率谱 $S_X(\omega)$ 的宽度 Δf_X 或 $\Delta \omega_X$ 很宽,相应的相关时间 τ_0 就一定很小,如图 3.2-2 所示。若系统带宽足够窄,则可使 $h(t)$ 的持续时间足够长,就可以保证 n_0 足够大,这些互相独立的随机变量之和将接近高斯分布。因此,当输入随机过程的功率谱宽度远远大于系统带宽时,系统输出的随机过程接近高斯分布。

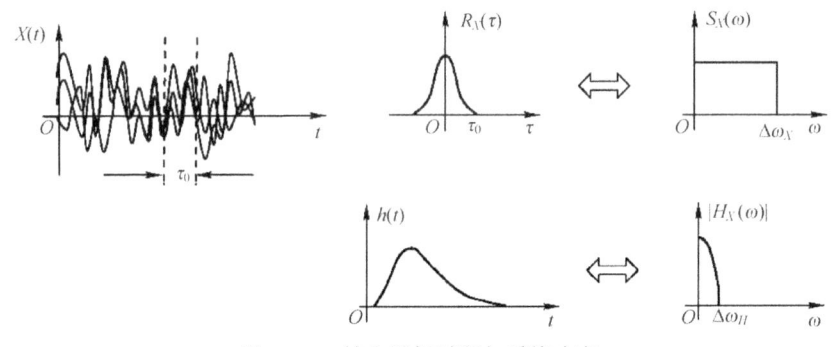

图 3.2-2 输入随机过程与系统响应

在一般的工程应用中,若输入随机过程的功率谱宽度 Δf_X 和系统带宽 Δf_H 满足 $\Delta f_X > 7\Delta f_H$,就认为输出随机过程接近高斯分布。

3. 随机过程的功率谱宽度远远小于系统带宽

如果输入随机过程的功率谱宽度远远小于系统带宽,即 $\Delta f_X \ll \Delta f_H$,则可认为输入随机过程通过系统后失真很小,因此输出随机过程的概率分布接近输入随机过程的概率分布。

3.3 随机过程线性变换的时域法

既然系统输出的概率分布很难用试验的方法得到,研究系统输出的数字特征就显得尤为

重要。在输入随机过程 $X(t)$ 的数字特征已知的情况下，可以用式(3.1-9)的积分式直接求输出随机过程的数字特征。这相当于系统分析中的时域分析法。

3.3.1 一般分析

若 $m_X(t)$ 表示输入过程 $X(t)$ 的数学期望，根据式(3.1-9)的积分式可求得输出过程的数学期望为

$$E[Y(t)] = E\left[\int_{-\infty}^{\infty} h(\tau)X(t-\tau)\mathrm{d}\tau\right] = \int_{-\infty}^{\infty} h(\tau)E[X(t-\tau)]\mathrm{d}\tau = \int_{-\infty}^{\infty} h(\tau)m_X(t-\tau)\mathrm{d}\tau \quad (3.3\text{-}1)$$

对于一般随机序列，输出序列的数学期望为

$$E[Y(n)] = E\left[\sum_{m=-\infty}^{\infty} h(m)X(n-m)\right] = \sum_{m=-\infty}^{\infty} h(m)E[X(n-m)] = \sum_{m=-\infty}^{\infty} h(m)m_X(n-m) \quad (3.3\text{-}2)$$

若 $R_X(t_1,t_2)$ 表示输入过程 $X(t)$ 的自相关函数，系统输出的自相关函数为

$$\begin{aligned} R_Y(t_1,t_2) &= E[Y(t_1)Y(t_2)] = E\left[\int_{-\infty}^{\infty} h(\tau)X(t_1-\tau)\mathrm{d}\tau \int_{-\infty}^{\infty} h(\tau_1)X(t_2-\tau_1)\mathrm{d}\tau_1\right] \\ &= \int_{-\infty}^{\infty}\int_{-\infty}^{\infty} E[X(t_1-\tau)X(t_2-\tau_1)]h(\tau)h(\tau_1)\mathrm{d}\tau\mathrm{d}\tau_1 \\ &= \int_{-\infty}^{\infty}\int_{-\infty}^{\infty} R_X(t_1-\tau,t_2-\tau_1)h(\tau)h(\tau_1)\mathrm{d}\tau\mathrm{d}\tau_1 \\ &= R_X(t_1,t_2)*h(t_1)*h(t_2) \end{aligned} \quad (3.3\text{-}3)$$

输入输出过程的互相关函数为

$$\begin{aligned} R_{XY}(t_1,t_2) &= E[X(t_1)Y(t_2)] = E[X(t_1)\int_{-\infty}^{\infty} h(\tau)X(t_2-\tau)\mathrm{d}\tau] \\ &= \int_{-\infty}^{\infty} h(\tau)R_X(t_1,t_2-\tau)\mathrm{d}\tau = R_X(t_1,t_2)*h(t_2) \end{aligned} \quad (3.3\text{-}4)$$

同理有
$$R_{YX}(t_1,t_2) = R_X(t_1,t_2)*h(t_1) \quad (3.3\text{-}5)$$

$$R_Y(t_1,t_2) = R_{XY}(t_1,t_2)*h(t_1) = R_{YX}(t_1,t_2)*h(t_2) \quad (3.3\text{-}6)$$

当输入为随机序列时，离散系统输出的自相关序列为

$$\begin{aligned} R_Y(n,m) &= E[Y(n)Y(m)] = E\left[\sum_{k=-\infty}^{\infty} h(k)X(n-k)\sum_{l=-\infty}^{\infty} h(l)X(m-l)\right] \\ &= \sum_{k=-\infty}^{\infty}\sum_{l=-\infty}^{\infty} R_X(n-k,m-l)h(l)h(k) = R_X(n,m)*h(n)*h(m) \end{aligned} \quad (3.3\text{-}7)$$

当输入为平稳过程或平稳序列，数学期望为常数 m_X 时，式(3.3-1)和式(3.3-2)成为

$$E[Y(t)] = \int_{-\infty}^{\infty} h(\tau)m_X \mathrm{d}\tau = m_X \int_{-\infty}^{\infty} h(\tau)\mathrm{d}\tau = m_Y \quad (3.3\text{-}8)$$

$$E[Y(n)] = E\left[\sum_{m=-\infty}^{\infty} h(m)X(n-m)\right] = \sum_{m=-\infty}^{\infty} h(m)m_X = m_X \sum_{m=-\infty}^{\infty} h(m) \quad (3.3\text{-}9)$$

输入随机过程 $X(t)$ 为平稳过程时，$X(t)$ 的自相关函数变成 $R_X(\tau)$，系统输出的自相关函数

$$\begin{aligned} R_Y(t,t+\tau) &= E[Y(t)Y(t+\tau)] = E\left[\int_{-\infty}^{\infty} h(\lambda_1)X(t-\lambda_1)\mathrm{d}\lambda_1 \int_{-\infty}^{\infty} h(\lambda_2)X(t+\tau-\lambda_2)\mathrm{d}\lambda_2\right] \\ &= \int_{-\infty}^{\infty}\int_{-\infty}^{\infty} R_X(\tau+\lambda_1-\lambda_2)h(\lambda_1)h(\lambda_2)\mathrm{d}\lambda_1\mathrm{d}\lambda_2 = R_X(\tau)*h(\tau)*h(-\tau) = R_Y(\tau) \end{aligned} \quad (3.3\text{-}10)$$

上式表明输出的自相关函数等于输入的自相关函数与系统冲激响应的正负两次卷积。

由式(3.3-8)和式(3.3-10)可以得出结论：平稳随机过程通过线性时不变系统的输出必是平稳过程。另外还可证明：当输入随机过程或随机序列具有各态历经性时，输出也具有各态历经性。

同样可得
$$R_{XY}(t,t+\tau) = E\left[X(t)\int_{-\infty}^{\infty}h(\lambda_1)X(t+\tau-\lambda_1)\mathrm{d}\lambda_1\right]$$
$$= \int_{-\infty}^{\infty}h(\lambda_1)R_X(\tau-\lambda_1)\mathrm{d}\lambda_1 = R_X(\tau)*h(\tau) \qquad (3.3\text{-}11)$$

$$R_{YX}(t,t+\tau) = E\left[\int_{-\infty}^{\infty}X(t-\lambda_1)h(\lambda_1)\mathrm{d}\lambda_1 \cdot X(t+\tau)\right]$$
$$= \int_{-\infty}^{\infty}h(\lambda_1)R_X(\tau+\lambda_1)\mathrm{d}\lambda_1 = R_X(\tau)*h(-\tau) \qquad (3.3\text{-}12)$$

$$R_Y(\tau) = R_{XY}(\tau)*h(-\tau) = R_{YX}(\tau)*h(\tau) \qquad (3.3\text{-}13)$$

输入为平稳序列时，离散系统输出的自相关序列为
$$R_Y(n,n+m) = E[Y(n)Y(n+m)] = E\left[\sum_{k=-\infty}^{\infty}h(k)X(n-k)\sum_{l=-\infty}^{\infty}h(l)X(n+m-l)\right]$$
$$= \sum_{k=-\infty}^{\infty}\sum_{l=-\infty}^{\infty}R_X(m+k-l)h(l)h(k) = R_X(m)*h(m)*h(-m) = R_Y(m) \qquad (3.3\text{-}14)$$

当输入随机序列 $X(n)$ 为平稳序列时，输出 $Y(n)$ 也是平稳序列。

【例 3.3-1】 已知理想白噪声过程 $X(t)$ 的自相关函数 $R_X(\tau) = \dfrac{N_0}{2}\delta(\tau)$，若 $X(t)$ 通过一个冲激响应为 $h(t)$ 的线性系统，求系统冲激响应与互相关函数的关系。

解：由式(3.3-11)得
$$R_{XY}(\tau) = \int_{-\infty}^{\infty}\frac{N_0}{2}\delta(\tau-\lambda)h(\lambda)\mathrm{d}\lambda = \frac{N_0}{2}h(\tau)$$

即可求出系统冲激响应
$$h(\tau) = \frac{2}{N_0}R_{XY}(\tau)$$

这个例子提示了应该如何测得一个未知系统的冲激响应。因为理想白噪声具有各态历经性，当白噪声的样本 $x(t)$ 输入到未知系统后得到系统输出的样本 $y(t)$，将输入 $x(t)$ 和输出 $y(t)$ 的延迟相乘并取时间平均，即可得到输入与输出之间的互相关函数的估值
$$\hat{R}_{XY}(\tau) = \frac{1}{T}\int_0^T x(t)y(t+\tau)\mathrm{d}t$$

稍加运算便得到未知系统的冲激响应的估值
$$\hat{h}(\tau) = \frac{2}{N_0}\hat{R}_{XY}(\tau)$$

3.3.2 无限工作时间的因果系统

无限工作时间系统，可以认为这是系统的输入端在 $-\infty$ 时刻加入的随机过程，对于因果系统，$t<0$ 时，$h(t)=0$，式(3.3-1)成为
$$m_Y(t) = E[Y(t)] = \int_0^{\infty}m_X(t-\tau)h(\tau)\mathrm{d}\tau = \int_{-\infty}^{t}m_X(\tau)h(t-\tau)\mathrm{d}\tau \qquad (3.3\text{-}15)$$

式(3.3-3)、式(3.3-4)和式(3.3-5)成为

$$R_Y(t_1,t_2) = \int_0^\infty \int_0^\infty R_X(t_1-\tau, t_2-\tau_1)h(\tau)h(\tau_1)d\tau d\tau_1 \tag{3.3-16}$$

$$R_{XY}(t_1,t_2) = \int_0^\infty h(\tau)R_X(t_1, t_2-\tau)d\tau \tag{3.3-17}$$

$$R_{YX}(t_1,t_2) = \int_0^\infty h(\tau)R_X(t_1-\tau, t_2)d\tau \tag{3.3-18}$$

对于离散因果系统，当 $m<0$ 时，$h(m)=0$，式(3.3-2)成为

$$E[Y(n)] = \sum_{m=0}^\infty h(m)m_X(n-m) \tag{3.3-19}$$

$$R_Y(n,m) = \sum_{k=0}^\infty \sum_{l=0}^\infty R_X(n-k, m-l)h(l)h(k) \tag{3.3-20}$$

输入随机过程 $X(t)$ 为平稳过程时

$$E[Y(t)] = m_X \int_0^\infty h(\tau)d\tau = m_Y \tag{3.1-21}$$

$$R_Y(t,t+\tau) = \int_0^\infty \int_0^\infty R_X(\tau+\lambda_1-\lambda_2)h(\lambda_1)h(\lambda_2)d\lambda_1 d\lambda_2 = R_Y(\tau) \tag{3.1-22}$$

$$R_{XY}(t,t+\tau) = \int_0^\infty h(\lambda_1)R_X(\tau-\lambda_1)d\lambda_1 = R_X(\tau)*h(\tau) = R_{XY}(\tau) \tag{3.3-23}$$

$$R_{YX}(t,t+\tau) = \int_0^\infty h(\lambda_1)R_X(\tau+\lambda_1)d\lambda_1 = R_X(\tau)*h(-\tau) = R_{YX}(\tau) \tag{3.3-24}$$

离散因果系统的输入是平稳随机序列时

$$E[Y(n)] = m_X \sum_{m=0}^\infty h(m) = m_Y \tag{3.3-25}$$

$$R_Y(n,n+m) = \sum_{k=0}^\infty \sum_{l=0}^\infty R_X(m+k-l)h(l)h(k) = R_Y(m) \tag{3.3-26}$$

【例 3.3-2】 已知因果系统的输入为白噪声过程 $N(t)$，其自相关函数 $R_N(\tau) = \frac{N_0}{2}\delta(\tau)$，系统为简单的 RC 积分电路，如图 3.3-1 所示。

（1）求输出电压 $Y(t)$ 的自相关函数和方差；

（2）当 $N_0 = 4\times 10^{-6}$ W/Hz 时，确定系统的最小时间常数 $T=RC$，使输出的均方差不超过 50mV。

解： 根据已知条件，系统为因果系统，输入白噪声过程 $N(t)$ 是平稳过程，因此

$$R_Y(\tau) = \int_0^\infty h(\lambda_1)\int_0^\infty \frac{N_0}{2}\delta(\tau+\lambda_1-\lambda_2)h(\lambda_2)d\lambda_2 d\lambda_1 = \frac{N_0}{2}\int_0^\infty h(\tau+\lambda_1)h(\lambda_1)d\lambda_1$$

图 3.3-1 所示积分电路的系统函数为

$$H(s) = \frac{1/(RC)}{s+1/(RC)}$$

令 $\alpha = 1/(RC)$，系统的冲激响应为

$$h(t) = \begin{cases} \alpha e^{-\alpha t}, & t \geq 0 \\ 0, & t < 0 \end{cases}$$

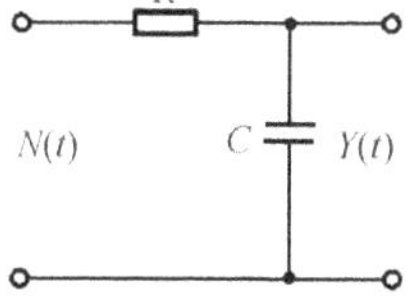

图 3.3-1 RC 积分电路

将上式代入 $R_Y(\tau)$，当 $\tau \geq 0$ 时

$$R_Y(\tau) = \frac{N_0}{2}\int_0^\infty \alpha^2 e^{-\alpha(\lambda_1+\tau)} e^{-\alpha\lambda_1} d\lambda_1 = \frac{\alpha N_0}{4} e^{-\alpha\tau}$$

当 $\tau<0$ 时，做变量代换 $\lambda_1+\tau=\lambda$，并注意到 $\lambda<0$ 时 $h(\lambda)=0$，有

$$R_Y(\tau) = \frac{N_0}{2}\int_\tau^\infty h(\lambda-\tau)h(\lambda)d\lambda$$
$$= \frac{N_0}{2}\int_0^\infty \alpha^2 e^{-\alpha(\lambda-\tau)} e^{-\alpha\lambda} d\lambda = \frac{\alpha N_0}{4} e^{\alpha\tau}$$

对于任意的 τ，满足自相关函数偶对称的性质

$$R_Y(\tau) = \frac{\alpha N_0}{4} e^{-\alpha|\tau|}$$

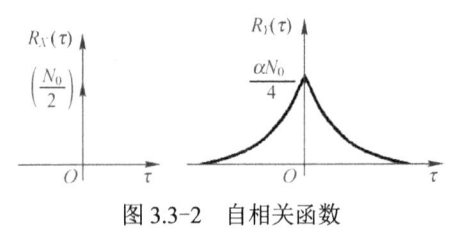

图 3.3-2 自相关函数

输入与输出的自相关函数如图 3.3-2 所示，输入白噪声是完全不相关的，通过积分电路后变成了相关噪声。

方差也可由自相关函数的性质得到

$$\sigma_Y^2 = R_Y(0) - R_Y(\infty) = \alpha N_0/4$$

由已知条件，输出均方差应该小于 50mV，代入上式得到输出方差

$$\sigma_Y^2 = \alpha N_0/4 < 25\times 10^{-4}$$

解得 $\qquad \alpha < 4\sigma_Y^2/N_0 = 4\times 25\times 10^{-4}/4\times 10^{-6} = 2500$

满足已知条件 σ_Y 和 N_0 的最小时间常数 $T=1/\alpha > 4\times 10^{-4}$。

结论是电路的时间常数不能小于 0.4ms。这个例子相当于给定输入噪声功率和输出噪声功率，设计满足要求的系统参数。

3.3.3 有限工作时间的因果系统

输入随机过程 $X(t)$ 在 $t=t_i$ 时刻加入线性系统，则输出 $Y(t)$ 为 $X(t)$ 在 $t=t_i$ 到 $t=t$ 作用的结果，即

$$Y(t_1) = \int_{t_i}^{t_1} X(\tau)h(t_1-\tau)d\tau \tag{3.3-27}$$

经变量代换，有 $\qquad Y(t_1) = \int_0^{t_1-t_i} X(t_1-\tau)h(\tau)d\tau \tag{3.3-28}$

为方便运算，令 $t_i=0$，则 $\qquad Y(t) = \int_0^t X(t-\tau)h(\tau)d\tau \tag{3.3-29}$

$$E[Y(t)] = \int_0^t m_X(t-\tau)h(\tau)d\tau \tag{3.3-30}$$

$$R_Y(t_1,t_2) = E[Y(t_1)Y(t_2)] = \int_0^{t_1}\int_0^{t_2} R_X(t_1-\tau, t_2-\tau_1)h(\tau)h(\tau_1)d\tau d\tau_1 \tag{3.3-31}$$

$$R_{XY}(t_1,t_2) = \int_0^{t_2} h(\tau)R_X(t_1, t_2-\tau)d\tau \tag{3.3-32}$$

$$R_{YX}(t_1,t_2) = \int_0^{t_1} h(\tau)R_X(t_1-\tau, t_2)d\tau \tag{3.3-33}$$

输入随机过程 $X(t)$ 为平稳过程时

$$E[Y(t)] = m_X \int_0^t h(\tau)d\tau \tag{3.3-34}$$

$$R_{XY}(t_1,t_2) = \int_0^{t_2} R_X(t_1, t_2-u)h(u)du = \int_0^{t_2} R_X(\tau-u)h(u)du \tag{3.3-35}$$

其中 $\tau = t_2 - t_1$。

$$R_Y(t_1,t_2) = \int_0^{t_1} R_{XY}(\tau+v)h(v)\mathrm{d}v = \int_0^{t_1}\int_0^{t_2} R_X(\tau+u-v)h(u)h(v)\mathrm{d}u\mathrm{d}v \quad (3.3\text{-}36)$$

输出过程 $Y(t)$ 一般是非平稳过程。也可以设实际输入过程 $X(t)U(t)$，$U(t)$ 为阶跃函数，显然 $X(t)U(t)$ 不是平稳过程。时域分析法可以求得系统输出过程的瞬态响应。

【例3.3-3】 有微分方程

$$\frac{\mathrm{d}Y(t)}{\mathrm{d}t} + aY(t) = X(t), \quad Y(0) = 0$$

式中 $X(t)$ 为平稳过程，且 $E[X(t)] = \lambda$，$R_X(\tau) = \lambda^2 + \lambda\delta(\tau)$。求输出过程 $Y(t)$ 的数学期望和自相关函数。

解：对已知微分方程两面求拉普拉斯变换有

$$sY(s) + aY(s) = X(s)$$

得系统传递函数

$$H(s) = \frac{Y(s)}{X(s)} = \frac{1}{s+a}$$

求反拉氏变换得到系统冲激响应函数为

$$h(t) = \begin{cases} \mathrm{e}^{-at}, & t \geq 0 \\ 0, & t < 0 \end{cases}$$

由式(3.3-34)得输出过程的数学期望为

$$E[Y(t)] = m_X \int_0^t h(\tau)\mathrm{d}\tau = \lambda\int_0^t \mathrm{e}^{-a\tau}\mathrm{d}\tau = \frac{\lambda}{a}(1-\mathrm{e}^{-at})$$

由式(3.3-35)得输入与输出过程的互相关函数为（其中 $\tau = t_2 - t_1$）

$$R_{XY}(t_1,t_2) = \int_0^{t_2} R_X(\tau-u)h(u)\mathrm{d}u = \int_0^{t_2}[\lambda^2+\lambda\delta(\tau-u)]\mathrm{e}^{-au}\mathrm{d}u$$

$$= \frac{\lambda^2}{a}(1-\mathrm{e}^{-at_2}) + \lambda\mathrm{e}^{-a\tau} = \frac{\lambda^2}{a}(1-\mathrm{e}^{-at_2}) + \lambda\mathrm{e}^{-a(t_2-t_1)}, \quad t_2 > t_1$$

由式(3.3-36)得输出过程的自相关函数为

$$R_Y(t_1,t_2) = \int_0^{t_1} R_{XY}(\tau+v)h(v)\mathrm{d}v = \int_0^{t_1}\left[\frac{\lambda^2}{a}(1-\mathrm{e}^{-at_2}) + \lambda\mathrm{e}^{-a(t_2-t_1+v)}\right]\mathrm{e}^{-av}\mathrm{d}v$$

$$= \frac{\lambda^2}{a^2}(1-\mathrm{e}^{-at_2})(1-\mathrm{e}^{-at_1}) + \frac{\lambda}{2a}(1-\mathrm{e}^{-2at_1})\mathrm{e}^{-a(t_2-t_1)}$$

其中 $t_2 > t_1$，上述结果为输出过程的瞬态响应。同样可求 $t_2 < t_1$ 的结果。当 $t_1 \to \infty$ 时，$t_2 \to \infty$，得到输出的稳态响应

$$E[Y(t)] = \frac{\lambda}{a} \qquad R_Y(\tau) = \frac{\lambda^2}{a^2} + \frac{\lambda}{2a}\mathrm{e}^{-a|\tau|}$$

3.4 随机过程线性变换的频域法

分析系统输出的自相关函数对应时域分析法，而分析系统输出的功率谱密度则对应频域分析法。一方面系统输出的功率谱密度可根据系统输出的自相关函数求得，另一方面也可由系统的输入功率谱密度来求得。时域分析法用到系统冲激函数的卷积，一般简单形式才能得到结果；而频域分析法相对简单，但只能讨论平稳随机过程。随机信号在频域用功率谱密度

表示。

如果输入随机过程 $X(t)$ 为平稳过程，则由式（3.3-10）可得输出的自相关函数为
$$R_Y(\tau) = R_X(\tau) * h(\tau) * h(-\tau)$$

利用傅里叶变换，可得到输出功率谱密度

$$S_Y(\omega) = \int_{-\infty}^{\infty} R_Y(\tau) e^{-j\omega\tau} d\tau = S_X(\omega) H(\omega) H^*(\omega) = S_X(\omega) |H(\omega)|^2 \qquad (3.4\text{-}1)$$

其中 $H^*(\omega)$ 是系统频率传递函数 $H(\omega)$ 的复共轭，$|H(\omega)|^2$ 频率传递函数模的平方，$S_X(\omega)$ 为输入过程的功率谱密度。

在确定性信号分析中，若 $X(\omega)$ 为 $x(t)$ 的频谱，系统输出 $y(t)$ 的频谱为
$$Y(\omega) = X(\omega) \cdot H(\omega)$$

式中，称 $H(\omega)$ 为系统的传输函数。仿此，称 $|H(\omega)|^2$ 为系统的功率传输函数。

系统输出的平均功率可由 $R_Y(0)$ 来求，也可对功率谱 $S_Y(\omega)$ 在整个频域上积分得到

$$R_Y(0) = \frac{1}{2\pi} \int_{-\infty}^{\infty} S_X(\omega) |H(\omega)|^2 d\omega \qquad (3.4\text{-}2)$$

【例 3.4-1】 已知白噪声 $N(t)$ 的自相关函数 $R_N(\tau) = \frac{N_0}{2}\delta(\tau)$，利用频域分析法，求白噪声 $N(t)$ 通过如图 3.4-1 所示的 RC 积分电路后的自相关函数。

解： 由白噪声 $N(t)$ 的自相关函数可知白噪声的功率谱密度 $S_N(\omega) = N_0/2$。例 3.3-2 已求出 RC 积分电路 s 域的系统函数，对应的频域系统函数为

$$H(\omega) = \frac{\alpha}{\alpha + j\omega}$$

式中，$\alpha = 1/RC$。由式(3.4-2)可得输出的功率谱密度

$$S_Y(\omega) = S_N(\omega)|H(\omega)|^2 = \frac{N_0}{2} \frac{\alpha^2}{\alpha^2 + \omega^2}$$

再利用傅里叶反变换可得输出的自相关函数

$$R_Y(\tau) = \frac{1}{2\pi} \int_{-\infty}^{\infty} \frac{N_0}{2} \frac{\alpha^2}{\alpha^2 + \omega^2} e^{j\omega\tau} d\omega = \frac{\alpha N_0}{4} e^{-\alpha|\tau|}$$

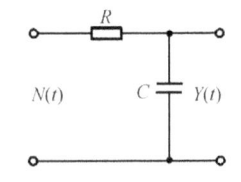

图 3.4-1 RC 积分电路

可见频域分析和时域分析的结果是相同的。最后一步是查傅里叶变换表，得到

$$\mathcal{F}[e^{-\alpha|\tau|}] = \frac{2\alpha}{\alpha^2 + \omega^2}$$

值得注意的是，这里所有的傅里叶变换都是对 ω 积分，因此不要忘记反变换中的 $1/2\pi$。一般来讲，频域分析法简单些，它可充分利用傅里叶变换表简化一些运算。

下面，在例 3.4-1 的基础上分析白噪声通过 RC 积分电路前后的功率和相关性的变化。输入白噪声的功率谱带宽是无限宽的，且在整个频率轴上为常数。因此它的平均功率也是无限的，即

$$R_N(0) = \frac{N_0}{2}\delta(0)$$

它通过功率传输函数为 $|H(\omega)|^2 = \frac{\alpha^2}{\alpha^2 + \omega^2}$ 的系统后，只有一部分具有较低频率分量的功率谱通过，另一部分则在通带之外，如图 3.4-2 所示。这样输出的功率谱密度具有与功率传输函数相同的形状。它的平均功率也不再是无限的，而是有限的，即

$$R_Y(0) = N_0 \alpha / 4$$

平均功率的大小除了与输入白噪声的强度 $N_0/2$ 有关，还与 RC 积分电路的时间常数有关。

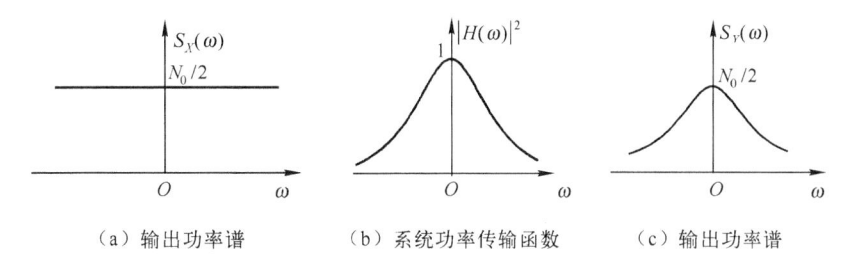

（a）输出功率谱　　　　（b）系统功率传输函数　　　　（c）输出功率谱

图 3.4-2　RC 积分电路的功率传输函数及输入输出功率谱

输入与输出相关性的变化，也与电路的时间常数有关。输入白噪声的任意两个时刻都是不相关的，当白噪声通过 RC 电路后，自相关函数已不再是 δ 函数，也就是说由不相关变成相关了。由 $R_Y(\tau) = \dfrac{\alpha N_0}{4} e^{-\alpha|\tau|}$ 可知，如果 α 很大，自相关函数中的指数项部分会随 τ 很快衰减，相关时间很小。若两个时刻离开稍远一些，相关性就会变得很弱，这时输出随机过程起伏仍然很快。如果 α 很小，自相关函数随 τ 的增加衰减比较慢，当两个时刻离开很远相关性才能变弱，这时输出随机过程起伏变慢。

【例 3.4-2】 求白噪声过程 $X(t)$ 通过如图 3.4-3 所示的 RC 微分电路后的自相关函数，白噪声 $N(t)$ 的自相关函数同例 3.4-1。

解：RC 电路的系统传输函数为

$$H(\omega) = \frac{j\omega}{\alpha + j\omega}, \quad \alpha = \frac{1}{RC}$$

于是输出功率谱为

$$S_Y(\omega) = S_N(\omega)|H(\omega)|^2 = \frac{N_0}{2} \frac{\omega^2}{\alpha^2 + \omega^2}$$

图 3.4-3　RC 微分电路

利用傅里叶反变换可得输出的自相关函数为

$$R_Y(\tau) = \frac{1}{2\pi} \int_{-\infty}^{\infty} \frac{N_0}{2} \frac{\omega^2}{\alpha^2 + \omega^2} e^{j\omega\tau} d\omega = \frac{N_0}{4\pi} \int_{-\infty}^{\infty} \left(1 - \frac{\alpha^2}{\alpha^2 + \omega^2}\right) e^{j\omega\tau} d\omega$$

$$= \frac{N_0}{2} \delta(\tau) - \frac{\alpha N_0}{4} e^{-\alpha|\tau|}$$

由上式可见白噪声通过微分电路后的功率谱也与时间常数有关。微分电路相对积分电路而言是个高通网络，因此它允许较高频率分量的功率谱通过。

除了输出功率谱，还可以用频域分析法计算输入与输出的互功率谱密度。由式(3.3-11)和式(3.3-12)：

$$R_{XY}(\tau) = R_X(\tau) * h(\tau)$$
$$R_{YX}(\tau) = R_X(\tau) * h(-\tau)$$

利用卷积定理，可得

$$S_{XY}(\omega) = S_X(\omega)H(\omega) \tag{3.4-3}$$

$$S_{YX}(\omega) = S_X(\omega)H(-\omega) \tag{3.4-4}$$

与上节的例 3.3-1 相仿，也可以在频域估计待测系统的传输函数。当系统输入为白噪声时，若其功率谱密度为 $S_X(\omega) = N_0/2$，由式(3.4-3)得系统的传输函数

$$\hat{H}(\omega) = \frac{2}{N_0} \hat{S}_{XY}(\omega) \tag{3.4-5}$$

3.5 典型线性系统对随机信号的响应

白噪声是一种典型的随机信号，由于白噪声具有很多特殊的性质，使白噪声的分析变得很简单。本节以白噪声为例，讨论随机信号通过典型系统后输出的情况。典型系统包括理想低通系统、理想带通系统和高斯带通系统。在分析白噪声通过典型系统之前，先介绍等效噪声带宽和随机信号频带宽度的概念。

3.5.1 等效噪声频带

信号带宽表示信号频谱在频率轴上所占有的宽度，系统带宽表示系统对信号频谱的选择性，很多信号处理和信号传输都涉及信号的带宽和系统的带宽。根据不同的应用，带宽有几种定义方法，常用的带宽有 3dB 带宽和矩形带宽。带宽的讨论不仅适于信号分析，也适于系统分析。

根据信号频谱（或系统的频率选择性）集中分布的范围，将信号（系统）分为低通信号（系统）和带通信号（系统）。低通信号（系统）的频谱主要集中在零频附近，其他频率区间的频谱近似为零。而带通信号（系统）的频谱则集中在某个较高的频率附近，在此之外的频率范围近似为零，且零频处也近似为零。一种常用的带通信号是窄带信号，窄带信号一般指带宽远小于它的中心频率的一类信号。低通信号（系统）和带通信号（系统）的带宽在定义上稍有不同。

1. 3dB 带宽

3dB 带宽的定义涉及信号幅度谱或系统频率传递函数的表示方法。通常频谱都是基于线性坐标表示的，有时为了方便对幅度的相对值进行分析，也把纵坐标表示成对数坐标，即 $20\lg|X(\omega)|$（系统频率特性用 $20\lg|H(\omega)|$），单位为 dB。用对数坐标表示频谱的时候，往往需要用幅度谱的最大值归一化，即 $\frac{|X(\omega)|}{\max\{|X(\omega)|\}}$（$\frac{|H(\omega)|}{\max\{|H(\omega)|\}}$）。归一化频谱的最大值为 1，用对数表示就是 0dB。用对数坐标表示幅度谱时，一般都是指经过归一化后的情况。图 3.5-1 分别示出了同一信号的线性坐标与对数坐标的幅度谱。

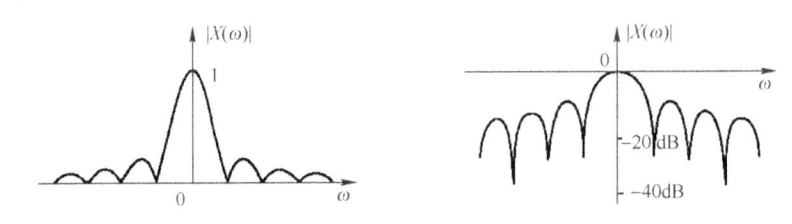

图 3.5-1 线性坐标与对数坐标的幅度谱

对于低通信号，3dB 带宽也即 $20\lg|X(\omega)|=-3\text{dB}$（低通系统 $20\lg|H(\omega)|=-3\text{dB}$）时的 ω 值，而对应线性坐标也就是 $|X(\omega)|=\sqrt{2}/2$ 或 $|X(\omega)|^2=1/2$（$|H(\omega)|=\sqrt{2}/2$ 或 $|H(\omega)|^2=1/2$）时的 ω 值，因此 3dB 带宽也叫半功率带宽。对于带通信号（或系统），3dB 带宽是指频带的两个边缘幅度为 -3dB 之间的宽度。图 3.5-2 示出了低通信号和带通信号 3dB 带宽的定义。用角频率 ω 做横轴时，带宽一般用 $\Delta\omega$ 表示；有时也用 $\Delta\omega_{3\text{dB}}$ 表示 3dB 带宽。用频率 f 做横轴时，带宽一般用 B 表示。

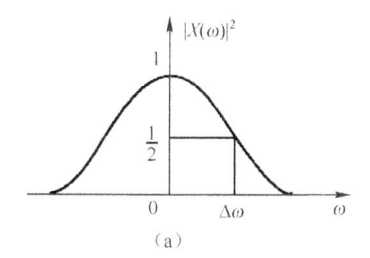

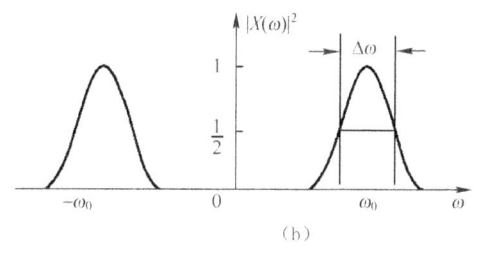

图 3.5-2 低通信号和带通信号的 3dB 带宽

3dB 带宽的应用比较广泛，在多数应用环境中，人们认为信号的频谱在衰减到了最大功率一半的时候，就到了频带的边缘。

2. 矩形带宽

矩形带宽是一种等效带宽的概念，其基本思想是将信号的归一化幅度谱等效为一个矩形，这个矩形的宽度就称为矩形带宽。

采用矩形带宽时，一般信号的频谱集中在零频或某个中心频率，且往往最大值就发生在零频或该中心频率处。首先将幅度谱用最大值归一化，对于低通信号，假设最大值为$|X(0)|$，归一化后在正频率轴幅度谱曲线下的面积为

$$S = \int_0^\infty \frac{|X(\omega)|}{|X(0)|} d\omega$$

矩形带宽用 $\Delta\omega_r$ 表示。等效的过程就是保证面积 S 不变，把它等效为一定带宽 $\Delta\omega_r$ 内幅度均为 1 的幅度谱，即

$$\Delta\omega_r \times 1 = \int_0^\infty \frac{|X(\omega)|}{|X(0)|} d\omega \tag{3.5-1}$$

对于带通信号，假设最大值发生在 ω_0 处，则

$$\Delta\omega_r = \int_0^\infty \frac{|X(\omega)|}{|X(\omega_0)|} d\omega \tag{3.5-2}$$

图 3.5-3 示出了低通信号和带通信号的等效过程。

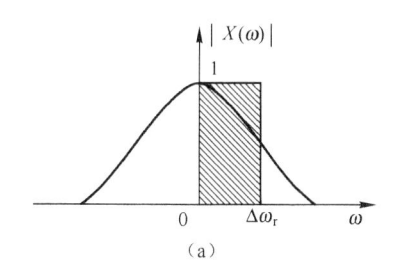

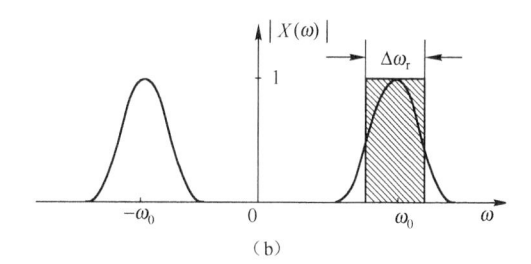

图 3.5-3 低通信号和带通信号的矩形带宽

将信号的幅度谱$|X(\omega)|$换成系统的幅频特性$|H(\omega)|$，同样可得到系统的矩形带宽。

3. 等效噪声带宽

3dB 带宽和矩形带宽既适于表示确定信号的带宽又适于表示系统的带宽。但是由于随机信号不满足绝对可积，不存在频谱，因此只能用功率谱描述随机信号在频域的特点。随机信号通过线性系统后，不仅要分析输出的频率分量构成，还经常需要了解它的平均功率变化。这样，类似矩形带宽，针对处理随机信号的线性系统，用等效噪声带宽的概念。

系统的等效噪声带宽是利用白噪声通过系统后的功率谱来定义的,这种定义实质上是把一个系统的功率传输函数等效成理想系统的功率传输函数。等效噪声带宽是既考虑系统对信号的选择性,又兼顾考虑信号平均功率的一种带宽表示方法。

根据前面的分析,白噪声通过一个实际系统后,它的功率谱不再是无限宽,在通带内也不可能保持常数。当白噪声通过功率传输函数为$|H(\omega)|^2$的低通系统后,输出的功率谱密度与系统的功率传输函数将具有相同的形状,即

$$S_Y(\omega) = \frac{N_0}{2}|H(\omega)|^2 \tag{3.5-3}$$

系统输出的平均功率

$$R_Y(0) = \frac{1}{2\pi}\int_{-\infty}^{\infty}\frac{N_0}{2}|H(\omega)|^2\mathrm{d}\omega = \frac{N_0}{4\pi}\int_{-\infty}^{\infty}|H(\omega)|^2\mathrm{d}\omega \tag{3.5-4}$$

如果保持$R_Y(0)$不变,把输出功率谱密度等效成在一定带宽内为常数的功率谱密度(见图3.5-4(a)),若等效功率谱密度的高度为$|H(0)|^2$,那么这个带宽就定义为等效噪声带宽$\Delta\omega_e$。对于低通系统,用$\Delta\omega_e$表示的等效功率传输函数为

$$|H_e(\omega)|^2 = \begin{cases}|H(0)|^2, & |\omega|\leqslant\Delta\omega_e \\ 0, & |\omega|>\Delta\omega_e\end{cases} \tag{3.5-5}$$

$|H_e(\omega)|^2$是经过等效后的理想系统的功率传输函数。等效后系统输出的平均功率为

$$R_Y(0) = \frac{N_0}{4\pi}\int_{-\infty}^{\infty}|H_e(\omega)|^2\mathrm{d}\omega = \frac{N_0}{4\pi}\int_{-\Delta\omega_e}^{\Delta\omega_e}|H(0)|^2\mathrm{d}\omega$$

$$= \frac{N_0\Delta\omega_e}{2\pi}|H(0)|^2 \tag{3.5-6}$$

由式(3.5-4)和式(3.5-6),保持等效前后的功率不变,即

$$\frac{N_0}{4\pi}\int_{-\infty}^{\infty}|H(\omega)|^2\mathrm{d}\omega = \frac{N_0\Delta\omega_e}{2\pi}|H(0)|^2$$

解出

$$\Delta\omega_e = \frac{\frac{1}{2}\int_{-\infty}^{\infty}|H(\omega)|^2\mathrm{d}\omega}{|H(0)|^2} = \frac{1}{2}\int_{-\infty}^{\infty}\left|\frac{H(\omega)}{H(0)}\right|^2\mathrm{d}\omega \tag{3.5-7}$$

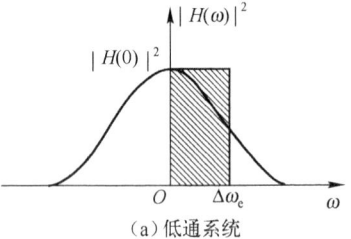

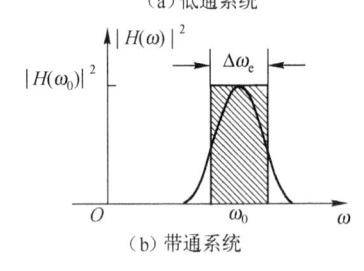

图3.5-4 系统的等效噪声带宽

再根据$|H(\omega)|^2$的对称性,有

$$\Delta\omega_e = \int_0^{\infty}\left|\frac{H(\omega)}{H(0)}\right|^2\mathrm{d}\omega \tag{3.5-8}$$

上式与式(3.5-1)相比,只是被积函数差一个平方。

如果系统是以ω_0为中心频率的带通系统,且功率传输函数单峰的峰值为$|H(\omega_0)|^2$,则用$\Delta\omega_e$表示的等效功率传输函数为

$$|H_e(\omega)|^2 = \begin{cases}|H(\omega_0)|^2, & \omega_0-\Delta\omega_e/2<|\omega|<\omega_0+\Delta\omega_e/2 \\ 0, & 其他\end{cases} \tag{3.5-9}$$

与低通系统的等效噪声带宽分析方法相似,图3.5-4(b)示出了带通系统的等效过程,由于$|H(\omega)|^2$是对称的,只画出正频率部分。带通系统的等效噪声带宽

$$\Delta\omega_e = \int_0^{\infty}\left|\frac{H(\omega)}{H(\omega_0)}\right|^2\mathrm{d}\omega \tag{3.5-10}$$

带通系统输出的平均功率
$$R_Y(0) = \frac{N_0 \Delta\omega_e}{2\pi}|H(\omega_0)|^2 \qquad (3.5\text{-}11)$$

$\Delta\omega_e$ 与 3dB 带宽 $\Delta\omega$ 一样，都可以用来描述系统对信号频率的选择性，并只与系统参量有关。当系统参量确定后，它们都是定值，且存在一定的关系。对于单调谐回路 $\Delta\omega_e = \frac{\pi}{2}\Delta\omega \approx 1.57\Delta\omega$，而对于双调谐回路 $\Delta\omega_e=1.22\Delta\omega$。如果系统调谐回路的频率响应具有高斯形状，则 $\Delta\omega_e=1.05\Delta\omega$。电路级数越多，$\Delta\omega_e$ 也就越接近 $\Delta\omega$。

与系统频带对应的是信号的频带，随机信号也应具有相应的带宽问题。如果随机过程的功率谱密度集中在零频附近，则称这个随机过程为低通过程。相应地，如果随机过程的功率谱密度集中在某个频率 $f_0(f_0>0)$ 附近，则称它为带通过程。特别地，当 f_0 远大于随机过程功率谱所占有的带宽时，称它为窄带过程。第 4 章将详细讨论窄带随机过程。

随机过程的等效带宽也用功率谱密度来定义。低通过程 $X(t)$ 的等效带宽 $\Delta\omega_1 = 2\pi B_1$ 的定义与系统等效噪声带宽的定义方法相似，就是把随机过程 $X(t)$ 的功率谱密度 $S_X(\omega)$ 曲线下的面积等效成一个高为 $S_X(0)$，宽为 $\Delta\omega_1$ 的矩形。用 $S_X(\omega)$ 和 $S_X(0)$ 分别替换式(3.5-8)中的 $|H(\omega)|^2$ 和 $|H(0)|^2$，就得到低通过程的等效带宽

$$\Delta\omega_1 = 2\pi B_1 = \int_0^\infty \frac{S_X(\omega)}{S_X(0)}d\omega \qquad (3.5\text{-}12)$$

如果 $X(t)$ 为带通过程，用 $S_X(\omega_0)$ 代替上式中的 $S_X(0)$ 即可得到带通过程 $X(t)$ 的等效带宽

$$\Delta\omega_1 = 2\pi B_1 = \int_0^\infty \frac{S_X(\omega)}{S_X(\omega_0)}d\omega \qquad (3.5\text{-}13)$$

在信号波形参数中，有一个与带宽有关的参数称为均方带宽，它经常用来度量随机信号的带宽。低通过程 $X(t)$ 的均方带宽定义为归一化功率谱密度的均方差

$$\Delta\omega_2 = 2\pi B_2 = \left(\frac{\int_{-\infty}^\infty \omega^2 S_X(\omega)d\omega}{\int_{-\infty}^\infty S_X(\omega)d\omega} \right)^{1/2} \qquad (3.5\text{-}14)$$

用 $(\omega-\omega_0)^2$ 代替上式中的 ω^2，可得到带通过程 $X(t)$ 的均方带宽

$$\Delta\omega_2 = 2\pi B_2 = \left(\frac{\int_{-\infty}^\infty (\omega-\omega_0)^2 S_X(\omega)d\omega}{\int_{-\infty}^\infty S_X(\omega)d\omega} \right)^{1/2} \qquad (3.5\text{-}15)$$

上面定义的系统或信号等效带宽均是以双边功率谱密度来定义的。在实际应用中，经常使用单边功率谱密度来进行系统分析。下面以低通系统为例，推导单边功率谱密度表示的等效噪声带宽。若白噪声用单边功率谱密度表示
$$G_X(\omega) = N_0, \quad \omega \geqslant 0$$
为了分析方便，低通系统的功率传输函数仍然用 $|H(\omega)|^2$ 表示，系统输出的功率谱密度为
$$G_Y(\omega) = N_0|H(\omega)|^2, \quad \omega \geqslant 0$$
这样对应式(3.5-4)和式(3.5-6)，可以得到等效前后系统输出的平均功率

$$R_Y(0) = \frac{N_0}{2\pi} \int_0^\infty |H(\omega)|^2 \, d\omega \tag{3.5-16}$$

$$R_Y(0) = \frac{N_0}{2\pi} \int_0^{\Delta\omega_e} |H(0)|^2 \, d\omega = \frac{N_0 \Delta\omega_e}{2\pi} |H(0)|^2 \tag{3.5-17}$$

可见用单边功率谱密度所得到的输出平均功率与用双边功率谱密度所得到的平均功率是相同的。

综合式(3.5-16)、式(3.5-17)，有

$$\Delta\omega_e = \int_0^\infty \left|\frac{H(\omega)}{H(0)}\right|^2 d\omega \tag{3.5-18}$$

上式说明单边和双边功率谱密度定义的等效噪声带宽是相同的。

在实际系统中，要精确分析系统的输出功率是很难的。系统等效噪声带宽和随机信号等效带宽的概念使得系统不论怎样复杂，都很容易得到输出的信号功率以及输出信噪比。由于系统的$|H(\omega_0)|^2$或$|H(0)|^2$很容易通过实验从系统中得到，如果知道了等效噪声带宽，即可用式(3.5-6)和式(3.5-11)给出低通系统或带通系统输出的平均功率。

【例3.5-1】 线性系统的输入是一个平均功率为$R_X(0)$的随机信号$X(t)$和加性白噪声$N(t)$。$X(t)$的功率谱主要集中在ω_0附近，等效带宽为$\Delta\omega_X$。限带白噪声$N(t)$的单边功率谱密度为

$$G_N(\omega) = \begin{cases} N_0, & 0 \leq \omega \leq \Delta\omega_N \\ 0, & \text{其他} \end{cases}$$

若系统$H(\omega)$的等效噪声带宽为$\Delta\omega_e$，信号$X(t)$不失真地通过了该系统，求系统输出信噪比。

解：$X(t)$不失真地通过系统给出两个信息，其一该系统是以ω_0为中心频率的带通系统，其二在信号带宽内，$H(\omega) \approx H(\omega_0)$。

系统的输入信号$Z(t) = X(t) + N(t)$，$N(t)$为白噪声，均值为零，则

$$E[Z(t)] = m_X + 0 = m_X$$

$$R_Z(t, t+\tau) = E[\{X(t) + Z(t)\}\{X(t+\tau) + Z(t+\tau)\}] = R_X(\tau) + R_Z(\tau)$$

因此，信号和噪声之和是平稳过程，经过线性系统后的输出过程$Y(t)$也是平稳过程，线性系统输出的单边功率谱为

$$G_Z(\omega) = |H(\omega)|^2 G_X(\omega) + |H(\omega)|^2 G_N(\omega) = G_{X_o}(\omega) + G_{N_o}(\omega)$$

式中，$G_{X_o}(\omega)$和$G_{N_o}(\omega)$分别表示输出信号分量$X_o(t)$和噪声分量$N_o(t)$的功率谱。若用$|H_e(\omega)|^2$表示等效功率传输函数，则$X_o(t)$的平均功率为

$$R_{X_o}(0) = \frac{1}{2\pi} \int_0^\infty |H(\omega)|^2 G_X(\omega) d\omega = \frac{1}{2\pi} \int_{\omega_0-\Delta\omega_e/2}^{\omega_0+\Delta\omega_e/2} |H_e(\omega)|^2 G_X(\omega) d\omega$$

由已知，当$\Delta\omega_X < \Delta\omega_e$，且$|\omega - \omega_0| < \Delta\omega_X/2$时，$|H(\omega)|^2$是基本不变的，这样才能保证信号$X(t)$不失真地通过，将$H_e(\omega) = H(\omega_0)$代入上式，得到输出信号功率

$$R_{X_o}(0) = |H(\omega_0)|^2 \cdot \frac{1}{2\pi} \int_{\omega_0-\Delta\omega_X/2}^{\omega_0+\Delta\omega_X/2} G_X(\omega) d\omega = |H(\omega_0)|^2 R_X(0)$$

可见输入等效带宽为$\Delta\omega_X$的随机信号$X(t)$全部通过等效噪声带宽为$\Delta\omega_e$的系统。

限带白噪声$N(t)$的等效带宽$\Delta\omega_N$远大于系统等效噪声带宽$\Delta\omega_e$，才能满足限带白噪声的条件，即$\Delta\omega_N \gg \Delta\omega_e$。系统输出的噪声平均功率为

$$R_{N_o}(0) = \frac{1}{2\pi}\int_0^\infty |H(\omega)|^2 G_N(\omega)\mathrm{d}\omega = \frac{N_0}{2\pi}\int_{\omega_0-\Delta\omega_e/2}^{\omega_0+\Delta\omega_e/2} |H_e(\omega)|^2 \mathrm{d}\omega = \frac{N_0 \Delta\omega_e}{2\pi}|H(\omega_0)|^2$$

输出信噪比为系统输出的信号分量 $X_o(t)$ 的平均功率与噪声分量 $N_o(t)$ 平均功率之比

$$(\mathrm{SNR})_o = \frac{R_{X_o}(0)}{R_{N_o}(0)} = \frac{2\pi|H(\omega_0)|^2 R_X(0)}{N_0 \Delta\omega_e |H(\omega_0)|^2} = \frac{2\pi R_X(0)}{N_0 \Delta\omega_e}$$

可见输出信噪比与输入信号平均功率成正比，与 N_0 及等效噪声带宽 $\Delta\omega_e$ 成反比。

3.5.2 白噪声通过理想线性系统

理想系统的等效噪声带宽与 3dB 带宽是相等的。工程上，为了讨论问题方便，往往把一个实际系统等效成一个理想系统，这样等效系统的带宽就是等效噪声带宽。下面的讨论以单边功率谱为例，为方便起见，用 $\Delta\omega$ 来代替 $\Delta\omega_e$。

1. 理想低通系统

理想低通系统可能是一个理想低通滤波器，也可能是一个理想低通放大器，它具有如图 3.5-5 所示的幅频特性，即

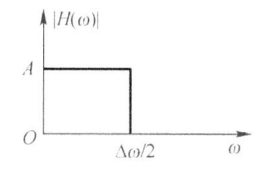

$$|H(\omega)| = \begin{cases} A, & 0 \leqslant |\omega| \leqslant \Delta\omega/2 \\ 0, & 其他 \end{cases} \quad (3.5\text{-}19)$$

图 3.5-5 理想低通系统

这里不考虑相频特性是因为随机信号的功率谱密度没有相位信息。白噪声过程 $N(t)$ 的单边功率谱密度为

$$G_N(\omega) = N_0, \qquad \omega \geqslant 0$$

当白噪声通过理想低通系统后，系统输出随机过程 $Y(t)$ 的单边功率谱密度为

$$G_Y(\omega) = |H(\omega)|^2 G_N(\omega) = \begin{cases} A^2 N_0, & 0 \leqslant \omega \leqslant \Delta\omega/2 \\ 0, & 其他 \end{cases} \quad (3.5\text{-}20)$$

可见，功率谱密度不再是无限宽，而是由无限宽变为 $\Delta\omega/2$。系统输出 $Y(t)$ 的自相关函数为

$$R_Y(\tau) = \frac{1}{2\pi}\int_0^\infty G_Y(\omega)\cos(\omega\tau)\mathrm{d}\omega = \frac{1}{2\pi}\int_0^{\Delta\omega/2} A^2 N_0 \cos(\omega\tau)\mathrm{d}\omega$$

$$= \frac{A^2 N_0 \Delta\omega}{4\pi} \cdot \frac{\sin(\Delta\omega\tau/2)}{\Delta\omega\tau/2} \quad (3.5\text{-}21)$$

平均功率

$$R_Y(0) = \frac{A^2 N_0 \Delta\omega}{4\pi} \quad (3.5\text{-}22)$$

相关系数

$$r_Y(\tau) = \frac{C_Y(\tau)}{C_Y(0)} = \frac{R_Y(\tau)}{R_Y(0)} = \frac{\sin(\Delta\omega\tau/2)}{\Delta\omega\tau/2} \quad (3.5\text{-}23)$$

相关时间

$$\tau_0 = \int_0^\infty r_Y(\tau)\mathrm{d}\tau = \int_0^\infty \frac{\sin(\Delta\omega\tau/2)}{\Delta\omega\tau/2}\mathrm{d}\tau = \frac{\pi}{\Delta\omega} = \frac{1}{2\Delta f} \quad (3.5\text{-}24)$$

式中

$$\int_0^\infty \frac{\sin(ax)}{x}\mathrm{d}x = \frac{\pi}{2}, \qquad a>0$$

由式 (3.5-20)～式 (3.5-24)，可得出以下结论，即白噪声通过理想低通系统后：
（1）功率谱宽度变窄，由无限宽变为 $\Delta\omega/2$；
（2）平均功率由无限变为有限，且与系统带宽 Δf 成正比；

（3）相关性由不相关变为相关，相关时间与系统带宽Δf成反比。

系统带宽越窄，相关时间越长，使输出起伏越慢。系统带宽增加，输出起伏相对变快。不过，输入白噪声是剧烈起伏的，相比之下，白噪声通过低通系统后起伏还是变缓慢了。上节的RC积分电路就是一个实际的低通系统，与所得到的结论是一致的。

2. 理想带通系统

理想带通滤波器是一个理想的带通系统，但更典型的带通系统是窄带滤波器。窄带系统是电子系统中常见的系统，下一章将重点介绍与窄带系统相联系的窄带随机过程。

如果输入是具有单边功率谱的白噪声，$G_N(\omega) = N_0$，那么相应的系统频率特性也应表示为单边的形式。理想带通滤波器的频率特性如图3.5-6所示，它可表示为

$$|H(\omega)| = \begin{cases} A, & 0 \leqslant |\omega - |\omega_0|| \leqslant \Delta\omega/2 \\ 0, & 其他 \end{cases} \quad (3.5\text{-}25)$$

输出随机过程$Y(t)$的单边功率谱密度为

$$G_Y(\omega) = |H(\omega)|^2 G_N(\omega)$$

$$= \begin{cases} A^2 N_0, & 0 \leqslant |\omega - \omega_0| \leqslant \Delta\omega/2 \\ 0, & 其他 \end{cases} \quad (3.5\text{-}26)$$

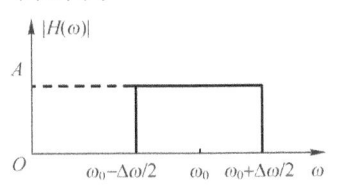

图3.5-6 理想带通系统

系统输出$Y(t)$的自相关函数为

$$R_Y(\tau) = \frac{1}{2\pi} \int_0^\infty G_Y(\omega) \cos(\omega\tau) \mathrm{d}\omega$$

$$= \frac{1}{2\pi} \int_{\omega_0 - \Delta\omega/2}^{\omega_0 + \Delta\omega/2} A^2 N_0 \cos(\omega\tau) \mathrm{d}\omega$$

积分并整理后得 $R_Y(\tau) = \dfrac{A^2 N_0 \Delta\omega}{2\pi} \dfrac{\sin(\Delta\omega\tau/2)}{\Delta\omega\tau/2} \cos(\omega_0\tau)$

$$= a(\tau) \cos(\omega_0\tau) \quad (3.5\text{-}27)$$

式中 $a(\tau) = \dfrac{A^2 N_0 \Delta\omega}{2\pi} \dfrac{\sin(\Delta\omega\tau/2)}{\Delta\omega\tau/2} \quad (3.5\text{-}28)$

图3.5-7 理想带通系统输出的自相关函数

上式与低通系统的自相关函数是一样的，相差的系数2是因为带通系统的带宽刚好比低通系统大1倍。这里$a(\tau)$与$\cos(\omega_0\tau)$相比是慢变部分。当满足$\Delta\omega \ll \omega_0$，即系统满足窄带系统条件时，$a(\tau)$表示系统输出$Y(t)$自相关函数的包络。图3.5-7是白噪声通过带通系统后输出随机过程的自相关函数。

当$\omega_0 = 0$时，带通系统退化为低通系统，此时有$R_Y(\tau) = a(\tau)$。低通系统可以看成带通系统的一个特例。由于低通系统的信号处理比较简单，在讨论带通系统时，往往先研究低通系统的特性，然后再将低通系统输出的功率谱从低频搬移到ω_0处，将低通系统输出的自相关函数$a(\tau)$乘上$\cos(\omega_0\tau)$，即可得到带通系统的输出自相关函数。

输出随机过程的平均功率为

$$R_Y(0) = \frac{A^2 N_0 \Delta\omega}{2\pi} \quad (3.5\text{-}29)$$

相关系数 $r_Y(\tau) = \dfrac{R_Y(\tau)}{R_Y(0)} = \dfrac{\sin(\Delta\omega\tau/2)}{\Delta\omega\tau/2} \cos(\omega_0\tau) = r_0(\tau)\cos(\omega_0\tau) \quad (3.5\text{-}30)$

式中
$$r_0(\tau) = \frac{\sin(\Delta\omega\tau/2)}{\Delta\omega\tau/2} \tag{3.5-31}$$

$r_0(\tau)$ 是带通系统相关系数的慢变部分，而带通系统的相关时间是由 $r_0(\tau)$ 定义的，这样带通系统的相关时间与低通系统的相关时间一致

$$\tau_0 = \int_0^\infty \frac{\sin(\Delta\omega\tau/2)}{\Delta\omega\tau/2} d\tau = \frac{1}{2\Delta f} \tag{3.5-32}$$

与低通系统的分析相似，白噪声通过理想带通系统后，功率谱由无限宽变为以 ω_0 为中心、宽度为 $\Delta\omega$ 的功率谱，平均功率由无限大变为与 Δf 成正比。输出随机过程的起伏比输入减弱了，随着 ω_0 的增加，其起伏要比低通系统的输出快得多，这是因为带通系统的相关系数中含有一个确定的频率成分。若用相关时间度量二者的相关性，则带通系统与相应的低通系统相比，虽然起伏大小不一样了，但相关时间却是相同的。

3.5.3 白噪声通过实际线性系统

实际应用中最常见的带通系统是调谐回路，调谐回路的级数越多，其频率特性越接近高斯曲线。因此，实际的多级调谐回路的频率特性是以高斯曲线为极限的，而所有的系统频率特性又是以理想带通频率特性为极限的。工程上只要有 4～5 级单调谐回路，就认为它具有高斯频率特性。这里以带通系统为例，分析高斯带通系统输出功率和起伏的变化。

如果高斯带通系统的频率响应为

$$H(\omega) = A e^{-(\omega-\omega_0)^2/(2\beta^2)}, \quad \omega \geqslant 0 \tag{3.5-33}$$

式中，β 是与系统带宽有关的量，β 越大带宽越宽。当输入随机信号 $N(t)$ 是具有单边功率谱的白噪声时，$G_N(\omega) = N_0$，输出也用单边功率谱表示

$$G_Y(\omega) = |H(\omega)|^2 G_N(\omega) = A^2 N_0 e^{-(\omega-\omega_0)^2/\beta^2}, \quad \omega \geqslant 0 \tag{3.5-34}$$

与带通系统对应的低通系统的频率响应为 $Ae^{-\omega^2/(2\beta^2)}$。按照前面给出的结论，利用相应的低通系统输出的自相关函数来求带通系统输出的自相关函数的包络，即

$$a(\tau) = \frac{1}{\pi}\int_0^\infty \left[|H(\omega)|^2 G_N(\omega)\right]\Big|_{\omega_0=0} \cos(\omega\tau) d\omega$$
$$= \frac{A^2 N_0}{\pi}\int_0^\infty e^{-\omega^2/\beta^2}\cos(\omega\tau) d\omega = \frac{A^2 N_0 \beta}{2\sqrt{\pi}} e^{-\beta^2\tau^2/4} \tag{3.5-35}$$

上式利用了傅里叶变换对 $\quad e^{-\frac{t^2}{2\sigma^2}} \Longleftrightarrow \sigma\sqrt{2\pi}\, e^{-\frac{\sigma^2\omega^2}{2}}$

因此带通系统的输出自相关函数为

$$R_Y(\tau) = a(\tau)\cos(\omega_0\tau) = \frac{A^2 N_0 \beta}{2\sqrt{\pi}} e^{-\beta^2\tau^2/4}\cos(\omega_0\tau) \tag{3.5-36}$$

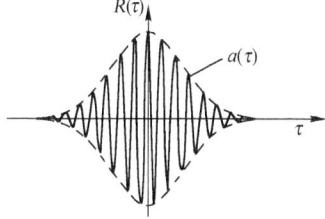

图 3.5-8 高斯带通系统的输出自相关函数

图 3.5-8 示出了高斯带通系统的输出自相关函数和包络。

输出随机过程的平均功率为
$$R_Y(0) = \frac{A^2 N_0 \beta}{2\sqrt{\pi}} \tag{3.5-37}$$

相关系数
$$r_Y(\tau) = e^{-\beta^2\tau^2/4}\cos(\omega_0\tau) \tag{3.5-38}$$

等效噪声带宽
$$\Delta\omega_e = \frac{\int_0^\infty |H(\omega)|^2 d\omega}{|H(\omega_0)|^2} = \int_0^\infty e^{-(\omega-\omega_0)^2/\beta^2} d\omega = \sqrt{\pi}\beta \tag{3.5-39}$$

相关时间
$$\tau_0 = \int_0^\infty e^{-\beta^2 \tau^2/4} d\tau = \sqrt{\pi}/\beta \qquad (3.5\text{-}40)$$

由于 β 与系统带宽成正比,因此相关时间与带宽 Δf 成反比。其他分析结果与理想带通系统相同。在这里输出自相关函数的包络是高斯曲线,功率谱密度也是高斯曲线。

3.6 非线性系统对随机信号的响应

与线性系统不同,非线性系统不满足叠加原理,因此不能像线性系统那样把信号和噪声分别通过系统进行分析。另外,由于非线性的作用,在输出端不仅存在信号和噪声的谱分量,还存在信号和噪声相互作用形成的谱分量,输入信号的各次谐波分量等,这就决定了非线性系统的复杂性。经常遇到的非线性系统有检波器、限幅器等,本节将以此为例讨论它们对随机信号的响应。

在对随机信号进行分析时,常把非线性系统分成有记忆(惰性)和无记忆(无惰性)两大类。所谓有记忆系统是指系统某一时刻的输出不仅与同一时刻的输入有关,还与以前的输入有关。这样的系统一般都有储能元件(例如电感、电容),需要用微分方程描述。实际的非线性电路通常都包含储能元件,是有记忆的非线性电路。一般情况下,可以把有记忆的非线性系统分为有记忆的线性子系统和无记忆的非线性子系统,或把电感和电容等记忆元件合并到前级或后级的线性系统中。为了分析直观,本节只讨论随机信号作用于无记忆的非线性系统。

假定非线性器件内没有储能元件,即在 t 时刻的输出 $Y(t)$ 只与 t 时刻的输入 $X(t)$ 有关,输入输出的关系式为

$$Y(t) = g[X(t)] \qquad (3.6\text{-}1)$$

由第 1 章随机变量的函数变换,输出的概率密度可以由输入的概率密度确定。输出的一些统计特性也可以直接利用输入的概率密度求得。

一个重要的结论是,与时间无关的非线性并不改变随机过程的平稳性,只有涉及时间的变换才改变系统输出的平稳性。

3.6.1 全波平方律检波器

检波器是从调幅信号中取出调制信号的重要部件,一般位于中频放大器输出端。检波器是一个非线性系统,为了防止非线性引入的噪声重叠到信号的频带上,通常在检波器的输入端有一个带通滤波器,只保留信号带宽内的信号。因为中频放大器的信号为窄带信号,这个带通滤波器也称窄带滤波器。与线性系统相似,非线性系统也会产生信号频谱或功率谱的搬移,此外非线性还会产生一些新的频谱或功率谱成分,因此在检波器的输出端,还需要加一个低通滤波器,抑制那些信号带宽以外的信号或噪声。图 3.6-1 为包括前后级在内的检波器方框图。

$X_{AM}(t)$ → 带通滤波器 → $X(t)$ → 检波器 → $Y(t)$ → 低通滤波器 → $Y_o(t)$

图 3.6-1 检波器方框图

全波平方律检波器的输入输出关系为

$$y = bx^2, \quad b > 0 \qquad (3.6\text{-}2)$$

若输入为随机过程 $X(t)$，则输出也为随机过程

$$Y(t) = bX^2(t) \tag{3.6-3}$$

用 X_t、Y_t 分别表示输入过程 $X(t)$、输出过程 $Y(t)$ 在 t 时刻的状态，则有

$$X_t = \pm\sqrt{\frac{Y_t}{b}} \tag{3.6-4}$$

如果 $f_X(x,t)$ 表示 $X(t)$ 的一维概率密度，则由式(3.6-3)的函数变换关系可得输出过程 $Y(t)$ 的一维概率密度为

$$f_Y(y,t) = \frac{1}{2\sqrt{by}}\left[f_X\left(\sqrt{\frac{y}{b}},t\right) + f_X\left(-\sqrt{\frac{y}{b}},t\right)\right] \tag{3.6-5}$$

利用 $X(t)$ 的概率密度，直接求输出随机过程的 n 阶矩

$$E[Y^n(t)] = \int_{-\infty}^{\infty}(bx^2)^n f(x,t)\mathrm{d}x = b^n \int_{-\infty}^{\infty} x^{2n} f(x,t)\mathrm{d}x = b^n E[X^{2n}(t)] \tag{3.6-6}$$

自相关函数

$$\begin{aligned} R_Y(t_1,t_2) &= \int_{-\infty}^{\infty}\int_{-\infty}^{\infty}(bx_1^2)(bx_2^2)f(x_1,x_2;t_1,t_2)\mathrm{d}x_1\mathrm{d}x_2 \\ &= b^2 E[X^2(t_1)X^2(t_2)] \end{aligned} \tag{3.6-7}$$

由于平方律的关系，检波器输出矩函数的阶数都在原基础上加了一倍，如自相关函数为二阶相关矩，需要用输入随机过程的四阶矩来计算。

1. 零均值平稳高斯噪声作用于检波器

如果检波器的输入信号 $X(t)$ 只是零均值平稳高斯噪声，那么检波器的输出也只有噪声，只是噪声所占据的功率谱可能会有所改变。

输入过程 $X(t)$ 为平稳过程，因此它的一维概率密度与时间无关，即

$$f_X(x) = \frac{1}{\sqrt{2\pi\sigma^2}}\mathrm{e}^{-\frac{x^2}{2\sigma^2}}$$

代入式(3.6-5)得出输出过程的一维概率密度

$$f_Y(y,t) = \frac{1}{2\sigma\sqrt{2\pi by}}[\mathrm{e}^{-\frac{(\sqrt{y/b})^2}{2\sigma^2}} + \mathrm{e}^{-\frac{(-\sqrt{y/b})^2}{2\sigma^2}}] = \frac{1}{\sigma\sqrt{2\pi by}}\mathrm{e}^{-\frac{y}{2b\sigma^2}} \tag{3.6-8}$$

由式(3.6-8)可以看出输出过程的一维概率密度与时间无关。

已知零均值平稳高斯过程 $X(t)$ 的各阶矩为 $E[X^2(t)] = \sigma^2$，$E[X^4(t)] = 3\sigma^4$，将其代入式(3.6-6)可得到输出过程 $Y(t)$ 的各阶矩

$$E[Y(t)] = bE[X^2(t)] = b\sigma^2 \tag{3.6-9}$$

$$E[Y^2(t)] = b^2 E[X^4(t)] = 3b^2\sigma^4 \tag{3.6-10}$$

$$\sigma_Y^2 = E[Y^2(t)] - \{E[Y(t)]\}^2 = 2b^2\sigma^4 \tag{3.6-11}$$

高斯过程 $X(t)$ 在 t 和 $t+\tau$ 时刻的状态可看做相关的二维高斯变量，由式(1.5-38)可知它们的联合特征函数为

$$\Phi_X(\omega_1,\omega_2,\tau) = \exp\{-\frac{\sigma^2}{2}[\omega_1^2 + 2r(\tau)\omega_1\omega_2 + \omega_2^2]\} \tag{3.6-12}$$

式中，$r(\tau)$ 为 $X(t)$ 的相关系数。利用式(1.4-19)可得 $X(t)$ 的四阶混合矩

$$E[X^2(t)X^2(t+\tau)] = (-j)^4 \frac{\partial^4}{\partial \omega_1^2 \partial \omega_2^2} \Phi_X(\omega_1, \omega_2, \tau)\Big|_{\omega_1=0,\ \omega_2=0}$$

$$= \frac{\partial^4}{\partial \omega_1^2 \partial \omega_2^2} \exp\{-\frac{\sigma^2}{2}[\omega_1^2 + 2r(\tau)\omega_1\omega_2 + \omega_2^2]\}\Big|_{\omega_1=0,\ \omega_2=0}$$

$$= \sigma^4 + 2\sigma^4 r^2(\tau) \tag{3.6-13}$$

将四阶混合矩代入式(3.6-7)，得到 $Y(t)$ 的自相关函数

$$R_Y(t, t+\tau) = b^2 E[X^2(t)X^2(t+\tau)] = b^2\sigma^4 + 2b^2[\sigma^4 r^2(\tau)] = b^2\sigma^4 + 2b^2 R_X^2(\tau) \tag{3.6-14}$$

可见 $Y(t)$ 的自相关函数只是 τ 的函数，所以 $Y(t)$ 也是平稳过程。$Y(t)$ 的功率谱密度

$$S_Y(\omega) = 2\pi b^2 \sigma^4 \delta(\omega) + 2b^2 \int_{-\infty}^{\infty} R_X^2(\tau) e^{-j\omega\tau} d\tau \tag{3.6-15}$$

根据频域卷积定理，时域乘积的傅里叶变换对应频域的卷积，若用 $S_X(\omega)$ 表示 $X(t)$ 的功率谱密度，则上式中的积分项可写成

$$\int_{-\infty}^{\infty} R_X^2(\tau) e^{-j\omega\tau} d\tau = \int_{-\infty}^{\infty} R_X(\tau) R_X(\tau) e^{-j\omega\tau} d\tau = \frac{1}{2\pi} \int_{-\infty}^{\infty} S_X(\lambda) S_X(\omega-\lambda) d\lambda$$

$$= \frac{1}{2\pi} S_X(\omega) * S_X(\omega) \tag{3.6-16}$$

于是得到

$$S_Y(\omega) = 2\pi b^2 \sigma^4 \delta(\omega) + \frac{b^2}{\pi} \int_{-\infty}^{\infty} S_X(\lambda) S_X(\omega-\lambda) d\lambda \tag{3.6-17}$$

可见 $Y(t)$ 的功率谱密度由两部分组成，第一项是直流部分，第二项为起伏部分。

【例 3.6-1】 已知检波器的输入输出关系为 $y = bx^2$，输入信号是均值为零、带宽为 $\Delta\omega$ 的带通限带白噪声，其功率谱

$$S_X(\omega) = \begin{cases} A, & \omega_0 - \dfrac{\Delta\omega}{2} < |\omega| < \omega_0 + \dfrac{\Delta\omega}{2} \\ 0, & \text{其他} \end{cases}$$

检波器的输出端接一个低通滤波器以滤去高次谐波，求低通滤波器的最小带宽，并求检波器输出的自相关函数和功率谱密度。

解：参考 2.4 节带通白噪声的自相关函数，可得 $X(t)$ 的自相关函数

$$R_X(\tau) = \frac{A\Delta\omega}{\pi} \frac{\sin(\Delta\omega\tau/2)}{\Delta\omega\tau/2} \cos(\omega_0\tau)$$

由于带通信号的直流功率为零，对 $S_X(\omega)$ 积分就可得到 $X(t)$ 的交流功率，即方差

$$\sigma^2 = \frac{1}{2\pi} \int_{-\infty}^{\infty} S_X(\omega) d\omega = A\Delta\omega/\pi$$

代入式(3.6-9)可得 $Y(t)$ 的数学期望为

$$E[Y(t)] = bA\Delta\omega/\pi$$

由式(3.6-11)可得 $Y(t)$ 的方差为

$$\sigma_Y^2 = 2b^2\sigma^4 = 2b^2 A^2 \Delta\omega^2/\pi^2$$

将 $X(t)$ 的方差和 $R_X(\tau)$ 代入式(3.6-14)，得到 $Y(t)$ 的自相关函数

$$R_Y(\tau) = b^2\sigma^4 + 2b^2 R_X^2(\tau) = \frac{b^2 A^2 \Delta\omega^2}{\pi^2} + \frac{2b^2 A^2 \Delta\omega^2}{\pi^2}\left[\frac{\sin(\Delta\omega\tau/2)}{\Delta\omega\tau/2}\cos(\omega_0\tau)\right]^2$$

将 $X(t)$ 的方差和 $S_X(\omega)$ 代入式(3.6-17)，可以求出 $Y(t)$ 的功率谱。先计算 $S_Y(\omega)$ 中的

卷积

$$S_1(\omega) = \int_{-\infty}^{\infty} S_X(\lambda) S_X(\omega - \lambda) \mathrm{d}\lambda$$

由卷积的知识，矩形脉冲与矩形脉冲卷积应该是三角形，最大值发生在 $\omega = 0$ 处

$$S_1(0) = \int_{-\infty}^{\infty} S_X(\lambda) S_X(-\lambda) \mathrm{d}\lambda = 2A^2 \Delta\omega$$

上式是求两个矩形脉冲相乘的面积，很容易得到结果。三角形功率谱的底边应该是脉冲宽度的 2 倍。图 3.6-2 所示为卷积示意图。$\pm 2\omega_0$ 处三角形功率谱的高度为零频处的一半。

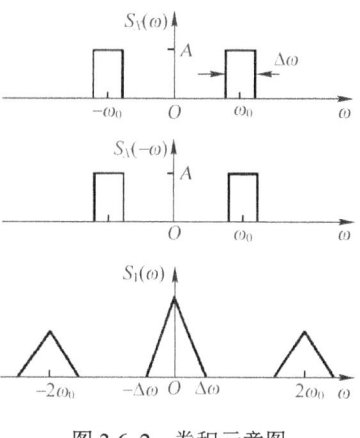

图 3.6-2 卷积示意图

将卷积结果代入 $Y(t)$ 的功率谱，得到

$$S_Y(\omega) = \frac{2b^2 A^2 \Delta\omega^2}{\pi} \delta(\omega) + \begin{cases} \dfrac{2b^2 A^2}{\pi}(\Delta\omega - |\omega|), & |\omega| \leqslant \Delta\omega \\ \dfrac{b^2 A^2}{\pi}(\Delta\omega - ||\omega| - 2\omega_0|), & 2\omega_0 - \Delta\omega < |\omega| < 2\omega_0 + \Delta\omega \\ 0, & \text{其他} \end{cases}$$

图 3.6-3 示出了输入 $X(t)$ 和输出 $Y(t)$ 的自相关函数和功率谱密度。由图可见，输入 $X(t)$ 的功率谱集中在 ω_0 附近，而输出 $Y(t)$ 的功率谱在 ω_0 附近却为零。输出功率谱在零频处有一个冲激函数 $\delta(\omega)$，即直流分量。输出功率谱包括了输入功率谱中没有的直流、低频和二次谐波分量。为了滤除高次谐波，并留下低频分量，检波器输出端的低通滤波器最小带宽应该为 $\Delta\omega$，$S_0(\omega)$ 就是滤波后保留下来的低频分量的功率谱

$$S_0(\omega) = \frac{2b^2 A^2 \Delta\omega^2}{\pi} \delta(\omega) + \frac{2b^2 A^2}{\pi}(\Delta\omega - |\omega|) \qquad (|\omega| \leqslant \Delta\omega)$$

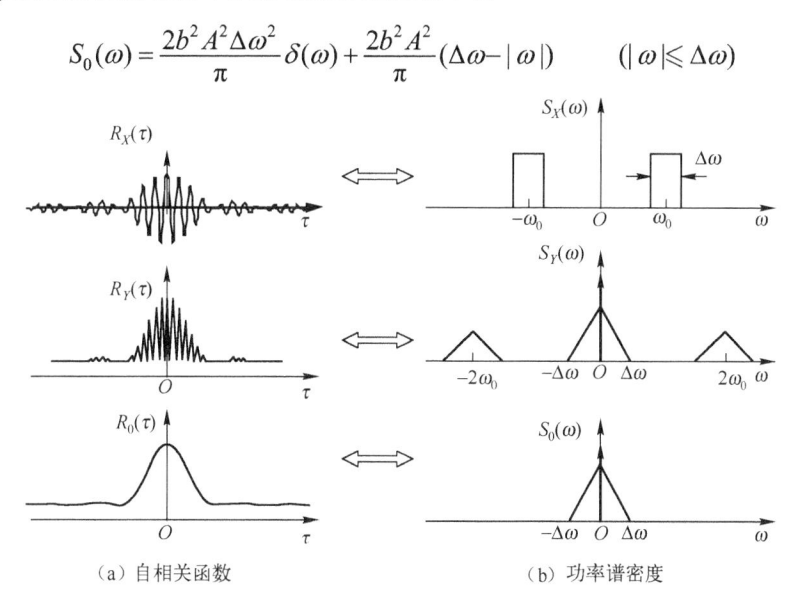

(a) 自相关函数　　　　　　　(b) 功率谱密度

图 3.6-3 平方律检波器输入输出自相关函数和功率谱

这就是需要从调幅信号中检出的调制信号的功率谱。对应上式的自相关函数为

$$R_0(\tau) = \frac{b^2 A^2 \Delta\omega^2}{\pi^2} + \frac{b^2 A^2 \Delta\omega^2}{\pi^2}\left[\frac{\sin(\Delta\omega\tau/2)}{\Delta\omega\tau/2}\right]^2$$

上式利用了傅里叶变换 $\quad \dfrac{\Delta\omega}{2\pi}\left[\dfrac{\sin(\Delta\omega\tau/2)}{\Delta\omega\tau/2}\right]^2 \Longleftrightarrow 1-\dfrac{|\omega|}{\Delta\omega}$

也可以将自相关函数 $R_Y(\tau)$ 展开，留下低频分量，即为检波后滤波输出的自相关函数。

2. 信号和噪声同时作用于检波器

如果平方律检波器的输入端不仅有平稳、数学期望为零的噪声 $N(t)$，还存在平稳、数学期望为零的随机信号 $V(t)$，且信号和噪声是不相关的

$$X(t) = V(t) + N(t) \tag{3.6-18}$$

则全波平方律检波器的输出 $\quad Y(t) = bV^2(t) + 2bV(t)N(t) + bN^2(t) \tag{3.6-19}$

若用 σ_V^2 和 σ_N^2 分别表示信号和噪声的方差，则 $Y(t)$ 的数学期望

$$E[Y(t)] = bE[V^2(t)] + 2bE[V(t)]E[N(t)] + bE[N^2(t)] = b(\sigma_V^2 + \sigma_N^2) \tag{3.6-20}$$

由于 $V(t)$ 和 $N(t)$ 不相关，输出的二阶矩可简化为

$$\begin{aligned} E[Y^2(t)] &= b^2 E[\{V(t)+N(t)\}^4] \\ &= b^2 E[V^4(t) + 4V^3(t)N(t) + 6V^2(t)N^2(t) + 4V(t)N^3(t) + N^4(t)] \\ &= b^2\{E[V^4(t)] + 6\sigma_V^2\sigma_N^2 + E[N^4(t)]\} \end{aligned} \tag{3.6-21}$$

根据式(3.6-7)计算的输出自相关函数，不仅包含信号分量 $R_{V\times V}(\tau)$、噪声分量 $R_{N\times N}(\tau)$，还包括信号和噪声互相作用的分量 $R_{V\times N}(\tau)$，即

$$\begin{aligned} R_Y(\tau) &= b^2 E\{[V(t)+N(t)]^2[V(t+\tau)+N(t+\tau)]^2\} \\ &= b^2 R_{V^2}(\tau) + 4b^2 R_V(\tau)R_N(\tau) + 2b^2\sigma_V^2\sigma_N^2 + b^2 R_{N^2}(\tau) \\ &= R_{V\times V}(\tau) + R_{V\times N}(\tau) + R_{N\times N}(\tau) \end{aligned} \tag{3.6-22}$$

式中 $\quad R_{V\times V}(\tau) = b^2 E[V^2(t)V^2(t+\tau)] = b^2 R_{V^2}(\tau) \tag{3.6-23}$

$$R_{V\times N}(\tau) = 4b^2 R_V(\tau)R_N(\tau) + 2b^2\sigma_V^2\sigma_N^2 \tag{3.6-24}$$

$$R_{N\times N}(\tau) = b^2 E[N^2(t)N^2(t+\tau)] = b^2 R_{N^2}(\tau) \tag{3.6-25}$$

根据三个分量的自相关函数，通过傅里叶变换求出对应的功率谱密度

$$S_Y(\omega) = S_{V\times V}(\omega) + S_{V\times N}(\omega) + S_{N\times N}(\omega) \tag{3.6-26}$$

式中 $\quad S_{V\times V}(\omega) = b^2 \int_{-\infty}^{\infty} R_{V^2}(\tau) \mathrm{e}^{-\mathrm{j}\omega\tau}\mathrm{d}\tau \tag{3.6-27}$

$$S_{V\times N}(\omega) = 4b^2 \int_{-\infty}^{\infty} R_V(\tau)R_N(\tau)\mathrm{e}^{-\mathrm{j}\omega\tau}\mathrm{d}\tau + 4\pi b^2 \sigma_V^2 \sigma_N^2 \delta(\omega) \tag{3.6-28}$$

$$S_{N\times N}(\omega) = b^2 \int_{-\infty}^{\infty} R_{N^2}(\tau)\mathrm{e}^{-\mathrm{j}\omega\tau}\mathrm{d}\tau \tag{3.6-29}$$

在线性系统中，并不存在信号和噪声互相作用的功率谱 $S_{V\times N}(\omega)$。这里由于非线性的作用，在检波器输出端出现了 $S_{V\times N}(\omega)$ 分量，它既有噪声的性质，又包含信号的信息。

式(3.6-22)和式(3.6-26)是在信号和与信号不相关的噪声同时作用的情况下，平方律检波器输出的自相关函数和功率谱密度的表达式。下面通过具体例子进一步说明检波器输出的

自相关函数和功率谱密度。

【例 3.6-2】 随机信号与高斯噪声的混合信号 $X(t)=V(t)+N(t)$ 通过平方律检波器，检波器的输入输出关系为 $y=x^2$。输入的信号是随机相位余弦信号 $V(t)=a\cos(\omega_0 t+\Phi)$，式中 a 为常数，Φ 为在 $[0,2\pi]$ 上均匀分布的随机变量。输入的噪声 $N(t)$ 是均值为零、中心频率为 ω_0、带宽为 $\Delta\omega$、功率谱密度为 A 的带通限带高斯白噪声，且信号和噪声互不相关。求检波器输出 $Y(t)$ 的数学期望 $E[Y(t)]$、方差 σ_Y^2 和自相关函数 $R_Y(\tau)$。

解： 例 2.3-2 已经求出随机相位余弦信号 $V(t)$ 的均值为零，自相关函数为

$$R_V(\tau)=\frac{a^2}{2}\cos(\omega_0\tau)$$

因均值为零，由上式可得 $V(t)$ 的方差 $\sigma_V^2=a^2/2$。由余弦信号简化

$$\cos^4(\omega_0\tau+\Phi)=\frac{1}{4}[1+\cos(2\omega_0\tau+2\Phi)]^2=\frac{1}{8}[3+4\cos(2\omega_0\tau+2\Phi)+\cos(4\omega_0\tau+4\Phi)]$$

得到 $V(t)$ 的四阶矩 $\quad E[V^4(t)]=E\left[\frac{a^4}{8}\{3+4\cos(2\omega_0\tau+2\Phi)+\cos(4\omega_0\tau+4\Phi)\}\right]=3a^4/8$

输入噪声 $N(t)$ 与例 3.6-1 中的 $X(t)$ 具有相同的方差 σ_N^2 和四阶矩 $E[N^4(t)]$。根据式(3.6-20)和式(3.6-21)，可得输出 $Y(t)$ 的数学期望和方差

$$E[Y(t)]=\sigma_V^2+\sigma_N^2=\frac{a^2}{2}+\frac{A\Delta\omega}{\pi}$$

$$E[Y^2(t)]=E[V^4(t)]+6\sigma_V^2\sigma_N^2+E[N^4(t)]=\frac{3a^4}{8}+\frac{3a^2 A\Delta\omega}{\pi}+\frac{3A^2\Delta\omega^2}{\pi^2}$$

$$\sigma_Y^2=E[Y^2(t)]-(E[Y(t)])^2=\frac{a^4}{8}+\frac{2a^2 A\Delta\omega}{\pi}+\frac{2A^2\Delta\omega^2}{\pi^2}$$

下面根据式(3.6-22)～式(3.6-25)，分别计算输出自相关函数的各个分量。

（1）信号分量。信号分量的自相关函数为

$$R_{V\times V}(\tau)=E\{a^2\cos^2(\omega_0 t+\Phi)a^2\cos^2[\omega_0(t+\tau)+\Phi]\}=\frac{a^4}{4}+\frac{a^4}{8}\cos(2\omega_0\tau)$$

（2）噪声分量。噪声分量的自相关函数 $R_{N\times N}(\tau)$ 与带通高斯白噪声单独作用于检波器是相同的，已在例 3.6-1 中求出。噪声分量的自相关函数为

$$R_{N\times N}(\tau)=\sigma^4+2R_N^2(\tau)=\frac{A^2\Delta\omega^2}{\pi^2}+\frac{2A^2\Delta\omega^2}{\pi^2}\left[\frac{\sin(\Delta\omega\tau/2)}{\Delta\omega\tau/2}\cos(\omega_0\tau)\right]^2$$

（3）信号与噪声互相作用分量。将 $R_V(\tau)$, σ_V^2 和 σ_N^2 代入式(3.6-24)，得到

$$R_{V\times N}(\tau)=4R_V(\tau)R_N(\tau)+2\sigma_V^2\sigma_N^2=2a^2 R_N(\tau)\cos(\omega_0\tau)+a^2 A\Delta\omega/\pi$$

总的输出自相关函数

$$R_Y(\tau)=\frac{a^4}{4}+\frac{a^4}{8}\cos(2\omega_0\tau)+\frac{A^2\Delta\omega^2}{\pi^2}+2R_N^2(\tau)+2a^2 R_N(\tau)\cos(\omega_0\tau)+\frac{a^2 A\Delta\omega}{\pi}$$

$$=\left(\frac{a^2}{2}+\frac{A\Delta\omega}{\pi}\right)^2+\frac{a^4}{8}\cos(2\omega_0\tau)+2R_N^2(\tau)+2a^2 R_N(\tau)\cos(\omega_0\tau)$$

式中，$R_N(\tau)=\frac{A\Delta\omega}{\pi}\frac{\sin(\Delta\omega\tau/2)}{\Delta\omega\tau/2}\cos(\omega_0\tau)$，所以 $R_Y(\tau)$ 中只有低频和二次谐波项。

也可以根据 $R_Y(\tau)$ 得到输出 $Y(t)$ 的数学期望和方差。首先得

$$R_Y(0) = \frac{3a^4}{8} + \frac{3a^2 A\Delta\omega}{\pi} + \frac{3A^2\Delta\omega^2}{\pi^2}$$

因为 $R_Y(\tau)$ 是振荡的，无法通过 $R_Y(\infty)$ 求直流功率，但是可以看出 $R_Y(\tau)$ 的第一项对应直流功率，因此

$$(E[Y(t)])^2 = \left(\frac{a^2}{2} + \frac{A\Delta\omega}{\pi}\right)^2$$

$$\sigma_Y^2 = R_Y(0) - (E[Y(t)])^2 = \frac{a^4}{8} + \frac{2a^2 A\Delta\omega}{\pi} + \frac{2A^2\Delta\omega^2}{\pi^2}$$

与直接计算所求的结果相同。

【例 3.6-3】 求例 3.6-2 所给检波器的输出功率谱密度。

解： 例 3.6-2 已经求出各个分量的自相关函数，下面根据式(3.6-26)～式(3.6-29)，分别计算各个输出分量的功率谱密度。随机相位余弦信号 $V(t)$ 的功率谱密度为

$$S_V(\omega) = \frac{\pi a^2}{2}[\delta(\omega - \omega_0) + \delta(\omega + \omega_0)]$$

（1）信号分量。对信号分量的自相关函数进行傅里叶变换，信号分量的功率谱密度为

$$S_{V \times V}(\omega) = \int_{-\infty}^{\infty} R_{V \times V}(\tau) e^{-j\omega\tau} d\tau = \frac{\pi a^4}{2}\delta(\omega) + \frac{\pi a^4}{8}[\delta(\omega - 2\omega_0) + \delta(\omega + 2\omega_0)]$$

非线性的作用是把信号从 $\pm\omega_0$ 搬到 $\pm 2\omega_0$ 和低频，而低频分量正好是检波需要的信号。可以通过一个低通滤波器抑制 $\pm 2\omega_0$ 附近的分量，留下低频分量。

（2）噪声分量。噪声分量的功率谱密度 $S_{N \times N}(\omega)$ 与例 3.6-1 中的 $S_Y(\omega)$ 相同，有

$$S_{N \times N}(\omega) = \frac{2A^2\Delta\omega^2}{\pi}\delta(\omega) + \begin{cases} \dfrac{2A^2}{\pi}(\Delta\omega - |\omega|), & |\omega| \leqslant \Delta\omega \\ \dfrac{A^2}{\pi}(\Delta\omega - ||\omega| - 2\omega_0|), & 2\omega_0 - \Delta\omega < |\omega| < 2\omega_0 + \Delta\omega \\ 0, & \text{其他} \end{cases}$$

（3）信号与噪声互相作用分量。对 $R_{V \times N}(\tau)$ 进行傅立叶变换，得到信号与噪声互相作用分量的功率谱

$$S_{V \times N}(\omega) = a^2[S_N(\omega - \omega_0) + S_N(\omega + \omega_0)] + 2a^2 A\Delta\omega\delta(\omega)$$

$$= 2a^2 A\Delta\omega\delta(\omega) + \begin{cases} 2a^2 A, & |\omega| < \Delta\omega/2 \\ a^2 A, & 2\omega_0 - \Delta\omega/2 < |\omega| < 2\omega_0 + \Delta\omega/2 \\ 0, & \text{其他} \end{cases}$$

信号与噪声互相作用的结果是通过卷积把输入噪声的功率谱搬到低频和载频的二倍频上。二倍频附近的功率谱可以通过后面的低通滤波器滤掉。虽然低频分量中噪声功率很大，但也包含着有用的信息。总的功率谱密度

$$S_Y(\omega) = 2\pi\left(\frac{a^2}{2} + \frac{A\Delta\omega}{\pi}\right)^2 \delta(\omega) + \frac{\pi a^4}{8}[\delta(\omega - 2\omega_0) + \delta(\omega + 2\omega_0)] +$$

$$\frac{1}{\pi}S_N(\omega) * S_N(\omega) + a^2[S_N(\omega - \omega_0) + S_N(\omega + \omega_0)]$$

式中，$S_N(\omega)$ 与例 3.6-1 中的 $S_X(\omega)$ 相同。图 3.6-4 示出了输入、输出各分量的功率谱密度。上式中第三项 $S_N(\omega)$ 的卷积导致图 3.6-4(d) 的结果，而第四项 $S_N(\omega)$ 频移相加的结果构成了图 3.6-4(c) 中的主要部分。

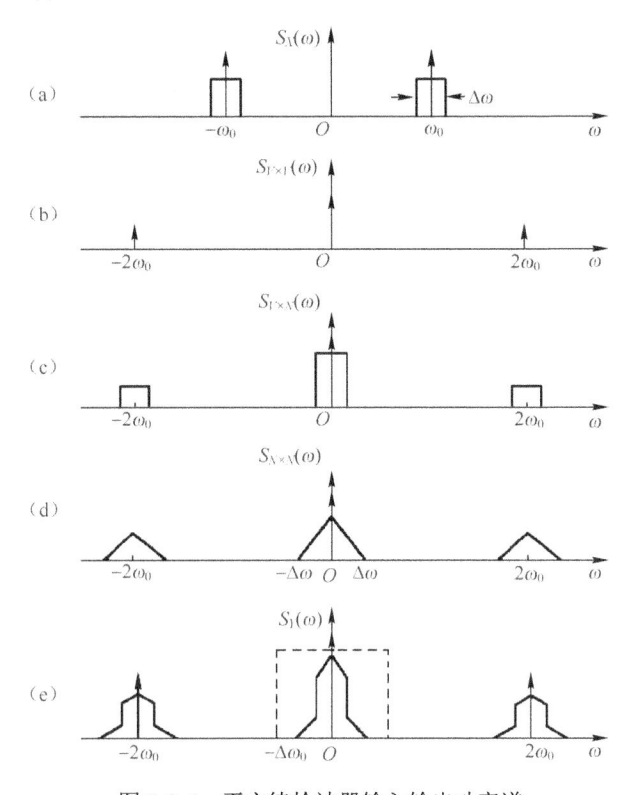

图 3.6-4 平方律检波器输入输出功率谱

$S_Y(\omega)$ 的第一项是直流分量，第二、三、四项都是低频和二次谐波分量，可见平方律检波器的输出并没有基频分量，即不含有与输入信号和噪声在同一频带的分量。

与例 3.6-1 相似，如果检波器输出端接有低通滤波器，则有用信号只有低频信号。所以实际的检波器输出功率谱只是图 3.6-4(e) 中的低频部分

$$S_0(\omega) = \begin{cases} 2\pi\left(\dfrac{a^2}{2}+\dfrac{A\Delta\omega}{\pi}\right)^2\delta(\omega), & \omega=0 \\ 2a^2A+2A^2(\Delta\omega-|\omega|)/\pi, & |\omega|\leqslant\Delta\omega/2 \\ 2A^2(\Delta\omega-|\omega|)/\pi, & \Delta\omega/2<|\omega|\leqslant\Delta\omega \\ 0, & \text{其他} \end{cases}$$

在以上两个例子中，若 $b\neq 1$，除了数学期望（一阶统计量）乘 b，其他二阶统计量，如方差、自相关函数和功率谱密度都需乘 b^2。

3.6.2 半波线性检波器

大信号检波一般是应用二极管伏安特性的直线段，因此对应的是线性检波。下面只考虑半波线性检波的情况。

半波线性检波的特性曲线为
$$y = g(x) = \begin{cases} bx, & x > 0 \\ 0, & x \leqslant 0 \end{cases} \tag{3.6-30}$$

如果检波器输入的是数学期望为零、方差为 σ^2 的平稳高斯过程 $X(t)$，可以求出输出过程的一维概率分布函数为

$$F_Y(y,t) = P\{Y(t) \leqslant y\} = \begin{cases} 0, & y < 0 \\ \int_{-\infty}^{0} \frac{1}{\sqrt{2\pi\sigma^2}} e^{-\frac{x^2}{2\sigma^2}} dx = \frac{1}{2}, & y = 0 \\ \int_{-\infty}^{y/b} \frac{1}{\sqrt{2\pi\sigma^2}} e^{-\frac{x^2}{2\sigma^2}} dx, & y > 0 \end{cases} \tag{3.6-31}$$

概率密度为
$$f_Y(y,t) = \frac{1}{2}\delta(y) + \frac{u(y)}{b\sigma\sqrt{2\pi}} e^{-\frac{y^2}{2b^2\sigma^2}} \tag{3.6-32}$$

式中 $\delta(y)$ 和 $u(y)$ 为冲激函数和阶跃函数。利用函数变换可求出 $Y(t)$ 的一、二阶矩

$$E[Y(t)] = \int_{-\infty}^{\infty} g(x)f(x)dx = \int_{0}^{\infty} bx \frac{1}{\sqrt{2\pi}\sigma} e^{-x^2/(2\sigma^2)} dx = \frac{b\sigma}{\sqrt{2\pi}} \tag{3.6-33}$$

$$E[Y^2(t)] = \int_{-\infty}^{\infty} g^2(x)f(x)dx = \int_{0}^{\infty} b^2x^2 \frac{1}{\sqrt{2\pi}\sigma} e^{-x^2/(2\sigma^2)} dx = \frac{b^2\sigma^2}{2} \tag{3.6-34}$$

$$\sigma_Y^2 = E[Y^2(t)] - \{E[Y(t)]\}^2 = \frac{b^2\sigma^2}{2}\left(1 - \frac{1}{\pi}\right) \tag{3.6-35}$$

输出的自相关函数
$$R_Y(\tau) = \int_{0}^{\infty}\int_{0}^{\infty} b^2 x_1 x_2 f(x_1, x_2; \tau) dx_1 dx_2 \tag{3.6-36}$$

上式用到高斯分布的联合概率密度，由第 1 章，已知

$$f(x_1, x_2; \tau) = \frac{1}{2\pi\sigma^2\sqrt{1-r^2(\tau)}} \exp\left\{-\frac{x_1^2 + x_2^2 - 2r(\tau)x_1 x_2}{2\sigma^2[1 - r^2(\tau)]}\right\}$$

式中，$r(\tau)$ 为 $X(t)$ 的相关系数。令 $z_1 = x_1/\sigma$，$z_2 = x_2/\sigma$，将它表示成归一化的形式

$$f_Z(z_1, z_2; \tau) = \frac{1}{2\pi\sqrt{1-r^2(\tau)}} \exp\left\{-\frac{z_1^2 + z_2^2 - 2r(\tau)z_1 z_2}{2[1 - r^2(\tau)]}\right\} \tag{3.6-37}$$

代入式(3.6-36)得 $R_Y(\tau) = \int_{0}^{\infty}\int_{0}^{\infty} b^2\sigma^2 z_1 z_2 f_Z(z_1, z_2; \tau) dz_1 dz_2$

$$= \int_{0}^{\infty}\int_{0}^{\infty} b^2\sigma^2 z_1 z_2 \frac{1}{2\pi\sqrt{1-r^2(\tau)}} \exp\left\{-\frac{z_1^2 + z_2^2 - 2r(\tau)z_1 z_2}{2[1 - r^2(\tau)]}\right\} dz_1 dz_2 \tag{3.6-38}$$

由附录 B，对上式进行计算后得到

$$R_Y(\tau) = \frac{b^2\sigma^2}{2\pi}\left[1 + \frac{\pi}{2}r(\tau) + \frac{1}{2}r^2(\tau) + \frac{1}{24}r^4(\tau) + \cdots\right] \tag{3.6-39}$$

随着相关函数所取项数的增加，其系数迅速衰减，$r^4(\tau)$ 的系数已经接近 4%，因此只取前几项就能满足实际要求。将 $R_X(\tau) = \sigma^2 r(\tau)$ 代入上式，有

$$R_Y(\tau) = \frac{b^2\sigma^2}{2\pi} + \frac{b^2}{4}R_X(\tau) + \frac{b^2}{4\pi\sigma^2}R_X^2(\tau) + \frac{b^2}{48\pi\sigma^6}R_X^4(\tau) + \cdots \tag{3.6-40}$$

由于半波线性检波器输入端往往是以 ω_0 为中心频率的带通信号，这样，检波器输出的自相关函数除了基频 ω_0 分量外，还有低频和 ω_0 的谐波分量。下面，利用上式的近似表达式重新求半波线性检波器输出 $Y(t)$ 的数学期望和方差。由于 $X(t)$ 的数学期望为零，由自相关函数的性质，$R_X(\infty)=0$，所以

$$E[Y(t)] = b\sigma/\sqrt{2\pi} \tag{3.6-41}$$

与式(3.6-28)所求的结果相同。如果 $R_Y(\tau)$ 只取前三项，方差与式(3.6-30)略有不同，用 $\hat{\sigma}_Y^2$ 来表示近似得到的方差

$$\hat{\sigma}_Y^2 = R_Y(0) - \{E[Y(t)]\}^2 = \frac{b^2\sigma^2}{4} + \frac{b^2\sigma^2}{4\pi} = \frac{b^2\sigma^2}{4}\left(1 + \frac{1}{\pi}\right) \tag{3.6-42}$$

则

$$\frac{\hat{\sigma}_Y^2}{\sigma_Y^2} = \frac{1+1/\pi}{2(1-1/\pi)} = 0.967 \tag{3.6-43}$$

由于方差代表交流功率，$R_Y(\tau)$ 取前三项，$\hat{\sigma}_Y^2$ 已包含交流功率的 96.7%；如果 $R_Y(\tau)$ 取到四次项，那么 $\hat{\sigma}_Y^2$ 就占有交流功率的 98.6%。一般 $R_Y(\tau)$ 只取前三项就能满足要求。

在实际应用中，检波器的输入信号基本都是窄带信号，或者在检波器之前加一个窄带滤波器，这样就可以在窄带情况下讨论问题。在窄带情况下，确定性的窄带信号可以表示为 $x(t)=a(t)\cos(\omega_0 t)$，窄带随机信号的相关系数可以表示为 $r_X(\tau)=r_0(\tau)\cos(\omega_0\tau)$。因此式(3.6-39)可以表示为

$$R_Y(\tau) = \frac{b^2\sigma^2}{2\pi}\left[1 + \frac{\pi}{2}r_0(\tau)\cos(\omega_0\tau) + \frac{1}{2}r_0^2(\tau)\cos^2(\omega_0\tau) + \frac{1}{24}r_0^4(\tau)\cos^4(\omega_0\tau) + \cdots\right]$$

若级数取到 $r_0(\tau)$ 的四次方项，并考虑到

$$\cos^2(\omega_0\tau) = \frac{1}{2}[1+\cos(2\omega_0\tau)]$$

$$\cos^4(\omega_0\tau) = \frac{1}{4}[1+\cos(2\omega_0\tau)]^2 = \frac{1}{8}[3+4\cos(2\omega_0\tau)+\cos(4\omega_0\tau)]$$

由于 $\cos(4\omega_0\tau)$ 的系数相对较小，并且检波器输出往往要接一个低通滤波器，略去 $\cos(4\omega_0\tau)$ 得到

$$R_Y(\tau) \approx \frac{b^2\sigma^2}{2\pi}\left\{1 + \left[\frac{1}{4}r_0^2(\tau)+\frac{1}{64}r_0^4(\tau)\right] + \frac{\pi}{2}r_0(\tau)\cos(\omega_0\tau) + \left[\frac{1}{4}r_0^2(\tau)+\frac{1}{48}r_0^4(\tau)\right]\cos(2\omega_0\tau)\right\} \tag{3.6-44}$$

由上式可以看到，$R_Y(\tau)$ 中包括直流分量、低频分量、基频 ω_0 分量和二次频率 $2\omega_0$ 分量。下面通过两个实例讨论半波线性检波器的输出自相关函数和功率谱密度。

【例 3.6-4】 已知半波线性检波器的特性曲线 $y=xu(x)$，双边功率谱为 $N_0/2$ 的白噪声 $N(t)$ 通过幅度为 A 的理想带通滤波器(BPF)后作为检波器的输入 $X(t)$，在检波器输出端接有理想低通滤波器(LPF)(见图3.6-5)，求低通滤波器输出 $Y_0(t)$ 的自相关函数和功率谱密度。

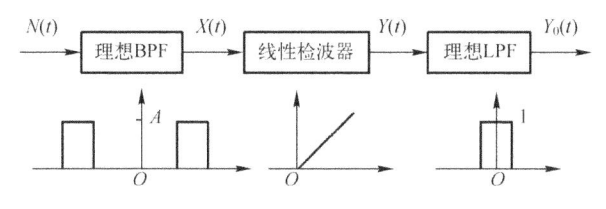

图 3.6-5 例 3.6-4 图

解：双边功率谱为 $N_0/2$ 的白噪声 $N(t)$ 通过中心频率为 ω_0 的理想带通滤波器后，变为具有理想带通功率谱的限带白噪声，双边功率谱密度为

$$S_X(\omega) = \begin{cases} A^2 N_0/2, & \omega_0 - \Delta\omega/2 < |\omega| < \omega_0 + \Delta\omega/2 \\ 0, & \text{其他} \end{cases}$$

$X(t)$ 的方差

$$\sigma^2 = R_X(0) = \frac{A^2 N_0 \Delta\omega}{2\pi}$$

相关系数

$$r_X(\tau) = \frac{\sin(\Delta\omega\tau/2)}{\Delta\omega\tau/2}\cos(\omega_0\tau) = r_0(\tau)\cos(\omega_0\tau)$$

在式(3.6-44)中，令 $b=1$，得到输出 $Y(t)$ 的自相关函数

$$R_Y(\tau) = \frac{\sigma^2}{2\pi}\left\{1 + \left[\frac{1}{4}r_0^2(\tau) + \frac{1}{64}r_0^4(\tau)\right] + \frac{\pi}{2}r_0(\tau)\cos(\omega_0\tau) + \left[\frac{1}{4}r_0^2(\tau) + \frac{1}{48}r_0^4(\tau)\right]\cos(2\omega_0\tau)\right\}$$

$Y(t)$ 经过低通滤波后，滤除基频 ω_0 以上的分量，输出 $Y_0(t)$ 只保留直流分量和低频分量，也就是输出自相关函数 $R_0(\tau)$ 只留下直流分量和低频分量

$$R_0(\tau) = \frac{\sigma^2}{2\pi}\left[1 + \frac{1}{4}r_0^2(\tau) + \frac{1}{64}r_0^4(\tau)\right]$$

把相关系数包络 $r_0(\tau) = \dfrac{\sin(\Delta\omega\tau/2)}{\Delta\omega\tau/2}$ 代入上式，得

$$R_0(\tau) = \frac{\sigma^2}{2\pi}\left\{1 + \frac{1}{4}\left[\frac{\sin(\Delta\omega\tau/2)}{\Delta\omega\tau/2}\right]^2 + \frac{1}{64}\left[\frac{\sin(\Delta\omega\tau/2)}{\Delta\omega\tau/2}\right]^4\right\}$$

由于 $r_0(\tau)$ 四次方项的系数相对很小，如果可以略去，则低通滤波器输出的功率谱为

$$S_0(\omega) = \frac{\sigma^2}{2\pi}\left\{2\pi\delta(\omega) + \frac{1}{4}\int_{-\infty}^{\infty}\left[\frac{\sin(\Delta\omega\tau/2)}{\Delta\omega\tau/2}\right]^2 \cdot e^{-j\omega\tau}\,d\tau\right\}$$

查傅里叶变换表，有 $\left[\dfrac{\sin(\Delta\omega\tau/2)}{\Delta\omega\tau/2}\right]^2 \Longleftrightarrow \dfrac{2\pi}{\Delta\omega}\left(1 - \dfrac{|\omega|}{\Delta\omega}\right)$，并将 $\sigma^2 = \dfrac{A^2 N_0 \Delta\omega}{2\pi}$ 代入，可得

$$S_0(\omega) = \begin{cases} \dfrac{A^2 N_0 \Delta\omega}{2\pi}\delta(\omega), & \omega = 0 \\ \dfrac{A^2 N_0}{8\pi}\left(1 - \dfrac{|\omega|}{\Delta\omega}\right), & |\omega| < \Delta\omega \\ 0, & \text{其他} \end{cases}$$

与平方律检波器相似，输出包括直流分量和交流部分噪声谱。

【**例 3.6-5**】若将例 3.6-4 中的理想带通滤波器换成高斯带通滤波器 $H(\omega) = K\exp\left\{-\dfrac{(\omega-\omega_0)^2}{2\beta^2}\right\}$，$\omega \geqslant 0$，输入白噪声的单边功率谱为 N_0，求低通滤波器输出 $Y_0(t)$ 的自相关函数和单边功率谱密度。

解：检波器的输入 $X(t)$ 应该是高斯形状功率谱的带通高斯过程。由 3.5 节，单边功率谱

为 N_0 的白噪声通过高斯带通滤波器后，其功率谱和自相关函数分别为

$$G_X(\omega) = |H(\omega)|^2 G_N(\omega) = K^2 N_0 e^{-(\omega-\omega_0)^2/\beta^2}, \quad \omega \geq 0$$

$$R_X(\tau) = \frac{K^2 N_0 \beta}{2\sqrt{\pi}} e^{-\beta^2 \tau^2/4} \cos(\omega_0 \tau)$$

$X(t)$ 的方差
$$\sigma^2 = \frac{K^2 N_0 \beta}{2\sqrt{\pi}}$$

相关系数
$$r_X(\tau) = e^{-\beta^2 \tau^2/4} \cos(\omega_0 \tau) = r_0(\tau) \cos(\omega_0 \tau)$$

上例已经求出低通滤波器输出的自相关函数，将方差和相关系数的包络 $r_0(\tau)$ 代入得

$$R_0(\tau) = \frac{\sigma^2}{2\pi} \left[1 + \frac{1}{4} r_0^2(\tau) + \frac{1}{64} r_0^4(\tau) \right] = \frac{K^2 N_0 \beta}{4\sqrt{\pi^3}} \left[1 + \frac{1}{4} e^{-\beta^2 \tau^2/2} + \frac{1}{64} e^{-\beta^2 \tau^2} \right]$$

与上例相似，由于第三项的幅度很小，且衰减很快，略去后得到输出功率谱为

$$G_0(\omega) \approx \frac{K^2 N_0 \beta}{2\sqrt{\pi}} \delta(\omega) + \frac{K^2 N_0}{8\sqrt{2\pi}} e^{-\omega^2/(2\beta^2)}$$

可见，在输出功率谱中除了有一个高斯低频分量外，还有一个与 $K^2 N_0$ 成正比的直流分量。

3.6.3 非线性系统的信噪比

对于非线性系统，信噪比仍然是信号功率 P_V 与噪声功率 P_N 之比，即

$$\text{SNR} = P_V / P_N$$

与线性系统相比，只是信号功率 P_V 与噪声功率 P_N 的定义有些差异。

线性系统满足叠加原理，可以分别讨论信号和噪声的功率，计算信噪比。对于非线性系统，不满足叠加原理，无法单独考虑信号功率和噪声功率，计算信噪比的过程比较复杂。在非线性系统的输出中，不仅存在信号分量 $S_{V\times V}(\omega)$、噪声分量 $S_{N\times N}(\omega)$，还可能存在信号和噪声互相作用的功率谱分量 $S_{V\times N}(\omega)$。非线性还会使输出端产生各种和频、差频及谐波分量。下面以平方律检波器为例，讨论非线性系统的输出信噪比。

对于平方律检波器，输出端总的功率谱为

$$S_Y(\omega) = S_{V\times V}(\omega) + S_{V\times N}(\omega) + S_{N\times N}(\omega)$$

平方律检波器输出端出现的 $S_{V\times N}(\omega)$ 分量，既有噪声的性质，又携带某些信号的信息，视应用的场合不同，$S_{V\times N}(\omega)$ 分量可能作为噪声，也可能作为信号。

在计算信噪比时，对于随机信号，不论是信号功率 P_V 还是噪声功率 P_N，都用平均功率表示。一般在平方律检波器后还有一个低通滤波器，若传输函数为 $H(\omega)$，由功率谱密度可得各分量的平均功率

$$P_{V\times V} = \frac{1}{2\pi} \int_{-\infty}^{\infty} |H(\omega)|^2 S_{V\times V}(\omega) d\omega \quad (3.6\text{-}45)$$

$$P_{V\times N} = \frac{1}{2\pi} \int_{-\infty}^{\infty} |H(\omega)|^2 S_{V\times N}(\omega) d\omega \quad (3.6\text{-}46)$$

$$P_{N\times N} = \frac{1}{2\pi} \int_{-\infty}^{\infty} |H(\omega)|^2 S_{N\times N}(\omega) d\omega \quad (3.6\text{-}47)$$

1. $S_{V \times N}(\omega)$ 作为噪声

若把 $S_{V \times N}(\omega)$ 作为噪声，则
$$\text{SNR} = \frac{P_{V \times V}}{P_{V \times N} + P_{N \times N}} \tag{3.6-48}$$

信噪比与输入信号和干扰之间的关系为

$$\text{SNR} = \frac{\int_{-\infty}^{\infty} |H(\omega)|^2 S_{V \times V}(\omega) \, d\omega}{\int_{-\infty}^{\infty} |H(\omega)|^2 [S_{N \times N}(\omega) + S_{V \times N}(\omega)] \, d\omega} \tag{3.6-49}$$

这种情况一般用于估计通信系统的抗干扰性能，因为 $S_{V \times N}(\omega)$ 的存在影响通信的质量。式(3.6-49)表示在低通滤波器的带宽内有用信号功率与同频带的各种干扰功率之比。

2. $S_{V \times N}(\omega)$ 作为信号

若把 $S_{V \times N}(\omega)$ 作为信号，则
$$\text{SNR} = \frac{P_{V \times V} + P_{V \times N}}{P_{N \times N}} \tag{3.6-50}$$

在雷达系统中，信号功率非常小，通常将 $S_{V \times N}(\omega)$ 作为信号部分处理，充分利用 $S_{V \times N}(\omega)$ 中的有用信息来发现噪声和干扰中的弱信号。此时式(3.6-50)可以进一步表示为

$$\text{SNR} = \frac{\int_{-\infty}^{\infty} |H(\omega)|^2 [S_{V \times V}(\omega) + S_{V \times N}(\omega)] \, d\omega}{\int_{-\infty}^{\infty} |H(\omega)|^2 S_{N \times N}(\omega) \, d\omega} \tag{3.6-51}$$

【例 3.6-6】 随机信号 $X(t) = a\cos(\omega_0 t + \Phi) + N(t)$ 通过平方律检波器 $y = x^2$，Φ 为在 $[0, 2\pi]$ 上均匀分布的随机变量，$N(t)$ 是均值为零、中心频率为 ω_0、带宽为 $\Delta\omega$、功率谱幅度为 A 的带通限带高斯白噪声。检波器后接一个带宽为 $\Delta\omega$ 的低通滤波器，将 $S_{V \times N}(\omega)$ 分量作为噪声，分析输出信噪比与输入信噪比的关系。

解：本例与例 3.6-2 的条件相同，可利用自相关函数或式(3.6-45)～式(3.6-47)求出对应的平均功率。由例 3.6-2，信号分量的自相关函数

$$R_{V \times V}(\tau) = \frac{a^4}{4} + \frac{a^4}{8}\cos(2\omega_0 \tau)$$

显然第二项将被带宽为 $\Delta\omega$ 的低通滤波器滤除，输出低频信号分量的平均功率
$$P_{V \times V} = a^4 / 4$$

设低通滤波器频率响应为 $H(\omega)$，滤波器输出的噪声分量的功率谱密度为

$$S_{N \times N}(\omega) |H(\omega)|^2 = \frac{2A^2 \Delta\omega^2}{\pi} \delta(\omega) + \frac{2A^2}{\pi}(\Delta\omega - |\omega|)$$

参考式(3.6-47)，对上式积分得到平均功率

$$P_{N \times N} = \frac{1}{2\pi} \int_{-\infty}^{\infty} |H(\omega)|^2 S_{N \times N}(\omega) \, d\omega = \frac{A^2 \Delta\omega^2}{\pi^2} + \frac{A^2 \Delta\omega^2}{\pi^2} = 8A^2 \Delta f^2$$

经过低通滤波器后，由例 3.6-3，带内的信号和噪声互相作用分量的功率谱密度为

$$S_{V \times N}(\omega) |H(\omega)|^2 = 2a^2 A \Delta\omega \delta(\omega) + 2a^2 A, \qquad |\omega| < \Delta\omega / 2$$

对上式积分得到平均功率 $\quad P_{V \times N} = 2a^2 A \Delta\omega / \pi = 4a^2 A \Delta f$

输出信噪比 $\quad (\text{SNR})_o = \dfrac{P_{V \times V}}{P_{V \times N} + P_{N \times N}} = \dfrac{a^4 / 4}{8A^2 \Delta f^2 + 4a^2 A \Delta f} = \dfrac{a^4}{32 A^2 \Delta f^2 + 16 a^2 A \Delta f}$

下面分析输入信噪比与输出信噪比的关系。由已知条件，输入信号功率为$a^2/2$，输入限带白噪声功率为$2A\Delta f$，则

$$(SNR)_i = \frac{a^2/2}{2A\Delta f} = \frac{a^2}{4A\Delta f}$$

将输出信噪比整理得

$$(SNR)_o = \frac{a^4}{16A^2\Delta f^2\left(2+4\frac{a^2}{4A\Delta f}\right)} = \frac{(SNR)_i^2}{2+4(SNR)_i}$$

如果输入信噪比较大，输出信噪比与输入信噪比成正比的关系。

有时也用直流功率来讨论信噪比，此时输出信号功率没变，但是输出噪声变小了，即

$$P_{N\times N} = 4A^2\Delta f^2$$

$$P_{V\times N} = \frac{a^2A\Delta\omega}{\pi} = 2a^2A\Delta f$$

输出信噪比则加大了，即

$$(SNR)_o = \frac{a^4/4}{4A^2\Delta f^2 + 2a^2A\Delta f}$$

$$= \frac{a^4}{16A^2\Delta f^2\left(1+2\frac{a^2}{4A\Delta f}\right)} = \frac{(SNR)_i^2}{1+2(SNR)_i}$$

图 3.6-6 所示为输出信噪比与输入信噪比的关系，当$(SNR)_i$较小时（见图 3.6-6(a)），$(SNR)_o$与$(SNR)_i$的平方成正比。而当$(SNR)_i$较大时（见图 3.6-6(b)），$(SNR)_o$与$(SNR)_i$成正比。

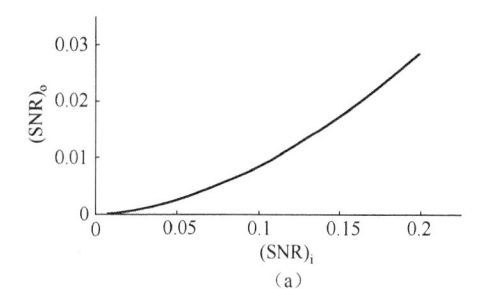

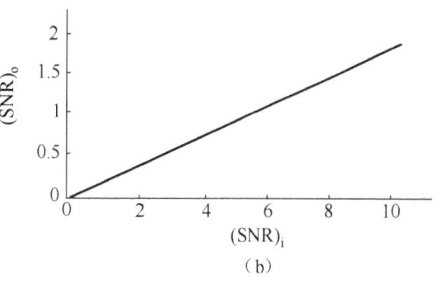

图 3.6-6 输出信噪比与输入信噪比的关系曲线

3.7* 随机信号通过系统的仿真

在系统仿真时，往往需要先仿真一个指定系统，然后根据需要仿真输入的随机信号，再使这个随机信号通过指定的系统。仿真方法分为时域仿真和频域仿真。随机信号的仿真已经在第 2 章讨论过，本节分别讨论随机信号通过线性系统和非线性系统的仿真。

3.7.1 线性系统的仿真

通过对实际系统建模，计算机可以对很多系统进行仿真。在数字信号处理应用越来越广泛的前提下，这里主要讨论数字系统的仿真，或者说用数字系统逼近模拟系统。在信号处理中，一般将线性系统分解为一个全通放大器(或衰减器)和一个特定频率响应的滤波器。由于全通放大器可以用一个常数代替，因此线性系统的仿真往往只需设计一个数字滤波器。滤波器设计可采用 MATLAB 和 Python 中提供的函数，也可利用相应的方法自行设计。MATLAB 和 Python 提供了多个设计滤波器的函数，可以很方便地设计低通、带通、高通、多带通、带阻滤波器。而模拟信号和数字信号频谱之间的关系对系统的设计影响很大，在仿真系统之前，需要对模拟信号和数字信号的频谱进行转换。

1. 模拟频率和数字频率的转换

如果有一个带宽为 1000Hz 的模拟信号 $x(t)$，以满足采样定理的采样频率对其进行采样时，最小采样频率 F_s 应为 2000Hz。在实际应用中，采样会留有一定的裕量，比如采样频率 F_s 取 2200Hz。如果是仿真，往往设置更大的裕量，如 4000Hz。采样后，离散信号的频谱 $X(e^{j\omega})$ 是周期重复的，这时对应采样频率 F_s 处的数字频率应该是频谱的重复周期。

在多数数字信号处理教材中，数字频率是用采样频率 F_s 归一化的，这样最大归一化数字频率为 1，或者说离散信号的频谱重复周期为 1，最大归一化数字角频率为 2π。

在 MATLAB 和 Python 中，数字频率是用采样频率的一半 $F_s/2$ 归一化的，因此离散信号的频谱重复周期为 2，对应最大信号带宽的数字频率则为 1。这点在编程中需要予以注意。图 3.7-1 示出了模拟信号频谱和数字信号频谱的对应情况。F 表示模拟频率，单位为 Hz，f 表示数字频率，数字频率是用采样频率 $F_s/2$ 归一化的无量纲频率。一旦采样频率确定后，被采样的信号最大频率不能超过 $F_s/2$；相应地，数字信号频谱最大频率不能超过 1。否则将不满足采样定理，导致频谱混叠，不能无失真地恢复成模拟信号。

在设计滤波器时，低通滤波器的截止频率 f_c、高通滤波器的低端截止频率 f_c 以及带通滤波器的高端截止频率 f_{c2} 不能超过 1，如图 3.7-2 所示。也就是说，数字滤波器只能在 0～1 的数字频率范围内进行截止频率的设计。

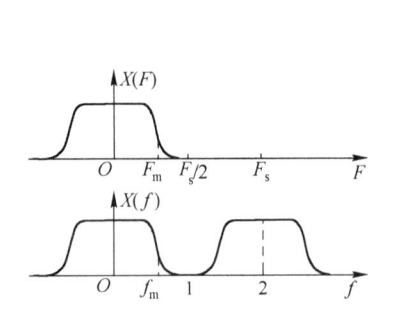

图 3.7-1 模拟信号和数字信号的频谱

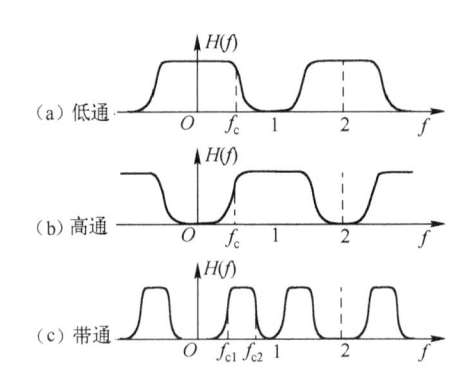

图 3.7-2 数字滤波器的频率响应

数字滤波器主要有两种形式，有限冲激响应（FIR）和无限冲激响应（IIR）滤波器。二者在性能上的主要区别是 FIR 滤波器可以获得线性相位，而 IIR 滤波器则不能。但是从运算量角度来看，获得同样的幅度特性，IIR 滤波器需要的阶数比较低，滤波时运算量要比 FIR 滤波器小得多。滤波器更多的知识见数字信号处理相关书籍。

2. 数字滤波器仿真的例子

【例 3.7-1】 设计一个带宽为 0.3 的 FIR 带通数字滤波器，其低端截止频率为 0.25，并画出幅频特性和相频特性。

解：由已知条件低端截止频率为 0.25，高端截止频率为 0.55。在 MATLAB 中可以使用 fir1 函数可以设计一维 FIR 数字滤波器，程序如下：

```
h = fir1(71,[0.25  0.55]);      %71 为阶数，0.25 和 0.55 分别为带通滤波器的截止频率
                                %输出向量 h 为 FIR 滤波器系数，即滤波器的冲激响应 h(n)
[HH,WW]=freqz(h,1,512);         %返回幅度谱和相位谱，512 为数据点数，
```

```
                         %无返回值即画出幅度谱和相位谱
subplot(211); plot(WW/pi,20*log10(abs(HH))); grid on;        %画对数幅度谱
axis([0 1 –100 0 ]);           %限制画图坐标：横轴0~1，纵轴–100~0
subplot(212); plot(WW/pi, unwrap(angle(HH))*180/pi); grid on;    %画相位谱
```

Python 中的滤波器在 scipy 中的 signal 扩展包内。Python 中的 signal.firwin()函数可以设计 FIR 滤波器，并且通过 pass_zero 参数来指定滤波器的低通、高通和带通特性。实现上述功能的 Python 程序如下：

```
import numpy as np
import matplotlib.pyplot as plt
from scipy import signal

samplefreq = 2    # 数字采样频率
b = signal.firwin(71, [0.25, 0.55], pass_zero=False, fs=samplefreq)    # 生成 FIR 滤波器
w, h = signal.freqz(b, [1])            # 滤波器幅频相频特性

fig = plt.figure(1)
plt.plot(w/np.pi, 20*np.log10(abs(h)))        # 绘制幅频特性曲线
plt.xlabel('digital frequency')
plt.ylabel('amplitude response')
plt.show()

fig = plt.figure(2)
plt.plot(w/np.pi, np.unwrap(np.angle(h)))        # 绘制相频特性曲线
plt.xlabel('digital frequency')
plt.ylabel('phase response')
plt.show()
```

图 3.7-3 即为由程序画出的滤波器幅度谱和相位谱。如果需要滤波器的过渡带陡一些，可以加大阶数，不过加大阶数会在滤波时增加计算量。图中的幅度特性为对数幅度，通过 $20\lg(|H(e^{j\omega})|)$ 计算得到，相位是经过 unwrap 解缠绕后的相位，单位为度(°)。

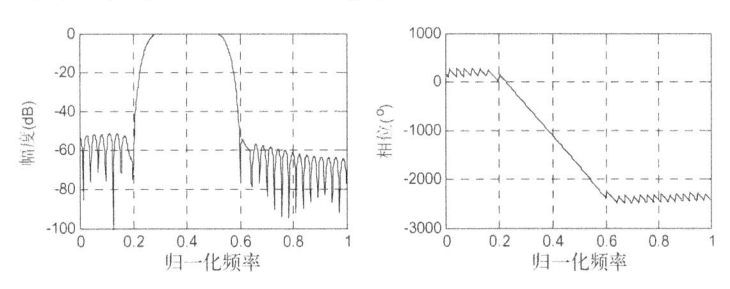

图 3.7-3　例 3.7-1 数字滤波器的幅频和相频特性

【例 3.7-2】　设计一个带宽为 11.025kHz 的 FIR 低通滤波器，该低通滤波器将用来处理以 44.1kHz 采样的音频信号。

解：这个问题需要进行模拟频率到数字频率的转换。44.1kHz 正是 CD 音频信号的采样频率。前面讲到数字频率是用采样频率归一化的无量纲频率，44.1kHz 所对应的数字频率为 2，

11.025kHz 则对应 $f = 11025 \times \dfrac{1}{44100/2} = 0.5$，也就是需要设计一个数字截止频率为 0.5 的低通数字滤波器。

MATLAB 编程如下：

```
N = 1000;                           % N 为期望的频域数据长度
h = fir1(50,0.5);                   % h 为低通滤波器的冲激响应，50 为阶数
                                    %0.5 为低通滤波器的截止频率
H = fft(h,N);                       %滤波器频率响应（系统传输函数）
f = (0:N/2-1)/(N/2) ;               %横轴频率坐标，N/2 个点，对应的频率 0≤f<1
plot(f, 20*log10(abs(H(1:N/2))));   %画出幅频特性
```

对应的 Python 编程如下：

```
N = 1000                                        # N 为期望的频域数据长度
h = signal.firwin(50, 0.5, pass_zero=True)      # 生成 FIR 滤波器
H = np.fft.fft(h, N)                            # 滤波器幅频相频特性
f = np.linspace(0, 1-2/N, int(N/2))             # 数字频率坐标

fig = plt.figure(1)
plt.plot(f, 20*np.log10(np.abs(H[0:int(N/2)])))  # 绘制幅频特性曲线
plt.show()
```

图 3.7-4 为由程序画出的幅频特性，图(a)为 50 阶 FIR 滤波器，图(b)为 100 阶 FIR 滤波器。一般在画信号的幅度谱和系统的幅频特性时，习惯上画对数曲线，用 dB 表示。可以明显看出，阶数越高，过渡带越陡。一般设计滤波器时需根据所给参数，折中考虑性能和计算量两方面。与低通滤波器相似，高通滤波器可由 h = fir1(50,0.5,'high')得到。

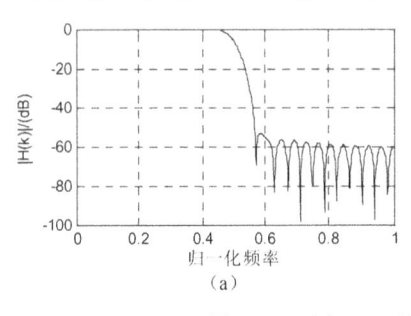

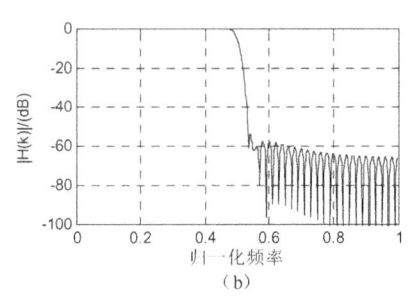

图 3.7-4 例 3.7-2 低通滤波器的频率响应

【例 3.7-3】 设计一个 FIR 多带通滤波器，从零频起，每隔 4kHz 设置一个通带，每个通带宽 2kHz。该滤波器用于处理 CD 格式的音频信号。

解： 由于 CD 的音频信号采样频率为 44.1kHz，信号的最大带宽只能是 22.05kHz。由已知从零频起可以设置 6 个通带，因每个频带比较窄，需要较高的阶数，这里取 200 阶。MATLAB 程序如下：

```
band=[1:2000:22000]/(44100/2);      %设置多带通滤波器各子带的截止频率
h = fir1(200,band,'DC-1');          %阶数为 200，'DC-1'表示第一个子带为通带
H = fft(h,N);                       %滤波器频率响应
f = (1:N/2)/(N/2) ;                 %横轴频率坐标
```

```
    plot(f,20*log10(abs(H(1:N/2))));          %画对数幅频特性
```

实现同样功能的 Python 程序如下：

```
band = np.arange(2000, 22000, 2000)/44100 * 2    # 设置多带通滤波器各子带的截止频率
h = signal.firwin(200, band, pass_zero=False)    # 阶数为 200，False 表示第一个子带为阻带
H = np.fft.fft(h, N)        # 滤波器幅频相频特性
f = np.linspace(0, 1-2/N, int(N/2))              # 数字频率坐标

fig = plt.figure(1)
plt.plot(f, 20*np.log10(np.abs(H[0:int(N/2)])))  # 绘制幅频特性曲线
plt.xlabel('normalized frequency')
plt.ylabel('amplitude response')
plt.show()
```

图 3.7-5 为对数幅度的多带通滤波器幅频特性，第一子带为阻带。如果设计第一子带为通带的滤波器，将 MATLAB 中 fir1 函数中的'DC-1'改为'DC-0'，或将 Python 中 signal.firwin 函数中的 pass_zero=False 改为 pass_zero=True。

关于 FIR 滤波器的阶数和过渡带之间的关系，请参考数字信号处理相关书籍。

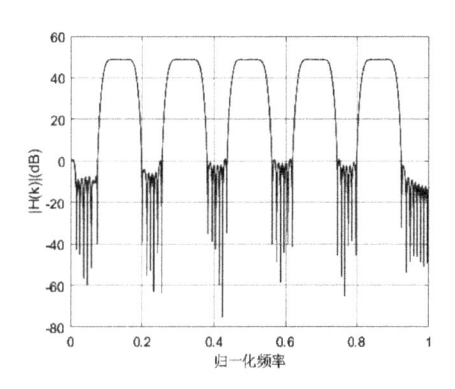

图 3.7-5 多带通滤波器的幅频响应

3.7.2 随机信号通过线性系统的仿真

随机信号通过线性系统的仿真一般包括 3 个模块。

（1）需要有输入的随机信号或者随机信号与确定性信号的混合信号，具体仿真方法参考 1.4 节和 2.6 节产生随机信号的方法。在仿真过程中一般都假定随机信号是平稳、各态历经过程。

（2）线性系统的仿真可参考 3.7.1 节中滤波器设计的例子。

（3）仿真系统的输出，可以是自相关函数，也可以是功率谱密度。由于自相关函数和功率谱密度的关系，可以在频域求输出的功率谱密度，再由傅里叶反变换求自相关函数，反之亦然。

本节随机信号通过线性系统的仿真实例都是在离散信号和离散系统环境下进行的仿真，因此傅里叶变换、DTFT 以及 DFT 都是利用傅里叶变换的快速算法完成的，fft 函数完成正变换，ifft 函数完成反变换。

【例 3.7-4】 仿真一个平均功率为 1 的白噪声通过带通系统，白噪声为高斯分布，带通系统的两个截止频率分别为 3kHz 和 4kHz，求输出的自相关函数和功率谱密度。

解：分 3 个步骤进行仿真：准备随机信号和带通系统、仿真以及输出自相关函数和功率谱密度。本例中只给出 MATLAB 程序代码，感兴趣的读者可以自行编写 Python 程序。

（1）准备工作。利用 MATLAB 提供的滤波器函数 fir1，参考例 3.7-1 设计的带通滤波器 $h(t)$作为带通系统。因为仿真是在数字信号的情况下进行的，可以用归一化频率表示。为了满足高端截止频率为 4kHz，应该假设整个仿真过程的信号采样频率至少为 8kHz，增加一些裕量，这里取 20kHz。如前所述，截止频率用采样频率的一半即 10kHz 归一化，得到归一化数

字截止频率分别为 0.3 和 0.4。

可以用 random 函数产生高斯白噪声 $X(t)$ 的一个样本 $x(t)$，白噪声的数学期望应为零，平均功率为 1 即方差为 1。这种产生随机信号的方式已经是数字形式，不用再考虑采样的问题。

```
N=500;                        %样本长度 N=500，对应时长 25ms
xt=random('norm',0,1,1,N);    %产生 1×N 个高斯随机数
ht = fir1(101,[0.3 0.4]);     %101 阶带通滤波器，数字截止频率为 0.3 和 0.4
HW=fft(ht,2*N);               % 2N 点滤波器频率响应（系统传输函数）
```

（2）仿真。参考例 2.6-1 和例 2.6-4，对输入的白噪声，用直接法估计自相关函数，用周期图法估计功率谱密度。输出自相关函数则用功率谱的快速傅里叶反变换获得。

```
Rxx=xcorr(xt,'biased');       %直接法估计白噪声的自相关函数
Sxx=abs(fft(xt,2*N).^2)/(2*N); %周期图法估计白噪声的功率谱
HW2=abs(HW).^2;               %系统的功率传输函数
Syy=Sxx.*HW2;                 %输出信号的功率谱
Ryy=fftshift(ifft(Syy));      %用 IFFT 求输出信号的自相关函数
                              %函数 fftshift 对数组进行移位
```

（3）画曲线。

```
w=(1:N)/N;                             %功率谱密度横轴坐标
t=(-N:N-1)/N*(N/20000);                %自相关函数横轴坐标
subplot(4,1,1);plot(w,abs(Sxx(1:N)));  %输入信号的功率谱密度
subplot(4,1,2);plot(w,abs(HW2(1:N)));  %系统的功率传输函数
subplot(4,1,3);plot(w,abs(Syy(1:N)));  %输出信号的功率谱密度
subplot(4,1,4);plot(t,Ryy);            %输出信号的自相关函数
```

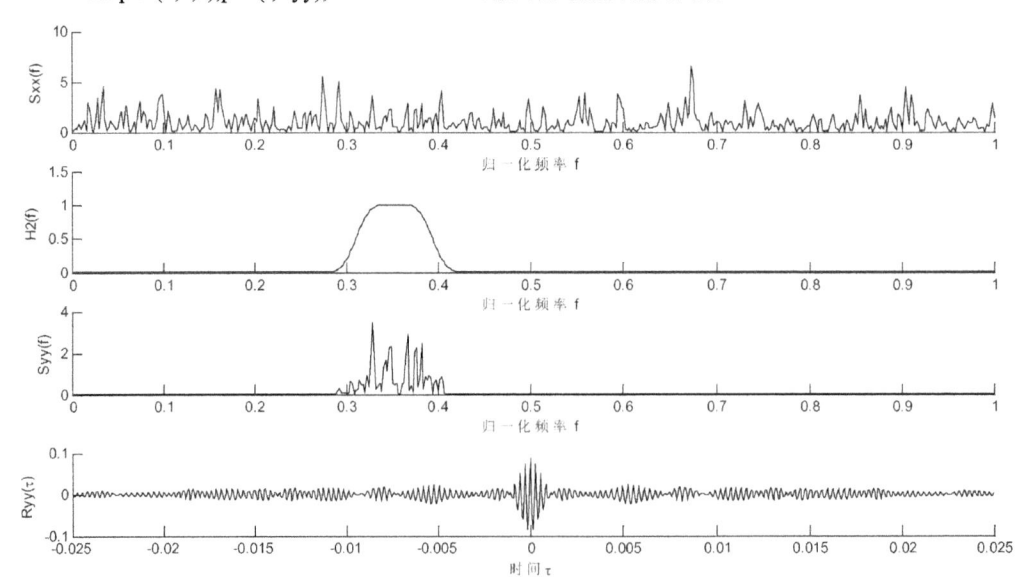

图 3.7-6 例 3.7-4 输出的曲线

用周期图法估计白噪声的功率谱时，需要考虑到后面线性卷积的条件，即用循环卷积完成线性卷积的条件，因此对 N 点数据做 2N 点 FFT。输出的曲线如图 3.7-6 所示，自上而下

分别为输入信号的功率谱密度、系统的功率传输函数、输出信号的功率谱密度、输出信号的自相关函数。一般在程序首部加 clear，以便清除以前计算的数值，释放内存。在系统仿真时，为了得到统计的结果，往往进行多次试验，并取多次试验的平均结果作为统计结果。下面是对 100 次仿真结果进行平均，程序充分考虑到 MATLAB 的向量化运算的特点，比较简单。对应的曲线如图 3.7-7 所示。

```
M=100;                          %样本数
N=500;                          %样本长度 N=500，对应时长 25ms
xt=random('norm',0,1,M,N);      %产生 M×N 个高斯随机数，相当于 M 个样本
ht = fir1(101,[0.3 0.4]);       % ht 为带通滤波器的冲激响应
HW=fft(ht,2*N);                 %滤波器频率响应
Sxx=abs(fft(xt,2*N,2).^2)/ (2*N); %周期图法估计 M 个白噪声样本的功率谱
                                %fft 的第三个参数 2 指对 xt 的列做 FFT
Sxxav=mean(Sxx);                %M 个样本的平均，注意这里是对 Sxx 的行求平均
                                %也可让每个样本通过系统，最后求输出的平均
HW2=abs(HW).^2;                 %系统的功率传输函数
Syy=Sxxav.*HW2;                 %输出信号的功率谱
Ryy=fftshift(ifft(Syy));        %用 IFFT 求输出信号的自相关函数
```

输出部分的程序与前面相同，不再重复。

与图 3.7-6 相比，图 3.7-7 输出的功率谱密度在带内比较平滑，但与理论分析结果相比，由于仍然使用了有限个样本，仿真结果与理论结果还是有一定的差异。在实际仿真时，往往是这种情况。

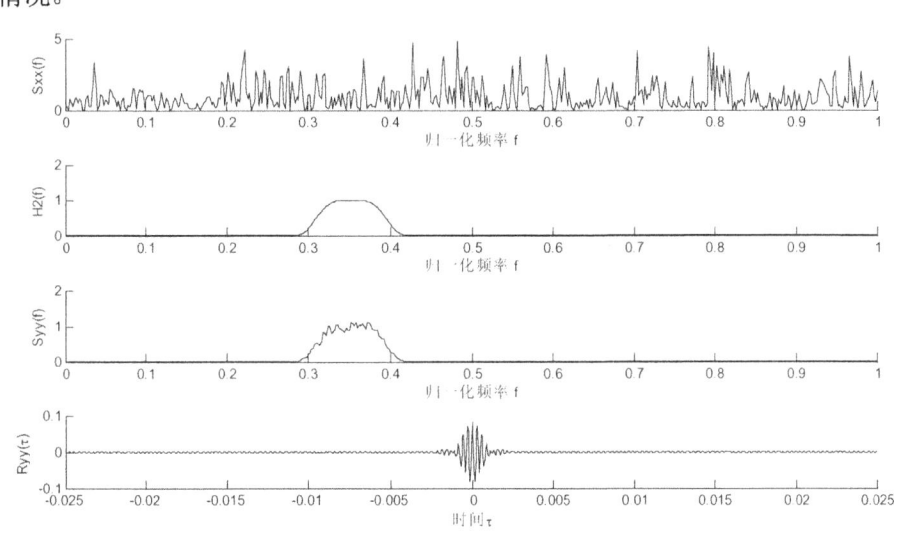

图 3.7-7 例 3.7-4 统计平均后输出的曲线

【**例 3.7-5**】 仿真一个自相关函数为 $R_X(\tau) = \dfrac{N_0}{2}\delta(\tau)$ 的白噪声过程 $X(t)$；另有一个未知的线性系统 $h(t)$，利用 $X(t)$ 和线性系统输出 $Y(t)$ 的互相关函数，估计线性系统的冲激响应 $h(t)$。

解：由例 3.4-4，如果有了线性系统输入和输出的互相关函数，就可以通过

$$\hat{h}(\tau) = \frac{2}{N_0} R_{XY}(\tau)$$

估计出系统的冲激响应 $\hat{h}(\tau)$。仿真包括三个部分，先产生一个用于估计的线性系统，再产生一个白噪声作为系统输入，根据输入和输出的关系求输出的互相关函数，最后利用上式估计冲激响应 $\hat{h}(\tau)$。所有仿真都将在离散信号情况下进行。本例题中仅给出 Python 语言的编程程序，感兴趣的读者可以自行编写 MATLAB 仿真程序。

（1）仿真待估计的线性系统。用 Python 的滤波器函数来产生一个带通系统的冲激响应 $h(t)$，这个冲激响应在最后估计时被认为是未知的，因此这个滤波器的类型和参数任意选取，与估计方法无关。

```
Nwin = 301
ht = signal.firwin(Nwin, [0.2, 0.3], pass_zero=False)   # 301 阶带通滤波器，0.2 和 0.3 为截止频率
```

（2）产生白噪声 $X(t)$，并将这个白噪声通过（1）仿真的线性系统，获得输出 $Y(t)$。

```
N = 10000                # 样本点数
N0 = 20                  # 白噪声功率谱密度(单边)
xt = np.random.randn(N) * np.sqrt(N0/2)    # 生成平均功率为 N₀/2 的高斯白噪声
yt = signal.filtfilt(ht, [1], xt)          # fftfilt 完成 X(t)滤波，得到 Y(t)
```

（3）求互相关函数，估计冲激响应 $h(t)$。

```
Rxy = np.correlate(xt, yt, 'full')/N       #求互相关函数 R_XY(t)
htv = Rxy * 2/N0                           #估计系统冲激响应 R_XY(t)×2/N₀
```

将系统冲激响应 ht 和估计的 htv 画在一个图中，为了看清细节，只画出一部分曲线。图 3.7-8 所示为估计的系统冲激响应(虚线)与实际的系统冲激响应(实线)比较，在 $\tau = 0$ 附近二者非常接近。

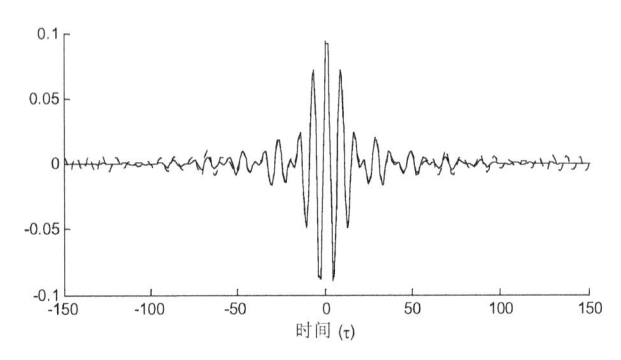

图 3.7-8 例 3.7-5 估计的冲激响应与实际冲激响应的比较

3.7.3 随机信号通过非线性系统的仿真

非线性系统的仿真比较复杂，无线电系统中常见的非线性系统主要是 3.7 节中讨论的检波器。下面以平方律检波器为例，讨论非线性系统的仿真。

【例 3.7-6】 编写一个函数，完成带通随机信号通过平方律检波器，参考图 3.7-3 画出平方律检波器输入、输出的功率谱密度。

解：我们首先使用 MATLAB 来编写此仿真程序。首先编写平方律检波器函数，通常在检波后，均有低通滤波器将高频成分滤去，故该函数应包括计算平方检波和低通滤波两部分。

函数的输入参数应该包括平方律的系数 b 和输入的带通随机信号 x。输出参数为平方律检波后的信号功率谱密度 S_{yy} 及通过低通滤波器后的功率谱密度 S_{zz}。

```
function [Syy    Szz ]= Square_Detector (b,x,L)
% function 为函数标识
%方括号中参数为输出参数
% L 为功率谱的点数
y=b*x.*x;                          %平方律检波
Syy = abs(fft(y,L)) .^2/L;         %周期图估计 y 的功率谱
lpf = fir1(101,0.2);               %设计低通滤波器,截止频率为 0.2
LPF2 = abs(fft(lpf,L)) .^2;        %低通滤波器对应的功率传输函数
Szz=Syy.*LPF2;                     %低通滤波后的功率谱
```

再编写主程序,需要提供一个带通随机信号,这里用白噪声通过一个带通滤波器来仿真。在主程序中调用平方律检波器函数,最后给出要求的三个功率谱曲线。

```
clear
N=500;                             %随机过程样本个数
Sxx=zeros(1,2*N);                  %各向量初始化
Syy=zeros(1,2*N);
Szz=zeros(1,2*N);
bpf = fir1(101,[0.3 0.45]);        %设计带通滤波器,通带为 0.3~0.45
K=100;                             %样本个数
for k=1:K                          %对样本序号循环
   xn=random('norm',0,1,1,N);      %产生一个均值为 0、方差为 1 的高斯过程样本
   xb=fftfilt(bpf,xn);             %xn 滤波后成为带通随机信号
   Pxx=abs(fft(xb,2*N)) .^2/ (2*N); %周期图估计带通随机信号的功率谱密度
   [Pyy Pzz ]= Square_Detector (1,xb,2*N);  %调用平方律检波函数
   Sxx=Sxx+fftshift(Pxx)/K;        %将输入的所有样本平均
   Syy=Syy+fftshift(Pyy)/K;        %将平方律检波后输出的所有样本平均
   Szz=Szz+fftshift(Pzz)/K;        %将低通滤波后输出的所有样本平均
end
```

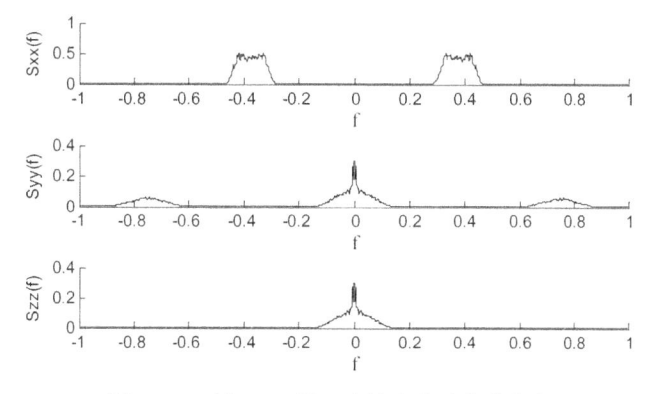

图 3.7-9 例 3.7-6 输入和输出的功率谱密度

主程序设置了一个循环体,可以对多个样本进行仿真,本例选择 $K=100$ 个样本,最后将所有样本的功率谱平均。虽然假设白噪声是各态历经过程,但是由于在仿真时只能产生有限时长的样本,如果利用足够多个样本平均,则可以接近理论结果。理论上,平方律检波器的输出功率谱

含有很大的直流分量，为了画图方便，画图前将大部分直流去除。图 3.7-9 为保留小部分直流的各功率谱密度。将图 3.7-9 与图 3.7-3 比较，可以看出实际仿真结果和理论结果的差异。

按照同样的程序结构，本例题中的完整 Python 仿真程序如下：

```python
import numpy as np
import matplotlib.pyplot as plt
from scipy import signal

def square_detector(b, x, L):
    # b: 平方律检波器增益
    # x: 输入信号
    # L: FFT 点数
    y = b * np.multiply(x, x)                       # 平方律检波
    Yw = np.fft.fft(y, L)                           # 检波输出信号频谱
    Syy = np.power(np.abs(Yw), 2)/L                 # 检波输出信号功率谱
    lpf = signal.firwin(101, 0.2, pass_zero=True)   # 低通滤波器，截止频率 0.2
    LPF2 = np.power(np.abs(np.fft.fft(lpf, L)), 2)  # 低通滤波器对应的功率传输函数
    Szz = np.multiply(Syy, LPF2)                    # 低通滤波后的功率谱
    return Syy, Szz

N = 500              # 随机过程采样点数
Sxx = np.zeros(2*N)  # 初始化各向量
Syy = np.zeros(2*N)
Szz = np.zeros(2*N)
bpf = signal.firwin(101, [0.3, 0.45], pass_zero=False)  # 设计带通滤波器，通带为 0.3～0.45

K = 100    # 循环次数
for k in range(0, K):
    xn = np.random.randn(N)                               # 产生一个均值为 0，方差为 1 的高斯过程样本
    xb = signal.filtfilt(bpf, [1], xn)                    # xn 滤波后生成的带通信号
    Pxx = np.power(np.abs(np.fft.fft(xb, 2*N)), 2)/2/N    # 周期图估计带通随机信号功率谱密度
    Pyy, Pzz = square_detector(1, xb, 2*N)                # 调用平方律检波函数
    Sxx = Sxx + np.fft.fftshift(Pxx) / K                  # 将输入的所有样本平均
    Syy = Syy + np.fft.fftshift(Pyy) / K                  # 将平方律检波后输出的所有样本平均
    Szz = Szz + np.fft.fftshift(Pzz) / K                  # 将低通滤波后输出的所有样本平均
```

习题三

3.1* 已知题 3.1 图中的 RC 积分电路的输入电压为 $X(t) = X_0 + \cos(\omega_0 t + \Phi)$，其中 X_0 和 Φ 分别是在$[0,1]$和$[0,2\pi]$上均匀分布的随机变量，且互相独立。求输出电压 $Y(t)$ 的自相关函数。

3.2 若题 3.2 图所示系统的输入 $X(t)$ 为平稳随机过程，求输出的功率谱密度。

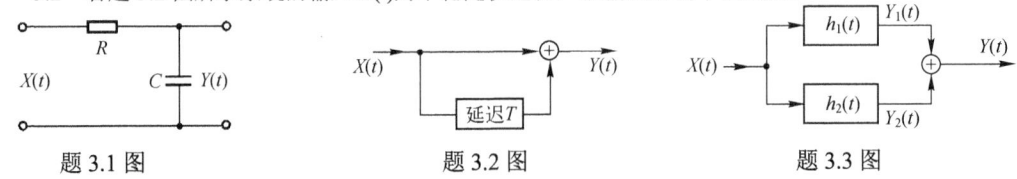

题 3.1 图　　　　题 3.2 图　　　　题 3.3 图

3.3 平稳随机过程 $X(t)$ 作用于冲激响应为 $h_1(t)$ 和 $h_2(t)$ 的并联系统，如题 3.3 图所示，求用 $h_1(t)$、$h_2(t)$

和 $R_X(\tau)$ 表示的 $Y(t)$ 的自相关函数、$Y_1(t)$ 和 $Y_2(t)$ 的互相关函数。

3.4 平稳随机过程 $X(t)$ 作用于冲激响应为 $h_1(t)$ 和 $h_2(t)$ 的级联系统，如题 3.4 图所示，求用 $h_1(t)$，$h_2(t)$ 和 $R_X(\tau)$ 表示的 $Y(t)$ 的自相关函数、$Y_1(t)$ 和 $Y_2(t)$ 的互相关函数。

3.5 求题 3.5 图所示系统输出 $Y(t)$ 的自相关函数。

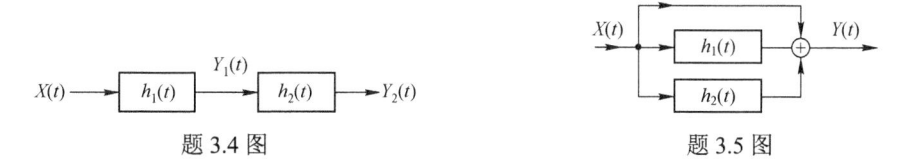

题 3.4 图

题 3.5 图

3.6 功率谱密度为 $N_0/2$ 的白噪声作用到 $|H(0)|=2$ 的低通网络，它的等效噪声带宽为 2MHz。若在 1Ω 电阻上噪声输出平均功率是 0.1W，则 N_0 是多少？

3.7 当传输函数为 $H(\omega) = [1+(j\omega L/R)]^{-1}$ 的两个相同网络级联时，求输入白噪声的功率谱为 $N_0/2$ 时的输出平均功率。

3.8 已知功率谱为 $N_0/2$ 的高斯白噪声 $N(t)$ 通过一个冲激响应为 $h(t) = e^{-2t}u(t)$ 的系统，求输出 $Y(t)$ 的自相关函数。

3.9 若随机信号 $X(t)$ 的自相关函数 $R_X(\tau) = 4e^{-4|\tau|}$，求 $X(t)$ 的等效噪声带宽 $\Delta\omega_e$。

3.10 有一个理想低通系统，其冲激响应 $h(t) = \dfrac{\sin(\omega_c t)}{\omega_c t}$，求该系统的矩形带宽。

本章习题解答请扫二维码。

第4章 窄带随机过程

一般的无线电信号，从音频乃至雷达信号都需要调制到一个载频上才能发射出去。即使是有线通信，为了增加通信容量等原因也需要将信号进行调制。多数无线电接收机接收并处理的信号几乎都是窄带信号。因此真正有研究价值的是窄带信号和窄带系统。窄带信号不仅有确定的也有随机的。窄带随机过程也就成了经常遇到并需要处理的信号之一。

为了讨论和推导方便，本章首先介绍希尔伯特变换及解析信号的概念，接下来介绍复随机过程、窄带随机过程的特点及分析过程，再介绍电子系统中的窄带随机过程分析的实例，最后介绍窄带随机信号的计算机仿真方法。

4.1 希尔伯特变换

希尔伯特变换是通信和信号检测理论研究中的一个重要工具，在其他领域也有重要应用。用希尔伯特变换可以把一个实信号表示成一个复信号(解析信号)，这不仅使理论讨论很方便，而且可以研究实信号的瞬时包络、瞬时相位和瞬时频率。在实际应用中，发射和接收的都是实信号，只是在信号处理的过程中，将信号变成复信号进行处理。实信号也可以看成虚部为零的复信号，如果再考虑信号频域的特点，解析信号就是比较理想的复数表示方式了，解析信号的构成离不开信号的希尔伯特变换。

4.1.1 希尔伯特变换及解析信号的构成

1. 希尔伯特变换

实信号 $x(t)$，它的希尔伯特变换记作 $\hat{x}(t)$ 或 $\mathcal{H}[x(t)]$，并定义

$$\hat{x}(t) = \mathcal{H}[x(t)] = x(t) * \frac{1}{\pi t} = \frac{1}{\pi}\int_{-\infty}^{\infty}\frac{x(\tau)}{t-\tau}\mathrm{d}\tau \qquad (4.1\text{-}1)$$

经变量代换又有

$$\hat{x}(t) = \frac{1}{\pi}\int_{-\infty}^{\infty}\frac{x(t-\tau)}{\tau}\mathrm{d}\tau = -\frac{1}{\pi}\int_{-\infty}^{\infty}\frac{x(t+\tau)}{\tau}\mathrm{d}\tau \qquad (4.1\text{-}2)$$

希尔伯特变换的反变换为

$$x(t) = \mathcal{H}^{-1}[\hat{x}(t)] = -\frac{1}{\pi}\int_{-\infty}^{\infty}\frac{\hat{x}(\tau)}{t-\tau}\mathrm{d}\tau \qquad (4.1\text{-}3)$$

经变量代换后又有

$$x(t) = -\frac{1}{\pi}\int_{-\infty}^{\infty}\frac{\hat{x}(t-\tau)\mathrm{d}\tau}{\tau} = \frac{1}{\pi}\int_{-\infty}^{\infty}\frac{\hat{x}(t+\tau)}{\tau}\mathrm{d}\tau \qquad (4.1\text{-}4)$$

希尔伯特变换是信号与 $1/\pi t$ 的卷积。因此，可以把希尔伯特变换看成一个冲激响应为 $h(t) = 1/\pi t$ 的渐近线性时不变网络。而这个网络的频率响应

$$h(t) = \frac{1}{\pi t} \Longleftrightarrow H(\omega) = -\mathrm{j}\mathrm{sgn}(\omega) \qquad (4.1\text{-}5)$$

式中

$$\mathrm{sgn}(\omega) = \begin{cases} 1, & \omega \geqslant 0 \\ -1, & \omega < 0 \end{cases}$$

为符号函数。网络的频率特性为 $H(\omega)$，则 $H(\omega)$ 可由图 4.1-1 示意。由此看出，希尔伯特变

换器实际上就是一个90°的理想移相器。

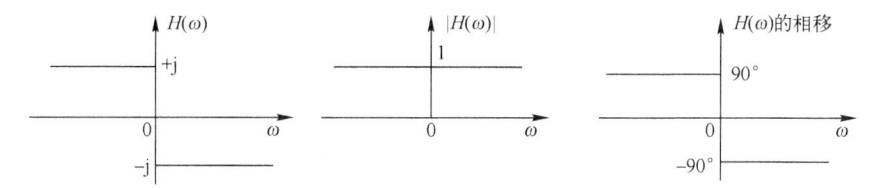

图 4.1-1 希尔伯特变换器频率特性

2. 解析信号

如果由 $x(t)$ 作为实部，它的希尔伯特变换 $\hat{x}(t)$ 作为虚部，构成以下解析信号

$$z(t) = x(t) + j\hat{x}(t) \tag{4.1-6}$$

令 $x(t)$ 的频谱为 $X(\omega)$，由于 $\hat{x}(t)$ 是 $x(t)$ 与 $1/\pi t$ 的卷积，根据卷积定理可得 $\hat{x}(t)$ 的频谱

$$\hat{X}(\omega) = -j\,\text{sgn}(\omega) \cdot X(\omega) \tag{4.1-7}$$

再由式(4.1-6)得解析信号频谱

$$Z(\omega) = X(\omega) + j\hat{X}(\omega) = X(\omega) - j\,\text{sgn}(\omega) \cdot X(\omega) = \begin{cases} 2X(\omega) & \omega \geqslant 0 \\ 0 & \omega < 0 \end{cases} \tag{4.1-8}$$

由此可以看出解析信号 $z(t)$ 的实部包含了实信号 $x(t)$ 的全部信息，虚部则与实部有着确定的关系。解析信号在正频域上拥有单边谱，且为实部信号频谱正频域分量的两倍。

4.1.2 希尔伯特变换的性质

1. 希尔伯特变换的性质：

性质 1 高阶希尔伯特变换：

由于傅里叶变换和希尔伯特变换都是线性变换，可以互换顺序。对许多信号进行希尔伯特变换时，不是直接应用式(4.1-1)进行卷积，而是利用卷积定理，将信号变换到频域，在频域进行希尔伯特变换，再变换到时域。

$\hat{x}(t)$ 的希尔伯特变换 $\mathcal{H}[\hat{x}(t)]$ 的傅里叶变换为

$$\hat{\hat{X}}(\omega) = \mathcal{F}\{\mathcal{H}[\hat{x}(t)]\} = -j\,\text{sgn}(\omega) \cdot [-j\,\text{sgn}(\omega) \cdot X(\omega)] = -X(\omega)$$

所以
$$\hat{\hat{x}}(t) = \mathcal{H}^2[x(t)] = -x(t) \tag{4.1-9}$$

连续两次希尔伯特变换相当于连续两次90°相移，正好反相。

性质 2 若 $y(t) = v(t) * x(t)$，则 $y(t)$ 的希尔伯特变换为

$$\hat{y}(t) = v(t) * \hat{x}(t) = \hat{v}(t) * x(t) \tag{4.1-10}$$

证明： 运用卷积结合律和交换律得

$$\hat{y}(t) = v(t) * x(t) * \frac{1}{\pi t} = v(t) * \left[x(t) * \frac{1}{\pi t}\right] = v(t) * \hat{x}(t) = v(t) * \frac{1}{\pi t} * x(t) = \hat{v}(t) * x(t)$$

现实中不存在复信号，实际系统中常把信号与其希尔伯特变换的信号分别放在两个通路中处理(即所谓的正交通道)。性质2正好说明，如果两个信号是希尔伯特变换关系，则经过了相同的线性时不变系统后仍然保持着希尔伯特变换关系。

性质 3 $x(t)$ 与 $\hat{x}(t)$ 的能量及平均功率相等，即

$$\int_{-\infty}^{\infty} x^2(t)\mathrm{d}t = \int_{-\infty}^{\infty} \hat{x}^2(t)\mathrm{d}t \qquad (4.1\text{-}11)$$

$$\lim_{T\to\infty}\frac{1}{2T}\int_{-T}^{T} x^2(t)\mathrm{d}t = \lim_{T\to\infty}\frac{1}{2T}\int_{-T}^{T}\hat{x}^2(t)\mathrm{d}t \qquad (4.1\text{-}12)$$

证明
$$\int_{-\infty}^{\infty}\hat{x}^2(t)\mathrm{d}t = \int_{-\infty}^{\infty}\hat{x}(t)\frac{1}{2\pi}\int_{-\infty}^{\infty}\hat{X}(\omega)\mathrm{e}^{\mathrm{j}\omega t}\mathrm{d}\omega\mathrm{d}t$$
$$= \frac{1}{2\pi}\int_{-\infty}^{\infty}\hat{X}(\omega)\int_{-\infty}^{\infty}\hat{x}(t)\mathrm{e}^{\mathrm{j}\omega t}\mathrm{d}t\mathrm{d}\omega = \frac{1}{2\pi}\int_{-\infty}^{\infty}\hat{X}(\omega)\hat{X}^*(\omega)\mathrm{d}\omega$$
$$= \frac{1}{2\pi}\int_{-\infty}^{\infty}X(\omega)H(\omega)H^*(\omega)X^*(\omega)\mathrm{d}\omega$$
$$= \frac{1}{2\pi}\int_{-\infty}^{\infty}X(\omega)X^*(\omega)\mathrm{d}\omega = \int_{-\infty}^{\infty}x^2(t)\mathrm{d}t$$

其中 $H(\omega)$ 为式(4.1-5)，同理可证式(4.1-12)。

希尔伯特变换只改变了信号的相位，不会改变信号的能量和功率。

性质 4 平稳随机过程 $X(t)$ 的希尔伯特变换 $\hat{X}(t)$ 的统计自相关函数 $R_{\hat{X}}(\tau)$ 和时间自相关函数 $R_{\hat{X}_T}(\tau)$，分别等于 $X(t)$ 的自相关函数 $R_X(\tau)$ 和时间自相关函数 $R_{X_T}(\tau)$，即

$$R_{\hat{X}}(\tau) = R_X(\tau) \qquad (4.1\text{-}13)$$
$$R_{\hat{X}_T}(\tau) = R_{X_T}(\tau) \qquad (4.1\text{-}14)$$

证明：平稳随机过程进行希尔伯特变换相当于经过一个冲激响应 $h(t)=1/\pi t$ 的渐近线性时不变网络，输出仍然是平稳随机过程，因此有

$$R_{\hat{X}}(\tau) = E[\hat{X}(t)\hat{X}(t+\tau)] = E[\int_{-\infty}^{\infty}\frac{X(t-\eta)}{\pi\eta}\mathrm{d}\eta\int_{-\infty}^{\infty}\frac{X(t+\tau-\xi)}{\pi\xi}\mathrm{d}\xi]$$
$$= \int_{-\infty}^{\infty}\int_{-\infty}^{\infty}\frac{1}{\pi\eta}\frac{1}{\pi\xi}E[X(t-\eta)X(t+\tau-\xi)]\mathrm{d}\eta\mathrm{d}\xi = \int_{-\infty}^{\infty}\frac{1}{\pi\eta}\frac{R_X(\tau+\eta-\xi)}{\pi\xi}\mathrm{d}\xi\mathrm{d}\eta$$
$$= \int_{-\infty}^{\infty}\frac{\hat{R}_X(\tau+\eta)}{\pi\eta}\mathrm{d}\eta = R_X(\tau)$$

上式中令 $\tau=0$ 可得 $R_{\hat{X}}(0)=R_X(0)$，说明从统计平均来看，平稳随机过程经希尔伯特变换后，平均功率不变。

同理可证式(4.1-14)。令 $\tau=0$ 可得 $R_{\hat{X}_T}(0)=R_{X_T}(0)$，说明 $X(t)$ 和其希尔伯特变换 $\hat{X}(t)$ 在 $-\infty<t<\infty$ 范围内平均功率相等。

【例 4.1-1】 已知 $X(t)$ 是一个均值为零的平稳高斯过程，其单边功率谱密度为窄带形式

$$G_X(\omega) = \begin{cases} A, & |\omega-\omega_0|<\Delta\omega/2 \\ 0, & 其他 \end{cases}$$

试求其希尔伯特变换 $\hat{X}(t)$ 的一维概率密度。

解：已知 $X(t)$ 是一个零均值平稳高斯过程，则 $\hat{X}(t)$ 也是零均值平稳高斯过程。所以

$$\sigma_{\hat{X}}^2 = R_{\hat{X}}(0) = R_X(0) = \frac{1}{2\pi}\int_0^{\infty}G_X(\omega)\mathrm{d}\omega = \frac{1}{2\pi}\int_{\omega_0-\Delta\omega/2}^{\omega_0+\Delta\omega/2}A\mathrm{d}\omega = \frac{A\Delta\omega}{2\pi}$$

$$f_{\hat{X}}(\hat{x}) = \frac{1}{\sqrt{A\Delta\omega}}\exp\left(-\frac{\pi\hat{x}^2}{A\Delta\omega}\right)$$

如果所给的条件 $X(t)$ 的功率谱是其他形式，同样可以通过积分求得结果。

性质 5 平稳随机过程 $X(t)$ 与其希尔伯特变换 $\hat{X}(t)$ 的统计互相关函数 $R_{X\hat{X}}(\tau)$ 和时间互相关函数 $R_{X\hat{X}_T}(\tau)$，分别等于 $X(t)$ 的统计自相关函数的希尔伯特变换和时间自相关函数的希尔伯特变换，即

$$R_{X\hat{X}}(\tau) = \hat{R}_X(\tau) \tag{4.1-15}$$

$$R_{X\hat{X}_T}(\tau) = \hat{R}_{X_T}(\tau) \tag{4.1-16}$$

证明：$\hat{X}(t)$ 可以看作 $X(t)$ 通过一个线性时不变网络的输出过程，所以它与 $X(t)$ 必是联合平稳的，因此有

$$R_{X\hat{X}}(\tau) = E[X(t)\hat{X}(t+\tau)] = E\left[X(t)\int_{-\infty}^{\infty}\frac{X(t+\tau-\eta)}{\pi\eta}\mathrm{d}\eta\right]$$

$$= \int_{-\infty}^{\infty}\frac{E[X(t)X(t+\tau-\eta)]}{\pi\eta}\mathrm{d}\eta = \int_{-\infty}^{\infty}\frac{R_X(\tau-\eta)}{\pi\eta}\mathrm{d}\eta = \hat{R}_X(\tau)$$

同理可证
$$R_{\hat{X}X}(\tau) = R_{X\hat{X}}(-\tau) = -\hat{R}_X(\tau) = -R_{X\hat{X}}(\tau) \tag{4.1-17}$$

且有
$$R_{\hat{X}X}(0) = R_{X\hat{X}}(0) = 0 \tag{4.1-18}$$

亦同理可证
$$R_{X\hat{X}_T}(\tau) = \hat{R}_{X_T}(\tau) \tag{4.1-19}$$

$$R_{\hat{X}X_T}(\tau) = R_{X\hat{X}_T}(-\tau) = -\hat{R}_{X_T}(\tau) = -R_{X\hat{X}_T}(\tau) \tag{4.1-20}$$

且
$$R_{X\hat{X}_T}(0) = R_{\hat{X}X_T}(0) = 0 \tag{4.1-21}$$

通过上述结果可以看出平稳随机过程 $X(t)$ 与 $\hat{X}(t)$ 在同一时刻是正交的，且它们的统计互相关函数和时间互相关函数都是奇函数。这与一般的互相关函数是不同的。

性质 6 如果 $a(t)$ 的频谱 $A(\omega)$ 是局限在 $(-\Delta\omega_1/2, \Delta\omega_1/2)$ 内的信号，且满足 $\omega_0 > \Delta\omega_1/2$，则有

$$\mathcal{H}[a(t)\cos\omega_0 t] = a(t)\sin\omega_0 t \tag{4.1-22}$$

$$\mathcal{H}[a(t)\sin\omega_0 t] = -a(t)\cos\omega_0 t \tag{4.1-23}$$

证明 先求 $a(t)\cos\omega_0 t$ 的傅里叶变换，把信号写成

$$x(t) = a(t)\cos\omega_0 t = \frac{1}{2}a(t)\mathrm{e}^{\mathrm{j}\omega_0 t} + \frac{1}{2}a(t)\mathrm{e}^{-\mathrm{j}\omega_0 t}$$

于是
$$X(\omega) = \frac{1}{2}A(\omega-\omega_0) + \frac{1}{2}A(\omega+\omega_0)$$

将 $A(\omega)$ 与 $X(\omega)$ 的关系示于图 4.1-2 中。由图 4.1-2 可见

$$X(\omega) = \begin{cases} \dfrac{1}{2}A(\omega-\omega_0), & \omega \geqslant 0 \\ \dfrac{1}{2}A(\omega+\omega_0), & \omega < 0 \end{cases}$$

再由式 (4.1-7) 得

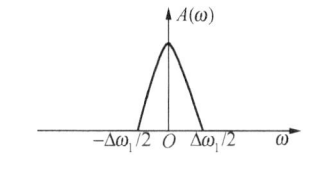

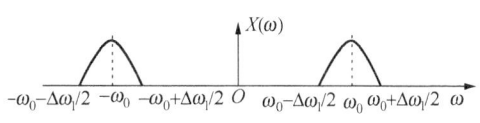

$$\hat{X}(\omega) = -\mathrm{jsgn}(\omega)X(\omega) = \begin{cases} -\dfrac{\mathrm{j}}{2}A(\omega-\omega_0), & \omega \geqslant 0 \\ \dfrac{\mathrm{j}}{2}A(\omega+\omega_0), & \omega < 0 \end{cases}$$

图 4.1-2 $x(t)$ 的傅里叶变换图解

对上式进行傅里叶反变换得

$$\hat{x}(t) = \frac{1}{2\pi}\int_{\omega_0-\Delta\omega_1/2}^{\omega_0+\Delta\omega_1/2} \frac{-\mathrm{j}}{2}A(\omega-\omega_0)\mathrm{e}^{\mathrm{j}\omega t}\mathrm{d}\omega + \frac{1}{2\pi}\int_{-\omega_0-\Delta\omega_1/2}^{-\omega_0+\Delta\omega_1/2} \frac{\mathrm{j}}{2}A(\omega+\omega_0)\mathrm{e}^{\mathrm{j}\omega t}\mathrm{d}\omega$$

$$= -\frac{\mathrm{j}}{2}\mathrm{e}^{\mathrm{j}\omega_0 t}a(t) + \frac{\mathrm{j}}{2}\mathrm{e}^{-\mathrm{j}\omega_0 t}a(t) = a(t)\sin\omega_0 t$$

式(4.1-22)得证。同理可证式(4.1-23)。

2. 希尔伯特变换性质在工程中的应用

实际电子系统中常见的 IQ 双通道接收原理框图见图 4.1-3。接收机通过天线接收到实信号 $x(t) = a(t)\cos[\omega_0 t + \varphi(t)]$，其中 $a(t)$ 和 $\varphi(t)$ 分别是幅度调制信号和相位调制信息，两者构成基带信号，信号频谱落在 $[-\Delta\omega/2, \Delta\omega/2]$ 内。ω_0 是信号的调制频率。接收机将接收信号分为两路，分别通过 $\cos(\omega_1 t)$ 和 $\sin(\omega_1 t)$ 进行混频，混频输出分别记为 $x_\mathrm{I}(t)$ 和 $x_\mathrm{Q}(t)$，因此有

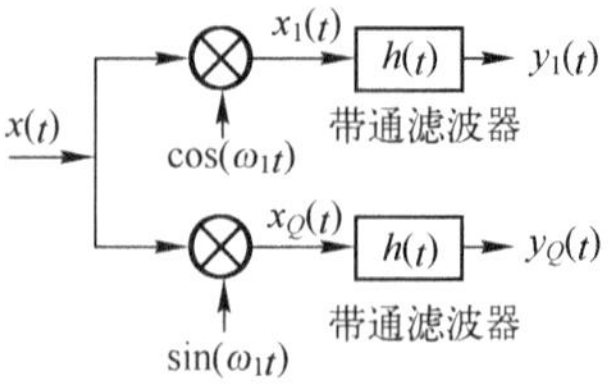

图 4.1-3 IQ 双通道接收机原理框图

$$x_\mathrm{I}(t) = x(t)\cos(\omega_1 t) = \frac{1}{2}\{a(t)\cos[(\omega_0-\omega_1)t+\varphi(t)] + a(t)\cos[(\omega_0+\omega_1)t+\varphi(t)]\} \quad (4.1\text{-}24)$$

$$x_\mathrm{Q}(t) = x(t)\sin(\omega_1 t) = \frac{1}{2}\{-a(t)\sin[(\omega_0-\omega_1)t+\varphi(t)] + a(t)\sin[(\omega_0+\omega_1)t+\varphi(t)]\} \quad (4.1\text{-}25)$$

这里假设 $\omega_0 > \omega_1 + \Delta\omega/2$。令 $\omega_\mathrm{F} = \omega_0 - \omega_1$ 为中频。混频输出的 $x_\mathrm{I}(t)$ 和 $x_\mathrm{Q}(t)$ 各自通过冲激响应为 $h(t)$ 的带通滤波器，其中 $h(t)$ 被设计为中心频率为 ω_F，在频段 $[\omega_\mathrm{F}-\Delta\omega/2, \omega_\mathrm{F}+\Delta\omega/2]$ 内近似满足不失真条件，且对频率成分为 $\omega_0+\omega_1$ 的信号成分有足够衰减的带通滤波器。假设

$$\cos[(\omega_0+\omega_1)t+\varphi(t)]*h(t) \approx 0, \quad \sin[(\omega_0+\omega_1)t+\varphi(t)]*h(t) \approx 0$$

则

$$y_\mathrm{I}(t) = x_\mathrm{I}(t)*h(t) = \frac{1}{2}a(t)\cos[\omega_\mathrm{F}t+\varphi(t)]*h(t)$$

$$= \frac{1}{2}a(t)\cos\varphi(t)\cos(\omega_\mathrm{F}t)*h(t) - \frac{1}{2}a(t)\sin\varphi(t)\sin(\omega_\mathrm{F}t)*h(t) \quad (4.1\text{-}26)$$

$$y_\mathrm{Q}(t) = x_\mathrm{Q}(t)*h(t) = -\frac{1}{2}a(t)\sin[\omega_\mathrm{F}t+\varphi(t)]*h(t)$$

$$= -\frac{1}{2}a(t)\cos\varphi(t)\sin(\omega_\mathrm{F}t)*h(t) - \frac{1}{2}a(t)\sin\varphi(t)\cos(\omega_\mathrm{F}t)*h(t) \quad (4.1\text{-}27)$$

根据基带信号带宽、载频及混频的关系 $\omega_0 > \omega_1 + \Delta\omega/2$，利用希尔伯特性质 6，可知 $a(t)\cos\varphi(t)\sin(\omega_\mathrm{F}t)$ 是 $a(t)\cos\varphi(t)\cos(\omega_\mathrm{F}t)$ 的希尔伯特变换，$-a(t)\sin\varphi(t)\cos(\omega_\mathrm{F}t)$ 是 $a(t)\sin\varphi(t)\sin(\omega_\mathrm{F}t)$ 的希尔伯特变换，再根据希尔伯特性质 2 可知 $-y_\mathrm{Q}(t)$ 是 $y_\mathrm{I}(t)$ 的希尔伯特变换。

因此，将 IQ 双通道的两路输出 $y_\mathrm{I}(t)$ 和 $-y_\mathrm{Q}(t)$ 分别作为复信号的实部和虚部存储，可以得到复指数信号

$$y(t) = y_\mathrm{I}(t) - \mathrm{j}y_\mathrm{Q}(t) = u(t)\mathrm{e}^{\mathrm{j}\omega_\mathrm{F}t}*h(t) \quad (4.1\text{-}28)$$

其中 $u(t) = a(t)\mathrm{e}^{\mathrm{j}\varphi(t)}$ 是信号的复包络。由于假设信号是窄带信号，复包络的带宽 $\Delta\omega \ll \omega_\mathrm{F}$，复指数信号和复解析信号近似相同。

IQ 双通道将接收机中输出的中频信号变换为两路（I 路和 Q 路）正交的信号，这在许多通信系统、雷达系统或其他电子系统中都有广泛的应用。IQ 通道处理方法保留了信号的相位信息，对于相干信号可以进行相干积累，因此相干接收机具有更大的动态范围和更高的精度。

4.2 复随机过程

在工程上经常用到复随机信号,与确定信号中的复信号表示法相对应,我们引入复过程的概念之前,先给出复随机变量的概念

4.2.1 复随机变量

如果 X 和 Y 分别是实随机变量,定义

$$Z = X + jY \tag{4.2-1}$$

为复随机变量。复随机变量的概率密度为实部和虚部的联合概率密度 $f_Z(x,y)$。

复随机变量的数学期望在一般情况下是复数

$$m_Z = E[Z] = E[X] + jE[Y] = m_X + jm_Y \tag{4.2-2}$$

方差则为实数 $$\sigma_Z^2 = D[Z] = E[|Z - m_Z|^2] \tag{4.2-3a}$$

代入式(4.2-1)得 $$\sigma_Z^2 = E[|(X - m_X) + j(Y - m_Y)|^2] = D[X] + D[Y] \tag{4.2-3b}$$

可见复随机变量的方差是实部与虚部方差的和。

对于两个复随机变量 $\quad Z_1 = X_1 + jY_1, \quad Z_2 = X_2 + jY_2$

它们的相关矩为 $$R_{Z_1 Z_2} = E[Z_1^* Z_2] \tag{4.2-4}$$

式中,*表示复共轭。则

$$R_{Z_1 Z_2} = E[(X_1 - jY_1)(X_2 + jY_2)] = R_{X_1 X_2} + R_{Y_1 Y_2} + j(R_{X_1 Y_2} - R_{Y_1 X_2})$$

复随机变量的协方差定义为 $$C_{Z_1 Z_2} = E[(Z_1 - m_{Z_1})^* (Z_2 - m_{Z_2})] \tag{4.2-5}$$

可见两个复随机变量涉及四个实随机变量,因此两个复随机变量互相独立需满足

$$f_{X_1 Y_1 X_2 Y_2}(x_1, y_1, x_2, y_2) = f_{X_1 Y_1}(x_1, y_1) f_{X_2 Y_2}(x_2, y_2) \tag{4.2-6}$$

而两个复随机变量互不相关只需满足

$$C_{Z_1 Z_2} = E[(Z_1 - m_{Z_1})^* (Z_2 - m_{Z_2})] = 0 \tag{4.2-7}$$

或 $$R_{Z_1 Z_2} = E[Z_1^* Z_2] = E[Z_1^*] E[Z_2] \tag{4.2-8}$$

不相关和统计独立仍然不是等价的。若

$$R_{Z_1 Z_2} = E[Z_1^* Z_2] = 0 \tag{4.2-9}$$

则称 Z_1 和 Z_2 互相正交。

4.2.2 复随机过程及解析过程

1. 复随机过程

考虑随时间变化的复随机变量,就可以得到复随机过程。

如果 $X(t)$ 和 $Y(t)$ 为实随机过程,则

$$Z(t) = X(t) + jY(t) \tag{4.2-10}$$

为复随机过程,它的数学期望是一个复时间函数,即

$$m_Z(t) = E[Z(t)] = m_X(t) + jm_Y(t) \tag{4.2-11}$$

它的方差则是实时间函数,即

$$\sigma_Z^2(t) = E[|Z(t) - m_Z(t)|^2] = \sigma_X^2(t) + \sigma_Y^2(t) \tag{4.2-12}$$

自相关函数定义为
$$R_Z(t, t+\tau) = E[Z^*(t)Z(t+\tau)] \tag{4.2-13}$$

协方差函数定义为
$$C_Z(t, t+\tau) = E\{[(Z(t) - m_Z(t)]^*[Z(t+\tau) - m_Z(t+\tau)]\} \tag{4.2-14}$$

当 $\tau = 0$ 时，有
$$R_Z(t,t) = E[|Z(t)|^2] \tag{4.2-15}$$

$$C_Z(t,t) = E[|Z(t) - m_Z(t)|^2] = \sigma_Z^2(t) \tag{4.2-16}$$

由实随机过程广义平稳的定义可类推出复随机过程广义平稳的条件。如果复随机过程 $Z(t)$ 满足

$$E[Z(t)] = m_Z = 复常数, \quad E[Z^*(t)Z(t+\tau)] = R_Z(\tau), \quad E[|Z(t)|^2] < \infty$$

则称 $Z(t)$ 为广义平稳复随机过程。

对于两个复随机过程 $Z_1(t)$ 和 $Z_2(t)$，其互相关和互协方差函数定义为

$$R_{Z_1Z_2}(t, t+\tau) = E[Z_1^*(t)Z_2(t+\tau)] \tag{4.2-17}$$

$$C_{Z_1Z_2}(t, t+\tau) = E\{[Z_1(t) - m_{Z_1}(t)]^*[Z_2(t+\tau) - m_{Z_2}(t+\tau)]\} \tag{4.2-18}$$

如果
$$C_{Z_1Z_2}(t, t+\tau) = 0 \tag{4.2-19}$$

则 $Z_1(t)$ 与 $Z_2(t)$ 为不相关过程。如果

$$R_{Z_1Z_2}(t, t+\tau) = 0 \tag{4.2-20}$$

则 $Z_1(t)$ 与 $Z_2(t)$ 为正交过程。

如果两个复随机过程各自平稳且联合平稳，则

$$R_{Z_1Z_2}(t, t+\tau) = R_{Z_1Z_2}(\tau) \tag{4.2-21}$$

$$C_{Z_1Z_2}(t, t+\tau) = C_{Z_1Z_2}(\tau) \tag{4.2-22}$$

复随机过程的功率谱仍然定义为自相关函数的傅里叶变换，即

$$S_Z(\omega) = \int_{-\infty}^{\infty} R_Z(\tau) e^{-j\omega\tau} d\tau \tag{4.2-23}$$

并有
$$R_Z(\tau) = \frac{1}{2\pi} \int_{-\infty}^{\infty} S_Z(\omega) e^{j\omega\tau} d\omega \tag{4.2.24}$$

另外两个联合平稳的复随机过程的互功率谱密度与互相关函数也是一个傅里叶变换对。

2. 解析过程

由实随机过程 $X(t)$ 作为复随机过程 $Z(t)$ 的实部，$X(t)$ 的希尔伯特变换 $\hat{X}(t)$ 作为 $Z(t)$ 的虚部，即

$$Z(t) = X(t) + j\hat{X}(t) \tag{4.2-25}$$

这样所构成的复随机过程 $Z(t)$ 为解析随机过程。

如果 $X(t)$ 为平稳过程，根据希尔伯特变换的定义，$\hat{X}(t)$ 也必为平稳过程，解析过程 $Z(t)$ 的数学期望为

$$m_Z(t) = E[Z(t)] = E[X(t) + j\hat{X}(t)] = m_X + jm_{\hat{X}} = 复常数 \tag{4.2-26}$$

自相关函数为
$$R_Z(t, t+\tau) = E[Z(t)^* Z(t+\tau)] = E\{[X(t) - j\hat{X}(t)][X(t+\tau) + j\hat{X}(t+\tau)]\}$$
$$= R_X(\tau) + R_{\hat{X}}(\tau) + j[R_{X\hat{X}}(\tau) - R_{\hat{X}X}(\tau)]$$

再根据式(4.1-15)和式(4.1-20)得

$$R_{\hat{X}}(\tau) = R_X(\tau)$$

· 152 ·

有
$$R_{\hat{X}X}(\tau) = R_{X\hat{X}}(-\tau) = -\hat{R}_X(\tau)$$
$$R_Z(t, t+\tau) = 2[R_X(\tau) + j\hat{R}_X(\tau)] = R_Z(\tau) \tag{4.2-27}$$

因此，可以看出这样构成的解析过程为复平稳随机过程，解析过程的自相关函数是复函数，它的实部为 $X(t)$ 的自相关函数 $R_X(\tau)$ 的 2 倍，虚部为 $R_X(\tau)$ 的希尔伯特变换的 2 倍。

由式 (4.2-23) 知，对 $Z(t)$ 的自相关函数 $R_Z(\tau)$ 求傅里叶变换即可得 $Z(t)$ 的功率谱密度 $S_Z(\omega)$。$X(t)$ 的自相关函数 $R_X(\tau)$ 的傅里叶变换为 $X(t)$ 的功率谱密度 $S_X(\omega)$，则根据式 (4.1-7) 可得 $R_X(\tau)$ 的希尔伯特变换的傅里叶变换为
$$\hat{S}_X(\omega) = -j\mathrm{sgn}(\omega) S_X(\omega)$$

再对式 (4.2-27) 的等号两边同时进行傅里叶变换，得
$$S_Z(\omega) = 2[S_X(\omega) + j\hat{S}_X(\omega)] = 2[S_X(\omega) + S_X(\omega)\mathrm{sgn}(\omega)] = \begin{cases} 4S_X(\omega), & \omega \geq 0 \\ 0, & \omega < 0 \end{cases}$$

【例 4.2-1】 将数学期望为零、方差为 σ_X^2 的实高斯平稳随机过程 $X(t)$ 作为实部，构成复随机过程 $Z(t)$，试求 $Z(t)$ 在某一时刻的概率密度。

解：设 $Z(t)$ 在时刻 t_1 的状态为 $Z_1 = X_1 + j\hat{X}_1$，则：

（1）根据希尔伯特变换性质 6，在同一时刻 $X(t)$ 与 $\hat{X}(t)$ 正交，见式 (4.1-20)，X_1 与 $\hat{X}_1$ 是两个正交的随机变量。

（2）根据已知条件可知 X_1 是均值为零、方差为 σ_X^2 的高斯随机变量，则 $\hat{X}_1$ 也是均值为零、方差为 σ_X^2 的高斯随机变量，因此 X_1 与 $\hat{X}_1$ 是两个不相关，也就是独立的高斯随机变量。

复随机变量的概率密度是实部与虚部的二维联合概率密度，因此 $Z(t)$ 在 t_1 时刻的概率密度可表示为
$$f_{Z_1}(x_1, \hat{x}_1; t_1) = \frac{1}{\sqrt{2\pi}\sigma_X} \exp\left[-\frac{x_1^2}{2\sigma^2}\right] \cdot \frac{1}{\sqrt{2\pi}\sigma_X} \exp\left[-\frac{\hat{x}_1^2}{2\sigma^2}\right]$$
$$= \frac{1}{2\pi\sigma_X^2} \exp\left[-\frac{x_1^2 + \hat{x}_1^2}{2\sigma_X^2}\right] = \frac{1}{2\pi\sigma_X^2} \exp\left[-\frac{|z_1|^2}{2\sigma_X^2}\right]$$

与 t_1 无关，因此 $Z(t)$ 在任意时刻 t 的概率密度为
$$f_Z(x, \hat{x}; t) = \frac{1}{2\pi\sigma_X^2} \exp\left[-\frac{x^2 + \hat{x}^2}{2\sigma_X^2}\right] = \frac{1}{2\pi\sigma_X^2} \exp\left[-\frac{|z|^2}{2\sigma_X^2}\right]$$

根据式 (4.2-12) 和希尔伯特变换的性质可知 $Z(t)$ 的方差为
$$\sigma_Z^2 = \sigma_X^2 + \sigma_{\hat{X}}^2 = 2\sigma_X^2$$

如果已知条件只给出了 $Z(t)$ 的功率谱密度，我们可以求出 $Z(t)$ 的平均功率；如果构成 $Z(t)$ 实部的 $X(t)$ 仍是零均值的高斯过程，$X(t)$ 与 $\hat{X}(t)$ 的方差则为 $Z(t)$ 的平均功率的一半。

4.3 窄带随机过程的基本特点及解析表示

4.3.1 窄带随机过程的表达式

窄带信号和窄带系统的概念是我们早已熟悉的。一个窄带信号的频谱应该集中在以 ω_0 为

中心频率的有限频带 $\Delta\omega$ 内,且有 $\omega_0 \gg \Delta\omega$。如果一个系统的频率响应也具有上述特点,则称它是窄带系统。

一个典型的确定性窄带信号可表示为

$$x(t) = a(t)\cos[\omega_0 t + \varphi(t)] \tag{4.3-1}$$

式中,$a(t)$ 为幅度调制或包络调制信号,$\varphi(t)$ 为相位调制信号,它们都是时间的函数,相对载频 ω_0 而言都是慢变的。

窄带随机过程的每一个样本函数都具有式(4.3-1)的形式,对于所有的样本函数构成的窄带随机过程可以表示为

$$X(t) = A(t)\cos[\omega_0 t + \Phi(t)] \tag{4.3-2}$$

式中,$A(t)$ 是窄带过程的包络,$\Phi(t)$ 是窄带过程的相位,它们都是随机过程。与确定性窄带信号一样,它们相对于 ω_0 是慢变随机过程。窄带随机过程可以视为幅度和相位做缓慢调制的准正弦振荡。窄带过程是利用它的功率谱定义的。如果一个随机过程的功率谱是集中在以 ω_0 为中心频率的有限带 $\Delta\omega$ 内,并满足 $\omega_0 \gg \Delta\omega$,如图 4.3-1 所示,则称它为窄带随机过程。令

$$A_c(t) = A(t)\cos\Phi(t) \tag{4.3-3}$$
$$A_s(t) = A(t)\sin\Phi(t) \tag{4.3-4}$$

则有
$$A(t) = \sqrt{A_c^2(t) + A_s^2(t)} \tag{4.3-5}$$

$$\Phi(t) = \arctan\frac{A_s(t)}{A_c(t)} \tag{4.3-6}$$

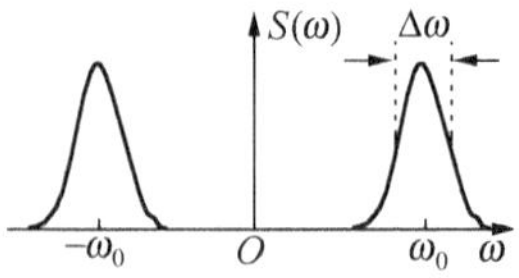

图 4.3-1 窄带过程功率谱示意图

将式(4.3-2)展开 $X(t) = A(t)\cos[\omega_0 t + \Phi(t)] = A(t)\cos\omega_0 t \cos\Phi(t) - A(t)\sin\omega_0 t \sin\Phi(t)$
将式(4.3-3)和式(4.3-4)代入,有

$$X(t) = A_c(t)\cos\omega_0 t - A_s(t)\sin\omega_0 t \tag{4.3-7}$$

式(4.3-7)是窄带过程常用的形式。

4.3.2 窄带随机过程的特点

这里所讨论的 $X(t)$ 是任意的宽平稳、数学期望为零的实窄带随机过程。

由于窄带过程的包络和相位相对于 ω_0 都是慢变过程,不难理解 $A_c(t)$ 和 $A_s(t)$ 相对于 ω_0 为慢变部分。

根据希尔伯特变换的性质 6,对式(4.3-7)进行希尔伯特变换,有

$$\hat{X}(t) = A_c(t)\sin\omega_0 t + A_s(t)\cos\omega_0 t \tag{4.3-8}$$

由式(4.3-7)和式(4.3-8)不难得出
$$A_c(t) = X(t)\cos\omega_0 t + \hat{X}(t)\sin\omega_0 t \tag{4.3-9}$$

$$A_s(t) = -X(t)\sin\omega_0 t + \hat{X}(t)\cos\omega_0 t \tag{4.3-10}$$

随机过程 $A_c(t)$ 和 $A_s(t)$ 也可看作 $X(t)$ 线性变换的结果。$X(t)$ 是数学期望为零的平稳随机过程,则 $A_c(t)$ 和 $A_s(t)$ 也是数学期望为零的平稳过程。

$A_c(t)$ 和 $A_s(t)$ 的自相关函数和功率谱密度为

$R_{A_c}(\tau) = E[A_c(t)A_c(t+\tau)]$

$\quad = E\{[X(t)\cos\omega_0 t + \hat{X}(t)\sin\omega_0 t][X(t+\tau)\cos(\omega_0 t + \omega_0\tau) + \hat{X}(t+\tau)\sin(\omega_0 t + \omega_0\tau)]\}$

$\quad = R_X(\tau)\cos\omega_0 t \cos(\omega_0 t + \omega_0\tau) + R_{\hat{X}}(\tau)\sin\omega_0 t \sin(\omega_0 t + \omega_0\tau) +$

$\qquad R_{X\hat{X}}(\tau)\cos\omega_0 t \sin(\omega_0 t + \omega_0\tau) + R_{\hat{X}X}(\tau)\sin\omega_0 t \cos(\omega_0 t + \omega_0\tau)$

根据希尔伯特变换的性质 $R_{\hat{X}}(\tau) = R_X(\tau)$，$R_{\hat{X}X}(\tau) = R_{X\hat{X}}(-\tau) = -\hat{R}_X(\tau)$

代入 $R_{A_c}(\tau)$ 中并化简得
$$R_{A_c}(\tau) = R_X(\tau)\cos\omega_0\tau + \hat{R}_X(\tau)\sin\omega_0\tau \tag{4.3-11}$$

同理有
$$R_{A_s}(\tau) = R_X(\tau)\cos\omega_0\tau + \hat{R}_X(\tau)\sin\omega_0\tau \tag{4.3-12}$$

因此
$$R_{A_c}(\tau) = R_{A_s}(\tau) \tag{4.3-13}$$

令 $\tau = 0$，有
$$R_{A_c}(0) = R_{A_s}(0) = R_X(0) \tag{4.3-14}$$

该式表明 $A_c(t)$ 和 $A_s(t)$ 与 $X(t)$ 具有相同的平均功率。

对式(4.3-11)、式(4.3-12)两边取傅里叶变换得

$$\begin{aligned}
S_{A_c}(\omega) = S_{A_s}(\omega) &= \int_{-\infty}^{\infty} R_{A_c}(\tau)\mathrm{e}^{-\mathrm{j}\omega\tau}\mathrm{d}\tau \\
&= \int_{-\infty}^{\infty}[R_X(\tau)\cos\omega_0\tau + \hat{R}_X(\tau)\sin\omega_0\tau]\mathrm{e}^{-\mathrm{j}\omega\tau}\mathrm{d}\tau \\
&= \frac{1}{2}\int_{-\infty}^{\infty} R_X(\tau)[\mathrm{e}^{-\mathrm{j}(\omega-\omega_0)\tau} + \mathrm{e}^{-\mathrm{j}(\omega+\omega_0)\tau}]\mathrm{d}\tau + \frac{1}{2\mathrm{j}}\int_{-\infty}^{\infty} \hat{R}_X(\tau)[\mathrm{e}^{-\mathrm{j}(\omega-\omega_0)\tau} - \mathrm{e}^{-\mathrm{j}(\omega+\omega_0)\tau}]\mathrm{d}\tau \\
&= \frac{1}{2}[S_X(\omega-\omega_0) + S_X(\omega+\omega_0)] + \frac{1}{2}[\mathrm{sgn}(\omega+\omega_0)S_X(\omega+\omega_0) - \mathrm{sgn}(\omega-\omega_0)S_X(\omega-\omega_0)] \tag{4.3-15}
\end{aligned}$$

根据式(4.3-15)，在图 4.3-2 中画出了 $S_{A_c}(\omega)$ 和 $S_{A_s}(\omega)$ 的各个分量，根据图解分析可知 $S_{A_c}(\omega)$ 和 $S_{A_s}(\omega)$ 集中在 $|\omega| < \Delta\omega/2$ 范围内，$A_c(t)$ 和 $A_s(t)$ 是低频过程。式(4.3-15)可改写为

$$S_{A_c}(\omega) = S_{A_s}(\omega) = \begin{cases} S_X(\omega-\omega_0) + S_X(\omega+\omega_0), & |\omega| < \Delta\omega/2 \\ 0, & \text{其他} \end{cases} \tag{4.3-16}$$

图 4.3-2 $S_{A_c}(\omega)$、$S_{A_s}(\omega)$ 及各分量功率谱密度

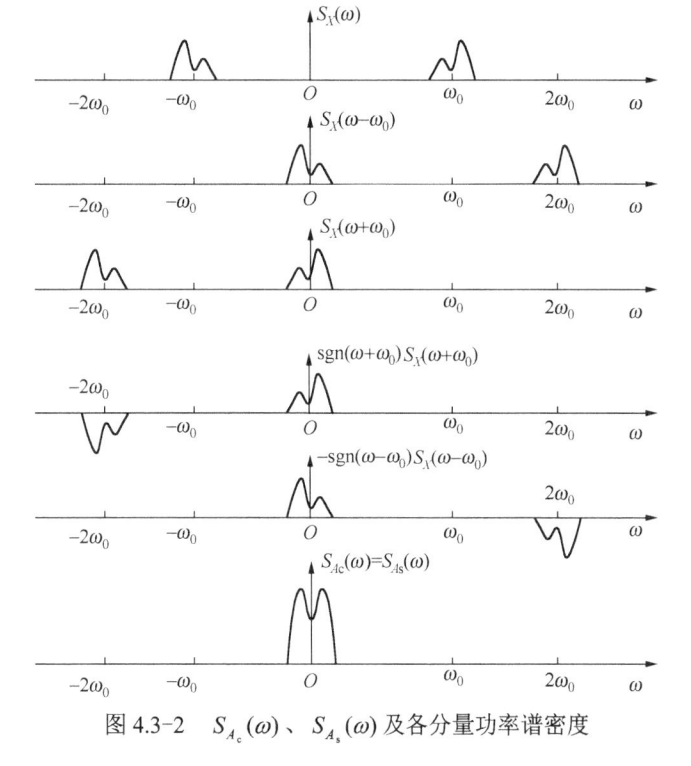

$X(t)$ 是窄带实随机过程，因此有

$$R_X(\tau) = \frac{1}{2\pi}\int_{\omega_0+\Delta\omega/2}^{\omega_0+\Delta\omega/2} 2S_X(\omega)\cos(\omega\tau)\,d\omega \qquad (4.3\text{-}17a)$$

令 $\omega' = \omega - \omega_0$，对式(4.3-17a)进行变量代换，则

$$R_X(\tau) = \frac{1}{2\pi}\int_{-\Delta\omega/2}^{\Delta\omega/2} 2S_X(\omega'+\omega_0)\cos[(\omega'+\omega_0)\tau]\,d\omega'$$

$$= \frac{1}{2\pi}\int_{-\Delta\omega/2}^{\Delta\omega/2} 2S_X(\omega'+\omega_0)\cos(\omega'\tau)\cos(\omega_0\tau)\,d\omega' -$$

$$\frac{1}{2\pi}\int_{-\Delta\omega/2}^{\Delta\omega/2} 2S_X(\omega'+\omega_0)\sin(\omega'\tau)\sin(\omega_0\tau)\,d\omega' \qquad (4.3\text{-}17b)$$

如果窄带过程 $X(t)$ 的单边功率谱是关于 ω_0 对称的，则 $S_X(\omega'+\omega_0)$ 在 $(-\Delta\omega/2, \Delta\omega/2)$ 区间与 $S_X(\omega'-\omega_0)$ 相等，且是 ω' 的偶函数，因此，式(4.3-17b)变成

$$R_X(\tau) = \cos(\omega_0\tau) \cdot \frac{1}{2\pi}\int_{-\Delta\omega/2}^{\Delta\omega/2} 2S_X(\omega'+\omega_0)\cos(\omega'\tau)\,d\omega' \qquad (4.3\text{-}17c)$$

又由式(4.3-16)可得 $\quad R_X(\tau) = \cos(\omega_0\tau) \cdot \frac{1}{2\pi}\int_{-\Delta\omega/2}^{\Delta\omega/2} 2S_X(\omega'+\omega_0)\cos(\omega'\tau)\,d\omega'$

$$= R_{A_c}(\tau)\cos(\omega_0\tau) \qquad (4.3\text{-}18)$$

2. $A_c(t)$ 和 $A_s(t)$ 的互相关函数、互功率谱密度

$$R_{A_c A_s}(t, t+\tau) = E[A_c(t)A_s(t+\tau)]$$

$$= E\{[X(t)\cos\omega_0 t + \hat{X}(t)\sin\omega_0 t][-X(t+\tau)\sin(\omega_0 t+\omega_0\tau) + \hat{X}(t+\tau)\cos(\omega_0 t+\omega_0\tau)]\}$$

$$= -R_X(\tau)\cos\omega_0 t\sin(\omega_0 t+\omega_0\tau) + R_{\hat{X}}(\tau)\sin\omega_0 t\cos(\omega_0 t+\omega_0\tau) +$$

$$R_{X\hat{X}}(\tau)\cos\omega_0 t\cos(\omega_0 t+\omega_0\tau) - R_{\hat{X}X}(\tau)\sin\omega_0 t\sin(\omega_0 t+\omega_0\tau)$$

$$= -R_X(\tau)\sin\omega_0\tau + \hat{R}_X(\tau)\cos\omega_0\tau = R_{A_c A_s}(\tau) \qquad (4.3\text{-}19)$$

上式表明，$A_c(t)$ 和 $A_s(t)$ 是联合平稳的。

同理有 $\quad R_{A_s A_c}(\tau) = R_{A_c A_s}(-\tau) = R_X(\tau)\sin\omega_0\tau - \hat{R}_X(\tau)\cos\omega_0\tau \qquad (4.3\text{-}20)$

因此 $\quad R_{A_c A_s}(\tau) = -R_{A_s A_c}(\tau) = -R_{A_c A_s}(-\tau) \qquad (4.3\text{-}21)$

上式表明 $A_c(t)$ 和 $A_s(t)$ 的互相关函数 $R_{A_c A_s}(\tau)$ 是奇函数。当 $\tau = 0$ 时，有

$$R_{A_c A_s}(0) = R_{A_s A_c}(0) = 0 \qquad (4.3\text{-}22)$$

由此可知，$A_c(t)$ 和 $A_s(t)$ 在同一时刻的状态是两个正交的随机变量。

对式(4.3-19)、式(4.3-20)两边取傅里叶变换得

$$S_{A_c A_s}(\omega) = -S_{A_s A_c}(\omega) = \int_{-\infty}^{\infty} R_{A_c A_s}(\tau)e^{-j\omega\tau}\,d\tau$$

$$= \int_{-\infty}^{\infty} [-R_X(\tau)\sin\omega_0\tau + \hat{R}_X(\tau)\cos\omega_0\tau]e^{-j\omega\tau}\,d\tau$$

$$= \frac{1}{2j}\int_{-\infty}^{\infty} -R_X(\tau)[e^{-j(\omega-\omega_0)\tau} - e^{-j(\omega+\omega_0)\tau}]\,d\tau + \frac{1}{2}\int_{-\infty}^{\infty} \hat{R}_X(\tau)[e^{-j(\omega-\omega_0)\tau} + e^{-j(\omega+\omega_0)\tau}]\,d\tau$$

$$= \frac{j}{2}[S_X(\omega-\omega_0) - S_X(\omega+\omega_0) - \text{sgn}(\omega-\omega_0)S_X(\omega-\omega_0) - \text{sgn}(\omega+\omega_0)S_X(\omega+\omega_0)] \qquad (4.3\text{-}23)$$

根据式(4.3-23)，图 4.3-3 中画出了 $S_{A_c A_s}(\omega)/j$ 及各分量的功率谱密度。根据图解分析可知，互谱密度 $S_{A_c A_s}(\omega)$ 和 $S_{A_s A_c}(\omega)$ 集中在 $|\omega| < \Delta\omega/2$，式(4.3-23)可改写为

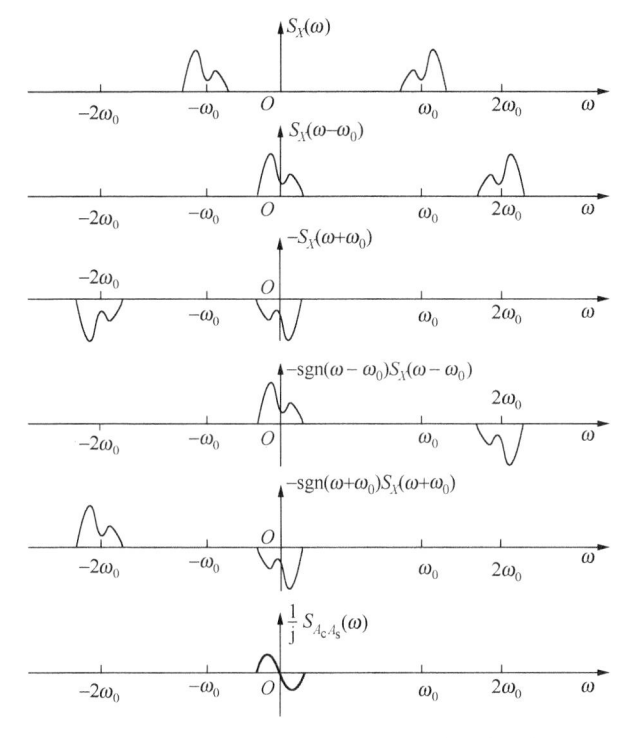

图 4.3-3 $S_{A_cA_s}(\omega)/\mathrm{j}$ 及各分量的功率谱密度

$$S_{A_cA_s}(\omega) = -S_{A_sA_c}(\omega) = \begin{cases} \mathrm{j}\,[S_X(\omega-\omega_0) - S_X(\omega+\omega_0)], & |\omega| < \Delta\omega/2 \\ 0, & \text{其他} \end{cases} \quad (4.3\text{-}24)$$

如果窄带过程 $X(t)$ 的单边功率谱是关于 ω_0 偶对称的，由上式可知

$$S_{A_cA_s}(\omega) = -S_{A_sA_c}(\omega) = 0 \quad (4.3\text{-}25)$$

则

$$R_{A_cA_s}(\tau) = -R_{A_sA_c}(\tau) = 0 \quad (4.3\text{-}26)$$

表明 $A_c(t)$ 和 $A_s(t)$ 在任意时刻正交。

3. 窄带随机过程低频过程 $A_c(t)$ 和 $A_s(t)$ 的特点

如果 $X(t)$ 是数学期望为零的窄带平稳随机过程，则(4.3-7)中的低频过程 $A_c(t)$ 和 $A_s(t)$ 具有如下性质。

（1）$A_c(t)$ 和 $A_s(t)$ 皆是数学期望为零的低频平稳随机过程，且两者联合平稳。

（2）$A_c(t)$ 和 $A_s(t)$ 拥有相同的自相关函数和功率谱密度，即 $R_{A_c}(\tau) = R_{A_s}(\tau)$，$S_{A_c}(\omega) = S_{A_s}(\omega)$。

（3）$A_c(t)$ 和 $A_s(t)$ 与 $X(t)$ 平均功率相同，方差相同，即 $R_{A_c}(0) = R_{A_s}(0) = R_X(0)$，$\sigma_{A_c}^2 = \sigma_{A_s}^2 = \sigma_X^2$

（4）$A_c(t)$ 与 $A_s(t)$ 的互相关函数为奇函数，且 $R_{A_cA_s}(\tau) = -R_{A_sA_c}(\tau) = -R_{A_cA_s}(-\tau)$，互功率谱 $S_{A_cA_s}(\omega) = -S_{A_sA_c}(\omega)$。

（5）在同一时刻，$A_c(t)$ 和 $A_s(t)$ 正交，即 $R_{A_cA_s}(0) = R_{A_sA_c}(0) = 0$。

（6）如果窄带过程 $X(t)$ 的单边功率谱是关于 ω_0 对称的，那么 $A_c(t)$ 和 $A_s(t)$ 的互相关函数和互功率谱恒为零，两个低频过程正交，即

此时有
$$R_{A_cA_s}(\tau) = R_{A_sA_c}(\tau) = 0, \quad S_{A_cA_s}(\omega) = S_{A_sA_c}(\omega) = 0$$
$$R_X(\tau) = R_{A_c}(\tau)\cos(\omega_0\tau) = R_{A_s}(\tau)\cos(\omega_0\tau)$$

4.3.3 窄带随机过程的解析表示

设 $X(t)$ 是数学期望为零的实窄带平稳随机过程，以它为实部构成解析随机过程 $Z(t)$，即
$$Z(t) = X(t) + j\hat{X}(t)$$
将式(4.3-7)和式(4.3-8)代入，则有
$$Z(t) = A_c(t)\cos\omega_0 t - A_s(t)\sin\omega_0 t + j[A_c(t)\sin\omega_0 t + A_s(t)\cos\omega_0 t]$$
$$= [A_c(t) + jA_s(t)]e^{j\omega_0 t} \tag{4.3-27}$$
令
$$A_1(t) = A_c(t) + jA_s(t) \tag{4.3-28}$$
则
$$Z(t) = A_1(t)e^{j\omega_0 t} \tag{4.3-29}$$

其中 $A_1(t)$ 为一低频复随机过程，根据前面的结论 $A_c(t)$ 和 $A_s(t)$ 皆为数学期望为零的平稳随机过程，因此 $A_1(t)$ 的数学期望也为零，它的自相关函数为
$$R_{A_1}(t,t+\tau) = E[A_1^*(t)A_1(t+\tau)] = E\{[A_c(t) - jA_s(t)][A_c(t+\tau) + jA_s(t+\tau)]\}$$
$$= 2[R_{A_c}(\tau) + jR_{A_cA_s}(\tau)] = R_{A_1}(\tau) \tag{4.3-30}$$

因此可知 $A_1(t)$ 为一复平稳随机过程。由式(4.3-29)求得 $Z(t)$ 的自相关函数为
$$R_Z(t,t+\tau) = E[Z^*(t)Z(t+\tau)] = E[A_1^*(t)A_1(t+\tau)]e^{-j\omega_0 t}e^{j\omega_0(t+\tau)} = R_{A_1}(\tau)e^{j\omega_0\tau} \tag{4.3-31}$$

将式(4.3-30)代入，则有 $R_Z(\tau) = 2[R_{A_c}(\tau) + jR_{A_cA_s}(\tau)]e^{j\omega_0\tau} = 2[R_{A_c}(\tau) - jR_{A_sA_c}(\tau)]e^{j\omega_0\tau}$ (4.3-32)

综上所述窄带信号的带宽远小于 ω_0，可以写出以下的简单关系式
$$X(t) = \text{Re}[Z(t)] = \text{Re}[A_1(t)e^{j\omega_0 t}] \tag{4.3-33}$$
$$R_X(\tau) = \frac{1}{2}\text{Re}[R_Z(\tau)] = \frac{1}{2}\text{Re}[R_{A_1}(\tau)e^{j\omega_0\tau}] \tag{4.3-34}$$

【例 4.3-1】 对于调频信号 $X(t) = \cos\left[\omega_0 t + \int_{-\infty}^{t} k_f m(\tau) d\tau\right]$，$k_f$ 为比例常数，$m(t)$ 为基带信号，设 $k_f m(t) \ll \omega_0$，即为窄带信号。求信号的复包络。

解： 设 $\phi(t) = \int_{-\infty}^{t} k_f m(\tau) d\tau$，则 $X(t) = \frac{1}{2}\left[e^{j\omega_0 t + j\phi(t)} + e^{-j\omega_0 t - j\phi(t)}\right]$

先求调频信号 $X(t)$ 的频谱，假定 $z(t) = e^{j\phi(t)}$ 的频谱为 $Z(\omega)$，则
$$X(\omega) = \frac{1}{2}[Z(\omega-\omega_0) + Z^*(-\omega-\omega_0)]$$

在频域对 $X(\omega)$ 进行希尔伯特变换，由条件 $k_f m(t) \ll \omega_0$ 知 $Z(\omega)$ 的带宽远小于 ω_0，所以有
$$\hat{X}(\omega) = -j\text{sgn}(\omega)X(\omega) = \frac{1}{2}\left[-jZ(\omega-\omega_0) + jZ^*(-\omega-\omega_0)\right]$$

再对上式求傅里叶反变换得到 $X(t)$ 的希尔伯特变换为
$$\hat{X}(t) = \sin[\omega_0 t + \phi(t)]$$

由 $X(t) = \cos\left[\omega_0 t + \int_{-\infty}^{t} k_f m(\tau) d\tau\right]$ 为实部构成的解析信号为
$$Z(t) = X(t) + j\mathcal{H}[X(t)] = e^{j\omega_0 t}e^{j\phi(t)}$$

所以信号的复包络为
$$A_1(t) = e^{j\phi(t)} = e^{j\int_{-\infty}^{t} k_f m(\tau) d\tau}$$

4.4 窄带高斯过程分析

窄带高斯过程是工程上应用最多的窄带随机过程，因为不仅热噪声是高斯过程，很多宽带噪声通过窄带系统后也成为窄带高斯过程。因此，重点讨论窄带高斯过程是很有必要的。当接收机中放输出的窄带随机过程经过检波器或鉴频器进行非线性处理时，先分析窄带过程的包络或相位的统计特性，可使问题大为简化。本节和下节将分别讨论窄带高斯过程以及与余弦信号之和的包络和相位分布。

4.4.1 窄带高斯过程包络和相位的一维概率分布

如果窄带平稳高斯过程 $X(t)$ 的数学期望为零、方差为 σ^2，则

$$X(t) = A(t)\cos[\omega_0 t + \Phi(t)] = A_c(t)\cos\omega_0 t - A_s(t)\sin\omega_0 t \tag{4.4-1}$$

由上节可知，$A_c(t)$ 和 $A_s(t)$ 都可以视为 $X(t)$ 的线性变换，且它们的数学期望为零，方差为 σ^2。由高斯过程的分布性质可知，$A_c(t)$ 和 $A_s(t)$ 皆为高斯过程。$X(t)$ 的包络和相位分别为

$$A(t) = \sqrt{A_c^2(t) + A_s^2(t)} \tag{4.4-2}$$

$$\Phi(t) = \arctan\frac{A_s(t)}{A_c(t)} \tag{4.4-3}$$

又由上节的结论，$A_c(t)$ 和 $A_s(t)$ 在任意相同时刻是正交且不相关的，因此为互相独立的高斯随机变量。设 A_{ct} 和 A_{st} 分别表示随机过程 $A_c(t)$ 和 $A_s(t)$ 在 t 时刻的状态，A_t 和 Φ_t 表示随机过程 $A(t)$ 和 $\Phi(t)$ 在 t 时刻的状态。随机变量 A_{ct} 和 A_{st} 的联合概率密度为

$$f_{A_c A_s}(a_{ct}, a_{st}) = f_{A_c}(a_{ct})f_{A_s}(a_{st}) = \frac{1}{2\pi\sigma^2}\exp\left(-\frac{a_{ct}^2 + a_{st}^2}{2\sigma^2}\right) \tag{4.4-4}$$

再通过二维随机函数变换可得 A_t 和 Φ_t 的联合概率密度为

$$f_{A\Phi}(a_t, \varphi_t) = |J| f_{A_c A_s}(a_{ct}, a_{st})$$

由于

$$\begin{cases} A_{ct} = A_t \cos\Phi_t, & 0 \leqslant A_t < \infty \\ A_{st} = A_t \sin\Phi_t, & 0 \leqslant \Phi_t < 2\pi \end{cases}$$

则雅可比行列式

$$J = \begin{vmatrix} \dfrac{\partial a_{ct}}{\partial a_t} & \dfrac{\partial a_{ct}}{\partial \varphi_t} \\ \dfrac{\partial a_{st}}{\partial a_t} & \dfrac{\partial a_{st}}{\partial \varphi_t} \end{vmatrix} = \begin{vmatrix} \cos\varphi_t & -a_t\sin\varphi_t \\ \sin\varphi_t & a_t\cos\varphi_t \end{vmatrix} = a_t$$

于是得

$$f_{A\Phi}(a_t, \varphi_t) = a_t f_{A_c A_s}(a_t \cos\varphi_t, a_t \sin\varphi_t)$$

$$= \begin{cases} \dfrac{a_t}{2\pi\sigma^2}\exp\left(-\dfrac{a_t^2}{2\sigma^2}\right), & a_t \geqslant 0, \quad 0 \leqslant \varphi_t < 2\pi \\ 0, & \text{其他} \end{cases} \tag{4.4-5}$$

再根据概率密度的性质求得包络的一维概率密度为瑞利分布，即

$$f_A(a_t) = \int_0^{2\pi} f_{A\Phi}(a_t, \varphi_t) \mathrm{d}\varphi_t = \begin{cases} \dfrac{a_t}{\sigma^2} \exp\left(-\dfrac{a_t^2}{2\sigma^2}\right), & a_t \geqslant 0, \ 0 \leqslant \varphi_t < 2\pi \\ 0, & \text{其他} \end{cases} \tag{4.4-6}$$

相位的一维概率密度为均匀分布，即

$$f_\Phi(\varphi_t) = \int_0^\infty f_{A\Phi}(a_t, \varphi_t) \mathrm{d}a_t = \int_0^\infty \frac{1}{2\pi} \exp\left(-\frac{a_t^2}{2\sigma^2}\right) \mathrm{d}\left(\frac{a_t^2}{2\sigma^2}\right)$$

$$= \frac{1}{2\pi}, \quad 0 \leqslant \varphi_t < 2\pi \tag{4.4-7}$$

观察以上三式，可以看到
$$f_{A\Phi}(a_t, \varphi_t) = f_A(a_t) f_\Phi(\varphi_t) \tag{4.4-8}$$

于是可得出如下结论：

（1）窄带高斯过程的包络服从瑞利分布。

（2）窄带高斯过程的相位服从均匀分布。

（3）窄带高斯过程的包络和相位在同一时刻是互相独立的随机变量。

4.4.2 窄带高斯过程包络和相位的二维概率分布

这里通过推导包络和相位的二维概率分布，来证明窄带随机过程的包络 $A(t)$ 和相位 $\Phi(t)$ 不是两个统计独立的随机过程。窄带平稳高斯随机过程的数学期望为零，方差为 σ^2，单边功率谱关于 ω_0 对称。

设 A_{c1}, A_{s1} 和 A_{c2}, A_{s2} 分别表示平稳随机过程 $A_c(t)$ 和 $A_s(t)$ 在两个不同时刻 t_1 和 t_2 的状态，它们都是数学期望为零，方差为 σ^2 的高斯随机变量。其概率密度为

$$f_{A_c A_s}(\boldsymbol{X}) = \frac{1}{4\pi^2 \sqrt{|\boldsymbol{C}|}} \exp\left(-\frac{1}{2} \boldsymbol{X}^\mathrm{T} \boldsymbol{C}^{-1} \boldsymbol{X}\right) \tag{4.4-9}$$

式中
$$\boldsymbol{X} = \begin{bmatrix} a_{c1} \\ a_{s1} \\ a_{c2} \\ a_{s2} \end{bmatrix}, \quad \boldsymbol{C} = \begin{bmatrix} \sigma^2 & 0 & a(\tau) & 0 \\ 0 & \sigma^2 & 0 & a(\tau) \\ a(\tau) & 0 & \sigma^2 & 0 \\ 0 & a(\tau) & 0 & \sigma^2 \end{bmatrix}$$

其中，$R_{A_c}(\tau) = R_{A_s}(\tau) = a(\tau)$，$R_{A_c A_s}(\tau) = R_{A_s A_c}(\tau) = 0$。由此得 $|\boldsymbol{C}| = [\sigma^4 - a^2(\tau)]^2$。为求 $\boldsymbol{C}$ 的逆矩阵，先求各阶代数余子式

$$|\boldsymbol{C}|_{11} = |\boldsymbol{C}|_{22} = |\boldsymbol{C}|_{33} = |\boldsymbol{C}|_{44} = \sigma^2[\sigma^4 - a^2(\tau)]$$

$$|\boldsymbol{C}|_{13} = |\boldsymbol{C}|_{31} = |\boldsymbol{C}|_{24} = |\boldsymbol{C}|_{42} = -a(\tau)[\sigma^4 - a^2(\tau)]$$

其他代数余子式均为零，因此 $\boldsymbol{C}$ 的逆矩阵为

$$\boldsymbol{C}^{-1} = [\sigma^4 - a^2(\tau)]^{-1} \begin{bmatrix} \sigma^2 & 0 & -a(\tau) & 0 \\ 0 & \sigma^2 & 0 & -a(\tau) \\ -a(\tau) & 0 & \sigma^2 & 0 \\ 0 & -a(\tau) & 0 & \sigma^2 \end{bmatrix}$$

将上述各式代入式(4.4-9)，并整理得 $A_{c1}, A_{s1}, A_{c2}, A_{s2}$ 的四维联合概率密度为

$$f_{A_cA_s}(a_{c1},a_{s1},a_{c2},a_{s2}) = \frac{1}{4\pi^2[\sigma^4-a^2(\tau)]}\exp\{-\frac{1}{2[\sigma^4-a^2(\tau)]} \times$$
$$[\sigma^2(a_{c1}^2+a_{s1}^2+a_{c2}^2+a_{s2}^2)-2a(\tau)(a_{c1}a_{c2}+a_{s1}a_{s2})]\} \quad (4.4\text{-}10)$$

设 A_1, Φ_1 和 A_2, Φ_2 分别表示随机过程 $A(t)$ 和 $\Phi(t)$ 在两个不同时刻 t_1 和 t_2 的状态，从 $A_{c1}, A_{s1}, A_{c2}, A_{s2}$ 变到 A_1, Φ_1, A_2, Φ_2 的反函数为

$$\begin{cases} A_{c1} = A_1\cos\Phi_1 \\ A_{s1} = A_1\sin\Phi_1 \\ A_{c2} = A_2\cos\Phi_2 \\ A_{s2} = A_2\sin\Phi_2 \end{cases}$$

可求得雅可比行列式 $\quad J = \dfrac{\partial(a_{c1},a_{s1},a_{c2},a_{c2})}{\partial(a_1,\varphi_1,a_2,\varphi_2)} = a_1a_2$

A_1, Φ_1, A_2, Φ_2 的四维概率密度为

$$f_{A\Phi}(a_1,\varphi_1,a_2,\varphi_2) = |J|f_{A_cA_s}(a_{c1},a_{s1},a_{c2},a_{s2})$$
$$= \frac{a_1a_2}{4\pi^2[\sigma^4-a^2(\tau)]}\exp\left\{-\frac{1}{2[\sigma^4-a^2(\tau)]}\cdot[\sigma^2(a_1^2+a_2^2)-2a(\tau)a_1a_2\cos(\varphi_2-\varphi_1)]\right\}$$
$$0 \leqslant a_1,a_2 < \infty; \quad 0 \leqslant \varphi_1,\varphi_2 < 2\pi \quad (4.4\text{-}11)$$

将上式对 φ_1, φ_2 积分得 A_1 和 A_2 的概率密度

$$f_A(a_1,a_2) = \int_0^{2\pi}\int_0^{2\pi} f_{A\Phi}(a_1,\varphi_1,a_2,\varphi_2)\mathrm{d}\varphi_1\mathrm{d}\varphi_2$$
$$= \frac{a_1a_2}{[\sigma^4-a^2(\tau)]}\exp\left\{-\frac{\sigma^2(a_1^2+a_2^2)}{2[\sigma^4-a^2(\tau)]}\right\} \times$$
$$\frac{1}{4\pi^2}\int_0^{2\pi}\int_0^{2\pi}\exp\left[\frac{a_1a_2a(\tau)\cos(\varphi_2-\varphi_1)}{\sigma^4-a^2(\tau)}\right]\mathrm{d}\varphi_1\mathrm{d}\varphi_2 \quad (4.4\text{-}12)$$

令 $\varphi = \varphi_2 - \varphi_1$，上式积分项等于

$$\frac{1}{2\pi}\int_0^{2\pi}\mathrm{d}\varphi_1 \frac{1}{2\pi}\int_0^{2\pi}\exp\left[\frac{a_1a_2a(\tau)\cos\varphi}{\sigma^4-a^2(\tau)}\right]\mathrm{d}\varphi$$

其中第二项积分正是零阶修正贝塞尔函数

$$\mathrm{I}_0(x) = \frac{1}{2\pi}\int_0^{2\pi}\exp(x\cos t)\mathrm{d}t \quad (4.4\text{-}13)$$

因此式(4.4-12)可以写成如下形式

$$f_A(a_1,a_2) = \frac{a_1a_2}{[\sigma^4-a^2(\tau)]}\mathrm{I}_0\left[\frac{a_1a_2a(\tau)}{\sigma^4-a^2(\tau)}\right]\exp\left\{-\frac{\sigma^2(a_1^2+a_2^2)}{2[\sigma^4-a^2(\tau)]}\right\}, \quad a_1,a_2 \geqslant 0 \quad (4.4\text{-}14)$$

将式(4.4-11)对 a_1, a_2 积分即可得 Φ_1 和 Φ_2 的联合概率密度，由于推导过程烦琐，直接给出结果如下

$$f_\Phi(\varphi_1,\varphi_2) = \frac{\sigma^4-a^2(\tau)}{4\pi^2\sigma^4}\left[\frac{(1-\beta^2)^{1/2}+\beta(\pi-\arccos\beta)}{(1-\beta^2)^{3/2}}\right], \quad 0 \leqslant \varphi_1,\varphi_2 < 2\pi \quad (4.4\text{-}15)$$

式中，$\beta = \dfrac{a(\tau)}{\sigma^2}\cos(\varphi_2-\varphi_1)$。

至此，可得出结论 $f_{A\Phi}(a_1,\varphi_1,a_2,\varphi_2) \neq f_A(a_1,a_2)f_\Phi(\varphi_1,\varphi_2)$
窄带随机过程的包络 $A(t)$ 和相位 $\Phi(t)$ 不是两个统计独立的随机过程。

4.4.3 窄带高斯过程包络平方的概率分布

如果窄带高斯过程通过平方律检波器，就得到包络的平方，即平方律检波器的输出为

$$U(t) = A^2(t); \quad U, A \geq 0 \tag{4.4-16}$$

由前面的讨论可知，窄带高斯过程的包络服从瑞利分布，即

$$f_A(a_t) = \begin{cases} \dfrac{a_t}{\sigma^2}\exp\left(-\dfrac{a_t^2}{2\sigma^2}\right), & a_t \geq 0, \ 0 \leq \varphi_t < 2\pi \\ 0, & \text{其他} \end{cases}$$

式中，a_t 表示的是窄带高斯过程的包络 $A(t)$ 在任意时刻 t 的状态 A_t 的取值。用 u_t 表示 $U(t)$ 在 t 时刻的状态 U_t 的取值，通过函数变换可求得 u_t 的概率密度。由式(4.4-16)知，此变换为单值变换，反函数为 $A_t = \sqrt{U_t}$，则 u_t 的概率密度为

$$f_U(u_t) = \left|\dfrac{\mathrm{d}a_t}{\mathrm{d}u}\right| f_A(a_t) = \dfrac{1}{2\sqrt{u_t}} \cdot \dfrac{\sqrt{u_t}}{\sigma^2}\exp\left(-\dfrac{u_t}{2\sigma^2}\right) = \dfrac{1}{2\sigma^2}\exp\left(-\dfrac{u_t}{2\sigma^2}\right), \ u_t > 0 \tag{4.4-17}$$

这是一个典型的指数表达式，因此，窄带高斯过程包络的平方为指数分布。当 $\sigma^2 = 1$ 时，得

$$f_U(u_t) = \dfrac{1}{2}\exp\left(-\dfrac{u_t}{2}\right), \ u_t > 0 \tag{4.4-18}$$

这是归一化窄带高斯过程包络平方分布。

4.5 窄带随机过程加余弦信号分析

窄带高斯随机过程与余弦信号的合成信号是无线电系统中的典型信号。在信号检测理论中，随机相位信号的检测是其他信号检测的基础，因而有必要详细研究窄带高斯过程与随机余弦信号之和的概率分布。

4.5.1 窄带高斯过程加余弦信号的包络和相位分析

具有随机相位的余弦信号可表示为

$$S(t) = a\cos(\omega_0 t + \theta) = a\cos\theta\cos\omega_0 t - a\sin\theta\sin\omega_0 t \tag{4.5-1}$$

式中，θ 为在 $0 \sim 2\pi$ 上均匀分布的随机变量，a 为常数振幅。数学期望为零、方差为 σ^2 的窄带高斯过程为

$$N(t) = A_N(t)\cos[\omega_0 t + \Psi(t)] = N_c(t)\cos\omega_0 t - N_s(t)\sin\omega_0 t \tag{4.5-2}$$

其中，$A_N(t)$ 和 $\Psi(t)$ 为窄带高斯过程的包络过程和相位过程。信号和窄带过程的合成过程为

$$X(t) = N(t) + S(t) = [N_c(t) + a\cos\theta]\cos\omega_0 t - [N_s(t) + a\sin\theta]\sin\omega_0 t$$

$$= A_c(t)\cos\omega_0 t - A_s(t)\sin\omega_0 t = A(t)\cos[\omega_0 t + \Phi(t)] \tag{4.5-3}$$

式中

$$A_c(t) = N_c(t) + a\cos\theta \tag{4.5-4}$$

$$A_s(t) = N_s(t) + a\sin\theta \tag{4.5-5}$$

合成信号的包络和相位分别为

$$A(t) = [A_c^2(t) + A_s^2(t)]^{1/2} = \{[N_c(t) + a\cos\theta]^2 + [N_s(t) + a\sin\theta]^2\}^{1/2} \tag{4.5-6}$$

$$\Phi(t) = \arctan\left[\frac{N_s(t) + a\sin\theta}{N_c(t) + a\cos\theta}\right] \tag{4.5-7}$$

已知 $N_c(t)$ 和 $N_s(t)$ 在同一时刻是互相独立的高斯随机变量，因而对于给定的 θ，在任意给定时刻 t，$A_c(t)$ 和 $A_s(t)$ 也是互相独立的高斯变量，其数学期望和方差分别为

$$E[A_c(t)|\theta] = a\cos\theta, \; E[A_s(t)|\theta] = a\sin\theta, \; D[A_c(t)|\theta] = D[A_s(t)|\theta] = \sigma^2$$

由此，可根据式(4.4-4)得到 θ 给定情况下 A_{ct} 和 A_{st} 的联合概率密度

$$f_{A_cA_s}(a_{ct}, a_{st}|\theta) = \frac{1}{2\pi\sigma^2}\exp\left\{-\frac{1}{2\sigma^2}\left[(a_{ct} - a\cos\theta)^2 + (a_{st} - a\sin\theta)^2\right]\right\} \tag{4.5-8}$$

类似上节做二维变换，可求出 A_t, Φ_t 的条件概率密度

$$f_{A\Phi}(a_t, \varphi_t|\theta) = \begin{cases} \dfrac{a_t}{2\pi\sigma^2}\exp\left\{-\dfrac{1}{2\sigma^2}\left[a_t^2 + a^2 - 2a_t a\cos(\theta - \varphi_t)\right]\right\}, & a_t > 0, \; 0 < \varphi_t < 2\pi \\ 0, & \text{其他} \end{cases} \tag{4.5-9}$$

1. 在 θ 已知条件下包络 A_t 的条件概率密度

将式(4.5-9)对 φ_t 积分，可得

$$\begin{aligned}
f_A(a_t|\theta) &= \int_0^{2\pi} f_{A\Phi}(a_t, \varphi_t|\theta)\mathrm{d}\varphi_t \\
&= \frac{a_t}{\sigma^2}\exp\left(-\frac{a_t^2 + a^2}{2\sigma^2}\right)\cdot\frac{1}{2\pi}\int_0^{2\pi}\exp\left[\frac{a_t a}{\sigma^2}\cdot\cos(\theta - \varphi_t)\right]\mathrm{d}\varphi_t \\
&= \frac{a_t}{\sigma^2}\exp\left(-\frac{a_t^2 + a^2}{2\sigma^2}\right)\cdot\mathrm{I}_0\left(\frac{a_t a}{\sigma^2}\right), \quad a_t \geqslant 0
\end{aligned} \tag{4.5-10}$$

式中，$\mathrm{I}_0(x)$ 为零阶修正贝塞尔函数。从上式可以看到包络 A_t 的条件概率密度与 θ 无关，即

$$f_A(a_t|\theta) = f_A(a_t) \tag{4.5-11}$$

比较式(4.5-10)与式(1.5-70)可以知道包络 A_t 的分布是 $\lambda = a^2$ 的莱斯分布。

根据式(1.5-71)可将零阶修正贝塞尔函数 $\mathrm{I}_0(x)$ 展开成级数形式

$$\mathrm{I}_0(x) = 1 + \sum_{n=1}^{\infty}\left[\frac{(x/2)^n}{n!}\right]^2$$

我们可以通过对 $\mathrm{I}_0(x)$ 简化来讨论莱斯分布的渐近线。

（1）当 $x \ll 1$ 时 $\quad \mathrm{I}_0(x) = 1 + \dfrac{x^2}{4} + \cdots$

当信噪比很小时，$a/\sigma \ll 1$，式(4.5-10)中的 $\mathrm{I}_0\left(\dfrac{a_t a}{\sigma^2}\right)$ 可简化成 $1 + \dfrac{a_t^2 a^2}{4\sigma^4}$，则

$$f_A(a_t) = \frac{a_t}{\sigma^2}\exp\left(-\frac{a_t^2 + a^2}{2\sigma^2}\right)\left(1 + \frac{a_t^2 a^2}{4\sigma^4}\right) \tag{4.5-12}$$

该式说明，随着信噪比的减小，莱斯分布趋向瑞利分布。信噪比为零时无信号，莱斯分布为瑞利分布。

（2）当 $x \gg 1$ 时 $\quad I_0(x) = \frac{e^x}{\sqrt{2\pi x}}\left(1 + \frac{1}{8x} + \cdots\right) \approx \frac{e^x}{\sqrt{2\pi x}}$

信噪比很大时 $a/\sigma \gg 1$，式(4.5-10)中的 $I_0\left(\frac{a_t a}{\sigma^2}\right)$ 可简化成 $\frac{\sigma}{\sqrt{2\pi a_t a}}\exp\left(\frac{a_t a}{\sigma^2}\right)$，则

$$f_A(a_t) = \sqrt{\frac{a_t}{2\pi a \sigma^2}} \exp\left[-\frac{(a_t - a)^2}{2\sigma^2}\right] \quad (4.5\text{-}13)$$

图 4.5-1 示出了随着 a/σ 值的不同，归一化包络 a_t/σ 的概率密度曲线。这个函数曲线在 $a_t = a$ 处有峰值，随着 a_t 偏离 a 曲线很快衰减。考虑在大信噪比情况下有 $a_t \approx a$，那么式(4.5-13)的近似表达式为

$$f_A(a_t) \approx \frac{1}{\sqrt{2\pi \sigma^2}} \exp\left[-\frac{(a_t - a)^2}{2\sigma^2}\right]$$

该式表明，在大信噪比情况下，窄带高斯随机过程与余弦信号之和的包络分布趋近高斯分布。

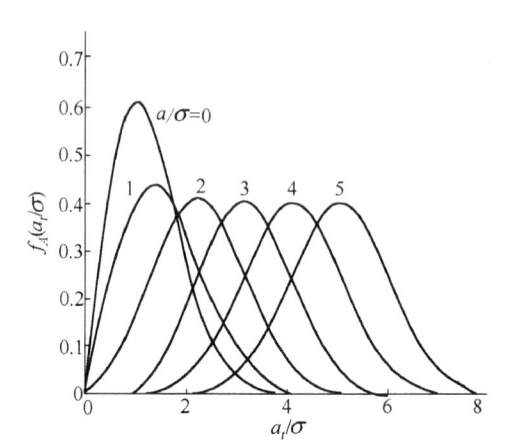

图 4.5-1 信号加窄带高斯噪声的包络分布密度曲线

2. 随机过程与余弦信号之和的相位分布

通过式(4.5-9)对 a_t 所有可能取值进行积分，便得到已知 θ 情况下的条件概率密度

$$f_\Phi(\varphi_t | \theta) = \int_0^\infty \frac{a_t}{2\pi\sigma^2} \exp\left\{-\frac{1}{2\sigma^2}[a_t^2 + a^2 - 2a_t a\cos(\theta - \varphi_t)]\right\} da_t$$

$$= \frac{1}{2\pi} \exp\left[-\frac{a^2 - a^2\cos^2(\theta - \varphi_t)}{2\sigma^2}\right] \int_0^\infty \frac{a_t}{\sigma^2} \exp\left\{-\frac{[a_t - a\cos(\theta - \varphi_t)]^2}{2\sigma^2}\right\} da_t$$

$$= \frac{1}{2\pi}\exp\left(-\frac{a^2}{2\sigma^2}\right) + \frac{a\cos(\theta - \varphi_t)}{\sigma\sqrt{2\pi}} \exp\left[-\frac{a^2 - a^2\cos^2(\theta - \varphi_t)}{2\sigma^2}\right] \Phi\left[\frac{a\cos(\theta - \varphi_t)}{\sigma}\right]$$

式中，$\Phi(\cdot)$ 是概率积分函数。将信噪比 $\rho = a/\sigma$ 代入上式，得

$$f_\Phi(\varphi_t | \theta) = \frac{1}{2\pi}\exp(-\frac{\rho^2}{2}) + \frac{\rho\cos(\theta - \varphi_t)}{\sqrt{2\pi}}\exp\left[-\frac{\rho^2\sin^2(\theta - \varphi_t)}{2}\right]\Phi[\rho\cos(\theta - \varphi_t)] \quad (4.5\text{-}14)$$

仍然分为小信噪比和大信噪比两种情况来讨论。

（1）当 $\rho = 0$，即无信号时 $f_\Phi(\varphi_t | \theta) = \frac{1}{2\pi}$，此时相位变成均匀分布。

（2）当 $\rho \gg 1$ 时，$\Phi[\rho\cos(\theta - \varphi_t)] \approx 1$，式(4.5-14)简化成

$$f_\Phi(\varphi_t | \theta) = \frac{\rho\cos(\theta - \varphi_t)}{\sqrt{2\pi}}\exp\left[-\frac{\rho^2\sin^2(\theta - \varphi_t)}{2}\right] \quad (4.5\text{-}15a)$$

该式说明，在大信噪比情况下，信号加窄带高斯噪声的相位主要集中在信号相位 θ 附近，也就是说信号的相位占主导地位。将不同信噪比对应的曲线示于图 4.5-2 中。随着信噪比 ρ 的

增大，φ_t 在 θ 附近固定范围内的概率也增大。

当 $\rho^2 \gg 1$，且有 $|\theta-\varphi_t|<0.1\mathrm{rad}$ 时，式(4.5-15a)中的 $\cos(\theta-\varphi_t)\approx 1$，$\sin(\theta-\varphi_t)$ 可近似为 $\theta-\phi_t$，故有

$$f_\Phi(\varphi_t|\theta) = \frac{1}{\sqrt{2\pi}\times 1/\rho}\exp\left[-\frac{(\theta-\varphi_t)^2}{2\times 1/\rho^2}\right] \quad (4.5\text{-}15\mathrm{b})$$

它是数学期望为零，方差为 $1/\rho^2$ 的高斯分布。这就是说当信噪比很大时，信号加窄带高斯噪声的相位 $\theta-\varphi_t$ 在很小的范围内（一般小于 $\pm 0.1\,\mathrm{rad}$）呈高斯分布。设 $\alpha \leqslant 0.1\,\mathrm{rad}$，则有

$$P(|\theta-\varphi_t|<\alpha) = \int_{-\alpha}^{\alpha}f_\Phi(\varphi_t/\theta)\mathrm{d}(\theta-\varphi_t)$$

$$= \frac{2\rho}{\sqrt{2\pi}}\int_0^\alpha \exp\left[-\frac{\rho^2(\theta-\varphi_t)^2}{2}\right]\mathrm{d}(\theta-\varphi_t)$$

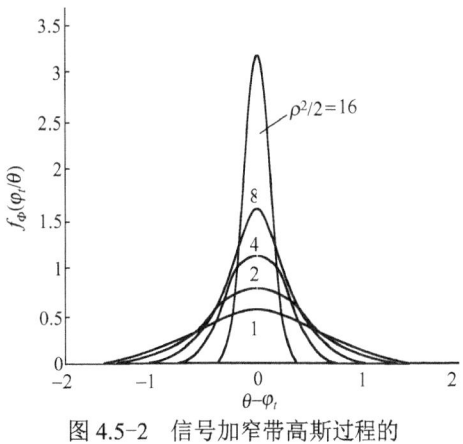

图 4.5-2 信号加窄带高斯过程的相位概率密度

令 $t=\rho(\theta-\varphi_t)$，则有

$$P(|\theta-\varphi_t|<\alpha) = \frac{2}{\sqrt{2\pi}}\int_0^{\rho\alpha}\exp\left(-\frac{t^2}{2}\right)\mathrm{d}t = 2[\Phi(\rho\alpha)-\Phi(0)] = 2\Phi(\rho\alpha)-1 \quad (4.5\text{-}16)$$

该式可用来估计由噪声起伏引起的相位的随机偏移和抖动。

【例 4.5-1】 某接收机窄带中放的输出信噪比 $\rho^2=200$，求信号瞬时相位偏离实际相位 $0.02\pi\,\mathrm{rad}$ 的概率，以及相位误差不大于 $7.2°$ 的概率。

解： 因为 $\alpha=0.02\pi=3.6°$，$\rho^2=200$ 满足式(4.5-15b)成立的假设条件，故由式(4.5-16)可得相位的误差概率

$$P(|\theta-\varphi_t|<3.6°) = 2\Phi(\rho\alpha)-1 = 2\Phi\left(\frac{\sqrt{2}}{5}\pi\right)-1 = 63.2\%$$

当 $\alpha=0.04\pi=7.2°$ 时，式(4.5-15b)有稍大的近似误差，因此近似的估计误差概率为

$$P(|\theta-\varphi_t|<7.2°) = 2\Phi(\rho\alpha)-1 = 2\Phi\left(\frac{2\sqrt{2}}{5}\pi\right)-1 = 92\%$$

由此可见，信号的瞬时相位在 $\pm 3.6°$ 范围内抖动的时间平均占 63.2%，而在 $\pm 7.2°$ 范围内抖动则占 92%。

4.5.2 包络平方的概率分布

由式(4.5-6)的余弦信号和窄带高斯过程的合成包络，可以求得包络平方的分布。设

$$U(t) = A^2(t) = [N_c(t)+a\cos\theta]^2+[N_s(t)+a\sin\theta]^2 \quad (4.5\text{-}17)$$

对于任意时刻 t，包络的平方为 $U_t=A_t^2$，根据该关系做函数变换，并由式(4.5-10)包络的概率密度，求得包络平方的概率分布

$$f_U(u_t) = \left|\frac{\mathrm{d}a_t}{\mathrm{d}u_t}\right|f_A(a_t) = \frac{1}{2\sigma^2}\exp\left[-\frac{u_t+a^2}{2\sigma^2}\right]\mathrm{I}_0\left(\frac{a\sqrt{u_t}}{\sigma^2}\right), \quad u_t\geqslant 0 \quad (4.5\text{-}18)$$

本节所讨论的余弦信号加窄带高斯过程的包络和相位分布，在无线电技术中有许多实际

应用。余弦信号可以扩展为窄带确定信号，这时式(4.5-1)中的 a 将不再是常数振幅，而是一个慢变的调幅信号。窄带高斯过程可能是系统噪声，也可能是宽带白噪声通过窄带系统的结果。包络、相位及包络的平方的概率密度可作为从窄带噪声中检测信号的依据。它们能给出合成信号与固定门限比较后存在信号和不存在信号的概率。

4.6 窄带随机过程在常用系统中的应用举例

信号在传输过程中会受到干扰。一种最常见、最容易分析处理的干扰是加性干扰，即信号上线性叠加了一个干扰。就加性干扰的性质而言，基本上分为两大类。一类是脉冲干扰，它对信号造成的干扰是突发性的，它来源于闪电、各种工业电火花和电器开关的通断等。另一类是起伏干扰，它对信号造成连续的影响，它来源于有源器件中电子或载流子运动的起伏变化、电阻的热噪声和天体辐射所造成的宇宙噪声等。起伏干扰的产生机理和实验测量结果表明，它是各态历经的平稳高斯白噪声。平稳高斯白噪声通过窄带系统后，得到是平稳窄带高斯噪声。本节讨论的噪声就是这样的窄带随机过程。

4.6.1 视频信号积累对检测性能的改善

用包络检测法来检测噪声中的周期性信号时，为了改善检测性能，通常采用所谓视频信号积累，这时检测系统的组成见图 4.6-1。

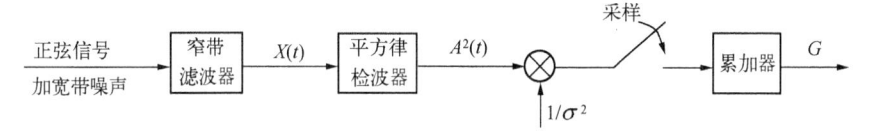

图 4.6-1 视频信号积累检测系统框图

若系统的输入为随相余弦信号加宽带噪声，经窄带系统后，$X(t)$ 为余弦信号加窄带高斯噪声 $N(t)$，即

$$X(t) = a\cos(\omega_0 t + \theta) + N(t) \\
= [a\cos\theta + N_c(t)]\cos(\omega_0 t) - [a\sin\theta + N_s(t)]\sin(\omega_0 t) \tag{4.6-1}$$

$X(t)$ 经平方律检波器做包络检波，得到包络过程的平方

$$A^2(t) = [a\cos\theta + N_c(t)]^2 + [a\sin\theta + N_s(t)]^2 \tag{4.6-2}$$

如果窄带高斯噪声的数学期望为零，方差为 σ^2，则在平方律检波器的输出端乘以 $1/\sigma^2$ 进行归一化处理。视频积累就是对视频信号（包络平方 $A^2(t)$）相隔一定时间 T 进行取样，再进行累加，为保证取样信号是不相关的，取样时间 T 要足够大。经过上述处理后输出信号为

$$G = \frac{1}{\sigma^2}\{A^2(t) + A^2(t+T) + \cdots + A^2[t+(n-1)T]\} \tag{4.6-3}$$

检测结果就是对 G 做统计判决。

（1）当不存在信号，即 $a = 0$ 时，如果用 A_i, N_{ci}, N_{si} 表示随机过程 $A(t), N_c(t), N_s(t)$ 在 $t+(i-1)T$ 时刻的状态，用 G_0 表示无信号时的 G，则有

$$G_0 = \frac{1}{\sigma^2}\sum_{i=1}^{n}A_i^2 = \frac{1}{\sigma^2}\left(\sum_{i=1}^{n}N_{ci}^2 + \sum_{i=1}^{n}N_{si}^2\right) \tag{4.6-4}$$

由 4.3 节的结论可知，N_{ci}, N_{si} 都是数学期望为零，方差为 σ^2 的高斯随机变量，并且互相独

立，因此 G_0 的分布是自由度为 $2n$ 的 χ^2 分布，即满足

$$f_{G_0}(g_0) = \frac{1}{2^n \Gamma(n)} g_0^{n-1} e^{-g_0/2} \tag{4.6-5}$$

（2）当存在信号，即 $a \neq 0$ 时，若式(4.6-2)中的 θ 是在 $(0, 2\pi)$ 上均匀分布的随机变量，则

$$G = \frac{1}{\sigma^2} \sum_{i=1}^{n} A_i^2 = \frac{1}{\sigma^2} \left[\sum_{i=1}^{n}(N_{ci} + a\cos\theta)^2 + \sum_{i=1}^{n}(N_{si} + a\sin\theta)^2 \right] = G_1 + G_2 \tag{4.6-6}$$

$$G_1 = \frac{1}{\sigma^2} \sum_{i=1}^{n}(N_{ci} + a\cos\theta)^2, \quad G_2 = \frac{1}{\sigma^2} \sum_{i=1}^{n}(N_{si} + a\sin\theta)^2$$

由 4.5 节的讨论可知，$N_{ci} + a\cos\theta$ 和 $N_{si} + a\sin\theta$ 在 θ 给定情况下都是互相独立的高斯随机变量，因此 G_1 和 G_2 是自由度为 n 的非中心 χ^2 分布，非中心参量分别为

$$\lambda_1 = \frac{1}{\sigma^2} \sum_{i=1}^{n}(a\cos\theta)^2 = \frac{na^2}{\sigma^2}\cos^2\theta, \quad \lambda_2 = \frac{1}{\sigma^2}\sum_{i=1}^{n}(a\sin\theta)^2 = \frac{na^2}{\sigma^2}\sin^2\theta$$

因此，G 是自由度为 $2n$ 的非中心 χ^2 分布，其非中心参量为

$$\lambda = \lambda_1 + \lambda_2 = \frac{na^2}{\sigma^2}\cos^2\theta + \frac{na^2}{\sigma^2}\sin^2\theta = \frac{na^2}{\sigma^2} \tag{4.6-7}$$

G 的概率密度为

$$f_G(g) = \frac{1}{2}\left(\frac{g}{\lambda}\right)^{n-1/2} \exp\left(-\frac{\lambda+g}{2}\right) I_{n-1}(\sqrt{\lambda g}) \tag{4.6-8}$$

非中心参量 λ 与自由度 $2n$ 之比为

$$\frac{\lambda}{2n} = \frac{a^2}{2\sigma^2} \tag{4.6-9}$$

它正是检波器输入端的功率信噪比。G 的数学期望和方差为

$$E[G] = 2n\left(1 + \frac{a^2}{2\sigma^2}\right) \tag{4.6-10}$$

$$D[G] = 4n\left(1 + \frac{a^2}{\sigma^2}\right) \tag{4.6-11}$$

可见 G 的数学期望和方差与积累次数成正比，且随着输入端信噪比的加大而增加。

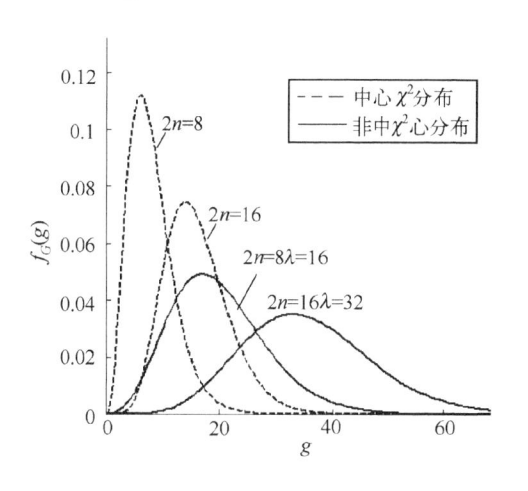

图 4.6-2 不同积累次数及不同信噪比时 G 的概率密度 ($\sigma^2=1$)

图 4.6-2 示出了不同积累次数及不同信噪比时的 G 的概率密度。图中虚线表示的是无信号时积累次数为 4 和 8 的情况，此时输出信号 G 分别是自由度分别为 8 和 16 的中心 χ^2 分布。图中实线表示有信号时积累次数为 4 和 8、非中心参量 16 和 32 的情况。此时输出信号 G 是自由度分别为 8 和 16 的非中心 χ^2 分布。我们可以看到，无论是有信号还是无信号，随着积累次数 n 的增加，两种情况下的概率密度曲线的峰点全都向右移，曲线峰点高度下降，但在积累次数相同情况下，有信号时输出信号的值增大得快，曲线右移的速度更快，信噪比 $\lambda/2n$ 增大曲线右移速度加大。

在雷达中，当信号存在时，输出信号 G 超过某一固定取值（门限）g' 的概率定义为雷达的发现概率。当信号不存在时，输出信号 G 超过固定门限 g' 的概率定义为雷达的虚警概率。我们知道曲线右移说明变量 G 超过某一固定门限 g' 的概率增加，如果门限不变积累可以提高发现概率，但同时也使虚警概率增加了。但二者的增加速度显然是不同的，所以可适当调整

门限，增大发现概率的同时使虚警概率降低。换句话说，积累固然使有用信号功率提高，也使噪声功率增加了，但是由于信号是相关的，噪声是不相关的，积累的总效应是使信噪比提高的，最终使检测能力得到改善。

4.6.2 线性调制相干解调的抗噪声性能

所谓调制，就是按调制信号(基带信号)的变化规律去改变载波某些参数的过程。幅度调制是指正弦型载波的幅度随调制信号做线性变化的过程。幅度调制通常又称为线性调制，它的一般模型如图 4.6-3 所示，它由一个相乘器和带通滤波器构成，$m(t)$ 表示调制信号，$\cos(\omega_0 t)$ 为载波。适当选择带通滤波器，便可以得到各种幅度的调制信号。例如，双边带信号、振幅调制信号、单边带信号及残留边带信号等。

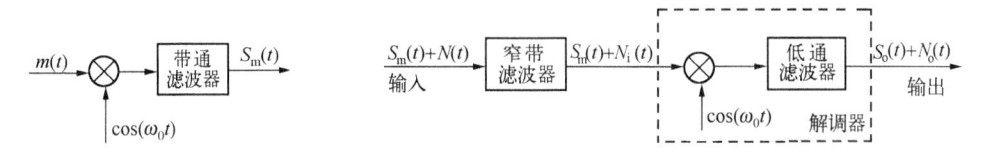

图 4.6-3 幅度调制的一般模型　　　图 4.6-4 线性调制接收机系统一般模型

本节讨论信道存在加性高斯白噪声时，幅度调制系统相干解调的抗噪声性能。由于加性噪声被认为只对信号的接收产生影响，故调制系统的抗噪声性能是利用接收系统解调器的抗噪声能力来衡量的。而抗噪声能力通常用"信噪比"来衡量。

相干解调处理即输入信号乘以与调制载波同频同相的 $\cos(\omega_0 t)$ 后，再通过低通滤波器。线性调制接收机系统一般模型如图 4.6-4 所示。其中，$N(t)$ 为白噪声，已调信号 $s_m(t)$ 的时域表达式为

$$s_m(t) = m(t)\cos(\omega_0 t) \qquad (4.6\text{-}12)$$

带通滤波器的中心频率就是载波频率 ω_0。解调器输入端的噪声 $N_i(t)$ 已不再是白噪声，而是高斯窄带过程，可以表示为

$$N_i(t) = N_c(t)\cos(\omega_0 t) - N_s(t)\sin(\omega_0 t)$$

相干解调处理后 $[s_m(t) + N_i(t)]\cos(\omega_0 t) = [m(t)\cos(\omega_0 t) + N_c(t)\cos(\omega_0 t) - N_s(t)\sin(\omega_0 t)]\cos(\omega_0 t)$

$$= [m(t) + N_c(t)]\left[\frac{1}{2} + \frac{1}{2}\cos(2\omega_0 t)\right] - \frac{1}{2}N_s(t)\sin(2\omega_0 t)$$

经低通滤波器得到解调输出为 $\qquad s_o(t) + N_o(t) = \frac{1}{2}m(t) + \frac{1}{2}N_c(t) \qquad (4.6\text{-}13)$

若基带信号的带宽为 $\Delta\omega$，调制后信号的带宽为 $2\Delta\omega$，带通滤波器的带宽选择调制后信号带宽。白噪声 $N(t)$ 的功率谱密度用 $N_0/2$ 表示，则相干解调器输入端的噪声平均功率为

$$P_{N_i} = N_0\Delta\omega/\pi = 2N_0\Delta f \qquad (4.6\text{-}14)$$

解调器输入端的已调信号平均功率为

$$P_{s_i} = \overline{m^2(t)\cos^2(\omega_0 t)} = \frac{1}{2}\overline{m^2(t)} \qquad (4.6\text{-}15)$$

输入信噪比为 $\qquad \text{SNR}_i = \dfrac{P_{s_i}}{P_{N_i}} = \dfrac{\pi\overline{m^2(t)}}{2N_0\Delta\omega} = \dfrac{\overline{m^2(t)}}{4N_0\Delta f} \qquad (4.6\text{-}16)$

由式(4.6-13)可知，输出有用信号的平均功率

$$P_{S_o} = \overline{\left(\frac{1}{2}m(t)\right)^2} = \frac{1}{4}\overline{m^2(t)} \tag{4.6-17}$$

输出噪声的平均功率
$$P_{N_o} = E[\frac{1}{4}N_c^2(t)] = \frac{1}{4}E[N_c^2(t)] \tag{4.6-18}$$

又由窄带平稳随机过程的性质可知
$$P_{N_o} = \frac{1}{4}E[N_c^2(t)] = \frac{1}{4}E[N_i^2(t)] = \frac{N_0\Delta\omega}{4\pi} = \frac{N_0\Delta f}{2} \tag{4.6-19}$$

输出信噪比为
$$\text{SNR}_o = \frac{P_{S_o}}{P_{N_o}} = \frac{\pi\overline{m^2(t)}}{N_0\Delta\omega} = \frac{\overline{m^2(t)}}{2N_0\Delta f} \tag{4.6-20}$$

信噪比增益为
$$\text{SNR}_o / \text{SNR}_i = 2 \tag{4.6-21}$$

通过推导可以看出相干解调系统的信噪比增益为 2。

4.6.3 FM 系统的性能分析

载波频率随基带信号变化的调制就是频率调制(FM)。频率调制信号的时域形式为

$$s_m(t) = a\cos\left[\omega_0 t + \int_{-\infty}^{t} k_f m(\tau)d\tau\right] \tag{4.6-22}$$

式中，k_f 为比例常数，$m(t)$ 为基带信号。输入信号的振幅是恒定的，而 $\int_{-\infty}^{t} k_f m(\tau)d\tau$ 的变化相对 $\omega_0 t$ 又是缓慢的。下面通过计算和比较 FM 接收机(见图 4.6-5)的输入输出信噪比来说明调频系统的特性。

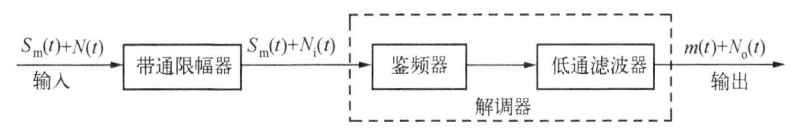

图 4.6-5 理想化 FM 接收机

图 4.6-5 中接收机输入端的信号 $s_m(t)$ 即式(4.6-22)的调频信号，$N(t)$ 为白噪声，鉴频器输入端的噪声 $N_i(t)$ 是高斯窄带过程

$$N_i(t) = N_c(t)\cos(\omega_0 t) - N_s(t)\sin(\omega_0 t)$$

窄带高斯过程的功率谱密度为
$$S_{N_i}(\omega) = \begin{cases} N_0/2, & \left||\omega|-\omega_0\right| \leqslant \Delta\omega/2 \\ 0, & \text{其他} \end{cases} \tag{4.6-23}$$

解调器输入端信号为

$$X(t) = s_m(t) + N_i(t) = a\cos[\omega_0 t + \int_{-\infty}^{t} k_f m(\tau)d\tau] + N_c\cos(\omega_0 t) - N_s(t)\sin(\omega_0 t) \tag{4.6-24}$$

输入信号 $s_m(t)$ 的振幅是恒定的，而 $\int_{-\infty}^{t} k_f m(\tau)d\tau$ 的变化相对 $\omega_0 t$ 又是缓慢的，因而输入信号的平均功率为

$$P_{S_i} = a^2/2 \tag{4.6-25}$$

由式(4.6-23)可知输入噪声功率为

$$P_{N_i} = \frac{N_0\Delta\omega}{2\pi} = N_0\Delta f \tag{4.6-26}$$

因此，输入信噪比为
$$\text{SNR}_i = \frac{P_{S_i}}{P_{N_i}} = \frac{a^2\pi}{N_0\Delta\omega} = \frac{a^2}{2N_0\Delta f} \tag{4.6-27}$$

FM 解调器的信噪比定义为：解调器输出信号平均功率与调制信号为零时解调器输出功率之比。解调器的输出信号为

$$\psi(t) = \frac{\mathrm{d}}{\mathrm{d}t}\left[\int_{-\infty}^{t} k_f m(\tau)\mathrm{d}\tau\right] = k_f m(t) \tag{4.6-28}$$

所以，输出有用信号的平均功率为

$$P_{s_o} = \overline{\psi^2(t)} = k_f^2 \overline{m^2(t)} \tag{4.6-29}$$

调制信号 $m(t)$ 为零时，有 $X(t) = a\cos(\omega_0 t) + N_c(t)\cos(\omega_0 t) - N_s(t)\sin(\omega_0 t)$
$$= [a + N_c(t)]\cos(\omega_0 t) - N_s(t)\sin(\omega_0 t)$$
$$= A(t)\cos[\omega_0 t + \theta(t)]$$

式中

$$A(t) = \{[a + N_c(t)]^2 + N_s^2(t)\}^{1/2} \tag{4.6-30}$$

$$\theta(t) = \arctan\left\{\frac{N_s(t)}{a + N_c(t)}\right\} \tag{4.6-31}$$

振幅函数 $A(t)$ 在解调系统的输入端被限幅，这时鉴频器输出为

$$Y(t) = \frac{\mathrm{d}\theta(t)}{\mathrm{d}t} \tag{4.6-32}$$

在输入信噪比足够大时，$a \gg N_c(t), a \gg N_s(t)$，有

$$\frac{N_s(t)}{a + N_c(t)} \approx \frac{N_s(t)}{a} \ll 1 \tag{4.6-33}$$

因此，式(4.6-31)可近似为

$$\theta(t) = N_s(t)/a \tag{4.6-34}$$

鉴频器输出噪声为

$$Y(t) = \frac{1}{a} \cdot \frac{\mathrm{d}N_s(t)}{\mathrm{d}t} \tag{4.6-35}$$

$Y(t)$ 是 $N_s(t)$ 的导数过程，根据第 2 章的理论 $Y(t)$ 的自相关函数为

$$R_Y(\tau) = -\frac{\mathrm{d}^2 R_{N_s}(\tau)}{a^2 \mathrm{d}\tau^2} \tag{4.6-36}$$

$Y(t)$ 功率谱(见图 4.6-6(a))为

$$S_Y(\omega) = (\omega/a)^2 S_{N_s}(\omega) \tag{4.6-37}$$

低频噪声过程 $N_s(t)$ 的功率谱相当于窄带噪声过程 $N_i(t)$ 的功率谱移至零频的结果，由式(4.3-16)和式(4.6-23)得

$$S_{N_s}(\omega) = \begin{cases} N_0, & |\omega| \leqslant \Delta\omega/2 \\ 0, & \text{其他} \end{cases} \tag{4.6-38}$$

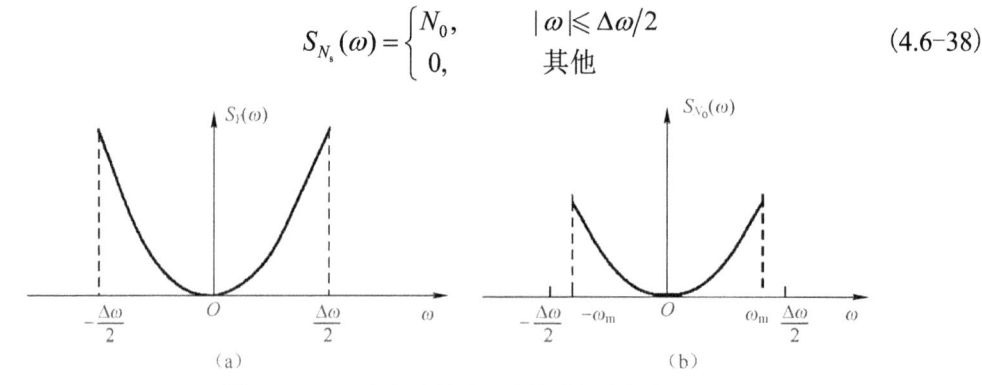

图 4.6-6 FM 解调器输出噪声的功率谱密度

鉴频器后是低通滤波器，以滤除调制信号以外的频率分量，低通滤波器的截止频率为基带信号最高频率 ω_m，且 $\omega_m < \Delta\omega/2$，因此解调器输出噪声 $N_o(t)$ 的功率谱密度(见图 4.6-6(b))为

$$S_{N_o}(\omega) = \begin{cases} N_0(\omega/a)^2, & |\omega| \leqslant \omega_m \\ 0, & \text{其他} \end{cases} \quad (4.6\text{-}39)$$

解调器的噪声输出功率为
$$P_{N_o} = \frac{1}{2\pi} \int_{-\omega_m}^{\omega_m} S_{N_s}(\omega)\,d\omega = \frac{1}{3\pi a^2} \omega_m^3 N_0 \quad (4.6\text{-}40)$$

则输出信噪比为
$$\text{SNR}_o = \frac{P_{s_o}}{P_{N_o}} = \frac{3\pi a^2 k_f^2 \overline{m^2(t)}}{\omega_m^3 N_0} \quad (4.6\text{-}41)$$

为了使式(4.6-41)给出简明的意义,让我们来考虑 $m(t)$ 为单一频率正弦波时的情形。这时
$$k_f m(t) = \Delta\omega' \cos(\omega_m t)$$

因而
$$P_{s_o} = k_f^2 \overline{m^2(t)} = \frac{(\Delta\omega')^2}{2}$$

式中,$\Delta\omega'$ 是调频信号的振幅,也是调制信号的最大频偏。

于是得到
$$\text{SNR}_o = \frac{3\pi}{2}\left(\frac{\Delta\omega'}{\omega_m}\right)^2 \frac{a^2}{\omega_m N_0} \quad (4.6\text{-}42)$$

信噪比改善为
$$\frac{\text{SNR}_o}{\text{SNR}_i} = \frac{3}{2} m_f^2 \frac{\Delta\omega}{\omega_m} \quad (4.6\text{-}43)$$

式中,$m_f = \Delta\omega'/\omega_m$ 为调制指数。对于宽带调频,$\Delta\omega = \Delta\omega' + \omega_m$(这里的 $\Delta\omega'$ 为调制信号的最大频偏),因此,又有
$$\frac{\text{SNR}_o}{\text{SNR}_i} = \frac{3}{2} m_f^2 (m_f + 1) \quad (4.6\text{-}44)$$

由于宽带调频 $m_f > 1$,因此,大信噪比时宽带调频系统的解调信噪比增益是很高的。

4.7* 窄带随机过程的仿真

窄带随机信号是电子系统中经常出现的信号。窄带信号的产生,窄带信号的包络、相位,以及由它们进一步变换的信号的仿真方法,是本节介绍的重点。

仿真过程中假定随机信号是平稳、各态历经过程。对信号概率密度直方图的统计应用第1章中介绍的方法;对随机信号的相关函数、功率谱密度的估计,使用第2章介绍的估计方法。

4.7.1 窄带随机过程仿真

1. 窄带随机过程

在系统仿真中,产生给定中心频率及给定带宽的窄带随机信号很重要。仿真中,用频率 f 比角频率 ω 直观,所以本节中的所有频率单位是 Hz。

设窄带随机信号单边功率谱的中心频率为 f_0,考虑采样频率 f_s 的裕量,采样频率的选取应大于信号最大频率的 2 倍,如果用 Δf 表示窄带信号的带宽,则 $f_s > 2f_0 + \Delta f$。

窄带随机信号的产生过程:①产生一组均值为零,方差为 1(也可以根据噪声功率的不同选择不同的方差)的正态随机数(高斯白噪声);②设计中心频率为 f_0,带宽为 Δf 的带通滤波器;③让白噪声通过带通滤波器,产生窄带随机信号的样本。

产生的高斯随机数可以看做各态历经过程样本的离散采样结果。用时域法，样本与设计好的滤波器直接进行卷积，输出就是所要的窄带随机过程样本；用频域法，将信号和滤波器分别做 FFT，考虑到 FFT 是在用循环卷积做线性卷积，FFT 的点数不能少于信号序列与滤波器序列长度之和减 1。

【例 4.7-1】 编写程序，对均值为零、方差为 1 的平稳高斯随机过程样本进行希尔伯特变换，统计变换前后的概率密度直方图。

解：（1）产生 20000 个均值为零、方差为 1 的高斯分布的随机数作为样本。

（2）对所产生的随机数进行希尔伯特变换：

（3）对变换前后的结果进行概率密度直方图统计。

MATLAB 程序如下：

```
N=20000;
x=random('norm',0,1,[1,N]);    %高斯随机数
xt=imag(hilbert(x));           %进行希尔伯特变换
l=-4:0.1:4;
subplot(2,1,1);
hist(x,l);                     %变换前的统计直方图
subplot(2,1,2);
hist(xt,l);                    %变换后的统计直方图
```

Python 程序如下：

```
N = 20000
x = np.random.randn(N)              # 高斯随机数
xt = np.imag(signal.hilbert(x, N))  # 进行希尔伯特变换
fig1 = plt.figure(1)
plt.subplot(1, 2, 1)
plt.hist(x, bins=30)                # 变换前的统计直方图
plt.subplot(1, 2, 2)
plt.hist(xt, bins=30)               # 变换后的统计直方图
plt.show()
```

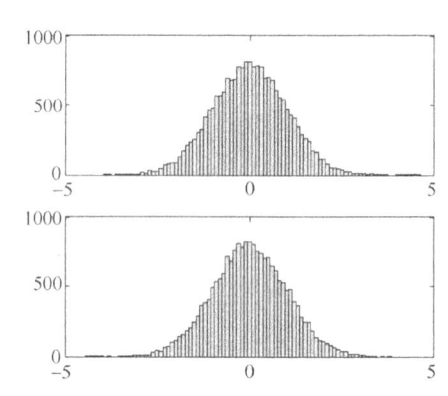

图 4.7-1 高斯样本希尔伯特变换前后的概率密度

图 4.7-1 是该程序的仿真结果。均值为零、方差为 1 的高斯分布随机信号经希尔伯特变换后仍然是高斯分布的，从仿真图上可以看出变换后的随机信号均值和方差与变换前相同。

MATLAB 语言和 Python 语言中都集成了希尔伯特变换的函数。函数的输入为实信号 X，输出为解析信号 Z。如果只想获得 X 的希尔伯特变换的结果，应再使用 imag(Z)函数。这一点在使用时应予以注意。

【例 4.7-2】 编写函数，产生 N 个采样频率为 f_s、中心频率为 f_0、带宽为 Δf 的窄带随机信号样本的采样。

解： 函数 Narrowbandsignal(N,f0,deltf,fs,M)的功能是产生窄带随机过程样本。形参 N 为要产生样本的个数；f0 表示窄带随机过程单边功率谱的中心频率为 f_0；deltf 表示信号的带宽 Δf；fs 表示信号采样频率 f_s，M 为产生窄带信号的滤波器阶数，须满足 M ≪ N。

MATLAB 程序如下：

```
function  X=Narrowbandsignal(N,f0,deltf,fs,M)    %输出 N 个窄带随机信号样本的采样
N1=N-M;
```

```
xt=random('norm',0,1,[1,N1]);        %先产生 N-M 个高斯随机数
f1=f0*2/fs;                          %滤波器设计用归一化中心频率
df1=deltf/fs;                        %滤波器设计用归一化带宽
ht = fir1(M,[f1-df1 f1+df1]);        %ht 为带通滤波器的冲激响应，M 为阶数
                                     % f1-df1 和 f1+df1 分别为滤波器的归一化截止频率
X=conv(xt,ht);                       %输出 N 个窄带随机信号样本的采样
Return
```

Python 程序如下：

```
def Narrowbandsignal(N, f0, deltf, fs, M):    # 输出 N 个窄带随机信号样本的采样
    N1 = N-M
    xt = np.random.randn(N1)                  # 先产生 N-M 个高斯随机数
    f1 = f0 * 2 / fs                          # 滤波器设计用归一化中心频率
    df1 = deltf / fs                          # 滤波器设计用归一化带宽
    ht = signal.firwin(M, [f1-df1, f1+df1], pass_zero=False)  # ht 为带通滤波器的冲激响应，M 为阶
                                              # 数，f1-df1 和 f1+df1 分别为滤波器的归一化截止频率
    X = np.convolve(xt, ht, 'full')           # 输出 N 个窄带随机信号样本的采样
    return X
```

实际应用中可根据需要设置参数 N、f0、deltf、fs 和 M，在主程序中进行调用。

2. 低频过程 $A_c(t)$ 和 $A_s(t)$

窄带高斯过程的两个低频过程 $A_c(t)$ 和 $A_s(t)$ 样本的获得，需要通过式(4.3-9)与式(4.3-10)的变换方法。先产生窄带随机信号的样本，再对随机信号的样本 $x(t)$ 进行希尔伯特变换得到 $\mathscr{H}[x(t)]$，用式(4.3-9)与式(4.3-10)的变换方法可获得 $A_c(t)$ 和 $A_s(t)$ 样本。变换中要用到 $\cos(\omega_0 t)$ 和 $\sin(\omega_0 t)$，这里的 ω_0 是随机信号单边功率谱的中心角频率，$\omega_0 = 2\pi f_0$。如果把产生的随机数看做样本的离散采样，变换中同样需要将 $\cos(\omega_0 t)$、$\sin(\omega_0 t)$ 进行离散采样。采样频率应与产生窄带随机信号样本的采样频率相同。

【**例 4.7-3**】 编写函数，产生采样频率为 f_s、中心频率为 f_0 的窄带随机过程 $X(t)$ 的低频过程 $A_c(t)$ 和 $A_s(t)$ 的样本。

解：函数 Lowfsignal(X,f0,fs)用于产生 Ac 和 As(低频过程 $A_c(t)$ 和 $A_s(t)$ 样本)。形参 X 为要提取随机过程 $X(t)$ 的样本；f0 表示窄带随机过程 $X(t)$ 单边功率谱的中心频率 f_0；fs 表示信号采样频率 f_s。

MATLAB 程序如下：

```
function [Ac As]= Lowfsignal( X,f0,fs)
HX=imag(hilbert(X));                 %对随机信号进行希尔伯特变换
[M  N]=size(X);                      %提取窄带随机过程的样本数
t=0:1/fs:((N-1)/fs);                 %将 cos(ω₀t)、sin(ω₀t) 进行离散采样的时间量
Ac=X.*cos(2*pi*f0*t)+HX.*sin(2*pi*f0*t);   %产生 N 个 Ac(t) 样本的离散采样
As=HX.*cos(2*pi*f0*t)-X.*sin(2*pi*f0*t);   %产生 N 个 As(t) 样本的离散采样
return
```

Python 程序如下：

```
def Lowfsignal(X, f0, fs):
```

```python
HX = np.imag(signal.hilbert(X))    # 对随机信号进行希尔伯特变换
N = np.size(HX)                    # 提取窄带随机过程的样本数
t = np.linspace(0, (N-1)/fs, N)    # 采样时间点
Ac = np.multiply(X, np.cos(2 * np.pi * f0 * t)) + np.multiply(HX, np.sin(2 * np.pi * f0 * t))
#产生 Ac 的离散样本
As = np.multiply(HX, np.cos(2 * np.pi * f0 * t)) -np.multiply(X, np.sin(2 * np.pi * f0 * t))
#产生 As 的离散样本
return Ac, As
```

【例 4.7-4】 编写 MATLAB 程序，对中心频率 f_0 为 10kHz、带宽 Δf 为 500Hz 的窄带高斯过程 $X(t)$ 及低频过程 $A_c(t)$、$A_s(t)$ 的功率谱密度进行估计，其中信号采样频率 f_s =22kHz，样本的个数 N=10000，滤波器的阶数 M = 200。

解： MATLAB 程序如下：

```
N=10000; f0=10000; deltf=500; fs=22000; M=200; %调用参数设置
X=Narrowbandsignal(N,f0,deltf,fs,M);    %调用产生窄带随机信号的函数
[Ac As]= Lowfsignal( X,f0,fs);           %调用产生 Ac(t)、As(t) 的函数
Rx=xcorr(X,'biased');                    %窄带随机信号样本的自相关函数
Rac=xcorr(Ac,'biased');                  %低频过程 Ac(t) 样本的自相关函数
Ras=xcorr(As,'biased');                  %低频过程 As(t) 样本的自相关函数
Racw=abs(fft(Rac));                      %低频过程 Ac(t) 样本的功率谱密度
Rasw=abs(fft(Ras));                      %低频过程 As(t) 样本的功率谱密度
Rxw=abs(fft(Rx));                        %窄带随机信号样本的功率谱密度
N1=2*N-1;
f=-fs/N1:fs/N1:fs/2; %频率轴的变换
subplot(3,1,1);
plot(f,10*log10(Rxw(1:(N1-1)/2)+eps));
subplot(3,1,2);
plot(f,10*log10(Racw(1:(N1-1)/2) +eps));
subplot(3,1,3);
plot(f,10*log10(Rasw(1:(N1-1)/2) +eps));
```

Python 程序：

```python
N = 10000    # 初始化信号参数
f0 = 10000
deltf = 500
fs = 22000
M = 200
X = Narrowbandsignal(N, f0, deltf, fs, M)
Ac, As = Lowfsignal(X, f0, fs)
Rx = np.correlate(X, X, 'full')
Rac = np.correlate(Ac, Ac, 'full')
Ras = np.correlate(As, As, 'full')
Racw = np.abs(np.fft.fft(Rac))
Rasw = np.abs(np.fft.fft(Ras))
Rxw = np.abs(np.fft.fft(Rx))

N1 = 2*N-1
```

```
f = np.arange(fs/N1, fs/2, fs/N1)
fig = plt.figure(1)
plt.subplot(3, 1, 1)
plt.plot(f, 10*np.log10(Rxw[0:int((N1-1)/2)]))
plt.subplot(3, 1, 2)
plt.plot(f, 10*np.log10(Racw[0:int((N1-1)/2)]))
plt.subplot(3, 1, 3)
plt.plot(f, 10*np.log10(Rasw[0:int((N1-1)/2)]))
plt.show()
```

图 4.7-2 是应用该程序仿真的结果。其中图(a)是中心频率为 10000Hz，带宽为 500Hz 的窄带过程 $X(t)$ 的功率谱密度；图(b)和(c)分别是 $A_c(t)$ 和 $A_s(t)$ 的功率谱密度的仿真结果，图中只显示了正频域部分。仿真结果验证了式(4.3-16)的结论。

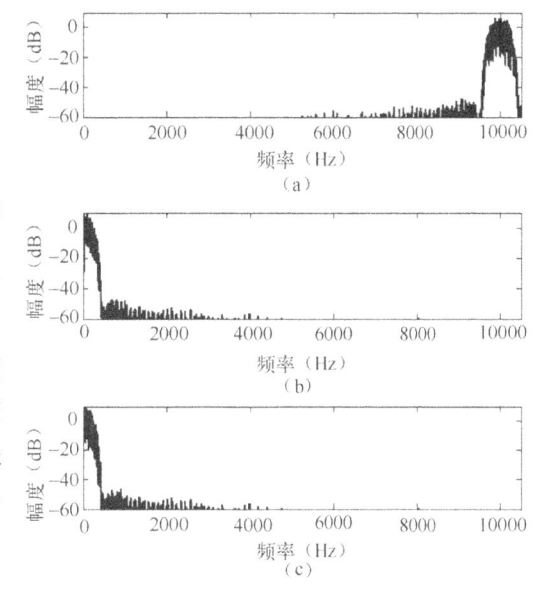

图 4.7-2 窄带过程、两个低频过程的功率谱仿真

3. 窄带高斯过程的包络 $A(t)$ 和相位 $\Phi(t)$

包络 $A(t)$ 和相位 $\Phi(t)$ 是可以用式(4.4-2)和式(4.4-3)变换得到的。

【例 4.7-5】 用 MATLAB 编写一函数，求采样频率为 f_s、中心频率为 f_0 的窄带随机过程 $X(t)$ 的包络 $A(t)$、相位 $\Phi(t)$ 和包络平方。

解：函数 EnvelopPhase(X，f0,fs)，用来产生 At、Ph 和 A2(包络 $A(t)$、相位 $\Phi(t)$ 和包络平方的样本)。形参 X 为要提取随机过程 $X(t)$ 的样本；f0 表示窄带随机过程 $X(t)$ 单边功率谱的中心频率 f_0；fs 表示信号采样频率 f_s。

MATLAB 程序如下：

```
function  [At  Ph  A2]= EnvelopPhase( X,f0,fs)
HX=imag(hilbert(X));                    %对随机信号进行希尔伯特变换
[M  N]=size(X);                         %提取窄带随机过程的样本数
t=0:1/fs:((N-1)/fs);                    %将 cos(ω₀t)、sin(ω₀t) 进行离散采样的时间量
Ac=X. *cos(2*pi*f0*t)+HX. *sin(2*pi*f0*t);   %产生 N 个 Ac(t) 样本的离散采样
As=HX. *cos(2*pi*f0*t)-X. *sin(2*pi*f0*t);   %产生 N 个 As(t) 样本的离散采样
Ph=atan(As./Ac);                        %相位 Φ(t) 的样本
A2=Ac. *Ac+As. *As;                     %包络平方的样本
At=sqrt( A2);                           %包络 A(t) 的样本
```

Python 程序如下：

```
def EnvelopPhase(X, f0, fs):
    HX = np.imag(signal.hilbert(X))          # 对随机信号进行希尔伯特变换
    N = np.size(X)                           # 提取窄带随机过程的样本数
    t = np.linspace(0, N-1, N) / fs          # 采样时间点
    Ac = np.multiply(X, np.cos(2 * np.pi * f0 * t)) + np.multiply(HX, np.sin(2 * np.pi * f0 * t))
                                             # 产生 Ac 的离散样本
    As = np.multiply(HX, np.cos(2 * np.pi * f0 * t)) - np.multiply(X, np.sin(2 * np.pi * f0 * t))
                                             # 产生 As 的离散样本
    Ph = np.arctan(np.divide(As, Ac))        # 相位样本
```

```
    A2 = np.multiply(Ac, Ac) + np.multiply(As, As)      # 包络平方样本
    At = np.sqrt(A2)   # 包络样本
    return At, Ph, A2
```

【例 4.7-6】 编写中心频率 f_0 =10kHz、带宽 Δf =500Hz、方差为 1 的窄带高斯过程 $X(t)$ 的包络 $A(t)$、相位 $\Phi(t)$ 和包络的平方的产生程序，对它们的分布情况进行统计。其中信号采样频率 f_s =22kHz，样本的个数 N=20000，滤波器的阶数 M=50。

解：MATLAB 程序如下：

```
N=20000; f0=10000; deltf=500; fs=22000; M=50;   %调用参数设置
X=Narrowbandsignal(N,f0,deltf,fs,M);            %调用产生窄带随机信号的函数
X=X/sqrt(var(X));                                %归一化方差处理窄带高斯过程 X(t)
[At Ph A2]= EnvelopPhase( X,f0,fs);              %调用 A(t)、Φ(t) 和包络平方产生函数
LA=0:0.05:4.5;                                   % 包络样本值的分布区间
hist(At,LA);                                     %包络 A(t) 样本值的分布直方图
LP=-pi/2:0.05:pi/2;                              %相位样本值的分布区间
figure; hist(Ph,LP);                             %相位 Φ(t) 样本值的分布直方图
LA2= 0:0.2:16;                                   %包络平方值的分布区间
figure; hist(A2,LA2);                            %包络平方值的分布直方图
```

Python 程序如下：

```
N = 20000    # 调用参数设置
f0 = 10000
deltf = 500
fs = 22000
M = 50
X = Narrowbandsignal(N, f0, deltf, fs, M)   # 调用产生窄带随机信号的函数
X = X/np.sqrt(np.var(X))                    # 归一化方差处理窄带高斯过程
At, Ph, A2 = EnvelopPhase(X, f0, fs)        # 调用包络平方产生函数
```

图 4.7-3 是该程序的仿真结果。可以看出包络的分布为瑞利分布。相位的获取应用了式 (4.4-3) 的变换方法，因此相位在 $-0.5\pi \sim 0.5\pi$ 上是均匀分布的。包络的平方为指数分布。

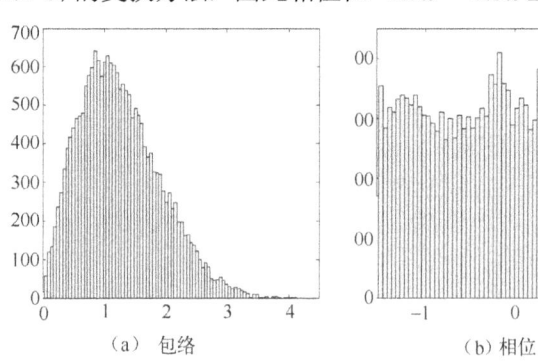

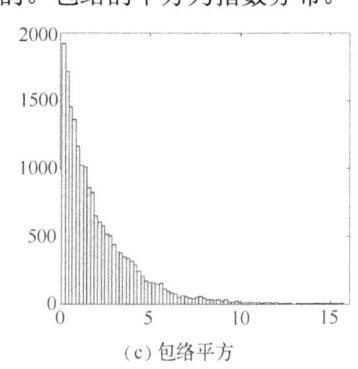

(a) 包络　　　　　　　　(b) 相位　　　　　　　　(c) 包络平方

图 4.7-3 包络 $A(t)$、相位 $\Phi(t)$ 和包络的平方的概率密度仿真图

4.7.2 窄带高斯随机过程加余弦信号的仿真

窄带高斯随机过程与余弦信号的合成信号，不满足平稳各态历经的条件。而对于给定的 θ，低频过程 $A_c(t)$ 和 $A_s(t)$ 仍可看做各态历经过程。包络和相位可以通过式(4.5-6)和式(4.5-7)得到。仿真时，可以通过给定 θ 值，得到 $A_c(t)$ 和 $A_s(t)$ 的样本值。噪声过程可以用归一化方

差处理，方便信噪比的计算。

【**例 4.7-7**】 编写程序，仿真中心频率 $f_0 = 10000$Hz、带宽 $\Delta f = 400$Hz、归一化方差窄带高斯过程 $X(t)$，三种不同余弦信号情况下，窄带高斯随机过程加余弦信号的包络 $A(t)$、相位 $\Phi(t)$ 和包络平方的分布。其中信号采样频率 $f_s = 22000$Hz，样本的个数 $N = 10000$，滤波器的阶数 $M = 50$。三种余弦信号的幅度分别为 2、4 和 8，θ 值对应取 $\pi/6$、$\pi/4$ 和 $\pi/3$。

解： 本例中我们仅给出 MATLAB 程序，感兴趣的读者可以自行编写 Python 程序。

```
N=10000; f0=10000; deltf=400; fs=22000; M=50;    %参数设置
a1=2;a2=4;a3=8;                                   %设置余弦信号振幅a的值
sit1=pi/6;sit2=pi/4;sit3=pi/3;                    %设置余弦信号的相位大θ的值
X=Narrowbandsignal(N,f0,deltf,fs,M);              %调用产生窄带随机信号的函数
X=X/sqrt(var(X));                                 %高斯过程样本归一化方差处理
t=0:1/fs:((N-1)/fs);                              %随相余弦信号离散采样的时间量
X1=X+a1*cos(2*pi*f0*t+sit1);                      %情况1 余弦与随机过程的和
X2=X+a2*cos(2*pi*f0*t+sit2);                      %情况2
X3=X+a3*cos(2*pi*f0*t+sit3);                      %情况3
[At1 Ph1 A21]= EnvelopPhase( X1,f0,fs);           %调用 A(t)、Φ(t) 和包络平方产生函数
[At2 Ph2 A22]= EnvelopPhase( X2,f0,fs);
[At3 Ph3 A23]= EnvelopPhase( X3,f0,fs);
LA=0:0.4:12;      GA1=hist(At1,LA);               %包络的分布直方图
GA2=hist(At2, LA); GA3=hist(At3, LA);
plot(LA,GA1,'--',LA,GA2,'-',LA,GA3,'-');
figure;
LP= -pi/2:0.05:pi/2;   GP1=hist((Ph1-sit1),LP);   %相位的分布直方图
GP2=hist((Ph2-sit2), LP); GP3=hist((Ph3-sit3), LP);
plot(LP,GP1,'--',LP,GP2,'-',LP,GP3,'-');
figure
LA2=0:1:120; GA21=hist(A21,LA2);                  %包络平方值的分布直方图
GA22=hist(A22,LA2); GA23=hist(A23,LA2);
plot(LA2,GA21,'--',LA2,GA22,'-',LA2,GA23,'-');
```

图 4.7-4 是不同信噪比情况下包络、相位及包络平方的分布情况的仿真结果。图中标注 "a/sigma" 表示的是 a/σ，因为对窄带高斯随机过程进行了归一化方差处理，余弦信号的振幅取值为多少，a/σ 就是多少。相位分布图在显示时，每种情况都减掉各自的相位 θ 的值，横坐标相当于 $\varphi_t - \theta$ 的值。

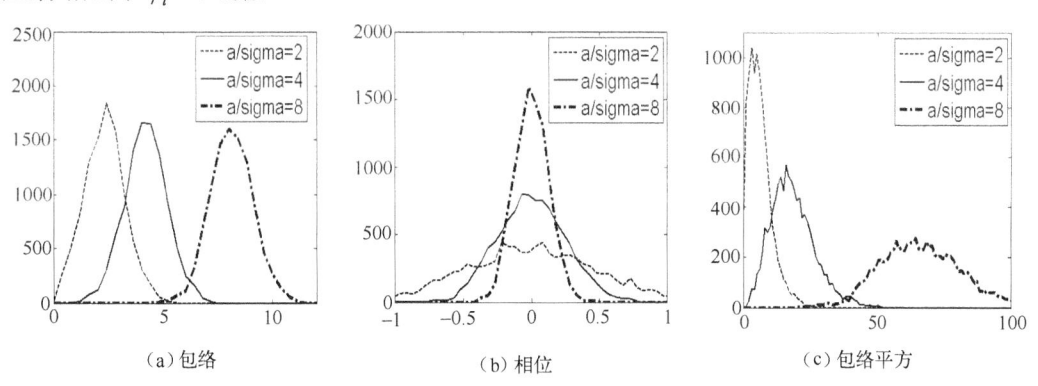

（a）包络　　（b）相位　　（c）包络平方

图 4.7-4　窄带高斯过程加余弦信号概率密度仿真

4.7.3 窄带随机信号应用仿真

【例 4.7-8】 两个随相余弦信号的振幅分别为 0 和 2，与均值为零、方差为 1、中心频率 f_0=10000Hz、带宽 Δf =500Hz 的窄带高斯过程的合成信号，经平方律检波器，视频积累 8 次后，信号的分布进行仿真。信号采样频率 f_s =22000Hz，样本的个数 N=160000，滤波器的阶数 M=50。

解：本例中我们仅给出 Python 程序，感兴趣的读者可以自行编写 MATLAB 程序。

```
fs = 22000            # 调用参数设置
f0 = 10000
N = 1600000
deltf = 500
M = 50
a = 2                 # 余弦信号幅度
sit = np.pi/3         # 余弦信号相位

X = Narrowbandsignal(N, f0, deltf, fs, M)   # 调用产生窄带随机信号的函数
X = X/np.sqrt(np.var(X))                    # 归一化方差处理窄带高斯过程
t = np.arange(0, (N - 1) / fs, 1 / fs)      # 采样时间点
X1 = X + a * np.cos(2 * np.pi * f0 * t + sit)  # 随相余弦信号采样点
At, Ph, A2 = EnvelopPhase(X, f0, fs)        # 调用包络平方产生函数
At1, Ph1, A21 = EnvelopPhase(X1, f0, fs)

n = 8   #
m = 20
m1 = n * m
L = int(N / m1)
G0 = np.zeros((L, 1))
G1 = np.zeros((L, 1))
for i in range(0, L):
    for j in range(0, n):
        G0[i] = G0[i] + A2[i * m1 + j * m]
        G1[i] = G1[i] + A21[i * m1 + j * m]

fig1 = plt.figure(1)
plt.hist(G0, bins=30, range=[0, 120])
plt.hist(G1, bins=30, range=[0, 120])
plt.show()
```

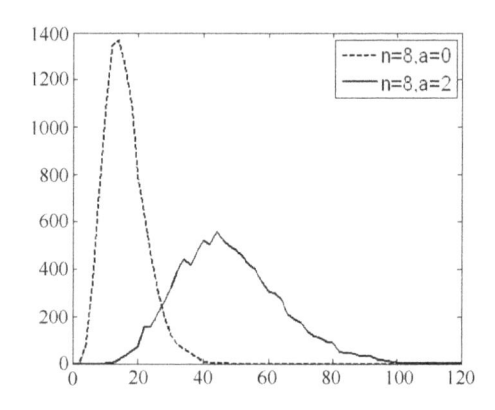

图 4.7-5 积累后有信号和无信号的样本值分布

在积累处理时，为保证各采样值是不相关的，程序中选择彼此相隔 m=20 个点的样本进行采样、累加（对包络平方 A2 每隔 m 点取一个采样点进行求和）。如果窄带随机信号的带宽窄，应适当加大相隔点数，原则是相隔的时间（m/f_s）大于窄带随机过程的相关时间。

图 4.7-5 是余弦信号加窄带高斯随机过程进行视频积累，积累次数为 8 时输出样本值的分布图。图中虚线是无信号的情况。实线是余弦振幅为 2 的情况。

【例 4.7-9】（见 4.6.2 节）FM 系统鉴频器输入端，调制信号为零时，载波振幅分别为 0.5 和 10 两种情况下：噪声是零均值为零、方差为 1、中心频率 f_0 =10000Hz、带宽 Δf =200Hz 的窄带高斯随机过程。仿真两种情况下鉴频器输出的噪声功率谱。信号采样频率 f_s =22000Hz，样本的个数 N =40000，滤波器的阶数 M =2000(滤波器得阶数取得多是为了窄带噪声的谱接近矩形)。

解： 本例中我们仅给出 Python 程序，感兴趣的读者可以自行编写 MATLAB 程序。

```python
fs = 22000              # 调用参数设置
f0 = 10000
N = 40000
deltf = 400
M = 2000
a1 = 0.5                # 余弦信号 1 幅度
a2 = 10                 # 余弦信号 2 幅度
X = Narrowbandsignal(N, f0, deltf, fs, M)   # 调用产生窄带随机信号的函数
X = X/np.sqrt(np.var(X))                    # 归一化方差处理窄带高斯过程
t = np.linspace(0, N-1, N) / fs             # 采样时间点
X1 = X + a1 * np.cos(2 * np.pi * f0 * t)    # 余弦信号 1 采样点
X2 = X + a2 * np.cos(2 * np.pi * f0 * t)    # 余弦信号 2 采样点
At1, Ph1, A21 = EnvelopPhase(X1, f0, fs)    # 调用包络平方产生函数
At2, Ph2, A22 = EnvelopPhase(X2, f0, fs)

y1 = np.diff(Ph1)       # diff()求导的函数，y1 鉴频器输出的噪声
y2 = np.diff(Ph2)
Ry1 = np.correlate(y1, y1, 'full')   # y1 的自相关函数
Ry2 = np.correlate(y2, y2, 'full')   # y2 的自相关函数
Ry1w = np.abs(np.fft.fft(Ry1))       # y1 的幅度谱
Ry1w = Ry1w / np.max(Ry1w)           # 对幅度谱进行归一化
Ry2w = np.abs(np.fft.fft(Ry2))       # y2 的幅度谱
Ry2w = Ry2w / np.max(Ry2w)           # 对幅度谱进行归一化

N1 = 2 * N - 1
f = np.arange(fs / N1, fs / 2, fs / N1)   # 功率谱的频率坐标
fig1 = plt.figure(1)
plt.plot(f, Ry2w[0: int((N1-1)/2)])        # 绘制 Ry2 的功率谱
plt.axis([0, 240, 0, 1])
plt.show()
fig2 = plt.figure(2)
plt.plot(f, Ry1w[0: int((N1-1)/2)])        # 绘制 Ry1w 的功率谱
plt.axis([0, 240, 0, 1])
plt.show()
```

图 4.7-6 示出的是程序的运行结果。图(a)是大信噪比情况 a=10 的情况,图(b)是小信噪比情况 a=0.5 的情况。

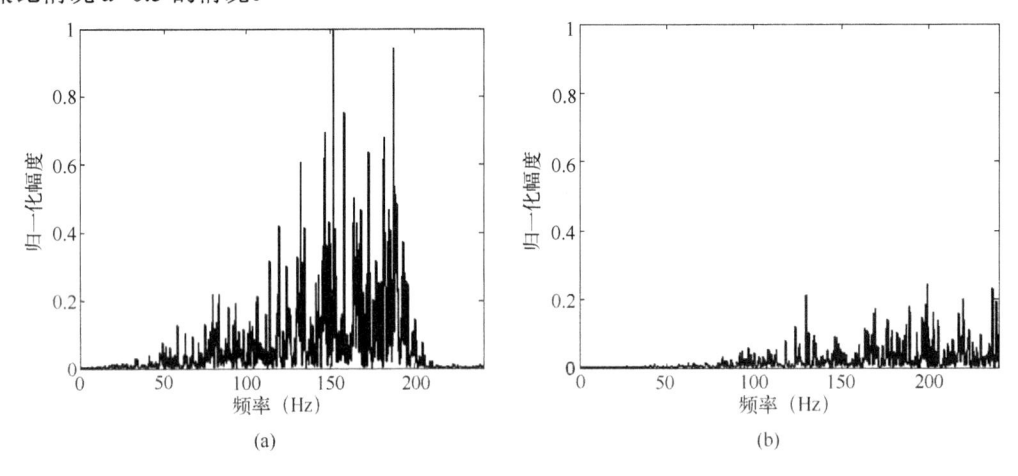

图 4.7-6 FM 鉴频器输出噪声样本的功率谱

【例 4.7-10】 编写仿真程序,仿真的过程为:

(1)信号为两个正弦信号之和,一个是振幅为 1、频率为 80Hz,一个是振幅为 0.5、频率为 30Hz;加性噪声是均值为零,方差为 9 的高斯白噪声,一起调制到 9kHz 的载频上,经过带宽为 400Hz,中心频率为 9kHz 的带通系统。

(2)对(1)中的输出信号进行相干解调处理。采样频率取 20kHz,滤波器阶数选 2000(滤波器的频率传递函数接近理想的矩形,仿真结果更加理想)。

解:本例中我们仅给出 MATLAB 程序,感兴趣的读者可以自行编写 Python 程序。

(1)程序如下。

```
fs=20000; f0=9000; N=50000; deltf=400; M=2000;
f1=80;f2=30;
t=0:1/fs:(N-1)/fs;f3=10;
s1=sin(2*pi*f1*t)+0.5*cos(2*pi*f2*t);    %要调制的信号
x=s1+random('norm',0,3,1,N);             %要调制的信号加白噪声
xt=x.*cos(2*pi*f0*t);                    %调制
f1=f0*2/fs;                              %归一化中心频率
df1=deltf/fs;                            %归一化带宽
ht = fir1(M,[f1-df1 f1+df1]);            %ht 为带通滤波器的冲激响应,M 为阶数
                                         %f1-df1 和 f1+df1 分别为滤波器的归一化截止频率
X=conv(xt,ht);                           %产生相干解调前的信号
```

(2)程序如下:

```
t=0:1/fs:(N+M-1)/fs;
Nt=X.*cos(2*pi*f0*t);                    %相干解调处理
hl=fir1(M, deltf/fs);                    %相干解调后的低通滤波器设计
N1=N+M;
Hw=fft(hl,N1);
Ntw=fft(Nt,N1);                          %相干解调后没经过低通滤波的频谱
RXw=(abs(fft(X,N1))).^2/N1;              %相干解调前的功率谱
```

```
RYw=(abs(Ntw.*Hw)).^2/N1;          %相干解调后经过低通滤波的功率谱
maxw=max(max(RXw),max(RYw));
RXw=10*log10(RXw/maxw+0.001);
RYw=10*log10(RYw/maxw+0.001);
f=fs/N1:fs/N1:fs/2;
subplot(1,2,1);plot(f,RXw(1:N1/2));axis([8700  9300  -30  0 ])
subplot(1,2,2);plot(f,RYw(1:N1/2));axis([0  600  -30  0 ])
```

图 4.7-7 是该程序的仿真结果。图(a)是解调前信号和噪声和的功率谱密度,图(b)是解调后的。图中的功率谱被最大的信号功率谱值归一化处理了,并进行了对数处理。图中突起的线表示的是信号部分的功率谱。下面密集的线表示的是噪声部分的谱。对噪声幅度进行解调前后比较,理论上应差 3dB。

本节中的所有仿真结果与理论结果基本相符,可以说仿真程序是有效的。

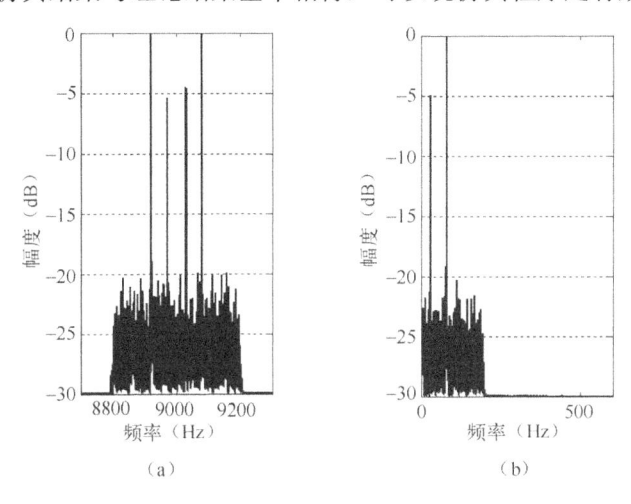

图 4.7-7 解调前后的信号和噪声样本功率谱

习题四

4.1 试证:(1) $x(t)$ 为 t 的奇函数时,它的希尔伯特变换为 t 的偶函数。

(2) $x(t)$ 为 t 的偶函数时,它的希尔伯特变换为奇函数。

4.2 求 $\cos(\omega_0 t)$ 的希尔伯特变换。

4.3 设复随机过程是广义平稳的,试证明 $R_X(\tau) = R_X^*(-\tau)$,并证明功率谱密度是实函数。

4.4 数学期望为零的窄带平稳随机过程 $X(t) = A_c(t)\cos\omega_0 t - A_s(t)\sin\omega_0 t$,其功率谱密度为

$$S_X(\omega) = \begin{cases} a\cos[\pi(\omega-\omega_0)/\Delta\omega], & -\Delta\omega/2 \leqslant \omega-\omega_0 \leqslant \Delta\omega/2 \\ a\cos[\pi(\omega+\omega_0)/\Delta\omega], & -\Delta\omega/2 \leqslant \omega+\omega_0 \leqslant \Delta\omega/2 \\ 0, & \text{其他} \end{cases}$$

式中,$a, \Delta\omega, \omega_0$ 皆为正常数,且 $\omega_0 \gg \Delta\omega$。试求:

(1) $A_c(t)$,$A_s(t)$ 的功率谱密度和平均功率。

(2) $A_c(t)$ 和 $A_s(t)$ 是否正交?

4.5 已知平稳随机过程 $X(t)$ 的功率谱密度为 $S_X(\omega)$,记 $\hat{X}(t)$ 为 $X(t)$ 的希尔伯特变换,求随机过程 $W(t) = X(t)\cos\omega_0 t - \hat{X}(t)\sin\omega_0 t$ 的功率谱密度。

4.6 设复随机过程 $Z(t) = \sum_{i=1}^{n}(A_i\cos\omega_0 t + jB_i\sin\omega_0 t)$，其中 A_i 与 B_i 是互相独立的随机变量，A_i 与 A_k、B_i 与 B_k 在 $i \neq k$ 时是相互正交的，数学期望和方差分别为 $E[A_i] = E[B_i] = 0$，$D[A_i] = D[B_i] = \sigma_i^2$。求复随机过程的相关函数。

本章习题解答请扫二维码。

第5章* 马尔可夫链初步

马尔可夫链是现代随机过程理论中最基础的数学模型，同时在统计生物学、决策论、自动控制、信号与信息处理等领域都有广泛的应用。本章对马尔可夫链的基本概念、分类和主要性质进行简要的介绍，旨在为现代随机过程理论的后续学习做铺垫。

5.1 马尔可夫链的基本概念

马尔可夫链是一组具有马尔可夫性质的离散随机变量的集合。为了便于描述马尔可夫链的定义，我们考虑由非负整数 $N=\{0,1,\cdots\}$ 构成的离散参数集（通常被理解为随机序列的时间参量集合）和元素数目有限的**状态空间** $S=\{s_1,s_2,\cdots,s_L\}$。假设随机序列 $\{X_n,n=0,1,\cdots\}$ 的状态空间是集合 S，如果对于任意的 $n\in N$ 和任意的 $i_0,i_1,\cdots,i_{n+1}\in S$ 均有

$$P(X_{n+1}=i_{n+1}\mid X_0=i_0,X_1=i_1,\cdots,X_n=i_n)=P(X_{n+1}=i_{n+1}\mid X_n=i_n) \quad (5.1\text{-}1)$$

则称随机序列 $\{X_n\}$ 为**马尔可夫链**。上式表明，马尔可夫链在某一时刻的状态的条件概率只与最近时刻的随机变量取值有关，而与更早时刻的随机变量无关。根据上面的定义，容易得知对于任意 $0\leqslant m<n$ 和任意状态 $i_m,i_n,i_{n+1}\in S$ 均有

$$\begin{aligned}P(X_{n+1}=i_{n+1},X_m=i_m\mid X_n=i_n)&=P(X_{n+1}=i_{n+1}\mid X_n=i_n,X_m=i_m)P(X_m=i_m\mid X_n=i_n)\\&=P(X_{n+1}=i_{n+1}\mid X_n=i_n)P(X_m=i_m\mid X_n=i_n)\end{aligned} \quad (5.1\text{-}2)$$

这意味着在给定了 X_n 的条件下，X_{n+1} 与 X_m 相互（条件）独立。即在给定现在状态时，马尔可夫链的未来状态与过去状态是条件独立的，这个特性被称为马尔可夫性。

马尔可夫链从状态空间中的某一个状态开始，连续地从一个状态转移到另外一个状态。在这个过程中，每一次转移称为一个**时间步**，或简称为**步**。我们定义马尔可夫链第 n 步在状态 s_i 上的**状态概率**为

$$p_i^{(n)}=P(X_n=s_i) \quad (5.1\text{-}3)$$

由上述定义可知 $\{p_i^{(n)},i=1,2\cdots,L\}$ 实际上是随机变量 X_n 的分布列，因此状态概率满足性质

$$p_i^{(n)}\geqslant 0,\ \forall i\in S,\ \forall n\in N \quad \text{和} \quad \sum_{i=1}^{L}p_i^{(n)}=1$$

通常，状态概率写成向量形式 $\boldsymbol{u}^{(n)}=[p_1^{(n)},p_2^{(n)},\cdots,p_L^{(n)}]$。在 $n=0$ 时刻，符号标记可以省去上标，并将 $\boldsymbol{u}=[p_1,p_2,\cdots,p_L]$ 称为马尔可夫链的初始分布。注意，本书将状态向量记为行向量的形式。

马尔可夫链的另一个重要概念是状态转移概率。已知马尔可夫链在 n 时刻位于状态 s_i，那么它在 $n+1$ 时刻到达状态 s_j 的条件概率被称为**一步状态转移概率**，记为

$$p_{ij}(n,n+1)=P(X_{n+1}=s_j\mid X_n=s_i) \quad (5.1\text{-}4)$$

状态转移概率简称转移概率。如果 $p_{ij}(n,n+1)$ 的取值与 n 无关，则称此马尔可夫链为**齐次**的。此时一步转移概率可以记为 p_{ij}，它描述了马尔可夫链在当前时刻状态为 s_i，然后在下一步转移到状态 s_j 的概率。在本章中，我们所讨论的范围仅限于齐次马尔可夫链。

与一步转移概率相似，可以定义马尔可夫链的 k 步转移概率为

$$p_{ij}^{(k)} = P(X_{n+k} = s_j \mid X_n = s_i) \tag{5.1-5}$$

k 步转移概率描述在当前时刻状态为 s_i 的条件下,马尔可夫链经 k 步到达状态 s_j 的概率。

转移概率在马尔可夫链中占有及其重要的地位,这是因为一步转移概率和初始分布共同确定了马尔可夫链的统计特性。在 n 时刻,$[X_0, X_1, \cdots, X_n]$ 构成了一个 n 维离散型随机向量。我们知道,联合分布列包含了离散随机向量的全部统计信息。对于任意的 $n \in N$ 和任意的 $i_0, i_1, \cdots, i_{n+1} \in S$,根据概率的链式公式和马尔可夫性可得

$$\begin{aligned} & P(X_n = i_n, X_{n-1} = i_{n-1}, \cdots, X_1 = i_1, X_0 = i_0) \\ & = P(X_0 = i_0) \prod_{k=1}^{n} P(X_k = i_k \mid X_{k-1} = i_{k-1}, \cdots, X_0 = i_0) \\ & = P(X_0 = i_0) \prod_{k=1}^{n} P(X_k = i_k \mid X_{k-1} = i_{k-1}) \end{aligned} \tag{5.1-6}$$

由此可知,马尔可夫链的初始分布和一步转移概率完全决定了其任意 n 维的联合分布列。本章后面我们将看到马尔可夫链的主要性质都与转移概率密不可分。

转移概率是条件概率,因此满足如下性质:

① $p_{ij} \geqslant 0$,$\forall s_i, s_j \in S$ \hfill (5.1-7)

② $\sum_{j=1}^{L} p_{ij} = 1$ \hfill (5.1-8)

为了计算和推导方便,通常把转移概率写为矩阵形式

$$\boldsymbol{P} = \begin{bmatrix} p_{11} & p_{12} & \cdots & p_{1L} \\ p_{21} & p_{22} & \cdots & p_{2L} \\ \vdots & \vdots & \ddots & \vdots \\ p_{L1} & p_{L2} & \cdots & p_{LL} \end{bmatrix} \tag{5.1-9}$$

称为**一步转移概率矩阵**或一步转移矩阵。相似地,由 k 步转移概率构成的转移矩阵记为

$$\boldsymbol{P}^{(k)} = \begin{bmatrix} p_{11}^{(k)} & p_{12}^{(k)} & \cdots & p_{1L}^{(k)} \\ p_{21}^{(k)} & p_{22}^{(k)} & \cdots & p_{2L}^{(k)} \\ \vdots & \vdots & \ddots & \vdots \\ p_{L1}^{(k)} & p_{L2}^{(k)} & \cdots & p_{LL}^{(k)} \end{bmatrix} \tag{5.1-10}$$

【**例 5.1-1**】 某数字通信系统中传递 0、1 两个码,其信道传输模型如图 5.1-1 所示。写出从输入到输出的一步转移概率。

解:将编码字记为状态值。根据题意可知

$p_{00} = P(X_{n+1} = 0 \mid X_n = 0) = p$

$p_{10} = P(X_{n+1} = 0 \mid X_n = 1) = 1 - p$

$p_{11} = P(X_{n+1} = 1 \mid X_n = 1) = p$

$p_{01} = P(X_{n+1} = 1 \mid X_n = 0) = 1 - p$

写成转移矩阵的形式有 $\boldsymbol{P} = \begin{bmatrix} p & 1-p \\ 1-p & p \end{bmatrix}$

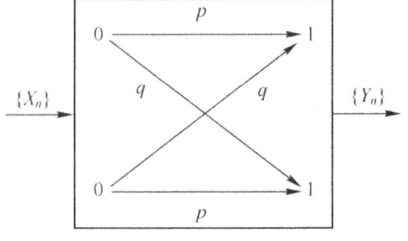

图 5.1-1 二元通信系统传输模式

【**例 5.1-2**】 (Ehrenfest 模型)假设有两个布袋,每个布袋中有四个球。在所有的八个球中,黑球和白球各占一半。每一次从第一个布袋中随机选取一个球:如果选中白球,则从第二个布袋中挑选一个黑球与之交换。反之,如果选中黑球,则在第二个布袋中挑选一个白

球与之交换。将第一个布袋中白球的数目记为状态变量，写出这个马尔可夫链的转移矩阵。

解：将第一个布袋中白球的数目记为状态变量，则此马尔可夫链的状态空间为 $S=\{0,1,2,3,4\}$。假设在时刻 n，第一个布袋里有 4 个白球，那么在 $n+1$ 时刻，第一个布袋里必然剩 3 个白球，即

$$p_{43}=P(X_{n+1}=3\,|\,X_n=4)=1$$

相似地，如果在时刻 n，第一个布袋里没有个白球，那么在 $n+1$ 时刻，第一个布袋里必然有 1 个白球，即

$$p_{01}=P(X_{n+1}=1\,|\,X_n=0)=1$$

当 $0<i<4$ 时，如果第一个布袋在时刻 n 时有 i 个白球，那么摸出白球和摸出黑球的概率分别为 $i/4$ 和 $1-i/4$。这两个概率分别对应在时刻 $n+1$，第一个布袋中有 $i-1$ 个白球和 $i+1$ 个白球的概率，即

$$p_{i,i-1}=P(X_{n+1}=i-1\,|\,X_n=i)=i/4$$
$$p_{i,i+1}=P(X_{n+1}=i+1\,|\,X_n=i)=1-i/4$$

综上，一步转移概率矩阵可以写为

$$\boldsymbol{P}=\begin{bmatrix}0 & 1 & 0 & 0 & 0\\ 1/4 & 0 & 3/4 & 0 & 0\\ 0 & 1/2 & 0 & 12 & 0\\ 0 & 0 & 3/4 & 0 & 1/4\\ 0 & 0 & 0 & 1 & 0\end{bmatrix}$$

这个模型称为 Ehrenfest 模型，通常用来描述多种气体、液体分子的扩散过程。

【例 5.1-3】 假设某一通信系统把要发送的信息编成 1，2，3 三个数字的编码。在编码中，如果当前码字是 1，那么接下来码字是 1 的概率为 1/2，而码字是 2 或 3 的概率各为 1/4。如果当前码字是 2，那么接下来码字是 2 的概率为 0，而码字是 1 或 3 的概率各为 1/2。如果当前码字是 3，那么接下来码字是 3 的概率为 1/2，而码字是 1 或 2 的概率各为 1/4。（1）写出该马尔可夫链的转移矩阵；（2）如果第一个码字值为 i，那么第三个码字值为 j 的概率是多少。

解：由题意知，下一时刻码字的概率仅与当前时刻码字有关，并且该概率值不随时间变化。因此题中所述过程为齐次马尔可夫链。将码字值记为状态值，依据题意，马尔可夫链的转移概率矩阵为

$$\boldsymbol{P}=\begin{bmatrix}1/2 & 1/4 & 1/4\\ 1/2 & 0 & 1/2\\ 1/4 & 1/4 & 1/2\end{bmatrix}$$

接下来求取第一个码字值为 i 时，第三个码字的编码字为 j 的概率。显然，这对应着两步转移概率 $p_{ij}^{(2)}$。考虑一个具体实例：假设当前编码字为 1，两步之后编码字为 3。这其中可能有 3 种不同的情况：①一步之后的码字为 1，两步之后的码字为 3。这种情况对应的概率为 $p_{11}p_{13}$。②一步之后的码字为 2，两步之后的码字为 3。这种情况对应的概率为 $p_{12}p_{23}$。③一步之后的码字为 3，两步之后的码字为 3。这种情况对应的概率为 $p_{13}p_{33}$。因此有

$$p_{13}^{(2)}=p_{11}p_{13}+p_{12}p_{23}+p_{13}p_{33}$$

对于一般情况，可得 $\qquad p_{ij}^{(2)}=p_{i1}p_{1j}+p_{i2}p_{2j}+p_{i3}p_{3j}=\sum_{l=1}^{3}p_{il}p_{lj}$

对于马尔可夫链中一步转移概率与多步转移概率之间关系，有如下一般性的结论：

定理 5.1 （切普曼-柯尔莫哥洛夫方程）马尔可夫链的转移概率满足如下关系：

$$p_{ij}^{(k_1+k_2)} = \sum_{l=1}^{L} p_{il}^{(k_1)} p_{lj}^{(k_2)} \tag{5.1-11}$$

式中，$k_1 \geqslant 1$，$k_2 \geqslant 1$。

证明：根据概率准则，有

$$\begin{aligned}
p_{ij}^{(k_1+k_2)} &= P\left(X_{n+k_1+k_2} = s_j \mid X_n = s_i\right) \\
&= \frac{P\left(X_{n+k_1+k_2} = s_j, X_n = s_i\right)}{P\left(X_n = s_i\right)} \\
&= \frac{\sum_{l=1}^{L} P\left(X_n = s_i, X_{n+k_1} = s_l, X_{n+k_1+k_2} = s_j\right)}{P\left(X_n = s_i\right)} \\
&= \frac{\sum_{l=1}^{L} P\left(X_{n+k_1+k_2} = s_j \mid X_n = s_i, X_{n+k_1} = s_l\right) P\left(X_{n+k_1} = s_l \mid X_n = s_i\right) P\left(X_n = s_i\right)}{P\left(X_n = s_i\right)} \\
&= \sum_{l=1}^{L} P\left(X_{n+k_1+k_2} = s_j \mid X_{n+k_1} = s_l\right) P\left(X_{n+k_1} = s_l \mid X_n = s_i\right) \\
&= \sum_{l=1}^{L} p_{il}^{(k_1)} p_{lj}^{(k_2)}
\end{aligned}$$

证明完毕。

在切普曼-柯尔莫哥洛夫方程中，等号右侧的求和项实际上可以看成两个矢量的内积。具体地，它是 k_1 步转移矩阵的第 i 行和 k_2 步转移矩阵的第 j 列的内积。实际上，式(5.1-11)可以等效地写为 $\boldsymbol{P}^{(k_1+k_2)} = \boldsymbol{P}^{(k_1)} \cdot \boldsymbol{P}^{(k_2)}$。更一般地，我们有下面这个重要的推论。

推论 5.2 令 $\boldsymbol{P}$ 和 $\boldsymbol{P}^{(n)}$ 分别为一个马尔可夫链的一步转移矩阵和 n 步转移矩阵，那么 $\boldsymbol{P}^{(n)} = \boldsymbol{P}^n$。

证明：假设所考虑的马尔可夫链具有 L 个状态，我们通过数学归纳法证明上面的结论。首先证明命题对 $n=2$ 成立。根据切普曼-柯尔莫哥洛夫方程，取 $k_1 = k_2 = 1$，有

$$p_{ij}^{(2)} = \sum_{l=1}^{L} p_{il} p_{lj}, \quad \forall s_i, s_j \in S \tag{5.1-12}$$

因此 $\boldsymbol{P}^{(2)} = \boldsymbol{P} \cdot \boldsymbol{P}$。假设命题对于 $n-1$ 也成立，根据切普曼-柯尔莫哥洛夫方程，取 $k_1 = n-1, k_2 = 1$，有

$$p_{ij}^{(n)} = \sum_{l=1}^{L} p_{il}^{(n-1)} p_{lj}, \quad \forall s_i, s_j \in S \tag{5.1-13}$$

用矩阵形式表示，有 $\boldsymbol{P}^{(n)} = \boldsymbol{P}^{(n-1)} \cdot \boldsymbol{P} = \boldsymbol{P}^{n-1} \cdot \boldsymbol{P} = \boldsymbol{P}^n$

其中第二个等号使用了归纳假设 $\boldsymbol{P}^{(n-1)} = \boldsymbol{P}^{n-1}$，因此命题对 n 成立。根据归纳原理，可知命题对于所有的整数 n 都成立。证明完毕。

接下来考察马尔可夫链在"未来"的分布情况。假设马尔可夫链的初始分布为 $\boldsymbol{u}$，下面的定理给出了马尔可夫链在 n 步之后的状态概率。

定理 5.3 令 P 为马尔可夫链的转移矩阵，u 为开始时刻状态分布的概率向量，那么在第 n 步时各状态的概率分布为

$$u^{(n)} = uP^n \tag{5.1-14}$$

证明：在第 n 步到达状态 s_j 的概率可以根据全概率公式写为

$$p_j^{(n)} = \sum_{i=1}^{L} P(X_0 = s_i, X_n = s_j) = \sum_{i=1}^{L} P(X_n = s_j \mid X_0 = s_i) P(X_0 = s_i) = \sum_{i=1}^{L} p_{ij}^{(n)} p_i$$

将上式写为矩阵形式，即可得到命题结论。证明完毕。

【例 5.1-4】 在例题 5.1-3 中，令初始概率向量 $u = [1/3, 1/3, 1/3]$。那么 3 步之后，每个码字出现的概率各是多少？

解：首先利用推论 5.2，计算 3 步转移概率 P^3

$$P^{(3)} = P^3 = \begin{bmatrix} 1/2 & 1/4 & 1/4 \\ 1/2 & 0 & 1/2 \\ 1/4 & 1/4 & 1/2 \end{bmatrix}^3 = \begin{bmatrix} 0.406 & 0.203 & 0.391 \\ 0.406 & 0.188 & 0.406 \\ 0.391 & 0.203 & 0.406 \end{bmatrix}$$

然后利用定理 5.3，计算三步之后每个码字出现的概率

$$u^{(3)} = uP^3 = [1/3 \quad 1/3 \quad 1/3] \begin{bmatrix} 0.406 & 0.203 & 0.391 \\ 0.406 & 0.188 & 0.406 \\ 0.391 & 0.203 & 0.406 \end{bmatrix} = [0.401 \quad 0.188 \quad 0.401]$$

即当初始状态为均匀分布时，三步之后，码字为 1 和码字 3 的概率为 0.401，码字为 2 的概率为 0.188。

5.2 吸收马尔可夫链

吸收马尔可夫链和遍历马尔可夫链是两类常用的马尔可夫链。通过对两者的研究，可以加深对马尔可夫链的理解。本节将重点讨论吸收马尔可夫链；遍历马尔可夫链将在下节中讨论。

定义 马尔可夫链中某个状态 s_i 被称为**吸收态**，如果 $p_{ii} = 1$。如果一个马尔可夫链至少具有一个吸收态，并且从任意一个非吸收态出发，都可以到达某个吸收态（可以通过多步），那么该马尔可夫链被称为**吸收马尔可夫链**。在一个吸收马尔可夫链中，非吸收态称为**暂态**。

吸收态的直观解释是：如果马尔可夫链一旦转移到吸收态，则后续将停留在此状态，无法离开。

【例 5.2-1】 某马尔可夫链的一步转移矩阵为

$$P = \begin{bmatrix} 1 & 0 & 0 \\ 0 & 0.2 & 0.8 \\ 0 & 0.8 & 0.2 \end{bmatrix}$$

判断其是否为吸收马尔可夫链。

解：因为 $p_{11} = 1$，所以状态 s_1 是吸收态。然而注意到从 s_2 或 s_3 出发，只能转移到 s_2 或 s_3，无论经过多少步都无法到达吸收态 s_1，因此该马尔可夫链不是吸收马尔可夫链。

【例 5.2-2】 （醉汉行走问题）一个醉汉沿着大道的四个街区行走（如图 5.2-1 所示）。

大道的一端（状态 0）是醉汉的家，而另一端（状态 4）是一间酒吧。如果他在路口 1、2 或 3 处，由于喝的太醉，他将以相同的概率往左走或往右行走一个街区。然而，一旦醉汉到家或者到酒吧，他将停在那里过夜。试写出这个马尔可夫链的转移矩阵。

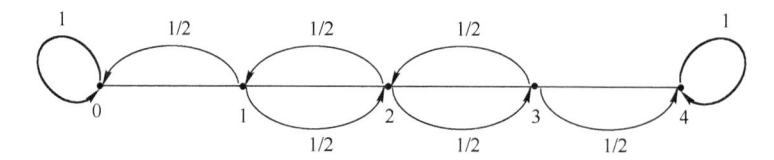

图 5.2-1 醉汉行走问题的状态转移图

解： 我们构造一个马尔可夫链，其状态分别为 0、1、2、3 和 4。依据题意，其状态矩阵为

$$P = \begin{array}{c} 0 \\ 1 \\ 2 \\ 3 \\ 4 \end{array} \begin{bmatrix} 1 & 0 & 0 & 0 & 0 \\ 1/2 & 0 & 1/2 & 0 & 0 \\ 0 & 1/2 & 0 & 1/2 & 0 \\ 0 & 0 & 1/2 & 0 & 1/2 \\ 0 & 0 & 0 & 0 & 1 \end{bmatrix}$$

为了便于理解，我们在矩阵左侧列出了起始状态，在矩阵上方列出了一步转移后的到达状态。显然，状态 0 和状态 4 是吸收态；从状态 1、2、3 中任何一个非吸收态出发，通过若干步后，都有到达吸收态 0 或 4 的可能，因此这一马尔可夫链为吸收马尔可夫链。状态 1、2、3 为暂态。

醉汉行走问题是吸收马尔可夫链中最经典的问题之一。在数学中，醉汉行走是随机游走过程的一个简单模型。随机游走问题在序贯检测理论、对等计算、金融市场运行、互联网等领域都有广泛的应用。在吸收马尔可夫链的研究中，我们关心如下问题：①当存在多个吸收态时，马尔可夫链终止于某个吸收态的概率是多少？②平均意义下，马尔可夫链要经过多少步才能到达吸收态？③当马尔可夫链到达吸收态时，过程在每个暂态上平均经过多少次？由 5.1 节可知，一步转移概率和初始分布刻画了马尔可夫链的全部统计特性，因此这些问题的答案均可以由转移概率矩阵和初始分布来描述。

为了便于理论分析，我们首先介绍转移矩阵的标准形式。对于任意的吸收马尔可夫链，假设其具有 a 个吸收态和 t 个暂态，则可以通过对状态重新编号的方式，使得状态空间 $S = \{s_1, \cdots, s_t, s_{t+1}, \cdots, s_{t+a}\}$ 中前 t 个状态为暂态，后 a 个状态为吸收态。这样一步转移矩阵可以写成如下的标准形式：

$$P = \begin{bmatrix} Q & G \\ 0 & I \end{bmatrix} \tag{5.2-1}$$

其中 I 是一个 $a \times a$ 的单位矩阵，0 是一个 $a \times t$ 的零矩阵，G 是一个 $t \times a$ 的非零矩阵，Q 是一个 $t \times t$ 的矩阵。明显地，右下角的单位阵描述了吸收态的转移概率；左上角矩阵 Q 中的元素是从一个暂态转移到另一个暂态的转移概率；而右上角矩阵 G 中的元素是从一个暂态转移到一个吸收态的转移概率。在后续讨论中，我们假设吸收马尔可夫链的转移矩阵均已经被转化为标准形式。

根据推论 5.2，n 步转移矩阵可以通过一步转移矩阵相乘的方法得到，利用分块矩阵乘法的运算规则，可得

$$\boldsymbol{P}^n = \begin{bmatrix} \boldsymbol{Q}^n & \tilde{\boldsymbol{G}} \\ \boldsymbol{0} & \boldsymbol{I} \end{bmatrix} \tag{5.2-2}$$

其中右上角的 $\tilde{\boldsymbol{G}}$ 依然是一个 $t \times a$ 的矩阵，这个子矩阵可以利用 $\boldsymbol{Q}$ 和 $\boldsymbol{G}$ 来表达，但这一表达式比较复杂，且与我们后续的推导无关，因此省略了这个表达式。左上角矩阵 $\boldsymbol{Q}^n$ 中的元素表示从一个暂态转移到另一个暂态的 n 步转移概率。

对于吸收马尔可夫链，首先有如下重要的定理。

定理 5.4 吸收马尔可夫链进入吸收态的概率为 1，即 $\lim\limits_{n\to\infty} \boldsymbol{Q}^n = 0$。

证明：$\lim\limits_{n\to\infty} \boldsymbol{Q}^n = 0$ 意味着当 n 足够大时，从任意暂态转移到另外任意暂态的概率为 0；这等价于从任意暂态出发，最终转移到某个吸收态的概率为 1。

根据吸收马尔可夫链的定义，从任意一个暂态 s_j 开始，在若干步后具有一定的概率进入到某一个吸收态。当暂态 s_j 为初始态时，记 m_j 为马尔可夫链可能进入到吸收态所需的最小步数；记 p_j 为在第 m_j 步不会进入到吸收态的概率，显然 $p_j < 1$。

考虑所有的 t 个暂态，令 m 为 m_j 当中的最大值，令 p 为 p_j 当中的最大值。因此，在 m 步之内，马尔可夫链不进入吸收态的概率小于或等于 p。进一步可知马尔可夫链在 km 步内进入吸收态的概率小于或等于 p^k。由于 $p<1$，因此 $\lim\limits_{n\to\infty} p^k = 0$，这意味着，无论从哪个暂态 s_j 出发，不进入吸收态的概率均为 0，即 $\lim\limits_{n\to\infty} \boldsymbol{Q}^n = 0$。证明完毕。

下面我们介绍基本矩阵的概念。基本矩阵可以刻画吸收马尔可夫链的重要性质；同时，构造基本矩阵的思路也对分析各态历经马尔可夫链的性质有借鉴意义。

定义 对于转移矩阵为 $\boldsymbol{P}$ 的吸收马尔可夫链，矩阵 $\boldsymbol{N} = (\boldsymbol{I} - \boldsymbol{Q})^{-1}$ 被称为 $\boldsymbol{P}$ 的基本矩阵。

定理 5.5 对于吸收马尔可夫链，矩阵 $\boldsymbol{I} - \boldsymbol{Q}$ 的逆矩阵 $\boldsymbol{N}$ 存在，且 $\boldsymbol{N} = \boldsymbol{I} + \sum\limits_{k=1}^{\infty} \boldsymbol{Q}^k$。

证明：令 $(\boldsymbol{I} - \boldsymbol{Q})\boldsymbol{x} = \boldsymbol{0}$，即 $\boldsymbol{x} = \boldsymbol{Q}\boldsymbol{x}$。对其进行迭代运算，可知 $\boldsymbol{x} = \boldsymbol{Q}^n \boldsymbol{x}$ 对任意 n 均成立。根据定理 5.4 中的 $\lim\limits_{n\to\infty} \boldsymbol{Q}^n = 0$，可得

$$\boldsymbol{x} = \lim\limits_{n\to\infty} \boldsymbol{Q}^n \boldsymbol{x} = \boldsymbol{0} \tag{5.2-3}$$

这说明齐次方程 $(\boldsymbol{I} - \boldsymbol{Q})\boldsymbol{x} = \boldsymbol{0}$ 仅有零解，因此 $(\boldsymbol{I} - \boldsymbol{Q})$ 是满秩矩阵，所以必定存在逆矩阵。记 $\boldsymbol{N} = (\boldsymbol{I} - \boldsymbol{Q})^{-1}$。注意到

$$(\boldsymbol{I} - \boldsymbol{Q})(\boldsymbol{I} + \boldsymbol{Q} + \boldsymbol{Q}^2 + \cdots + \boldsymbol{Q}^n) = \boldsymbol{I} - \boldsymbol{Q}^{n+1} \tag{5.2-4}$$

对等式两边同时乘以矩阵 $\boldsymbol{N}$，有

$$\boldsymbol{I} + \boldsymbol{Q} + \boldsymbol{Q}^2 + \cdots + \boldsymbol{Q}^n = \boldsymbol{N}(\boldsymbol{I} - \boldsymbol{Q}^{n+1}) \tag{5.2-5}$$

令 n 趋向于无穷大，等式右侧利用 $\lim\limits_{n\to\infty} \boldsymbol{Q}^n = 0$，可得

$$\boldsymbol{N} = \boldsymbol{I} + \sum\limits_{k=1}^{\infty} \boldsymbol{Q}^k。$$

证明完毕。

定理 5.5 说明了吸收马尔可夫链的基本矩阵必定存在。从定义可知，矩阵 $\boldsymbol{N}$ 的维度是 $t \times t$。下面的三个定理利用基本矩阵刻画了吸收马尔可夫链的主要性质。

定理 5.6 假设吸收马尔可夫链起始于暂态 s_i，则该马尔可夫链在进入吸收态之前，暂

态 s_j 被经历的平均次数为 n_{ij}；其中 n_{ij} 是基本矩阵 $\boldsymbol{N}$ 中第 i 行第 j 列的元素。

证明： 从吸收马尔可夫链中任意选取两个暂态 s_i 和 s_j。假设 s_i 为初始暂态，定义随机变量 $Y^{(k)}$ 为马尔可夫链在第 k 步进入状态 s_j 的指示函数，即

$$Y^{(k)} = \begin{cases} 1 & \text{当在第} k \text{步的状态为} s_j \\ 0 & \text{其他} \end{cases} \tag{5.2-6}$$

由此可知，$Y^{(k)}$ 为 0-1 分布随机变量；当 $Y^{(k)} = 1$ 时，表明马尔可夫链在第 k 步的状态为 s_j。根据 k 步转移矩阵的定义，对于任意的 $k \geqslant 1$ 均有

$$P(Y^{(k)} = 1) = P(X_k = s_j \mid X_0 = s_i) = q_{ij}^{(k)} \tag{5.2-7}$$

进而
$$P(Y^{(k)} = 0) = 1 - P(Y^{(k)} = 1) = 1 - q_{ij}^{(k)} \tag{5.2-8}$$

其中 $q_{ij}^{(k)}$ 为矩阵 $\boldsymbol{Q}^k$ 第 ij 个元素。当 $k = 0$ 时，令 $\boldsymbol{Q}^0 = \boldsymbol{I}$，式(5.2-7)和式(5.2-8)对于任意的非负整数 k 都成立。因此

$$E(Y^{(k)}) = 1 \times P(Y^{(k)} = 1) + 0 \times P(Y^{(k)} = 0) = q_{ij}^{(k)}, \quad \forall k \in N。$$

注意到对于该吸收马尔可夫链，从状态 s_i 开始，在 n 步之内进入状态 s_j 的总次数为 $Y^{(0)} + Y^{(1)} + \cdots + Y^{(n)}$。因此，平均次数为

$$E(Y^{(0)} + Y^{(1)} + \cdots + Y^{(n)}) = q_{ij}^{(0)} + q_{ij}^{(1)} + \cdots + q_{ij}^{(n)} \tag{5.2-9}$$

利用定理 5.5 中，关于基本矩阵 $\boldsymbol{N}$ 的表达式。当 $n \to \infty$，有

$$E\left(\lim_{n \to \infty} \sum_{k=0}^{n} Y^{(k)}\right) = \lim_{n \to \infty} \sum_{k=0}^{n} q_{ij}^{(k)} = n_{ij} \tag{5.2-10}$$

证明完毕。

定理 5.7 假设吸收马尔可夫链具有 t 个暂态，其基本矩阵 $\boldsymbol{N}$ 为 $t \times t$ 的方阵。记 $\boldsymbol{1}_{t \times 1}$ 为所有元素均为 1 的 t 维列向量。定义列向量 $\boldsymbol{m}$ 为

$$\boldsymbol{m}_{t \times 1} = \boldsymbol{N}_{t \times t} \times \boldsymbol{1}_{t \times 1} \tag{5.2-11}$$

那么，当初始态为 s_i 时，马尔可夫链进入到吸收态所需要经历的平均步数为 m_i（$\boldsymbol{m}$ 中第 i 个元素）。

证明： 根据定理 5.6 可知，当初始态为 s_i 时，马尔可夫链在进入吸收态前，经历暂态 s_j 的平均次数为 n_{ij} 次，$j = 1, 2, \cdots, t$。因此，将所有 t 个暂态所经历的平均次数相加，即

$$m_i = \sum_{j=1}^{t} n_{ij}$$

可得马尔可夫链从初始态 s_i 开始时进入吸收态所经历的平均步数。将上式写成矩阵形式，即为式(5.2-11)。证明完毕。

定理 5.8 对于具有 t 个暂态和 a 个吸收态的吸收马尔可夫链，令

$$\boldsymbol{B}_{t \times a} = \boldsymbol{N}_{t \times t} \boldsymbol{G}_{t \times a} \tag{5.2-12}$$

其中 $\boldsymbol{N}$ 为基本矩阵，$\boldsymbol{G}$ 为转移矩阵标准形中右上角的分块矩阵。则矩阵 $\boldsymbol{B}$ 中的元素 b_{ij} 表示当马尔可夫链从第 i 个暂态起始、最终进入到第 j 个吸收态的概率，其中 $1 \leqslant i \leqslant t$，$1 \leqslant j \leqslant a$。

证明： 将吸收马尔可夫链起始的第 i 个暂态记为 s_i，$1 \leqslant i \leqslant t$；最终进入的第 j 个吸收态记为 s_j，$1 \leqslant j \leqslant a$。将矩阵 $\boldsymbol{G}$ 中第 i 行第 j 列的元素记为 g_{ij}。根据一步转移概率矩阵 $\boldsymbol{P}$ 的标准型[式(5.2-1)]可知，马尔可夫链在第 1 步（即 $n = 1$ 时）就从 s_i 进入 s_j 的概率为 g_{ij}。当 $n > 1$ 时，马尔可夫链在第 n 步进入吸收态 s_j 的概率为

$$P(X_n = s_j \mid X_0 = s_i) = \sum_{l=1}^{t} P(X_n = s_j, X_{n-1} = s_l \mid X_0 = s_i)$$

$$= \sum_{l=1}^{t} P(X_n = s_j \mid X_{n-1} = s_l, X_0 = s_i) P(X_{n-1} = s_l \mid X_0 = s_i)$$

$$= \sum_{l=1}^{t} P(X_n = s_j \mid X_{n-1} = s_l) P(X_{n-1} = s_l \mid X_0 = s_i)$$

$$= \sum_{l=1}^{t} q_{il}^{(n-1)} g_{lj} \tag{5.2-13}$$

注意上述推导中的 s_l 必为暂态，因为马尔可夫链不可能从一个吸收态再跳转到吸收态 s_j。如果令 $q_{ii}^{(0)} = 1$ 且 $q_{il}^{(0)} = 0, l \neq i$，我们将发现表达式

$$P(X_n = s_j \mid X_0 = s_i) = \sum_{l=1}^{t} q_{il}^{(n-1)} g_{lj}$$

对 $n=1$ 的情况同样成立。因此，当初始态为暂态 s_i，其在前 n 步内进入吸收态 s_j 的概率为

$$\sum_{k=1}^{n} \sum_{l=1}^{t} q_{il}^{(k-1)} g_{lj}$$

令 $n \to \infty$，可以得到马尔可夫链最终进入吸收态 s_j 的概率为

$$\lim_{n \to \infty} \sum_{k=1}^{n} \sum_{l=1}^{t} q_{il}^{(k-1)} g_{lj} = \sum_{l=1}^{t} \left(\lim_{n \to \infty} \sum_{k=1}^{n} q_{il}^{(k-1)} \right) g_{lj} = \sum_{k=1}^{t} n_{il} g_{lj} = b_{ij}$$

其中第二个等号利用了 $\lim_{n \to \infty} \sum_{k=0}^{n} q_{ij}^{(k)} = n_{ij}$（见定理 5.6 证明中式（5.2-10））。最后一个等号利用了 $\boldsymbol{B} = \boldsymbol{NG}$。

在上述证明过程中，暂态 s_i 和吸收态 s_j 是任意选取的，因此上述关系式对于任意 i,j 都成立。证明结束。

【**例 5.2-3**】 在例 5.2-2 醉汉行走的例子中，写出马尔可夫链转移矩阵的标准形式和对应的基本矩阵。并回答下面问题：

（1）如果起始时刻，醉汉处于路口 2，那么当他到达酒馆或家时，经过路口 1、路口 2 和路口 3 的平均次数各是多少？

（2）如果起始时刻，醉汉处于路口 2，那么他要平均走几步，才能达到酒馆或家？如果初始状态是在路口 1 或者路口 3 呢？

（3）如果起始时刻，醉汉处于路口 2，那么他到酒馆过夜的概率是多少？如果初始状态是在路口 1 或者路口 3 呢？

解：在醉汉行走的例子中，$\{1,2,3\}$ 为暂态，$\{0,4\}$ 为吸收态。为写成标准形式，将暂态排列在吸收态前面，有

$$\boldsymbol{P} = \begin{array}{c} 1 \\ 2 \\ 3 \\ 0 \\ 4 \end{array} \begin{bmatrix} 1 & 2 & 3 & 0 & 4 \\ 0 & 1/2 & 0 & 1/2 & 0 \\ 1/2 & 0 & 1/2 & 0 & 0 \\ 0 & 1/2 & 0 & 0 & 1/2 \\ 0 & 0 & 0 & 1 & 0 \\ 0 & 0 & 0 & 0 & 1 \end{bmatrix}$$

为了便于读者的理解，这里将马尔可夫链的初始态写在了转移矩阵的左侧、将到达态写在了转移矩阵的上方。从中可以看出

$$Q = \begin{bmatrix} 0 & 1/2 & 0 \\ 1/2 & 0 & 1/2 \\ 0 & 1/2 & 0 \end{bmatrix}$$

$$G = \begin{bmatrix} 1/2 & 0 \\ 0 & 0 \\ 0 & 1/2 \end{bmatrix}$$

为了求基本矩阵，我们有

$$I - Q = \begin{bmatrix} 1 & -1/2 & 0 \\ -1/2 & 1 & -1/2 \\ 0 & -1/2 & 1 \end{bmatrix}$$

$$N = (I - Q)^{-1} = \begin{bmatrix} 3/2 & 1 & 1/2 \\ 1 & 2 & 1 \\ 1/2 & 1 & 3/2 \end{bmatrix}$$

（1）通过观察矩阵 N 可知，如果醉汉从路口 2（初始状态 2），那么在他进入家或酒馆（进入吸收态）的过程中，将经过路口 1、路口 2、路口 3 的平均次数分别为 1 次、2 次和 1 次（矩阵 N 中的 n_{21}, n_{22} 和 n_{23}）。

（2）醉汉到达酒馆或家，表明马尔可夫链进入吸收态。由于

$$m = N \times 1 = \begin{bmatrix} 3/2 & 1 & 1/2 \\ 1 & 2 & 1 \\ 1/2 & 1 & 3/2 \end{bmatrix} \begin{bmatrix} 1 \\ 1 \\ 1 \end{bmatrix} = \begin{bmatrix} 3 \\ 4 \\ 3 \end{bmatrix}$$

这说明，当状态 2 为起始态时，马尔可夫链平均要经过 4 步，可以到达吸收态。如果状态 1 或状态 3 为起始态，马尔可夫链平均要经过 3 步可以到达吸收态。

（3）由于 $$B = NG = \begin{bmatrix} 3/2 & 1 & 1/2 \\ 1 & 2 & 1 \\ 1/2 & 1 & 3/2 \end{bmatrix} \cdot \begin{bmatrix} 1/2 & 0 \\ 0 & 0 \\ 0 & 1/2 \end{bmatrix} = \begin{bmatrix} 3/4 & 1/4 \\ 1/2 & 1/2 \\ 1/4 & 3/4 \end{bmatrix}$$

那醉汉在酒馆过夜（状态 4）对应马尔可夫链的第 2 个吸收态，因此矩阵 B 的第二列告诉我们，当初始态在路口 1、路口 2 和路口 3 时，醉汉在酒馆过夜的概率分别为 1/4、1/2 和 3/4。

5.3 遍历马尔可夫链

本节对遍历马尔可夫链的性质进行研究。为了便于描述，我们假设马尔可夫链具有 L 个有限的状态，状态空间记为 $S = \{s_1, \cdots, s_L\}$。

5.3.1 基本概念

定义 如果一个马尔可夫链能够从任意一个状态达到另外任意一个状态（可以多步到达），那么此马尔可夫链被称为遍历马尔可夫链。

在很多文献中，遍历马尔可夫链也被称为不可约马尔可夫链。从定义中可以知道，吸收

马尔可夫链不可能是遍历马尔可夫链,因为吸收马尔可夫链不可能从吸收态到达其他任何一个状态。

定义 如果存在常数 $k \geqslant 1$ 使得马尔可夫链的 k 步转移矩阵 $\boldsymbol{P}^{(k)}$ 中所有的元素都为正(即不含有零元素),则此马尔可夫链被称为正则马尔可夫链。

从定义可知,正则马尔可夫链从任意一个状态起始,在 k 步后都具有到达任意一个状态的可能。因此,正则马尔可夫链一定是遍历马尔可夫链。但一个遍历马尔可夫链却不一定是正则马尔可夫链,下面的例题就给出了这样的例子。

【例 5.3-1】 某马尔可夫链具有 {0,1} 两个状态,其转移矩阵为

$$\boldsymbol{P} = \begin{bmatrix} 0 & 1 \\ 1 & 0 \end{bmatrix}$$

试判断其是否为遍历马尔可夫链和正则马尔可夫链。

解:容易验证,当 k 为奇数时 $\quad \boldsymbol{P}^{(k)} = \begin{bmatrix} 0 & 1 \\ 1 & 0 \end{bmatrix}$

而当 k 为偶数时 $\quad \boldsymbol{P}^{(k)} = \begin{bmatrix} 1 & 0 \\ 0 & 1 \end{bmatrix}$

因此,无论 k 为何值,都不能使 $\boldsymbol{P}^{(k)}$ 中的所有元素均大于零,所以此马尔可夫链不是正则马尔可夫链。

但此马尔可夫链从任意状态起始,都具有到达任意状态的可能。例如当起始态为 0 时,一步可以到达状态 1,两步可以回到状态 0;相似地,当起始态为 1 时,也同样可以到达 0 和 1 两个状态,因此,这个马尔可夫链是遍历的。

【例 5.3-2】 试判断例 5.1-2 中所介绍的 Ehrenfest 模型是否为正则马尔可夫链。

解:Ehrenfest 模型的转移矩阵为

$$\boldsymbol{P} = \begin{bmatrix} 0 & 1 & 0 & 0 & 0 \\ 1/4 & 0 & 3/4 & 0 & 0 \\ 0 & 1/2 & 0 & 1/2 & 0 \\ 0 & 0 & 3/4 & 0 & 1/4 \\ 0 & 0 & 0 & 1 & 0 \end{bmatrix}$$

从转移矩阵可以看出,无论马尔可夫链起始于哪一个状态,都可以在一定的步数后到达任意的状态,因此 Ehrenfest 模型的马尔可夫链是遍历的。

从转移矩阵还可以看出,如果状态 0 是初始状态,那么经过任意偶数步后,只可能在状态 0、状态 2 或者状态 4。而在任意奇数步后,只可能在状态 1 或者状态 3。因此,不存在整数 k,使得 $\boldsymbol{P}^{(k)}$ 中的所有元素均大于零。所以此马尔可夫链是遍历链但不是正则链。

【例 5.3-3】 试判断例 5.1-3 中的马尔可夫链是否为正则马尔可夫链。

解:例 5.1-3 中的马尔可夫链的转移矩阵为

$$\boldsymbol{P} = \begin{bmatrix} 1/2 & 1/4 & 1/4 \\ 1/2 & 0 & 1/2 \\ 1/4 & 1/4 & 1/2 \end{bmatrix}$$

虽然在转移矩阵中 $p_{22} = 0$,但容易验证

· 193 ·

$$P^{(2)} = \begin{bmatrix} 0.4375 & 0.1875 & 0.3750 \\ 0.3750 & 0.2500 & 0.3750 \\ 0.3750 & 0.1875 & 0.4375 \end{bmatrix}$$

因此，存在 $k=2$ 使得 $P^{(2)}$ 中所有元素均为正。即对于任意的初始态，在两步后都有可能到达任意一个状态。因此该马尔可夫链是正则的。正则马尔可夫链必然是遍历马尔可夫链。

5.3.2 固定概率向量

我们通过对固定概率向量的研究，来考察遍历马尔可夫链在长时间状态跳转过程中经历每个状态的频次。

正则马尔可夫链是特殊的遍历马尔可夫链。下面我们首先讨论正则马尔可夫链的固定概率向量，然后再将结论扩展到遍历马尔可夫链中。我们首先不加证明地给出下面的定理。

定理 5.9 对于转移矩阵为 P 的正则马尔可夫链，当 $n \to \infty$ 时，P^n 的极限一定存在，记

$$W = \lim_{n \to \infty} P^n \tag{5.3-1}$$

并且此极限矩阵 W 中所有的行都相同，其行向量 w 称为固定概率向量。w 中的每个元素都大于零，且所有元素之和为1。

在后文中，我们引入符号 $w \succ 0$，它表示向量 w 中的每个元素都大于零。定理 5.10 阐述了正则马尔可夫链中固定概率向量的基本性质。

定理 5.10 令 P 为一正则马尔可夫链的转移矩阵，记 W 为 P^n 的极限矩阵，其行向量为 w，令 $\mathbf{1}$ 为所有元素为 1 的列向量。那么，有：

（a）$wP = w$。且对于任意行向量 v，如果满足 $vP = v$，则 v 是 w 的常数倍。

（b）$P \times \mathbf{1} = \mathbf{1}$。且对于任意列向量 c，如果满足 $Pc = c$，则 c 是 $\mathbf{1}$ 的常数倍。

证明： 我们首先证明（a），注意到

$$WP = \lim_{n \to \infty} P^n P = \lim_{n \to \infty} P^{n+1} = W \tag{5.3-2}$$

因此，$w = wP$。

令 v 表示满足 $v = vP$ 的任意行向量。利用 $v = vP$ 自身进行迭代，可得 $v = vW$。令 v_i 表示向量 v 的第 i 个元素，令 c_v 为 v 中各元素之和，即 $c_v = \sum_{i=1}^{L} v_i$。注意到 W 的各行向量相同，因此有

$$v = vW = \sum_{i=1}^{L} v_i w = c_v w \tag{5.3-3}$$

接下来我们证明（b），由于 P 是概率矩阵，任意一行的元素之和为 1，因此有 $P \times \mathbf{1} = \mathbf{1}$。令 c 表示满足假设 $Pc = c$ 的任意列向量。相似地，利用 $c = Pc$ 自身进行迭代，可得 $c = Wc$。由于 W 的所有行是相同的，那么 Wc 就是所有元素均相同的列向量，其每个元素的值为 wc。所以 c 是 $\mathbf{1}$ 的常数倍。证明完毕。

定理 5.10 说明了一个重要的特性，对于正则马尔可夫链的一步转移矩阵，本质上只有一个向量满足 $vP = v$，即转移矩阵解空间的维度为 1。

定义 一个满足 $vP = v$ 的行向量 v 被称为 P 的一个固定行向量。类似地，一个满足 $Pc = c$ 的列向量，被称为 P 的一个固定列向量。

实际上，固定行向量 v 和固定列向量 c 分别是概率矩阵 P 的特征值 1 对应的左特征向量

和右特征向量。因此在文献中，两者也分别被称为特征行向量和特征列向量。另外，根据定理 5.10（a）中的结论，矩阵 W 的行向量 w 显然是固定行向量。注意到 w 也是概率向量，因此 w 被称作 P 的**固定概率向量**或**特征概率向量**。后面我们将看到 w 刻画了遍历马尔可夫链的重要性质，w 也被称为遍历马尔可夫链的**平稳分布**或**不变概率分布**。

首先通过一个例题展示固定概率向量 w 的计算方法。

【例 5.3-4】 计算例 5.1-3 中正则马尔可夫链的固定概率向量 w。

解：本例采用两种不同的方法计算 w。

方法 1：利用 w 是概率向量和 $w = wP$ 的事实，可以得到

$$w_1 + w_2 + w_3 = 1$$

$$(w_1 \quad w_2 \quad w_3) \begin{bmatrix} 1/2 & 1/4 & 1/4 \\ 1/2 & 0 & 1/2 \\ 1/4 & 1/4 & 1/2 \end{bmatrix} = (w_1 \quad w_2 \quad w_3)$$

由以上关系可以推导出以下四个关于三个未知变量的等式：

$$w_1 + w_2 + w_3 = 1$$
$$(1/2)w_1 + (1/2)w_2 + (1/4)w_3 = w_1$$
$$(1/4)w_1 + (1/4)w_3 = w_2$$
$$(1/4)w_1 + (1/2)w_2 + (1/2)w_3 = w_3$$

定理 5.10 保证这组线性方程组有一个唯一的解。通过解方程，可以得出

$$w = (2/5 \quad 1/5 \quad 2/5)$$

方法 2：假设 $w = (1 \quad w_2 \quad w_3)$，然后利用 $wP = w$ 的第一个和第二个线性等式，有

$$(1/2) + (1/2)w_2 + (1/4)w_3 = 1$$
$$(1/4) + (1/4)w_3 = w_2$$

通过这两个等式，可以求解 w_2 和 w_3，我们得到

$$(w_1 \quad w_2 \quad w_3) = (1 \quad 1/2 \quad 1)$$

由于 w 必须是概率向量，将上述向量归一化，可以得到

$$w = (2/5 \quad 1/5 \quad 2/5)$$

这与方法 1 求得的结果一致。

感兴趣的读者可以使用计算机直接利用矩阵乘法计算 n 步转移矩阵。在此例中，状态转移矩阵 P 的第 6 次幂，精确到小数点后四位，为

$$P^6 = \begin{bmatrix} 0.4001 & 0.2000 & 0.3999 \\ 0.3999 & 0.2002 & 0.3999 \\ 0.3999 & 0.2000 & 0.4001 \end{bmatrix}$$

由此可知，P^6 已经十分接近于由固定概率向量 w 组成的极限矩阵 W。

下面的定理说明了 w 在正则马尔可夫链中被称为平稳分布的原因。

定理 5.11 令 P 为一正则马尔可夫链的转移矩阵，对于任意的概率向量 u，均有

$$\lim_{n \to \infty} uP^n = w \tag{5.3-4}$$

其中，w 为 P 的固定概率向量。

证明：根据定理 5.9，有

$$\lim_{n \to \infty} P^n = W \tag{5.3-5}$$

因此
$$\lim_{n \to \infty} uP^n = uW \tag{5.3-6}$$

记 u 的第 i 个元素为 u_i。由于 $\sum_{i=1}^{L} u_i = 1$，并且 W 的每一行都是 w，因此

$$uW = \sum_{i=1}^{L} u_i w = w \tag{5.3-7}$$

证明完毕。

推论 5.2 与定理 5.11 说明，对于一个正则马尔可夫链，无论初始分布 u 是何种取值，在经历足够多的步数后，都将趋于同样的分布 w。而一旦马尔可夫链的状态概率变成了 w，定理 5.10 说明，无论经历多少步，后续的状态概率依然为 $wP^n = w$。即正则马尔可夫链的最终状态概率分布将稳定在 w，因此 w 也被称为平稳分布。

尽管固定概率向量 w 是从正则马尔可夫链中推导的，但这一向量对于一般的遍历马尔可夫链同样存在。下面我们将定理 5.10 的结论推广到遍历马尔可夫链中，我们不加证明地给出下面的定理。

定理 5.12 对于一个遍历马尔可夫链，有唯一的概率矢量 $w \succ 0$，满足 $wP = w$。任意满足 $vP = v$ 的行向量 v 都是 w 的常数倍。同样地，任意满足 $Pc = c$ 的列向量 c，都为列向量 1 的常数倍。

对于正则马尔可夫链，w 是极限矩阵 W 的行向量；而对于遍历马尔可夫链，其 n 步转移矩阵 P^n 却不一定收敛（见例题 5.3-1）。下面的定理给出遍历马尔可夫链中矩阵 W 的构造方法，它可以看作定理 5.9 的推广。

定理 5.13 令 P 为一遍历马尔可夫链的转移矩阵。定义矩阵 A_n 为：

$$A_n = \frac{I + P + P^2 + \cdots + P^n}{n+1} \tag{5.3-8}$$

那么有
$$\lim_{n \to \infty} A_n = W \tag{5.3-9}$$

其中矩阵 W 的每一行都相同，其行向量为 P 的唯一固定概率向量 w。

对于一个遍历马尔可夫链，无论其起始于哪个状态，在不断跳转的过程中，马尔可夫链经过状态 s_j 的频率将趋近于概率 w_j。特别地，我们可以得到下面类似于大数定律的表述：

定理 5.14 （遍历马尔可夫链的大数定律）令 $S_j^{(n)}$ 表示遍历马尔可夫链在前 n 步经历状态 s_j 的次数，则 $S_j^{(n)}/n$ 表示在 n 步中状态 s_j 被经历的频率。那么，对于任意的 $\varepsilon > 0$，有

$$\lim_{n \to \infty} P(|S_j^{(n)}/n - w_j| > \varepsilon) = 0 \tag{5.3-10}$$

注意，定理 5.14 的结论与遍历马尔可夫链的起始状态无关。换言之，无论马尔可夫链起始于哪一个状态，从长远来看，经历状态 s_j 的频率都接近于概率 w_j。例如在例 5.1-3 中，固定概率向量 $w = (2/5, 1/5, 2/5)$ 意味着，从长远来看，编码中有 40%编码字为 1，20%编码字为 2，40%编码字为 3。

因为正则马尔可夫链必定是遍历马尔可夫链，因此，定理 5.12、定理 5.13 和定理 5.14 对于正则马尔可夫链同样适用。

5.3.3 首次到达时间和平均返回时间

对于转移矩阵为 P、固定向量为 w 的遍历马尔可夫链，定理 5.14 说明，从长时间来看，

过程中占比为w_j的步数经历了状态s_j。因此，无论遍历马尔可夫链从哪个状态起始，它都会无限次地进入状态s_j。因此我们可以定义马尔可夫链的首次到达时间和平均返回时间。

定义 如果一个遍历马尔可夫链的初始态为s_i，那么第一次到达状态s_j的期望步数被称为从s_i到s_j的平均首次到达时间，简称平均首达时间，用f_{ij}来标记。按照惯例，记$f_{ii}=0$。

定义 如果一个遍历马尔可夫链起始于状态s_i，那么第一次回到状态s_i的期望步数被称为状态s_i的平均返回时间，标记为r_i。

我们推导平均首达时间和平均返回时间应满足的基本关系式。假设遍历马尔可夫链的状态空间中具有L个状态，马尔可夫链的初始态为s_i，我们来求其进入状态s_j的平均首达时间f_{ij}。为解决这个问题，需要分两种情况进行讨论。在第一种情况中，马尔可夫链直接从s_i进入到s_j，所花费步数为1，事件发生的概率为p_{ij}，因此期望步数为p_{ij}。在第二种情况中，马尔可夫链第一步从s_i进入到状态s_l，$l \neq j$。然后由s_l首次进入到s_j的平均步数为f_{lj}。这种情况发生的概率为p_{il}。考虑到马尔可夫链进入s_l花费了一步，因此这种情况花费的期望步数为$p_{il}(f_{lj}+1)$。将两种情况下所有的情况进行相加，可得到如下关系

$$f_{ij} = p_{ij} + \sum_{l \neq j} p_{il}(f_{lj}+1) \tag{5.3-11}$$

利用$\sum_l p_{il}=1$，上式可以化简为

$$f_{ij} = 1 + \sum_{l \neq j} p_{il} f_{lj} \tag{5.3-12}$$

利用相似的方法，还可以获得平均返回时间与平均首达时间之间的关系

$$r_i = \sum_l p_{il}(f_{li}+1) = 1 + \sum_l p_{il} f_{li} \tag{5.3-13}$$

为了便于数学推导，我们引入矩阵$\boldsymbol{F}$和$\boldsymbol{R}$。其中矩阵$\boldsymbol{F}$的第i行第j列的元素为f_{ij}，$i \neq j$，表示从状态s_i进入状态s_j的平均首达时间。矩阵$\boldsymbol{F}$对角上的元素为0。矩阵$\boldsymbol{F}$被称为平均首达矩阵。矩阵$\boldsymbol{R}$为一对角阵，其对角线上的元素为r_i。矩阵$\boldsymbol{R}$被称为平均返回矩阵。令$\boldsymbol{1}_{L \times L}$是所有元素均为1的$L$维方阵。利用这些符号，式(5.3-12)和式(5.3-13)可以合并写成矩阵的形式：

$$\boldsymbol{F} = \boldsymbol{PF} + \boldsymbol{1}_{L \times L} - \boldsymbol{R} \tag{5.3-14}$$

或等价写为

$$(\boldsymbol{I} - \boldsymbol{P})\boldsymbol{F} = \boldsymbol{1}_{L \times L} - \boldsymbol{R} \tag{5.3-15}$$

利用这些符号的表达式，我们可以进一步推导平均首达时间和平均返回时间的表达式。定理5.15首先给出了关于平均返回时间的结论。

定理5.15 遍历马尔可夫链状态s_i的平均返回时间为$r_i = 1/w_i$，其中w_i是固定概率向量$\boldsymbol{w}$的第i个元素。

证明：因为$\boldsymbol{w}(\boldsymbol{I}-\boldsymbol{P})=\boldsymbol{0}$，对式(5.3-15)两边同时乘以$\boldsymbol{w}$，可得

$$\boldsymbol{w} \times \boldsymbol{1}_{L \times L} - \boldsymbol{wR} = \boldsymbol{0} \tag{5.3-16}$$

由于$\boldsymbol{w}$是概率向量，所有元素之和为1，所以$\boldsymbol{w} \times \boldsymbol{1}_{L \times L}$是所有元素为1的行向量。因为$\boldsymbol{R}$是对角阵，所以$\boldsymbol{wR}$是第$i$个元素为$w_i r_i$的行向量。因此式(5.3-16)等价为

$$(1,1,\ldots,1) = (w_1 r_1, w_2 r_2, \cdots, w_n r_n)$$

所以$r_i = 1/w_i$。证明完毕。

通过定理 5.15 可知，遍历马尔可夫链的固定概率向量 w 的所有元素都为正，这是因为 r_i 的值为有限的，所以 $w_i = 1/r_i$ 不可能为 0。

平均首达时间的结论要比平均返回时间的结论复杂一些。为了分析平均首达时间，我们需要引入遍历马尔可夫链的基本矩阵。类比吸收马尔可夫链的基本矩阵

$$N = (I - Q)^{-1}$$

在遍历马尔可夫链中，使用 $(P - W)$ 替代上式中的 Q，其基本矩阵写为

$$Z = (I - P + W)^{-1} \tag{5.3-17}$$

下面的定理证明了遍历马尔可夫链的基本矩阵一定存在。

定理 5.16 对于遍历马尔可夫链，矩阵 $I - P + W$ 可逆。

证明：假设列向量 x 满足 $(I - P + W)x = 0$

由定理 5.12 可知，$w(I - P) = 0$ 且 $wW = w$，因此在上式两边同时乘以 w 可以得到

$$w(I - P + W)x = wx = 0$$

因此有 $Wx = 0$，进而 $(I - P)x = 0$

或 $x = Px$，即 x 是 P 的固定列向量。由定理 5.12 知，x 是全 1 列向量 $\mathbf{1}_{L \times 1}$ 的整数倍。

由于 $wx = 0$，且 w 的元素全部大于零，所以 $x = 0$。这说明方程 $(I - P + W)x = 0$ 没有非零解，所以 $I - P + W$ 可逆。证明完毕。

下面利用遍历马尔可夫链的基本矩阵 Z 求取平均首达矩阵 F。我们首先需要如下的引理。

引理 5.17 令 $Z = (I - P + W)^{-1}$，$\mathbf{1}_{L \times 1}$ 为所有元素为 1 的 L 维列向量。那么：

（a） $\quad Z \times \mathbf{1}_{L \times 1} = \mathbf{1}_{L \times 1} \tag{5.3-18}$

（b） $\quad wZ = w \tag{5.3-19}$

（c） $\quad Z(I - P) = I - W \tag{5.3-20}$

证明：（a）由 $P \times \mathbf{1}_{L \times 1} = \mathbf{1}_{L \times 1}$ 和 $W \times \mathbf{1}_{L \times 1} = \mathbf{1}_{L \times 1}$，有

$$\mathbf{1}_{L \times 1} = (I - P + W) \times \mathbf{1}_{L \times 1}$$

等式两边同时左乘 Z，有 $\quad Z \times \mathbf{1}_{L \times 1} = \mathbf{1}_{L \times 1}$

（b）由 $wP = w$ 和 $wW = w$，有

$$w = w(I - P + W)$$

等式两边同时右乘 Z，有 $\quad wZ = w$

（c）因为 $\quad (I - P + W)(I - W) = I - W - P + W + W - W = I - P$

等式两边同时左乘 Z，有 $\quad I - W = Z(I - P)$

证明完毕。

下面的定理说明了通过基本矩阵求取平均首达时间的方法。

定理 5.18 遍历马尔可夫链平均首达矩阵 F 中的元素与基本矩阵 Z 和固定行概率向量 w 满足如下关系：

$$f_{ij} = \frac{z_{jj} - z_{ij}}{w_j} \tag{5.3-21}$$

证明：将式(5.3-15)重写如下： $\quad (I - P)F = \mathbf{1}_{L \times L} - R$

在等式两边同时乘以矩阵 Z，可得 $\quad Z(I - P)F = Z \times \mathbf{1}_{L \times L} - ZR$

利用引理 5.17 的 (c) 和 (b)，有 $\quad F - WF = \mathbf{1}_{L \times L} - ZR$

移项可得
$$F = \mathbf{1}_{L \times L} - ZR + WF$$

由这一等式，我们有
$$f_{ij} = 1 - z_{ij}r_j + (wF)_j \tag{5.3-22}$$

由于 $f_{jj} = 0$，所以
$$0 = 1 - z_{jj}r_j + (wF)_j \tag{5.3-23}$$

或者
$$(wF)_j = z_{jj}r_j - 1$$

利用式(5.3-22)和式(5.3-23)，有
$$f_{ij} = (z_{jj} - z_{ij}) \cdot r_j$$

由于 $r_j = 1/w_j$，可得
$$f_{ij} = \frac{z_{jj} - z_{ij}}{w_j}$$

证明完毕。

本节的最后，我们不加证明地给出一个关于遍历马尔可夫链的中心极限定理。定义随机变量 $S_j^{(n)}$ 为遍历马尔可夫链在前 n 步内进入状态 s_j 的次数。当 $n \to \infty$ 时，$S_j^{(n)}$ 的极限分布同样近似于高斯分布。

定理5.19（遍历马尔可夫链的中心极限定理） 对于一个遍历马尔可夫链，任意数值 $a < b$，当 $n \to \infty$ 时，对于任意的起始状态，有

$$P\left(a < \frac{S_j^{(n)} - nw_j}{\sqrt{n\sigma_j^2}} < b\right) \to \frac{1}{\sqrt{2\pi}} \int_a^b e^{-x^2/2} dx \tag{5.3-24}$$

其中 $\sigma_j^2 = 2w_j z_{jj} - w_j - w_j^2$。

【例5.3-5】 考虑例5.1-3中的遍历马尔可夫链，求：

（1）马尔可夫链的基本矩阵 Z；

（2）码字1、码字2和码字3的平均间隔；

（3）平均首达时间矩阵

解：（1）该马尔可夫链的固定向量为 $w = (2/5 \ \ 1/5 \ \ 2/5)$，可以用其构建矩阵 W。该马尔可夫链的状态转移矩阵 P 在例题5.1-3中已给出，因此

$$I - P + W = \begin{bmatrix} 1 & 0 & 0 \\ 0 & 1 & 0 \\ 0 & 0 & 1 \end{bmatrix} - \begin{bmatrix} 1/2 & 1/4 & 1/4 \\ 1/2 & 0 & 1/2 \\ 1/4 & 1/4 & 1/2 \end{bmatrix} + \begin{bmatrix} 2/5 & 1/5 & 2/5 \\ 2/5 & 1/5 & 2/5 \\ 2/5 & 1/5 & 2/5 \end{bmatrix} = \begin{bmatrix} 9/10 & -1/20 & 3/20 \\ -1/10 & 6/5 & -1/10 \\ 3/20 & -1/20 & 9/10 \end{bmatrix}$$

则基本矩阵
$$Z = (I - P + W)^{-1} = \begin{bmatrix} 86/75 & 1/25 & -14/75 \\ 2/25 & 21/25 & 2/25 \\ -14/75 & 1/25 & 86/75 \end{bmatrix}$$

（2）三种码字各自的平均间隔等效为三种状态各自的平均返回时间。因为固定向量 $w = (2/5, 1/5, 2/5)$。由定理5.15可知 $r_i = 1/w_i$，可得 $r_1 = 2.5$，$r_2 = 5$ 和 $r_3 = 2.5$。这意味着码字1之间的平均间隔为2.5个码元，码字2的平均间隔为5个码元；码字3的平均间隔为2.5个码元。

（3）利用基本矩阵 Z 和固定向量 w，由定理5.18，有
$$f_{12} = \frac{z_{22} - z_{12}}{w_2} = \frac{21/25 - 1/25}{1/5} = 4$$

即，如果初始状态为码字1，马尔可夫链平均经历4步后，首次到达码字2。重复类似的计算，我们可以得到平均首达矩阵为

$$F = \begin{bmatrix} 0 & 4 & 10/3 \\ 8/3 & 0 & 8/3 \\ 10/3 & 4 & 0 \end{bmatrix}$$

习题五

5.1 设有四个状态$\{a_1, a_2, a_3, a_4\}$的齐次马尔可夫链的一步转移矩阵为

$$P = \begin{bmatrix} 1/2 & 1/4 & 1/4 & 0 \\ 1/2 & 0 & 0 & 1/2 \\ 0 & 1/2 & 0 & 1/2 \\ 1/4 & 1/4 & 1/4 & 1/4 \end{bmatrix}$$

（1）如果马尔可夫链在n时刻处于状态a_2，求在$n+2$时刻仍处于状态a_2的概率。

（2）如果该链在n时刻处于状态a_4，求在$n+3$时刻处于状态a_3的概率。

5.2 设X_n是一齐次马尔可夫链，它有三个状态$\{0,1,2\}$，它的一步转移矩阵为

$$P = \begin{bmatrix} 1/2 & 1/3 & 1/6 \\ 1/3 & 2/3 & 0 \\ 0 & 1/2 & 1/2 \end{bmatrix}$$

它的初始状态的概率分布为$P\{X_0=0\}=1/6$，$P\{X_0=1\}=2/3$，$P\{X_0=2\}=1/6$。求概率$P\{X_0=1, X_1=0, X_2=2\}$和转移概率$p_{13}^{(2)} = P\{X_{n+2}=2 \mid X_n=0\}$。

5.3 吸收马尔可夫链具有三个状态$\{0,1,2\}$，它的一步转移矩阵为

$$P = \begin{bmatrix} 1 & 0 & 0 \\ 1/2 & 0 & 1/2 \\ 1/4 & 1/4 & 1/2 \end{bmatrix}$$

试求：（1）该马尔可夫链的基本矩阵；（2）马尔可夫链的初始态为1，问平均经过多少步能到达吸收态。

5.4 吸收马尔可夫链X_n具有五个状态$\{1,2,3,4,5\}$。它的一步转移矩阵为

$$P = \begin{bmatrix} 0 & 1/4 & 1/4 & 1/4 & 1/4 \\ 0 & 0 & 1/3 & 1/3 & 1/3 \\ 0 & 0 & 0 & 1/2 & 1/2 \\ 0 & 0 & 0 & 0 & 1 \\ 0 & 0 & 0 & 0 & 1 \end{bmatrix}$$

若它的起始态为1，那么它到达吸收态5的平均步数是多少？

5.5 齐次马尔可夫链$\{X_n, n \geq 0\}$的状态空间为$\{a_1, a_2, a_3\}$，一步转移概率矩阵为

$$P = \begin{bmatrix} 0.5 & 0 & 0.5 \\ 0.5 & 0.5 & 0 \\ 0 & 0.5 & 0.5 \end{bmatrix}$$

试问该链是否是正则链？若是，则求平稳分布。

5.6 设齐次马尔可夫链的一步转移矩阵为

$$P = \begin{bmatrix} 1/4 & 1/4 & 1/4 & 1/4 \\ 1/3 & 1/4 & 1/4 & 1/6 \\ 1/5 & 1/5 & 1/5 & 2/5 \\ 1/6 & 1/3 & 1/6 & 1/3 \end{bmatrix}$$

求该马尔可夫链的二步转移矩阵，并求固定概率向量。

5.7 设齐次马尔可夫链的一步转移矩阵 $\boldsymbol{P} = \begin{bmatrix} 1/3 & 2/3 \\ 2/3 & 1/3 \end{bmatrix}$，试证明当 $n \to \infty$ 时，$\boldsymbol{P}^n \to \begin{bmatrix} 1/2 & 1/2 \\ 1/2 & 1/2 \end{bmatrix}$。

5.8 图 5-1 所示为一个相对编码器。输入的码 X_n ($n=1,2,\cdots$)为互相独立的，取值为 0 或 1，且已知 $P\{X=0\} = p$，$P\{X=1\} = 1-p = q$，输出码是 Y_n。显然有 $Y_1 = X_1$，$Y_2 = X_2 \oplus Y_1$，…其中，$\oplus$ 表示模二加，那么 Y_n 就是一个齐次马尔可夫链。试求 Y_n 的平稳分布。

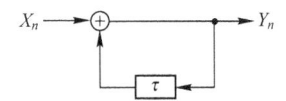

图 5-1 相对编码器

本章习题解答请扫二维码。

附录 A 傅里叶变换表

$f(t)$	$F[f(t)]=F(\omega)$	$f(t)$	$F[f(t)]=F(\omega)$
$\delta(t)$	1	$te^{-at}u(t),\ a>0$	$\dfrac{1}{(a+j\omega)^2}$
1	$2\pi\delta(\omega)$	$\dfrac{1}{b-a}(e^{-at}-e^{-bt})u(t),\ a\ne b$	$\dfrac{1}{(a+j\omega)(b+j\omega)}$
$u(t)$	$\pi\delta(\omega)+\dfrac{1}{j\omega}$	$e^{-\frac{t^2}{2\sigma^2}}$	$\sigma\sqrt{2\pi}\,e^{-\frac{\sigma^2\omega^2}{2}}$
$tu(t)$	$j\pi\delta'(\omega)-\dfrac{1}{\omega^2}$	$\dfrac{1}{\pi t}$	$-j\,\mathrm{sgn}(\omega)$
$\mathrm{sgn}(t)$	$\dfrac{2}{j\omega}$	$u\!\left(t+\dfrac{\tau}{2}\right)-u\!\left(t-\dfrac{\tau}{2}\right)$	$\tau\dfrac{\sin(\omega\tau/2)}{\omega\tau/2}$
$e^{j\omega_0 t}$	$2\pi\delta(\omega-\omega_0)$	$\dfrac{\sin(\omega_c t)}{\omega_c t}$	$\dfrac{\pi}{\omega_c},\ |\omega|<\omega_c$
$\cos(\omega_0 t)$	$\pi[\delta(\omega+\omega_0)+\delta(\omega-\omega_0)]$	$\cos\!\left(\dfrac{\pi t}{\tau}\right),\ |t|<\dfrac{\tau}{2}$	$\dfrac{2\tau}{\pi}\dfrac{\cos\!\left(\dfrac{\omega\tau}{2}\right)}{1-\left(\dfrac{\omega\tau}{\pi}\right)^2}$
$\sin(\omega_0 t)$	$j\pi[\delta(\omega+\omega_0)-\delta(\omega-\omega_0)]$	$\displaystyle\sum_{n=-\infty}^{\infty}\delta(t-nT_1)$	$\omega_1\displaystyle\sum_{n=-\infty}^{\infty}\delta(\omega-n\omega_1),\ \omega_1=\dfrac{2\pi}{T_1}$
$\cos(\omega_0 t)u(t)$	$\dfrac{\pi}{2}[\delta(\omega-\omega_0)+\delta(\omega+\omega_0)]+\dfrac{j\omega}{\omega_0^2-\omega^2}$	$1-2\dfrac{|t|}{\tau},\ |t|<\dfrac{\tau}{2}$	$\dfrac{\tau}{2}\left[\dfrac{\sin(\omega\tau/4)}{\omega\tau/4}\right]^2$
$\sin(\omega_0 t)u(t)$	$\dfrac{\pi}{2j}[\delta(\omega-\omega_0)-\delta(\omega+\omega_0)]+\dfrac{\omega_0}{\omega_0^2-\omega^2}$	$f(at)$	$\dfrac{1}{|a|}F\!\left(\dfrac{\omega}{a}\right)$
$e^{-at}\cos(\omega_0 t)u(t),\ a>0$	$\dfrac{a+j\omega}{(a+j\omega)^2+\omega_0^2}$	$F(t)$	$2\pi f(-\omega)$
$e^{-at}\sin(\omega_0 t)u(t),\ a>0$	$\dfrac{\omega_0}{(a+j\omega)^2+\omega_0^2}$	$\dfrac{d^n f(t)}{dt^n}$	$(j\omega)^n F(\omega)$
$e^{-a|t|},\ a>0$	$\dfrac{2a}{a^2+\omega^2}$	$(-jt)^n f(t)$	$\dfrac{d^n F(\omega)}{d\omega^n}$
$e^{-at}u(t),\ a>0$	$\dfrac{1}{a+j\omega}$	$\displaystyle\int_{-\infty}^{t}f(\tau)d\tau$	$\dfrac{1}{j\omega}F(\omega)+\pi F(0)\delta(\omega)$

附录 B 厄米特多项式

利用厄米特多项式求解

$$R_Y(\tau) = \int_0^\infty \int_0^\infty b^2 \sigma^2 z_1 z_2 f_Z(z_1, z_2; \tau) \mathrm{d}z_1 \mathrm{d}z_2 \tag{B.1}$$

厄米特多项式定义为

$$H_k(z) = (-1)^k \mathrm{e}^{z^2/2} \frac{\mathrm{d}^k}{\mathrm{d}z^k}(\mathrm{e}^{-z^2/2}), \quad k = 0,1,2,\cdots \tag{B.2}$$

也可用下面的递推公式来递推

$$H_{k+1}(z) = z \cdot H_k(z) - k \cdot H_{k-1}(z) \tag{B.3}$$

式中，$H_0(z) = 1$，$H_1(z) = z$。

可以证明厄米特多项式具有正交性

$$\int_{-\infty}^{\infty} H_j(z) H_k(z) \mathrm{e}^{-z^2/2} \mathrm{d}z = \begin{cases} k! \sqrt{2\pi}, & j = k \\ 0, & j \neq k \end{cases} \tag{B.4}$$

由式(3.5-9)可知，高斯变量 z_1 和 z_2 的联合特征函数为

$$\varPhi_Z(\omega_1, \omega_2; \tau) = \exp\left\{-\frac{1}{2}[\omega_1^2 + 2r(\tau)\omega_1\omega_2 + \omega_2^2]\right\} \tag{B.5}$$

根据联合概率密度和联合特征函数的对应关系

$$f_Z(z_1, z_2; \tau) = \frac{1}{(2\pi)^2} \int_{-\infty}^{\infty} \int_{-\infty}^{\infty} \mathrm{e}^{-\frac{1}{2}[\omega_1^2 + \omega_2^2 + 2r(\tau)\omega_1\omega_2]} \mathrm{e}^{-\mathrm{j}(\omega_1 z_1 + \omega_2 z_2)} \mathrm{d}\omega_1 \mathrm{d}\omega_2 \tag{B.6}$$

将 $\mathrm{e}^{-r(\tau)\omega_1\omega_2}$ 展成麦克劳林级数

$$\mathrm{e}^{-r(\tau)\omega_1\omega_2} = \sum_{k=0}^{\infty} \frac{[-r(\tau)]^k}{k!}(\omega_1\omega_2)^k \tag{B.7}$$

代入式(B.6)得

$$f_Z(z_1, z_2; \tau) = \sum_{k=0}^{\infty} \frac{[-r(\tau)]^k}{k!} \cdot \left[\frac{1}{2\pi}\int_{-\infty}^{\infty} \omega_1^k \mathrm{e}^{-\frac{\omega_1^2}{2} - \mathrm{j}\omega_1 z_1} \mathrm{d}\omega_1\right]\left[\frac{1}{2\pi}\int_{-\infty}^{\infty} \omega_2^k \mathrm{e}^{-\frac{\omega_2^2}{2} - \mathrm{j}\omega_2 z_2} \mathrm{d}\omega_2\right] \tag{B.8}$$

下面需把方括号内的积分式变成厄米特多项式。

数学期望为零、方差为1的高斯随机过程的一维特征函数为 $\varPhi(\omega) = \mathrm{e}^{-\omega^2/2}$，因此有

$$\frac{1}{2\pi}\int_{-\infty}^{\infty} \mathrm{e}^{-\omega^2/2 - \mathrm{j}z\omega} \mathrm{d}\omega = \frac{1}{\sqrt{2\pi}}\mathrm{e}^{-z^2/2} \tag{B.9}$$

分别对上式两边求 z 的 k 阶导数，得

$$\frac{1}{\sqrt{2\pi}}\frac{\mathrm{d}^k}{\mathrm{d}z^k}(\mathrm{e}^{-z^2/2}) = \frac{(-\mathrm{j})^k}{2\pi}\int_{-\infty}^{\infty} \omega^k \mathrm{e}^{-\omega^2/2 - \mathrm{j}z\omega} \mathrm{d}\omega$$

利用式(3.5-38)可求得
$$\frac{1}{2\pi}\int_{-\infty}^{\infty}\omega^k e^{-\frac{\omega^2}{2}-\mathrm{j}z\omega}\mathrm{d}\omega = \frac{1}{\sqrt{2\pi}\mathrm{j}^k}e^{-z^2/2}H_k(z) \tag{B.10}$$

代入式(B.2)得
$$f_Z(z_1,z_2;\tau) = \sum_{k=0}^{\infty}\frac{r^k(\tau)}{k!}\cdot\frac{1}{2\pi}H_k(z_1)e^{-z_1^2/2}H_k(z_2)e^{-z_2^2/2} \tag{B.11}$$

将上式代入式(B.1)得
$$R_Y(\tau) = \sum_{k=0}^{\infty}\frac{r^k(\tau)}{k!}\left[\int_0^{\infty}\sigma z_1\cdot\frac{1}{2\pi}H_k(z_1)e^{-z_1^2/2}\mathrm{d}z_1\right]\left[\int_0^{\infty}\sigma z_2 H_k(z_2)e^{-z_2^2/2}\mathrm{d}z_2\right] \tag{B.12}$$

上式中关于 z_1 和 z_2 的积分相同，都用 z 代替，得
$$R_Y(\tau) = \sum_{k=0}^{\infty}\frac{r^k(\tau)}{k!}\left[\frac{1}{\sqrt{2\pi}}\int_0^{\infty}\sigma z H_k(z)\mathrm{d}z\right]^2 = \sum_{k=0}^{\infty}\frac{r^k(\tau)}{k!}C_k^2 \tag{B.13}$$

式中
$$C_k = \frac{1}{\sqrt{2\pi}}\int_0^{\infty}\sigma z H_k(z)e^{-z^2/2}\mathrm{d}z \tag{B.14}$$

将厄米特多项式代入 C_k 得
$$C_0 = \frac{1}{\sqrt{2\pi}}\int_0^{\infty}\sigma z\cdot 1\cdot e^{-z^2/2}\mathrm{d}z = \frac{\sigma}{\sqrt{2\pi}}$$

$$C_1 = \frac{1}{\sqrt{2\pi}}\int_0^{\infty}\sigma z\cdot z\cdot e^{-z^2/2}\mathrm{d}z = \frac{\sigma}{2}$$

$$C_2 = \frac{1}{\sqrt{2\pi}}\int_0^{\infty}\sigma z\cdot(z^2-1)\cdot e^{-z^2/2}\mathrm{d}z = \frac{\sigma}{\sqrt{2\pi}}$$

$$C_3 = \frac{1}{\sqrt{2\pi}}\int_0^{\infty}\sigma z\cdot(z^3-3z)\cdot e^{-z^2/2}\mathrm{d}z = 0$$

$$C_4 = \frac{1}{\sqrt{2\pi}}\int_0^{\infty}\sigma z\cdot(z^4-6z^2+3)\cdot e^{-z^2/2}\mathrm{d}z = -\frac{\sigma}{\sqrt{2\pi}}$$

代入式(B.13)并整理得
$$R_Y(\tau) = \frac{\sigma^2}{2\pi}\left[1+\frac{\pi}{2}r(\tau)+\frac{1}{2}r^2(\tau)+\frac{1}{24}r^4(\tau)+\cdots\right] \tag{B.15}$$

附录 C 常用术语汉英对照

白噪声	White noise	马尔可夫链	Markov chain
边缘分布	Marginal distribution	互相关	Cross-correlation
标准差	Standard deviation	奇函数	Old functions
泊松分布	Poisson distribution	解析信号	Analytic signal
带宽	Spectrum width	矩	Moment
带通	Bandpass	卷积	Convolution
低通	Low-pass	均方	Mean-square
独立	Independent	均匀分布	Uniform distribution
二阶矩	Second-order moments	均值	Mean
二进制分布	Binomial distribution	k 阶平稳	kth-order stationary
二维随机变量	2-D random variables	快速傅里叶变换	Fast Fourier Transforms(FFT)
方差	Variance	宽平稳	Wide-sense stationary
仿真	Simulation	累积量	Cumulants
非对称	Asymmetrical	离散傅里叶变换	Discrete Fourier Transforms(DFT)
非平稳过程	Nonstationary process	离散时间	Discrete time
非线性系统	Nonlinear systems	离散随机变量	Discrete random variables
非中心χ^2分布	Noncentral chi-squared distribution	离散系统	Discrete systems
分布列	Probability mass function	联合平稳	Joint stationary
峰态	Kurtosis	连续随机变量	Continuous random variables
幅度	Amplitude	连续系统	Continuous systems
复随机变量	Complex random variables	能量	Energy
复随机过程	Complex random processes	偶函数	Even functions
傅里叶变换	Fourier transforms	偏态	Skewness
概率	Probability	频率响应	Frequency response
概率分布函数	Distribution function	频谱分析	Spectral analysis
概率密度函数	Probability density function(PDF)	平均功率	Average power
高阶矩	High order moments	平稳过程	Stationary processes
高阶谱	High order spectra	确定性信号	Deterministic signal
高阶统计量	High order statistics	瑞利分布	Rayleigh distribution
高斯分布	Gaussian (Normal)distribution	色噪声	Colored Noise
各态历经	Ergodicity	时变	Time-varying
各态历经马尔可夫链	Ergodic Markov Chain	收敛	Convergence
功率谱密度	Power spectrum density(PSD)	输出	Output
共轭	Conjunction	输入	Input
归一化	Normalized	数学期望	Expectation

数字仿真	Digital simulation	样本	Samples
瞬时频率	Instantaneous frequency	原点矩	Moment about the origin
随机变量	Random variables	窄带信号	Narrow band signal
随机过程	Random processes, Stochastic processes	正交性	Orthogonality
随机数	Random numbers	正态分布	Normal (Gaussian) distribution\
随机信号	Random signal	正则马尔可夫链	Regular Markov Chain
随机序列	Random sequence	指数分布	Exponential distribution
特征函数	Characteristic function	中心χ^2分布	Central chi-squared distribution
误差	Error	中心极限定理	Central limit theorem
希尔伯特变换	Hilbert transforms	中心矩	Central moment
吸收马尔可夫链	Absorbing Markov Chain	周期函数	Periodic function
线性系统	Linear systems	周期图	Periodogram
限带信号	Bandlimited signals	自相关函数	Autocorrelation function
相关矩	Correlation	自相关序列	Autocorrelation sequence
相关系数	Correlated coefficients	自由度	Degrees of freedom
相位	Phase	直方图	Histogram
协方差	Covariance	转移概率矩阵	Transition Probability Matrix
信噪比	Signal-to-noise ratio(SNR)		

参 考 文 献

[1] P.Z.Peebles. Probability, Random Variables and Random Signal Principles. McGraw-Hill，1980.

[2] A. Papoulis. Probability, Random Variables and Stochastic. McGraw-Hill, N.J，1984.

[3] Sheldom M. Ross. Stochastic Process. 1982, John Wiley & Sons.

[4] Paul G. Hoel, Sidney C. Port, Charles J. Stone. Introduction to Stochastic Processes. Houghton Mifflin Company，1972.

[5] Mix D.F. Random Signal Analysis. Addison-Wesley，1969.

[6] Bartlett, M.S. Introduction to Stochastic Processes Cambridge University Pree, New York,1955.

[7] 陆大绘. 随机过程及应用. 北京：清华大学出版社，1986.

[8] 吴祈耀. 随机过程. 北京：国防工业出版社，1984.

[9] A.T. 巴鲁查–赖特. 马尔可夫过程论初步及其应用. 上海：上海科技出版社，1979.

[10] 周炯槃. 信息理论基础. 北京：人民邮电出版社，1983.

[11] 张贤达. 时间序列分析——高阶统计量方法. 北京：清华大学出版社，1996.

[12] S. M. 凯依. 现代谱估计原理与应用. 北京：科学出版社，1991.

[13] 肖云茹. 概率统计计算方法. 天津：南开大学出版社，1994.

[14] William A. Gardner. Introduction To Random Processes with Applications to Signals and Systems. McGraw-Hill Inc,New York.1990.

[15] Jonh G. Proakis 等. Algorithms for Statistical Signal Processing. 北京：清华大学出版社，2003.

[16] 李晓峰. 随机信号分析. 第 3 版. 北京：电子工业出版社，2007.

[17] 徐家恺. 通信原理教程. 北京：科学出版社，2003.

[18] 樊昌信. 通信原理. 北京：国防工业出版社，2006.

[19] 常建平. 随机信号分析. 北京：科学出版社，2006.

[20] 李裕奇. 随机过程. 北京：国防工业出版社，2008.

[21] 柳金甫. 应用随机过程. 北京：清华大学出版社，北京交通大学出版社，2006.

[22] 奚宏生. 随机过程引论. 合肥：中国科学技术大学出版社，2009.

[23] 赵力. 语音信号处理. 北京：机械工业出版社，2003.

[24] 李晓峰. 应用随机过程. 北京：电子工业出版社，2013.

[25] Dimitri P. Bertsekas, John N. Tsitsiklis. Introduction to Probability, 2nd Edition. Athena Scientific, New Hampshire. 2008.

[26] John A. Gubner, Probability and Random Processes for Electrical and Computer Engineers, Cambridge University Press. Cambridge. 2006.